U0231873

国家社科基金重大项目"中华工匠文化体系及其传承创新研究"
(项目编号:16ZDA105)阶段性成果
上海市设计学IV类高峰学科专项研究基金资助

设计学研究

邹其昌 主编

2016
DESIGN STUDIES

人民出版社

责任编辑：洪　琼

图书在版编目（CIP）数据

设计学研究·2016 ／邹其昌主编 . —北京：人民出版社，2019.6
ISBN 978 - 7 - 01 - 020522 - 9

I. ①设… II. ①邹… III. ①设计学—研究 IV. ① TB21

中国版本图书馆 CIP 数据核字（2019）第 047819 号

设计学研究·2016
SHEJIXUE YANJIU 2016

邹其昌　主编

人民出版社 出版发行
（100706　北京市东城区隆福寺街 99 号）

天津文林印务有限公司印刷　新华书店经销

2019 年 6 月第 1 版　2019 年 6 月北京第 1 次印刷
开本：787 毫米 ×1092 毫米 1/16　印张：20.75
字数：390 千字

ISBN 978 - 7 - 01 - 020522 - 9　定价：69.00 元

邮购地址 100706　北京市东城区隆福寺街 99 号
人民东方图书销售中心　电话：（010）65250042　65289539

前　言

邹其昌

　　《设计学研究》是以探索"中国当代设计理论体系建构问题"并以创立中国设计学派为宗旨的学术交流平台，是一部大型设计理论研究系列图书(不仅仅是一个学术期刊，更是一种方向、一种融合东西的中国方向)，是完全不同于目前流行的学术刊物。现行所谓国际惯例的做法实际上具有很大欺骗性和盲从性，严重损害创新性成果的利益，以致造成了学术刊物只是为了"程序正确"而存在，失去了学术期刊为学术的根本目的之性质。本刊存在的价值就在于努力创建当代中国话语体系，体现中国精神、中国价值，服务学术，服务国家，服务人类。

　　《设计学研究》是伴随着"设计学"在中国正式成为一级学科（2011 年）而诞生的。她于 2012 年正式创刊，至今已走完了第一个"五年"。她的诞生与成长是中国设计学科的一大幸事，同时也见证了中国设计学科建设与发展的艰辛与荣耀，是当代中国设计学科建设与发展走向自觉的标志性界碑之一。那就是：立足全球化视野，以开放融合的气派，打通古今中外，融合一切世界优秀设计文明，敢于担当，努力探索构建中国当代设计理论体系这一重大历史使命，为中国设计学乃至中国当代文明建设做出自己的历史贡献。

一、倡导构建中国当代设计理论体系历史价值

　　环球航线的开辟，加速了资本主义的发展和全球化进程。在这史无前例的爆发式发展历程中，西方获得全球霸主的地位，尤其是近一个世纪以来，英美霸主的交替，预示着世界发展的新格局。21 世纪，中国的突飞猛进，逐渐成为世界第二大经济体，冲击并开始打破欧美一统天下的世界格局，开始着手构建世界新格局。然而，进步与繁荣的背后也存在着很大的危机，那就是我们的基础性工作，特别是基础理论研究以及文化软

实力还有待于大幅度提升与坚实。在享受与应用欧美创造的现代文明的同时，如何创建与发展属于中国自己的超越于现代文明之上的新文明（中国当代体系或中国当代理论体系等），成为中国当代极其紧迫的历史重任和根本目标。作为中国理论体系极其重大的有机组成部分，中国当代设计理论体系建构问题自然就成为中国设计学科建设与发展的方向和目标。构建中国当代设计理论体系，是中国当代设计话语体系建构、走向世界，并逐渐引领世界的基本前提，价值重大、意义深远。为此，在《营造法式艺术设计思想论纲》（清华大学博士后报告 2005）中提出"构建中国当代设计理论体系"的倡议以来，我进行了长期的潜心思考、系统研究与关键性探索，并逐渐走出了一条具有中国特性的当代设计理论体系建构之路，成果日益丰厚。特别是 2016 年国家社会科学重大项目"中华工匠文化体系及其传承创新研究"（16ZDA105）获得立项，使得"构建中国当代设计理论体系问题"探索的本土化研究路径——中华考工学体系的研究更加趋于深入而系统展开。

二、构建中国当代设计理论体系基本内涵、方法与路径

那么，构建中国当代设计理论体系的基本内涵、方法和路径有哪些呢？

中国当代设计理论体系建构的基本前提就是立足"全球化视野的中国"，"中国"是人类命运共同体的重要组成部分，是未来人来发展的重要方向。中国当代设计理论体系建构是未来中国体系建构的核心部分之一。这是中国当代设计发展的重大战略性课题，是一个十分庞大的系统工程，也是中国设计的顶层设计，意义极其重大。

中国当代设计理论体系的建构主要包括设计基础理论、设计实践理论、设计产业理论三大核心板块，主要涉及核心设计文化价值体系建设、关键设计技术价值体系建设、先进设计制造、生产与消费价值体系建设等诸多领域，由此而建构"政、产、学、研、城、乡"互动生成的系统结构体系。

设计基础理论是中国当代设计理论体系建构的基础。当前学界对设计基础理论的研究主要集中在中国当代设计理论体系建构的本土化问题上，本土化资源也是构建中国当代设计理论体系的重大系统工程，本土民族设计资源更是中国当代设计理论体系建构独具国际竞争力价值的关键性根本。

设计实践理论是中国当代设计理论体系建构中的重要板块之一，侧重于"设计技术操作"的学习与研究。

设计产业是设计学科的核心之一，设计产业理论也是当代设计理论体系建构的核心之一。设计产业理论侧重于对"设计理论"和"设计实践"两者的整合、应用与创新。

在构建当代中国设计理论体系方面，传承与创新是中国当代设计理论体系建构的基本策略，其中传承包括本土民族设计资源的传承和当今世界先进设计体系的学习与借鉴。在本土民族设计资源的传承上，创新性地提出中华"考工学"体系（以《易》《礼》体系为思想源头），深刻性地把握中华传统设计理论体系性质和特征、开辟了中华工匠文化体系研究新领域。

中国当代设计理论体系建构问题

◆**中国**：全球化背景下的称呼
◆**性质**：中国当代设计学发展的顶层设计（我们要干什么）
◆**内涵**：核心话语创造与传播设计理论体系
　　　　　核心技术创新与研发设计理论体系
　　　　　核心制造系统与服务设计理论体系
◆**方法**：开放与融合——打通古今中外（中国学者的神圣使命）
　　　　　古今——时间的开放与融合
　　　　　中外——空间的开放与融合
　　　　　打通——实践的开放与融合——这是真正的融合创新之路
◆**路径**：传承——借鉴——创新

体系 品牌

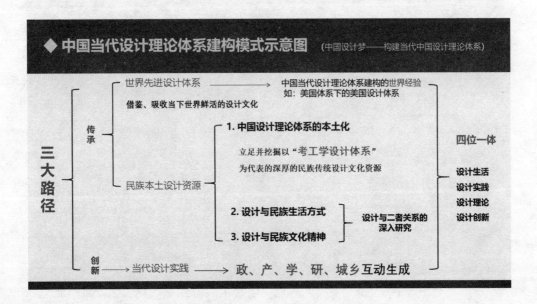

◆ 中国当代设计理论体系建构模式示意图 （中国设计梦——构建当代中国设计理论体系）

三大路径

传承
　世界先进设计体系 ——————→ 中国当代设计理论体系建构的世界经验
　借鉴、吸收当下世界鲜活的设计文化　　如：美国体系下的美国设计体系

　1. 中国设计理论体系的本土化
　　立足并挖掘以"考工学设计体系"
　　为代表的深厚的民族传统设计文化资源

民族本土设计资源

　2. 设计与民族生活方式
　3. 设计与民族文化精神　设计与二者关系的深入研究

四位一体

设计生活
设计实践
设计理论
设计创新

创新 ——→ 当代设计实践 ——→ 政、产、学、研、城乡互动生成

主张以全球化视野积极借鉴世界设计发达国家的历史经验，特别是美国设计体系是当今最为先进、系统、完善和创新的设计体系，是中国当代设计理论体系建构最为重要的坐标，应借鉴美国设计理论体系，从而实现中国设计梦的探索。

三、《设计学研究》独特的当代价值和指向意义

《设计学研究》的宗旨决定了自身的内容和方式。我们将遵循学术规律，但不依照目前通行的已流于形式化的国际惯例，立足宗旨，消除各种壁垒，刊载各类创新性成果，真正实现推动中国当代设计的可持续性发展及其中国当代设计理论体系建构的目标。

目　录

二、设计基础理论研究

三、设计实践理论研究

四、设计产业理论研究

五、设计资讯

一、中国当代设计理论建设与研究系列：路径篇

中国当代设计学理论体系建构研究，是当前设计学科建设一项十分重大的课题。构建当代设计理论体系，涉及的问题很多，是一个多学科、多领域、多部门的互动过程，也是设计实践和设计理论深层互动生成的历史过程，需要大量潜心于设计理论体系研究的各方面人才以及相关人员对这一事业贡献力量。

《设计学研究》理应承担这一历史使命，为当代中国设计学理论体系作出自己有的历史贡献。为此，《设计学研究·2016》，将继续围绕"中国当代设计理论建设与研究"主题展开多视角、多方面的系统深入探讨，以期为中国当代设计学理论体系建构做历史性的研究基础。

"中国当代设计理论建设与研究"主要包括：人物篇、观念篇、行业篇、经济篇、文化篇、技术篇、历史篇、实践篇、国际篇、教育篇、时尚篇等。

《设计学研究·2016》的"特别栏目"以探索构建中国当代设计理论体系的"建构路径"为核心展开。主要包含两大核心主题词：中华考工学体系——工匠文化理论，比较设计理论发展问题。

本辑将聚焦中华工匠文化的思考，中华传统设计理论的标志性界碑——"考工学"。

论中华工匠文化体系①

——中华工匠文化体系研究系列之一

邹其昌②

（同济大学设计创意学院）

摘要：中华工匠文化体系旨在从文化理论的视角也就是从工匠活动的主体方面（人的方面）对 20 世纪 20 年代以前的中华工匠进行系统研究，深入挖掘中华工匠的文化史意义和当代价值。以"工匠"为主题，以"工匠文化"为中心，以"工匠精神"为信仰，系统整理、构建和探索"工匠文化"世界，构建中华工匠文化体系。中华工匠文化体系既是一个逻辑范畴，也是一个历史范畴。中华工匠文化体系建构主要有三种典型的建构范式，我们称之为《考工记》范式、《营造法式》范式和《天工开物》范式。这三种范式各具特色，具有一定历史性或代表性。当然还有其他很多建构模式或范本，《考工典》就是一种极其重要的集大成式的中华工匠文化体系建构方式或范本，具有重大的研究价值。

关键词：工匠；工匠文化；工匠精神；中华工匠文化体系

中华工匠文化体系旨在从文化理论的视角也就是从工匠活动的主体方面（人的方面）对 20 世纪 20 年代以前的中华工匠进行系统研究，深入挖掘中华工匠的文化史意义和当代价值。中华工匠文化体系也就是指中华工匠文化的整体性特征及其世界性价值存在体，是整个中华文化体系的重要组成部分，也是中华文化体系重大特征性构成要素。那么这里就自然排除了中华工匠文化体系中负面价值，尽管"负面价值"对认识事物本身具有其历史价值，但我们应该以"取其精华，去其糟粕"方式审视中华工匠文化体系，

---

① 本文原载《艺术探索》2016 年第 5 期。

② 邹其昌（1963—　），男，美学博士（武汉大学），设计学博士后（清华大学），现任同济大学设计创意学院教授、博导。中华美学学会理事，中华朱子研究会理事。主要从事设计学基础理论、美学、经典诠释学、设计产业理论等领域的教学与研究工作。主编《设计学研究》（大型设计理论丛刊）和《上海设计文化发展报告》（大型设计文化产业年度报告）。

深入系统挖掘其当代实践价值，为当代中华文化伟大复兴，提升中国品质，实现中国梦服务。

一、"工匠"意涵

"工匠"，很自然就成为了中华工匠文化体系研究与建构的核心概念或主题。对"工匠"内涵的合理把握在此显得十分关键。"工匠"亦称之为"匠人""匠""工""人匠""百工"等，是一个意指非常广泛的概念。"工匠"最为基本的含义就是古代社会结构"四民"——"士农工商"之"工"，指与"士""农""商"相对待的主要从事器物发明、设计、创造、制造、劳动、传播、销售等领域的行业共同体。也就是工（手工业）与农（农业）和商（商业）一起共同构筑了古代社会经济三大支撑性系统部门。古代文献中对此有诸多的阐释，如《春秋·穀梁传》有"古者有四民：有士民、有商民、有农民、有工民"，《管子·小匡》中有："士农工商四民者，国之石民也。""国之石民"即国家的柱石。《汉书·食货志上》中有："士农工商，四民有业，学以居位曰士。"当然，将"工匠"一般意义称之为"手工艺人""手工业者"或现代意义的"工人"，有其合理性，但也有一定的历史局限性。

从语义学而言，"工匠"是由"工""匠"所组成的一个或偏正结构或并列结构复合词。"工"是一个象形字，其本含义是"木工的曲尺"，《说文·工部》："工，巧也。象人有规矩也。与巫同意。凡工之属皆从工。"这里的"工""象人有规矩"，是指那些能够利用"规矩"之类的人造工具来从事造物活动的技术人员。"工，巧饰也"，强调了"工"所具有的特殊性质即设计造物活动的两大基本性质——"巧"（技术原则，或技术设计）和"饰"（艺术原则，或艺术设计原则、审美原则）。

"巧"，技术原则。《说文》："巧，技也。"《广韵》："能也，善也。"《韵会》："机巧也。"在《说文》中，"技""巧"互释，突出了"巧""技"的技术理性原则，即都应该遵循自然法则、法度和社会道德规范，这样的"巧"或"技"才能称之为"工"。也就是徐锴所言："为巧必遵规矩、法度，然后为工。否则，目巧也。巫事无形，失在于诡，亦当遵规矩。故曰与巫同意。"强调"巧"必须遵循"规矩""法度"，才能实现"工"的价值和目标。

"饰"，艺术原则或艺术设计原则、审美原则。《说文》："饰，刷也。"而"刷"，《说文》曰："刷，刮也。"《尔雅·释诂》："刷，清也。""刷"具有"清理""擦拭"美化意味。"饰"即《玉篇》所说的"修饰也"。《逸雅》中所说的"饰，拭也，物秽者拭其上使明，由他物而后明，犹加文于质上也"。也就是"装饰"功能，即艺术性设计活动。另外，

“刷”“饰”后来合成为一种装饰设计方法——“刷饰”。如《营造法式》“彩画作制度”论及彩画类型时，就有“刷饰”一目。“工”作为一种造物结果或设计品，应该是技术原则（巧）和艺术原则（饰）的高度统一。作为从事造物设计活动的人，也应该是具备技术理性原则（包括社会道德原则）高超技术和较高的艺术修养相统一的能力。

同样，作为一种方法或工作原则，“工”又具一种“精致”“高超”“专注”的性质，常常作形容词，与“匠”构成“偏正结构”复合词，即工艺精致、技术高超的匠人。那么，“匠”又如何把握呢？“匠”，《说文》：“匠，木工也。从匚从斤。斤，所以作器也。”段玉裁《说文解字注》：“匠，木工也。工者、巧饰也。百工皆称工、称匠。独举木工者、其字从斤也。以木工之称引申为凡工之称也。匚者，榘也。”由此可见，“匠”的本意是“木工”。“匠”，会意字，是由一个工具箱“匚”里面装着的工具“斤”所构成，强调了“匠”的职业性质，即每一位“匠”都要在一定的规矩、法度“匚”中进行。即“匚者，榘也”。同时，要熟悉一门工具，要有一门专业技术，这就是“斤”。“斤，所以作器也。”“匠”还有泛指一切工种的引申义，这样，“匠”就与“工”同义，“工匠”就是一个“并列结构”复合词。“百工皆称工、称匠。”《广韵》就有了“匠，工匠”之说。

就社会学而言，“工匠”是一类社会群体，一种经济共同体，是通过身体器官及其相关工具的利用对自然世界所发生的物质性结构变化或物化形态的创造者或劳动者。从性别而言，既包括男性的“工”“匠”“工匠”“百工”等，也包括女性的“女红”（主要从事纺织工作类型的女性人员）。如《考工记》中开篇所示。从管理体制而言，分为官府“工匠”和民间“工匠”。

从社会经济结构而言，“工匠”既是一个共同体，也是一个层级性社会群体。从上述基本内涵所示，“工匠”是一个独立体，既能够通过自己独特的技术或能力维持生活并获得其独立的经济价值，显然就不是一个自然人（此处的自然人不是在法律意义上使用的，是指没有独立生活能力，只能依据本能性、依附性没有独立人格价值状态的“人”，按照马克思的说法，就是一个没有获得“人的意义”的人）。“工匠”从社会层级结构来看，大致可以分为管理型的“工匠”（大匠、百工）、智慧型的“工匠”（哲匠、意匠）、技术高超型的“工匠”（巧匠、艺匠）、一般性的“工匠”（匠人，以及各工种的从业人员如木匠、银匠、石匠、花匠、画匠等）等四类。这四类并无实质性差别（都属于“匠”的范畴，只是“匠”性的高下程度的差异），仍然只是一种理论或具体社会行为组织的要求或体现。

从整个造物活动过程而言，“工匠”是一种具有复杂性的结构体，具有“造物主”的性质，承载着造物活动的全过程，从而创造并建构了一个不同于第一自然的“第二自然”的人造（人工）世界（人工界，man-built world，实际上应该是著名设计理论家Victor Margolin 所说的the Designed World）。“工匠”既要“创物”（包括发明、创造、设计等）以弥补自然的缺失，还要"制器"（制造、生产）以满足人类日常生活及其相关需求，更要"饰物"以满足人类日益丰富精神需求或提升社会生活品质，等等，是三位一体的。由此而言，依据现代社会分工，"工匠"既是哲学家、科学发明家，也是工程师和技术创新专家，还是艺术家和美化师等，是多重身份或职能的统一。

因此，我们完全有理由说，"工匠"实际上更符合于当今的"设计师"称谓。"设计"或"设计师"也有广义和狭义之分。广义的"设计"或"设计师"是指人类一切非自然性或本能性的社会实践活动，包括政治的、经济的、文化的以及一切人类社会实践活动的事或人。大到"中国梦"是一种宏伟的设计；小到一个具体日用品设计等。狭义的"设计"或"设计师"则是从事设计专业或行业的事或人，主要是指包括工程设计、技术设计、艺术设计、服务设计、规划设计等领域中的事或人。

二、工匠文化

随着历史的发展以及工匠工作领域的拓展，他们的影响必定会超越物质，而成为文化的一部分，即"工匠文化"。"工匠文化"是人类文化的核心组成部分之一。

那么，如何理解"工匠文化"呢？最好的方式和最有效的路径还是从理解"文化"开始为好。就目前的文化理论研究成果而言，文化，有广义和狭义之分。狭义的文化，特指通常意义的与政治、经济相对待的"文化"，即"科学、技术、艺术等"。广义的文化，则指人类的一切活动所造就的现象或结果的总和，亦即文化即人化。这种现象或结果，既包括有形的物质性实体性的"器""物"；也包括无形的精神性的虚拟性的"思想""道义"等，还包括以遗传密码方式传承下来的人类各种社会生活习俗、"礼仪""节庆"等行为方式。文化也是一个历史范畴，随着人类社会实践活动领域的不断扩展，文化也发生着历史的变化与发展。如与农业经济相一致的手工艺文化，与商品经济相一致的工业制造文化，与虚拟经济相一致的数字智造文化，等等。文化还是一种社会学范畴，由于地域性差异，自然环境的不同，文化具有地域性、民族性和多元性等特征。如东方文化和西方文化之分，也有中华文化、古希腊文化、古埃及文化之别，还有中原文化、西域文化等都属于中华文化等。

此处的"文化"，就是在广义上的意义进行使用的。中华工匠文化自然就是指中华工匠作为一种文化现象的历史价值状态。就中国传统社会结构而言，工匠文化主要体现在两个基本系统中，即劳动系统与生活系统（work system and live system）。所谓"劳动系统"是指工匠的工作性质而言，此处借用了马克思的用语——劳动（而非"工作"），突出工匠的工作具有"一般劳动"的特质（这也是马克思对"工匠"历史地位提升的重大贡献），包括了各个领域和历史时期的"工匠"文化所具有的劳动力生产、劳动力价值、劳动力消费以及劳动的创造性等各类文化形态系统。所谓"生活系统"是指工匠为人们日常生活中的衣食住行用等各领域创造的器物文化世界。

在劳动系统中，工匠文化首先涉及特定的技术（包括工匠个人的手工技能以及机械技术）以及在技术的运用过程中形成的方法。在汉语的使用中，作为专业术语，"技术"有两种基本含义，一是指能通过学习、训练而获得的手工技艺、技巧（skill），在同样的劳动条件下，手工技艺的高低会影响产品质量的好坏；一是指科学技术（technology），是在一定科学原理基础上而发展出的一系列技术应用，如机械技术、工程技术等。无论是哪种含义上的"技术"，在其实际运用过程中，为提高技术的效率，必然会形成特定的方法。方法的总结是一个不断探索的过程。经过一段时间的积累，特定的技术在应用过程中会形成最佳方法。随着技术的成熟与推广达到一定程度的时候，与之匹配的方法也必然随之传播。

然而，如何使技术与方法达到最佳匹配（尤其是在规模化应用中），这就必然涉及制度与管理的问题。在中国，每一个朝代都有工匠制度。总体来看中国传统工匠制度大致类似，但事实上每个朝代都有不同。一方面，作为中国传统行政体制的一部分，工匠制度的设置不能脱离总体行政体系的发展。如先秦时期中国行政体系的发展处于初级阶段，这就决定了其工匠制度松散凌乱且因工设职的特点。又如明代朱元璋出于集权的需要，废除中书省，导致长期并行的工匠体系的双轨制（服务于政府与服务于皇家的工匠及分属不同的管理体系，各自独立）被彻底废除，统一于工部的管理。另一方面，工匠制度的设置往往与特定的时代需求密切相关，体现出鲜明的时代特点。如秦代，举全国之力而大兴土木，这涉及大量的材料采购、施工人员的征役、工程的设计与施工等问题，没有严格的规划与管理很难保证效率。因此，秦代的工匠制度一改先秦时期的松散与随机，出现专业的管理机构——将作少府，这使得秦朝成为中国传统工匠制度发展的重要转折期，后世工匠制度的发展根源很多都可以追溯到秦代。

其次，应该承认，无论是有意识还是无意识，技术以及方法的运用必定接受特定思想及理论的指导或影响，这也是工匠文化重要的一个方面。比如，关于技术伦理的评价问题，不同的人有不同的观点。不同观念指导下形成的技术应用，必然会产生不同的文化面貌。以先秦思想为例，如老庄的技术否定论，认为技术带来的是道德沦丧。受其影响的工匠文化必然呈现出反技术倾向，能用体力解决的，绝不借助工具，《庄子》中抱瓮浇菜的汉阴丈人就是典型例子。又如孔孟，在一定程度上肯定技术，但是否定技术的过分应用，否定奇技淫巧。受其影响的工匠文化必然呈现出强烈的中庸倾向，一切设计都有特定的目的，一切功能够用就好，不能越雷池一步，否则就是僭越。再如管子，是一个彻底的功利主义者，对技术相关的一切运用都大加赞颂。受其影响的工匠文化必然是赏心悦目，仅仅够用是不够的，还要有足够的感官吸引力。

在生活系统中，日常生活的正常运转得益于工匠们的辛苦劳动，从建筑到家具，从服装到器皿，无不出自工匠们之手。然而，产品的作用并不仅限于物质需求的满足，通过特定的结构与使用方式，它们会作用于人的行为，并最终会影响人的行为方式。如唐宋之前，中国传统生活中均采用低矮型家具，这种家具的式样就决定了人的室内活动大多是在地面上进行，至少是以地面为主要活动空间。同样，传统服装中博衣宽袖的设计，也决定了人的行为必定受到极大约束，不能快速灵活的行动，因此，只适合于以精神创作为特长的文人雅士，以显示其风度翩翩，而不适合策马奔驰、弯弓射箭的武士。

因此，生活中的各类产品，虽然其基本的目的是满足物质生活的基本需求，然而，事实上其影响或作用远不止于此。当生活中的各种产品构成一个完整系统的时候（就成为一个特定的环境），其作用就远远超越对人的具体行为的改造，而且还会影响人对生活概念的基本认知。简单来说，就是特定的产品体系会塑造出一个特定的生活体系，而生活其间的人很难超越产品为人所描绘的关于生活的认知。因此，人对生活的理解和认识也是被产品所塑造出来的。这也就是，人改造环境的同时，环境也会改造人，重新塑造人。

众所周知，人都是社会中的人，是特定环境中的人。因此，产品对人的塑造最终会进入社会层面，实现对整个社会体系的塑造。当然，这是一个非常复杂的问题，本文无法在此详述。但是应该强调，工匠文化，并不只是体现于工匠们物质层面的劳动，也不只是体现于对个体生活的认识及塑造，它还会进入并且必定会进入社会层面才会真正实现其特殊功能与价值，才会真正生成工匠文化的完整体系。

三、工匠精神

如上所述，工匠文化是中国传统文化的重要组成部分甚至是核心部分。然而，工匠文化之所以能够生根发芽，之所以能够超越劳动制作，超越生活而进入社会层面，超越"工匠文化"而进入人类生活世界的广阔领域，其中有一个重要的基础与前提就是"工匠精神"。也就是说"工匠精神"是"工匠文化"的核心价值部分，是"工匠文化"的灵魂之所在。

关于何谓"工匠精神"，学界已有大量的阐述与研究成果。结合学界的研究成果或观点，"工匠精神"可以从"现实层"和"超越层"两方面来理解。所谓"现实层"主要是指"工匠精神"实存性的本位状态和事实（本来的意义）。这个实存性的本位状态也就是现象学所揭示的"事物本身"——"工匠"本位。也就是说，"工匠精神"首先是一种"工匠"本位的精神，而不是其他的或别的精神。这种精神的本位是内在于"工匠"的性质、领域或世界之中的。当然也指"工匠"的"精神世界"，也就是"工匠"所思所想的精神，往往是以"手作"的方式、工作态度、人生追求、器物世界等传达出来的，不是靠语言文字等形式传达的。这种精神，显然不同于科学理论研究的概念、范畴命题的方式，也不同于纯艺术的线条、色彩、乐音、诗句、文采、意境等方式。比如，一把锤子所体现的"工匠精神"，是靠"工匠"手作的依据锤子的"事物本身"进行调研、设计、实验、制作、体验等一系列程序化情感化工程，最后完成一把好用乐用的锤子。这把锤子，不再是一件单纯性质的"物质形态"，更是一种包含情感赋有生命性质的"精神存在"，这就是"工匠"对"精神"的书写方式。正因为这一本位精神，就有了"工匠""工匠文化"区别于艺术，区别于其他文化所具有的自身独特存在价值。那么"工匠精神""现实层"有哪些基本要素呢？其基本要素有"巧"（技术原则）、"饰"（艺术原则）、"法"（行为准则）、"和"（生态原则）。这四种的有机结合，就会出现"工匠精神"的物态化。这也正是《考工记》所言"天有时，地有气，材有美，工有巧。合此四者，然后可以为良"的意蕴。

而所谓"工匠精神"的"超越层"是指"工匠精神"已从其本位性的实体工匠创造活动延展为一种具有普遍性的方法论意义的层面。这个"超越性层面"已不再落实到具体的工匠活动领域，而是一种人生价值信仰，一种生存方式，一种工作态度，也就是马克思所说的"一种人的本质力量的确认"境界。因此，面对人类对美的追求的广度和深度，我们的各项工作如何尽善尽美、恪尽职守，更好地满足人们的物质和精神多方面的需求，就一定要用"工匠精神"方式来实现这种价值。具体而言，"工匠精神"的方式或原则主要有两点：求真务实与精益求精。其中，前者是后者的基础，而后者则是对前者的超越，是更高的追求。同时，这两点主要在三个层面践行着工匠精神的真意：工作目标、行为准则与审美境界。在工作目标中，首先要根据各自的工作领域合理选择工作目标，求真务实。工作目标选定之后，要根据工作目标的性质、特征，发挥各方面的有效机制，积极探索高效优质的完成目标的行为准则和合理合法的技术手段。审美境界追求层面，则是在确保工作目标高效优质完成的基础上追求工作与人生、工作与服务、工作与幸福所达到的一种完美统一的生活状态。这也就是人生哲理性的"工匠精神"意蕴。

由此可见，"工匠精神"的两个层面是相互生成的，也是人的一种本真的存在方式，即物质性生命体和精神性的生命意蕴的统一方式。"工匠精神"是"工匠文化"特征，也是"工匠文化"的核心价值所在。

四、中华工匠文化体系的历史建构

在整个中华工匠文化体系建构中,"工匠"是其核心概念或主题,并且"工匠"既是一个职业共同体,也是一种生存方式,还是一种精神慰藉。工匠文化是中心,即是指从文化的视角考察工匠或工匠的文化方式,其中"工匠精神"是"工匠文化"的核心价值观,是"工匠文化"具有独特存在价值的根源所在,"工匠精神"作为一种信仰、一种生存方式、一种生活态度,已经超越"工匠""工匠文化"成为人类社会健康发展的巨大精神驱动力,对人类的过去、现在和未来发生着历史性的伟大作用。正因为以"工匠"为主题,以"工匠文化"为中心,以"工匠精神"为信仰,系统整理、构建和探索"工匠文化"世界,就形成了中华工匠文化体系。中华工匠文化体系既是一个逻辑范畴,即科学理论研究对象或结果;也是一个历史范畴,即是人类历史发展的产物,依据人类(工匠)社会实践活动深度和广度,中华工匠文化体系的建构也呈现出历史性的时代性独特风貌。

就目前的考察而言,中华工匠文化体系建构主要有三种典型的范式,我们称之为《考工记》范式、《营造法式》范式和《天工开物》范式。这三种范式各具特色,具有一定历史性或代表性。《考工记》范式,主要是指国家管理者层面从整体社会结构组织来规范或建构工匠文化体系,突出了工匠文化的社会职能、行业结构、考核制度、评价体系等核心要素系统。为中华工匠文化体系创构期的重要范本,也是后世中华工匠文化体系建构的关键性文本或理论模式。《营造法式》范式,主要是指国家管理层面从具体工匠系统即"营造工匠"系统组织结构来规范或建构工匠文化体系,强调了工匠文化的行业职能、制度体系、经济体系、管理体系、评价体系、审美体系以及营造设计理论体系等核心价值系统。为中华工匠文化体系成熟期的重要范本,也为后世进一步完善中华工匠文化体系建构提供重要理论文本。《天工开物》范式,是一个纯学者从学术体系建构方面探讨和研究工匠文化体系建构问题的,突出强调了传统农业社会典型生活图景——男耕女织生活世界展开工匠文化体系的建构,以"贵五谷而贱金玉"为指导思想对工匠制度文化、民俗文化、伦理文化、技术文化、评价体系等展开系统思考与提升,为中华工匠文化体系转型期的重要范本,也是传统工匠文化体系走向总结的重要方向或指向。

当然还有其他很多建构模式或范本,《考工典》,就是一种极其重要的集大成式的中华工匠文化体系建构方式或范本,具有重大的研究价值。《考工典》共分为三部分:考工总部、宫室总部和器用总部。其中《考工总部》以劳动为主,而后两者(宫室总部和器用总部)以生活为主。这种划分方式背后隐藏着深刻的思想文化逻辑,即先政治,再社会,后生活的逻辑。事实上,在这个过程中《考工典》初步完成了它对中国传统工匠文化体系建构的历史任务。并且，对当代工匠文化体系的建构来说，《考工典》也提供了一个重要的具有当代价值的历史坐标或参照系统。

参考文献：

1. 何庆生整理：《中国历代考工典》，广陵书社 2003 年版。

2.（宋）李诫撰，邹其昌整理：《营造法式》，人民出版社 2011 年版。

3.（明）宋应星撰，邹其昌整理：《天工开物》，人民出版社 2015 年版。

4.（清）孙诒让撰，王文锦、陈玉霞点校：《考工记》（《周礼正义》版），中华书局 1987 年版。

"中华工匠文化体系及其传承创新研究"的基本内涵与选题缘起 [①]

——中华工匠文化体系系列研究之四

邹其昌 [②]

摘要：中华工匠文化体系研究，旨在从文化理论的视角也就是从工匠活动的主体方面（人的方面）对 20 世纪 20 年代以前的中华工匠进行系统研究，深入挖掘中华工匠的文化史意义和当代价值。以"工匠"为主题，以"工匠文化"为中心，以"工匠精神"为信仰，系统整理、构建和探索"工匠文化"世界，构建中华工匠文化体系。中华工匠文化体系既是一个逻辑范畴，也是一个历史范畴。本文旨在通过考察和研究中华工匠考核文化体系来深入系统研究中华工匠文化体系问题，以期对当代人力资源管理等方面有所启示。文章在考察工匠、百工制度体系的基础上，系统探讨了中华工匠考核文化体系的基本结构及其历史价值。

关键词：中华工匠文化体系；工匠；百工制度体系；工匠考核文化体系；当代价值

一、"中华工匠文化体系及其传承创新研究"的基本界定

中华工匠文化体系是中华文化体系的重要组成部分，也是当代中国实现中华文化伟大复兴的核心部分之一。中华工匠文化体系及其传承创新研究，具有十分重大的理论与

① 本文属于国家社科基金重大项目"中华工匠文化体系及其传承创新研究"（项目批准号 16ZDA105）和上海市设计学 IV 类高峰学科资助项目"工匠精神与造物文化研究"（项目批准号 DA17005）阶段性成果，原载《创意与设计》2017 年第 3 期。

② 邹其昌（1963— ），男，美学博士（武汉大学），设计学博士后（清华大学），现任同济大学设计创意学院教授、博导，国家社科基金重大项目"中华工匠文化体系及其传承创新研究"（项目批准号 16ZDA105）首席专家。中华美学学会理事，中华朱子研究会理事。主要从事设计学基础理论、美学、经典诠释学、设计产业理论等领域的教学与研究工作。主编《设计学研究》（大型设计理论丛刊）和《上海设计文化发展报告》（大型设计文化产业年度报告）。

历史价值和当代实践意义。

中华工匠文化体系研究，旨在从文化理论的视角也就是从工匠活动的主体方面（人的方面）对20世纪20年代以前的中华工匠进行系统研究（特别是1949年之后，就应属于"非遗"领域，本课题虽有涉猎或延伸，但"非遗"在此不是讨论的中心或主题），深入系统挖掘中华工匠的文化史意义和当代价值。本课题以"工匠"为主题，以"工匠文化"为中心，以"工匠精神"为信仰或核心价值追求，系统整理、探索与显现中华"工匠文化"的生活世界，以期构建具有"中华特性"的中华工匠文化体系。

在整个中华工匠文化体系建构中，"工匠"是其核心概念或主题，并且"工匠"既是一个职业共同体，也是一种生存方式，还是一种精神慰藉。工匠文化是中心，即是指从文化的视角考察工匠或工匠的文化方式，其中"工匠精神"是"工匠文化"的核心价值观，是"工匠文化"具有独特存在价值的根源所在，"工匠精神"作为一种信仰、一种生存方式、一种生活态度，已经超越"工匠"和"工匠文化"，成为人类社会健康发展的巨大精神驱动力，对人类的过去、现在和未来发生着历史性的伟大作用（关于"工匠""工匠精神""工匠文化""工匠文化体系"等概念的基本含义，可参见"首席专家情况"——《论中华工匠文化体系》一文简介）。在此仅将"工匠"问题，做些重复。

关于"工匠"，文章从语义学、社会学、社会结构体系等方面界定了"工匠"的基本含义问题，认为"工匠"是一个语意丰富的概念，古代与"百工""匠""工""工官""国工""匠人"等同义。"工匠"的基本内涵是"巧"（技术原则或设计原则）和"饰"（艺术原则或审美原则）的统一体；是古代社会结构"四民"——"士农工商"之"工"，指与"士""农""商"相对待的主要从事器物发明、设计、创造、制造、劳动、传播、销售等领域的行业共同体。（当然，目前诸多学者将"工匠"一般意义称之为"手工艺人""手工业者"或现代意义的"工人"，有其合理性，但也有一定的历史局限性。）从社会层级结构来看，"工匠"大致可以分为管理型的"工匠"（大匠、百工）、智慧型的"工匠"（哲匠、意匠）、技术高超型的"工匠"（巧匠、艺匠）、一般性的"工匠"（匠人，以及各工种的从业人员如木匠、银匠、石匠、花匠、画匠等）等四类。这四类并无实质性差别（都属于"匠"的范畴，只是"匠"性的高下程度的差异），仍然只是一种理论或具体社会行为组织的要求或体现。从整个造物活动过程而言，"工匠"是一种具有复杂性的结构体，具有"造物主"的性质，承载着造物活动的全过程，从而创造并建构了一个不同于第一自然的"第二自然"的人造（人工）世界（人工界，man-built world，实际上应该是著名设计理论家Victor Margolin所说的the Designed World）。"工匠"既要"创物"（包括发明、创造、设计等）以弥补自然的缺失，还要"制器"（制造、生产）以满足人类日常生活及其相关需求，更要"饰物"以满足人类日益丰富精神需求或提升社会生活品质，等等，是三位一体的。由此而言，依据现代社会分工，"工匠"既是哲学家、科学发明家，也是工程师和技术创新专家，还是艺术家和美化师，等等，是多重身份或职能的统一。因此，我们完全有理由说，"工匠"实际上更符合于当今的"设计师"称谓。设计师既包括广义的设计师，也包括工程技术设计师、科学理论设计师、人文设计师等各种专项设计师。

中华工匠文化体系既是一个逻辑范畴，即科学理论研究的对象或结果；也是一个历史范畴，即是人类历史发展的产物，依据人类（工匠）社会实践活动的深度和广度，中华工匠文化体系的建构也呈现出历史性的时代性的独特风貌。

作为逻辑范畴，中华工匠文化体系应该具有独特的学理性价值，包括精神境界追求、理论体系建构、核心范畴系统乃至内部各个子系统的构成等等核心结构。中华工匠文化体系有三大核心要素：技术体系、工匠精神、工匠（百工）制度，另有两个层面：生命传承（教育）和生命意蕴（民俗）。其中，"工匠精神"是中华工匠文化体系最为核心的价值要素，"技术系统（体系）"是中华"工匠"文化体系存在的本体要素，而"制度体系"则是中华工匠文化体系生存发展的保障要素。而这三者的统一（三位一体）既支撑起了工匠文化体系大厦或环境，同时工匠文化体系所营造的氛围又有力地促进了三者的健康发展。也就是说，中华工匠文化体系与"工匠精神""技术体系""百工制度"三者的关系，是密不可分而互动生成的关系。

作为历史范畴，中华工匠文化体系建构是一个发展的历程。历史上主要有三种典型的历史建构范式，我们称之为《考工记》范式、《营造法式》范式和《天工开物》范式。这三种范式各具特色，具有一定历史性或代表性。《考工记》范式，主要是指国家管理者层面从整体社会结构组织来规范或建构工匠文化体系，突出了工匠文化的社会职能、行业结构、考核制度、评价体系等核心要素系统。为中华工匠文化体系创构期的重要范本，也是后世中华工匠文化体系建构的关键性文本或理论模式。《营造法式》范式，主要是指国家管理层面从具体工匠系统即"营造工匠"系统组织结构来规范或建构工匠文化体系，强调了工匠文化的行业职能、制度体系、经济体系、管理体系、评价体系、审美体系以及营造设计理论体系等核心价值系统。为中华工匠文化体系成熟期的重要范本，也为后世进一步完善中华工匠文化体系建构提供重要理论文本。《天工开物》范式，是一个纯学者从学术体系建构方面探讨和研究工匠文化体系建构问题的，突出强调了传统农业社会典型生活图景——男耕女织生活世界展开工匠文化体系的建构，以"贵五谷而贱金玉"为指导思想对工匠制度文化、民俗文化、伦理文化、技术文化、评价体系等展开系统思考与提升，为中华工匠文化体系转型期的重要范本，也是传统工匠文化体系走向总结的重要方向或指向。

中华工匠文化体系的知识谱系定位大致如下：中华工匠文化体系属于中华工匠体系（文化、心理生理等）的重要组成部分，中华工匠体系属于中华设计造物体系（人的因素部分，此外还有"物""器""事"等重要部分）的重要组成部分，中华设计造物体系属于中华文化体系（造物、精神、治理等）的重要组成部分，中华文化体系又是整个中华体系重要组成部分。因此，中华工匠文化体系研究应该属于一个基础性的理论建设工程。同时，因其属于历史研究，所以与"非遗"问题有本质性差别，本研究虽有涉猎或延伸至"非遗"问题，可能也会有专题讨论，但不是本研究的主题或中心。

当然，中华工匠文化体系建构研究是一项十分艰巨而意义重大的、跨学科融合的庞大系统工程。时代呼唤工匠精神，当代学者理应肩负起这一历史使命，不负众望，努力做好做强中国的事！

二、"中华工匠文化体系及其传承创新研究"的缘起

关于本选题缘起，至少有四个方面：第一，受到李约瑟研究①的启示；第二，学术研究现状的促使；第三，当下"非遗"问题的反思；第四，学者的特殊使命。

第一，受到李约瑟研究的启示：李约瑟是中国科技史的研究大家，虽然其研究有其自身的内在逻辑，没有专门考察"中华工匠文化"问题，但其《中国科学技术史》的卓越历史成就对我们系统考察中华工匠文化体系具有极大的启发作用。比如，李约瑟在《中国科学技术史》②中设专节（引论部分）讨论了"工程师"（匠）问题。包括"工程师的名称和概念""封建官僚社会的工匠与工程师""工匠界的传说"以及"工具与材料"等。在这些问题讨论中，李约瑟有很多对"工匠文化"的思考。（1）关于中华"工匠"的时代背景，李约瑟采用了芒福德的技术史分类，即新技术——电、原子能、合金和塑料；旧时代——煤、铁为特征；古技术——木、竹和水为特征（以中国为代表）。认为中华工匠文化属于"古技术"时代。（2）关于"工匠"文化史编写的意义，李约瑟认为："编写一本详尽的专题论文，从头到尾地叙述中国的工场、皇家工场和官方工场的历史，是最迫切的汉学任务之一。"（P14）还特别指出了当代历史研究只重物而忽略人的弊端。他说："唐代历史只叙述产品，而不叙述所用的技术。"（P18）技术，实际上依据人而存在，尤其是古技术时代。（3）关于"工匠"身份问题，李约瑟考察了大量中国古文献，指出："到目前为止，本书所谈的技术工作者都是'自由'平民。一个轮匠或漆匠是一个'家庭清白的''庶人'或'自由民'；或是一个'良人'，字义上是'好人'。他属于平民（小民）阶层，对于古代的哲学家来说，这些人必定是'小人'〈卑贱的人〉，以与

---

① 关于李约瑟与齐尔塞尔论题问题，另文撰写。
② 李约瑟：《中国科学技术史》第四卷第二分册"机械工程"，科学出版社 1999 年版，以下引文皆出自该书，只随文注明页码。

'君子'(高尚的半贵族的博学公取人员)区别开来。既然他有姓，他便是'百姓'('古老的百家')之一，并属于'编民'(登记过的人民)。"(P19)这里，李约瑟发现并提出中华传统"工匠"身份问题，并作了简要阐述，认为"工匠"不能简单归于"奴隶"的范畴，而应该属于"自由民""良人"范畴。"工匠"属于"民"的范畴，自然就与"君子"形成对照，被传统哲学家们划定为"贱民""小人"之列。即使如此，工匠也不是社会最底层的人群。作为工匠共同体也有了一个统一的身份或姓，是"百姓"之一，并且编入户籍——匠籍，有了自己的行业结构系统。(4)关于"工匠"的社会作用，李约瑟突破一般历史学家的观念，发掘出了"工匠"所具有的社会历史作用(不只是用自身的技术造物)，他说："关于工匠在政治史上所起的作用，几乎全部还需要有人去写出来。"(P20)并用王小波和李顺领导的993—995年间的四川起义作为例证加以简要说明。当然，目前这方面的研究还未真正开始，因此他呼吁，"阐明发明家、工程师和有科学创造能力的人在他们那个时代的社会中的地位，这本身就是一种专门的研究，我们现在还不能系统地进行，部分地因为它在某种意义上是次要的，首要任务是证明他们的身份和他们实际上做了什么。"(P25)而这应该对我们有很好的启示。(5)关于"工匠"的分类研究问题，李约瑟作了较为系统研究并得出了较为合理的结论。他说："我们把发明家和工程师的生活历史分为五类：a.高级官员，即有着成功的和丰富成果的经历的学者；b.平民；c.半奴隶集团的成员；d.被奴役的人；e.相当重要的小官吏，就是在官僚队伍里未能爬上去的学者。"(P25)他认为，第一类，高级官员，主要有张衡、郭守敬等；第二类，平民，如毕昇；第三类，半奴隶集团的成员，如信都芳等；第四类，被奴役的人，如耿询等。第五类，相当重要的小官吏，就是在官僚队伍里未能爬上去的学者，数量最多的一类，李诚等。

如上所示，就足以让我们作出很多关于中华工匠文化问题的系统深入研究成果，启示重大。

第二，当代学术研究现状的促使：如上李约瑟所示，中华工匠理应成为中华文化研究的主体部分或重要部分，然而一直以来，中国学术史，包括哲学史、思想史、文化史、美学史、艺术史等，工匠共同体，只是背景、配角，没有走向历史前台，即使是技术史、工程史、工艺美术史等也只是大量篇幅呈现"器物"，考察"器物"方面的问题(当然，器物是人造的，也可以借此考察造物者——工匠，但这是间接的不是直接的)，人的问题基本缺席。即使谈"人"的因素，也更多只是从接受者(消费者、欣赏者)的角度去讨论其审美价值、经济价值、文化价值等，往往忽略器物创造者自身的历史文化价值。诚如"首席专家情况"中所言，"中华工匠文化体系及其传承创新研究"不仅具有设计学价值，而且具有更大的文化史价值和世界观价值。就文化史价值而言，"工匠"作为"造物主"特性的人类生活世界的创造者，理应具有极其崇高的历史地位(百工之事，皆圣人之作也）。然而，直到现在，我们的文化史（包括艺术史、科技史等等）并未使"工匠"获得其本该具有的真正价值。[李约瑟在讨论中华工匠问题时，曾说："唐代历史只叙述产品，而不叙述所用的技术。"（《中国科学技术史·机械工程卷》第18页，科学出版社2004年版）也就是只见物，不见人。] 比如艺术史，真正意义上的艺术史应该是"艺术"产生之后的事，也就是"纯艺术"之后，才有的事。而此前的"艺术史"，应该是"工匠史"或"设计史"。尽管"工匠""设计"本身也都有某些"艺术"的成分，但绝不等同于艺术。造成这一窘境的原因固然很多，但其根本性的原因就是世界观问题。所谓世界观问题，就是人们如何看待生活中的"工匠"问题 [工匠应该是指那些凭借自身特殊技能改造世界和创造人类新世界的人群或共同体，特别是大量普普通通的"物作"者（"物作"，日本常用于指称"制造业""做东西"），是他们默默无闻地为我们生活的世界实实在在增色添彩]。从"雅俗"观念而言，"工匠"属于"俗"的性质，而我们长期以来，或几千年以来，都是在追求"雅"（虽然偶尔也会关注"俗"，一般都是"雅"的需要而为）、追求"高大上"、追求奢华、追求名牌等，而不知道真正制造和创造"高大上""名牌"的人，更不知道真正要尊重这些"工匠"。我们当今为了发展经济提升产品质量等，大力提倡"工匠精神"，有一定的合理性，是时代的呼唤，但还应该进一步深入探讨"工匠精神"背后的生态环境——工匠文化（工匠文化体系）问题。当然，这样一来，这个话题可能更沉重了，而且极具现实性了（在此，不展开讨论）。实际上，如果工匠文化氛围缺失或缺少，那么工匠精神是不可能获得真正的普及和深入人心的。也就是说工匠文化是工匠精神确立的基础和生长的生态环境。从理论层面加强工匠文化的研究，为中国当代社会实践活动服务，已显得十分重要。

第三，当前"非遗"问题的反思：随着高科技的发展，人类生产力的大幅提升，工业化文明程度越来越高，人类已进入"地球村"的"互联网"数字化全球化时代，传统民族文化如何有效保护与发展，成为当今世界文化发展的一大世界性主题。联合国教科文组织先后发布了《保护非物质遗产公约》和《保护世界文化和自然遗产公约》，大力推动了世界各民族传统文化（包括"非遗"）保护、传承与发展。以联合国教科文组织为首组建了世界各国非物质文化遗产（简称"非遗"）保护组织。为了适应世界潮流，有效保护中华传统非物质文化遗产和民族文化，中国政府采取了相关措施大力推进这一事业发展，并颁布了《中华人民共和国非物质文化遗产法》等。

关于"非遗"的含义，主要有两种解释：（1）根据联合国教科文组织《保护非物质文化遗产公约》定义：非物质文化遗产 (intangible cultural heritage) 指被各群体、团体、有时为个人所视为其文化遗产的各种实践、表演、表现形式、知识体系和技能及其有关的工具、实物、工艺品和文化场所。各个群体和团体随着其所处环境、与自然界的相互关系和历史条件的变化不断使这种代代相传的非物质文化遗产得到创新，同时使他们自已具有一种认同感和历史感，从而促进了文化多样性和激发人类的创造力。(2) 根据《中华人民共和国非物质文化遗产法》规定：非物质文化遗产是指各族人民世代相传并视为其文化遗产组成部分的各种传统文化表现形式，以及与传统文化表现形式相关的实物和场所。包括：a.传统口头文学以及作为其载体的语言；b.传统美术、书法、音乐、舞蹈、戏剧、曲艺和杂技；c.传统技艺、医药和历法；d.传统礼仪、节庆等民俗；e.传统体育和游艺；f.其他非物质文化遗产。属于非物质文化遗产组成部分的实物和场所，凡属文物的，适用《中华人民共和国文物保护法》的有关规定。由此可见，"非遗"保护的核心应该是对"工匠"的保护。

为了促进中国的非物质文化遗产保护工作规范化，国务院发布《关于加强文化遗产保护的通知》，并制定"国家＋省＋市＋县"共4级保护体系，要求各地方和各有关部门贯彻"保护为主、抢救第一、合理利用、传承发展"的工作方针，切实做好非物质文化遗产的保护、管理和合理利用工作。先后展开了世界非遗保护名录和国家各级非遗保护名录的申报工作与保护传承措施。例如近期由文化部、教育部等机构牵头组织和部署实施"中国非物质文化遗产传承人群研修研习培训计划"，在全国蓬勃展开，风生水起。并将这一计划纳入常规化发展行列。

然而，也逐渐暴露出一些问题，比如，传承人的确定问题，虽然有很多限定或规范性条文，但具体实施的过程中，可能出现一些偏差（当然这是难免的）。而且传承人群研修、研习、培训，如何实质性落实与展开，这些都是有待研讨的。更重要的是，"非遗"是一项十分庞大而艰巨的系统工程，目前对"非遗"问题的探讨，大多还停留于基本概念和简单的操作层面（包括手工艺人口述史、工艺美术大师全集等等成果），还没有出现深入系统探讨的学术成果。

这些问题展开的前提，就应该加大对中华工匠文化体系的深入系统研究。

第四，当代中国学者的历史使命思考：自鲁班以来，中国素有工匠大国之称，面对高科技发展、生存方式的变迁，中国传统工匠文化体系及其工匠精神，以及中国工匠文化如何保存、如何发展、如何更有效地提升人类生存品质，促进人类的更健康、更生态、更文明、更和谐的发展与进步，等等，都有待于我们深入系统展开研究。这是本课题研究的核心宗旨所在。

我始终认为，任何时代的大学者都必然要思考人类、民族、文化及其未来发展的重大理论问题。古今中外概莫能外，中国的孔子、老子、墨子、朱熹、王阳明等，西方柏拉图、耶稣、康德、黑格尔、马克思、杜威等皆是如此。是他们，为人类的发展、人类的文明作出了历史贡献。在中华民族伟大复兴的时代，作为学者，应该有所担当，为人类、民族、国家的发展作出自己的努力。

依据个人的学术体会，我始终关注中华当代体系（我对"中国梦"的一种用语）建构问题。结合本专业教学和研究，大力倡导和系统深入探索中国当代设计理论体系建构问题。依据目前的考察，中国当代设计理论体系建构基本路径有三个：中华传统设计理论体系（考工学体系）、国外设计优秀理论资源和当代设计实践基础上生成的理论系统等。对于具有五千年文明的中国，中华传统设计理论体系显得尤为重要和迫切。为此，这些年来一直围绕中华传统设计理论体系经典论著的研读与创新建构，获得了一批成果，受到学界关注。并对中华设计理论体系的内部结构逐渐有了清晰的认识，其中，从"考工学"（很宽泛的大概念）逐渐聚焦到"造物美学"（但还是很宽泛）再到"工匠文化体系"（更明确，也更具中华意蕴、中华民族精神），显示出了对中华传统设计理论体系——考工学体系有了更进一步的认识和明晰化。应该说这是我研究中华工匠文化体系的基本路径。没有中国当代设计理论体系的建构研究，就不可能有对中华工匠文化体系的系统思考与研究，应该是互动生成的关系而密不可分的。

上述四点，坚定了我提出本选题，并加以深入系统研究的决心和信念。

当代设计体系下梁思成"中而新"设计观内涵及价值

邹其昌　冯　易

（同济大学；武汉纺织大学）

摘要：在当代设计体系之下，对梁思成"中而新"设计观的内涵、流变，以及其对构建中国当代设计体系的启示等作出归纳与分析，以期揭示其对中国当代设计理论体系建构的本土化意义及当代价值。梁思成"中而新"设计观是其设计思想的核心观念，它不仅是梁思成追求的设计风格，也是其建构的设计方法，体现了其设计理念；梁思成"中而新"设计观的确证过程，是一个不断寻找中国设计本体的过程，也是寻求彼时语境下中国设计转型更新的过程；梁思成"中而新"设计观从核心层、策略层和方法层等三个层面对中国设计理论体系建构提供借鉴。

关键词：设计体系；梁思成；设计观；"中而新"

当代中国设计理论体系基本上承袭于西方 20 世纪上半叶形成的现代设计理论体系。随着中国经济体量的增长和文化自主性的提升，设计理论体系建构过程中的本土化问题日益突出，尽管已身处 21 世纪，对诸如设计本质、设计目标、设计形式等核心因素的模糊把握依然困扰着整个中国设计界。中国现代设计不是无本之木，中国有着丰富宝贵的造物传统，特别是从中国传统工艺蜕变到中国当代设计的这段特殊历史时期，蕴含了更多本土设计开拓者的智慧财富。而梁思成以其在中国建筑乃至整个设计学界的重要地位和丰硕成果，给我们提供了一个研究中国本土设计理论形态发展的范例。

总体来看，学界对梁思成设计观的已有研究主要从建筑层面切入，融合于建筑史、建筑设计、城市规划、建筑教育、建筑美学等诸研究领域，积淀丰厚。然而与西方学界强调建筑设计对整体设计学科研究的引领作用，继而构筑起完整设计理论体系不同的是，由于中国设计学科理论建设相对滞后，因而对梁思成学术思想的研究多局限于工程和科技史的研究框架之中。如果以设计观的命题考量当前研究成果，大多是将梁思成设计观作为其建筑思想的一般概括或仅就建筑设计的某一层面做微观解读。本文试图从设计学宏观层面，用设计学跨学科的整体视角，考量梁思成设计观的组成、内涵和流变，并结合当代设计语境，重新审视梁思成"中而新"设计观作为重要文化资源对当前中国设计理论体系建构和设计实践的重要意义。

一、当代设计话语体系与梁思成设计思想概述

（一）当代设计话语体系基本含义

在当今由设计对象以人为中心编织起来的物质和精神世界中，存在着一个使所有设计活动按既定"秩序"运行，以及被人解释的规则系统。正是基于这样的规则系统，设计对象被组织进入人类外部的环境系统和人类沟通的语言系统。犹如在人类沟通交流过程中起着重要中介作用的语言文字一样，话语体系是一个浸淫着社会文化、经济规则、技术标准和政治权利的复杂系统，当这个系统物化为围绕人的生活的设计对象时，设计话语体系的概念由此诞生。

从设计话语体系的构成维度来说，它包括设计话语体系的文化表征、经济制度、技术标准和权利模式等几个方面。第一，从文化表征来说，它代表了使用这一套体系的人群所共同遵守的文化价值理念和文化符号的意义，如同古代陶器上描绘的纹饰所寄寓的意义系统，是当时人们所共同认可的话语，它可以借由这些经过精心设计的纹饰、造型发挥语典规范的作用，它集中体现了设计活动精神性的一方面。第二，从经济制度来说，它反映了某一社会当时最高的经济发展水平，和与这一水平相适应的经济生产活动规范。许多设计形态和设计产品都是某一经济生产活动规范下的产物，如灯具设计的丰富化历程就反映了人们已经突破了早期先民"日出而作日入而息"的生产模式以及娱乐活动日益内化为大众的日常，同时也体现市民阶层开始占据经济生活中的主导地位。第三，从技术标准来说，它集中体现了设计活动物质性的一方面，自从设计活动从自给自足的阶段走向社会分工的阶段，它就必须遵循分工生产顺利完成的技术规范。它的实施让整体设计流程每个环节乃至后续的生产环节、发布环节都井然有序。特别是在当代随着生产分工活动的全球化趋势愈演愈烈，全球性的设计技术标准体系已然形成。第四，从权利模式来说，它实质上是政治、经济地位的优势群体通过赋予文化表征的权力，将这套表征系统借由技术标准推行开来，使设计成为一种权利表达。如封建社会的服饰色彩、房屋制度都从侧面反映了设计使用者的权利身份，它代表从底层群众至上层统治集团所共同依循的行为规范。

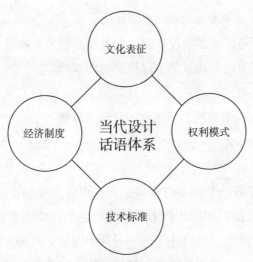

图1　当代设计话语体系基本构成

　　随着全球化生产和文化交流模式的形成，当代设计话语体系已经突破以往地区之间、国家之间的界限，向全球范围蔓延，形成国际上通行一种设计准则的趋势。比如现代工业生产所遵循的流水线生产模式就从诞生地的福特汽车车间经由美国资本的全球化输出而得以普及。无疑，从文化影响力和经济活动的视角来看，谁掌握当代设计话语体系的制定权和解释权，谁就能在当代的全球设计竞争活动中居于优势地位。因此，当代设计话语体系已经演变成一种权利分配模式，以及各个国家、各民族对处于世界设计舞台上设计话语权的争夺现象。针对中国当前设计体系所处的现实语境，学者邹其昌认为中国当代设计话语体系的建构试可以从以下几条路径寻求突破：核心设计文化体系建设、关键设计技术体系建设和优良设计市场体系建设等环节①。笔者认为技术和市场的建设是一个按部就班硬实力的累积过程，而文化建设则是一个可以实现"弯道超车"的软实力萌发过程。就文化方面来说，中国当代设计话语权的弱势地位，一方面有客观的历史原因，另一方面则反映出文化建设工作的急迫性。

（二）梁思成设计思想核心内容及表现形式

　　梁思成设计思想是指其在设计理论构建和设计实践活动中沉淀下来的系统化理性认识。它反映了梁思成在进行设计活动过程中对设计本体的基本认识，以及对设计对象和周围关联要素的关系把握，它是梁思成进行设计活动时遵循的逻辑惯例和思维方针。关于讨论梁思成学术思想的已有成果，较具代表性的观点包括学者赖德霖提出的"科学

---

① 邹其昌：《论中国当代设计理论体系建构的本土化问题——中国当代设计理论体系建构研究系列》，《创意与设计》2015 年第 5 期。

性"与"民族性"①，以及学者赵辰提出的"民族主义"和"古典主义"②。由于思想本身的丰富性，对设计思想可以从多角度、多面相考察，但考察路径又必须紧紧围绕设计学科本身的属性，借用梁思成对建筑艺术风格形成的解释：它"是由于多方面因素的综合，是许多矛盾的统一。总的说来，它是经济基础的反映，是技术科学和社会思想意识的统一"③。笔者认为梁思成对于建筑艺术风格的总结恰好概括了设计的本质属性，从设计话语体系的构成框架："文化性""经济性""技术性"三个面相，可以有效把握梁思成设计思想的核心内容。

梁思成设计思想的第一个核心内容即是其在中外文化的比照中，对自身文化身份意识的认同和建构。20世纪初期，处于内忧外患之中的中国文化未来走向正经历着关键性变革。思想家梁漱溟生动地描述了这一时期中国文化三种未来走向的可能道路：其一，西方文化全面取代东方文化；其二，东方文化求变通而与西方文化并立；其三，开拓思路求取东西文化的融合④。这三种意识也代表了当时国人所持的三种主流观点。与文化保守者和激进者不同，梁思成认同当时兴起的"科学救国"主流策略，同时通过吸收和融合其他文明的优秀成果，力图重塑中国文化的独特价值。他提出一条借助西方文明促使民族传统文化资源的现代转型，最终达到中国文化、经济乃至社会的全面提升的策略。正是在"中国建筑文艺复兴"的精神感召之下，以梁思成为代表的中国第一代接受过正规培训的建筑师，试图将世界各地建筑的优点结合起来，致力于建立一种新的建筑语言，使之既能够展现国家发展的愿望，又能够尊重引以自豪的历史传统。1928年，梁思成创建东北大学建筑系时期，他鼓励学生到自己的民族文化中去汲取营养，通过融会中西之长去创造新建筑，实现"东西营造方法并重"的执业理想。梁思成在1931年加盟"中国营造学社"之后，又开始了对中国古代建筑全面系统的研究。他通过总结提炼蕴含于中国古代建筑设计和施工中的传统智慧，用自己的研究成果驳斥了当时一些追随国际潮流的建筑师对中国传统建筑价值的怀疑态度。梁思成设计思想的第二个核心内容表现为其对设计活动经济属性的肯定，以及自觉注意经济要素带给设计活动的重要影响。早在梁思成开展中国古建筑调查的初期，他就十分敏锐地发现建筑活动和经济之间密不可分的关系。因此，在其建筑史写作、建筑学科的科学界定以及建筑属性的把握等各个方面，梁思成都强调要纳入经济要素以综合考量。在此之前，经济虽是人们从事设

---

① 赖德霖：《"科学性"与"民族性"——中国近代的建筑价值观》，《建筑师》1995年总第62、63期。
② 赵辰：《民族主义与古典主义——梁思成建筑理论体系的矛盾性与悲剧性》，见赵辰：《"立面"的误会：建筑·理论·历史》，生活·读书·新知三联书店2007年版，第9—45页。
③ 梁思成：《建筑创作中的几个重要问题》，见梁思成：《梁思成全集》第五卷，中国建筑工业出版社2001年版，第357页。
④ 梁漱溟：《东西文化及其哲学》，商务印书馆1999年版，第16—17页。

计活动的重要基础，却一直未得到包括西方设计理论家应有的重视。梁思成通过梳理历史发展的线索，认为经济发展导致生产方式变革，进而改变人们的生活形态，使得设计活动必须面对时刻出现的新问题。梁思成设计思想的第三个核心内容即是对设计技术属性的关照，以及在此基础之上设定的一系列设计策略和设计方法。在梁思成的学术文章中有大量提及技术的内容，大体上可以从以下几个方面去认识梁思成设计思想中对技术要素的理解。首先，技术本身作为一个关键属性是内嵌于整个设计活动过程中的，无论是设计的构思阶段，还是设计的具体落实阶段都必须考虑到现有的技术条件的限制水平。梁思成于 1962 年撰文"建筑 ∈（社会科学 U 技术科学 U 美术）"，将建筑（这里可以将其扩展为整个设计门类）概括为社会、技术和美术的综合体。其次，梁思成将技术放到一个历史发展的线条中去观察技术与传承之间的关系。梁思成在承认技术发展的不可逆中，强调技术的产生和其产生的物质环境密切相关，任何发展变化都必须在原有技术经验、工艺、材料和生活方式的基础上进行，因此我们就不难理解技术既有共通性的一面，同时也有本土性的一面。再次，梁思成在明确了建筑是一门综合学科的基础之上，从功能、技术、形式三者之间的辩证关系去认识把握设计中的技术要素。梁思成在功能和形式这一现代设计最本质的矛盾之间，发现了技术的居间协调作用，即功能和形式可以打破二元对立的关系，通过技术的创造性协调，可以达到三者间平衡的结果。日益复杂的功能需要借助技术来实现，而形式的达成同样依赖技术。创造性的技术解决方案完全有可能平衡两个要求，达成合理的功能和美观的形式。

纵观梁思成设计思想的历史发展，虽因其理论水平提高和外部环境影响而呈现出不断变化，但我们依然可以看出在其"探索中国新建筑"设计理想下有三条明晰的分线索贯穿其中：一是求真，即秉持结构理性的观点来观照建筑，并以结构合理性来作为评判建筑设计优劣的重要标准；二是臻善，即逐渐从古典主义的形式恪守，进而到人本主义的需求满足；三是尚美，即强调建筑的艺术特质，主张建筑功能和形式的美的统一。这些线索相互交织，共同构成梁思成设计思想的整体样貌。用科学的合理主义去取代唯美的形式主义正是现代主义的核心原则，而这一原则以哥特式建筑的理性结构为发端，最终成就了现代主义建筑中的框架结构体系。显然，梁思成在林徽因的影响下，迅速接受了这一原则，并以这一原则作为审视和评判中国传统建筑的切入点。正是在这一求真原则（结构理性）的指导下，梁思成迅速跳脱出第一批归国建筑师试图调和西方化和传统审美的折中主义建筑方式，独辟蹊径地以"文法"（此处特指建筑的结构组织法则，区别于古典主义建筑的构图法则）入手，试图找出中国建筑自己的理性组织原则。梁思成设计思想表现出人本主义特征应是直接受到身兼作家和建筑师双重身份的妻子林徽因的直接感召。"林徽因的人本主义思想原本就是她的核心文学思想……林徽因的个人魅力也在很大程度上出自于这一点，这种注重人和生活本身的'文学'眼光在建筑学方面的体现必然会有极大意义的"①。如何体现出"以人为本",梁思成认为建筑设计要充分考虑居住者的使用功能和精神需求。值得一提的是,梁思成将建筑民族性问题也纳入建筑的物质和精神功能满足的范畴之中。在梁思成的建筑设计范畴里,功能的实现始终是围绕着人的多方面需求整合在一起的,而对人的传统生活习惯的尊重是其重要内容。与现代主义建筑先锋——芝加哥学派建筑师路易斯·沙利文(Louis Henri Sullivan)明确提出的"形式追随功能"(Form Follows Function)的观点迥然相异的是,梁思成在功能与形式之间的价值判断上,并不绝对地偏向某一方,而似乎更认同孔子"文质兼备"的主张,主张建筑功能、技术和艺术的统一。梁思成从不否定建筑艺术的独立价值,梁思成很早就指出建筑功能不仅包含物质的、生理的层面,还包含精神的层面,即满足人视觉的、观感的等其他要求。这样他便把建筑的审美价值和使用价值一并统一在结构理性的大原则之下。

图2 梁思成设计思想的核心内容和表现形式

二、梁思成"中而新"设计观的内涵

"中而新"一词的提出源自梁思成两次讨论建筑艺术风格优劣时,用于形容他心目中最理想的建筑艺术风格。第一次是梁思成1958年讨论人民大会堂设计方案时,认为中国新时期建筑艺术风格上的优劣顺序应该是:一、新而中;二、西而新;三、中而古;四、西而古②;第二次是在1959年为献礼建国十周年的重要建筑评审中,他又强调在建

① 赵辰:《作为中国建筑学术先行者的林徽因》,《建筑史》2005年第21期。
② 梁思成:《从"适用、经济、在可能条件下注意美观"谈到传统与革新》,见梁思成:《梁思成全集》第五卷,中国建筑工业出版社2001年版,第311页。

筑设计风格上"中而新"是上品,"西而新"为次,"中而古"再次之,"西而古"为末的价值判断标准。仅就梁思成提出这一概念的上下文语境而言,两种提法的所指应该是一致的。并且就第一次提出"新而中"时的完整表述,似乎"中而新"才应是其原意表达。根据偏正结构的词语组织规则来理解,显然"中"是本体,而"新"是对"中"的一种补充修饰,"中而新"设计观即指以本土为根基,吸收融合一切先进的国际化成果(新技术、新材料、新思潮等),顺应时代发展新要求的设计观念。另外,我们从梁思成的排序中可以看出,在"中"和"西"之间,梁思成是坚定地站在"中"这一边的;其次,在"新"与"古"之间,梁思成坚持发展的观念。在明确了"中而新"的逻辑关系之后,其在梁思成设计观中具体所指为何,是一个值得深入思考的问题。

(一)基于形式风格的"中而新"阐释

从属于艺术学学科门类下的设计学科,其基本属性首先是形式艺术。建筑设计也不例外,因此梁思成对"中而新"的阐释首先是从形式层面入手的,即它要求在建筑设计中反映出中国独特的民族气质,即一种对建筑造型形式审美的抽象表达①。

早在 20 世纪 20 年代末,梁思成回国开展建筑执业甫始,他就多次强调中国建筑有一种独立于外的"中国固有之建筑美"②。此时,他眼中的中国固有建筑美,自然是从建筑最显而易见的形式层面来说的,即中国传统建筑呈现出来的明显区别于西方,予人视觉上留下深刻印象的整体轮廓特征、局部构件及装饰手法等。为了达到这样的目标,他专门实地考察古建筑,整理出《建筑设计参考图集》以供建筑师设计时参考。他希望新时代的建筑设计师要熟悉本民族传统建筑中蕴含的丰富瑰丽的形式要素,进而能够在设计新样时最大程度地保留这些形式特征。其后,他认识到形式不是一个稳定静止的概念。不同时期,形式会受到各种相关要素(精神、社会、物质等)的影响而发生变化。中国古代时期的建筑形式之所以变动较小(在外国人看来甚至可以忽略不计),根本原因在于传统社会生活模式、中国人精神生活的超级稳定性。但当这种稳定结构在外力破坏下被"撕裂"时,反映在设计活动中则表现为追求形式上的新特征。梁思成认为形式的改变是必然的,因为满足早前生活所需的形式构造未必能解决当前出现的新问题,但前后相继发展变化的形式之间仍然有一以贯之的属于本民族独有的特征。他将这解释为内化在本民族生活习俗和审美心智中的对某种形式要素的特殊敏感。基于以上认识的深化过程,梁思成对形式的把握已经从建筑外表转而进入建筑内部,即对建筑构架、组

---

① 梁思成:《从"适用、经济、在可能条件下注意美观"谈到传统与革新》,见梁思成:《梁思成全集》第五卷,中国建筑工业出版社 2001 年版,第 311 页。

② 梁思成:《天津特别市物质建设方案》,见梁思成:《梁思成全集》第一卷,中国建筑工业出版社 2001 年版,第 33 页。

织，及各部件做法权衡的把握。由于中国传统建筑框架和现代建筑框架构成原则相同，因此为中国新式建筑中传承民族形式提供了更加便利的条件，他甚至亲自指导设计了一个用传统建筑结构部件重新组织的外观传统而内部完全是现代空间的建筑（中央博物院人文馆，现南京博物院老大殿，设计方案确认于 1935 年）①。

在梁思成另外一些设计实践中，其似乎力图挣脱形式特征的束缚，从"风格"层面来诠释"中而新"的设计观念。如他与林徽因共同设计的北京大学女生宿舍，以及对华揽洪设计的北京儿童医院的赞许。但细读相关文本，依然发现其设计或赞同的重要理由仍然基于这些设计内含了中国传统形式的比例和造型特征，只不过与一望可知的轮廓、构件、装饰相比，这些相似性是通过更加抽象的层面（比例、布局）表现出来。在设计艺术中，形式始终是一个绕不开的命题，它是设计师思想呈现和体验者感受设计对象的重要媒介，是设计目的得以最终实现的物质基础。形式是设计师在设计过程中协调各种要素关系，在满足功能的前提下，求取最合理解决方案的自然结果。如果在设计不断更新发展的过程中，仅仅为了某种形式特征的承继，撇开设计服务对象的切实需求，而刻意保持某种造型方式就会把问题变得本末倒置。梁思成在遭遇了设计实践的瓶颈之后，专门论述了"形式"与"风格"的区别问题。梁思成指出形式不等于风格，"建筑的'风格'，就是指一座建筑所呈现的精神面貌"②。梁思成认为形式是一个形而下的概念，是建立风格的"原始材料"，同样形式（此处指基本型和构造技术手法）可以呈现迥然相异的风格。而风格是一个形而上的概念，它是建筑整体给人的审美意象，反映着人的思想意识。形式是物质层面的，因此更容易受到材料、技术的影响，而风格是精神层面的，它更自由，可以挣脱物质的束缚，也更具有稳定性，常常沿着自己的独立轨迹缓慢发展。它内化于物质当中，并通过一种集体的审美意象外显出来，进而彰显它的文化内涵。艺术风格作为审美意象的具体呈现之所以具有强大力量（如某一时期的主流艺术风格会影响当时几乎所有的艺术门类），正是倚靠其背后的集体文化意识。例如，梁思成通过考察发现南北朝时期，北魏道教盛行，但其建筑风格却和佛教建筑风格无异，正是此理。梁思成之所以在其整个设计实践生涯的后期专论两者之区别，一个重要的原因即在于其发现无法完全用传统形式去解决越来越多的设计新问题。同时，秉持发展观念的梁思成肯定也意识到了风格是一个变化的概念，既然风格变动不居，那唯一可以把握的就是风格的形成机制。梁思成认为风格是自然条件、文化传统、科学技术、经济基础、社会水

---

① 赖德霖：《设计一座理想的中国风格的现代建筑——梁思成中国建筑史叙述与南京国立中央博物院辽宋风格设计再思》，见赖德霖：《走进建筑走进建筑史——赖德霖自选集》，上海人民出版社 2001 年版，第 311 页。

② 梁思成：《建筑创作中的几个重要问题》，见梁思成：《梁思成全集》第五卷，中国建筑工业出版社 2001 年版，第 356 页。

平、人口素质等诸多要因合力冶炼的结果，是许多矛盾的统一。概括来说，它是经济基础、技术科学和社会思想意识的统一。由于形成风格的诸多因素都是在不断的发展变化当中，中国建筑的风格也必然呈现出强烈的时代特征，反映出一个时代的实践主体的时代精神。

（二）基于设计方法的"中而新"阐释

在"中而新"的命题中，更现实的问题是如何协调中国设计本体和外来新事物的关系。在梁思成的设计观念里，他把这个问题统一为"传承与创新"的问题。具体理解就是梁思成要传承什么？革新什么？最终要达成何种目的和理想状态？面对上述问题，梁思成主要采取了两条道路——"审美驱动"的和"功能驱动"，以实现其"中而新"的设计理想。

20世纪初，来自西方的新材料和新科技，相较于直接取材自然的中国传统建筑材料确实显示出许多优点。如建造跨距更大的空间，组织复杂的结构，满足更多的功能需求，提供方便和实用。推动材料革新的背后因素是科学技术的发展，由于科技发展，带来了生产方式的巨大变化，整个设计行业面貌也随之改变，自然也促进了设计造型的巨大改变。在民族审美观念的驱动下，梁思成在此阶段要传承的是中国传统建筑的形式特征，革新中国传统建造材料和技术，希冀通过融合中国传统美感和现代科技，达到一种既保留中国传统建筑特征又满足新时代功能所需的新建筑。考察梁思成此时段的建筑设计实践，无论是吉林省立大学教学楼，抑或北京仁立地毯公司门面改造，都是在西式框架的基础上附上中国传统装饰构件，最终达到一种中和新（西）融合的结果，但究其设计方法之实质，都与折中主义设计方法并无二致。

1931年之后受林徽因启发，梁思成开始从结构合理性的视角去审视中国传统建筑。他对中国传统建筑的认识已从建筑外观转向建筑内部的结构方式。他将中国传统建筑的内部结构比照西方中世纪哥特建筑的内部结构，认为前者也会如后者一样演进至现代建筑。梁思成在写于1935年的《建筑设计参考图集》序言中进一步强调随着新技术、新材料的引入，必将要求中国传统建筑进行自我更新，而其中更新的动力则是中国建筑构架系统中隐藏的理性原则，基于这个结构系统所表现出来的充满理性光辉的组织方式和尺度权衡才是立志存续中国建筑精神的建筑师所要着力研究的[1]。梁思成认为要走出中与西、传统与现代之间的困惑徘徊，就必须从研究中国传统建筑内部的组织结构入手，掌握了这把关键钥匙，才能真正实现"为中国创造新建筑"的愿景。

---

[1] 梁思成：《建筑设计参考图集序》，见梁思成：《梁思成全集》第六卷，中国建筑工业出版社2001年版，第236页。

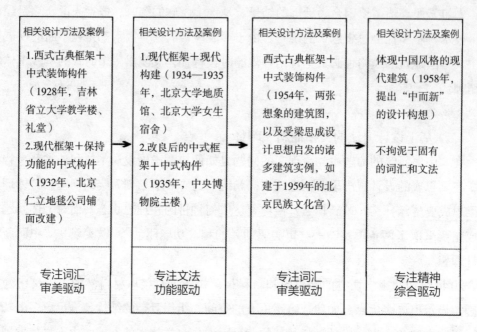

图 3　梁思成建筑设计核心方法演化简图

梁思成还从西方古典主义的"构图—要素"建筑设计方法出发，深化其内涵，将其改造为适应现代建筑设计方法的"文法—词汇"说。"文法—词汇"不仅是梁思成梳理中国传统建筑文化资源的研究方法，同时也是梁思成整个设计实践过程中最重要的设计方法，"文法"特指基于理性的建筑内部结构组织方式，区别于只依循比例审美原则的古典主义建筑立面构图方式。既然中国传统建筑和现代建筑的结构组织原则相同，因此对中国新建筑的创造探索过程中，主要任务即是研究如何将传统结构改造转化成现代建筑的结构。特别值得一提的是，梁思成认为同样基于理性主义的结构组织方式，也会因时因地因设计使用对象不同而体现出民族差异性。这样，梁思成没有陷入早期现代主义设计师纯粹理性指导设计的工作原则，而是从尊重设计文化属性的角度出发，充分考虑设计使用对象的文化需求。在理性主义观念的驱动下，传承的内容变成了中国传统建筑结构方式中体现的理性价值和组织方法，革新的是在时代发展背景下设计对象功能、形式和技术的更新，即通过新的技术手法创造性地使用这些传统结构组织方式去满足新时代背景下使用者的新需求。此时梁思成的设计方法基本无异于现代主义设计方法，即从功能出发，以满足设计使用者的生活需求为前提，适当关照其合理的形式审美需求。

(三) 基于设计哲学的"中而新"阐释

总体而言，梁思成"中而新"设计观的前提是基于对"文化融合"和"文化发展"

的认同。文化融合是梁漱溟在 20 世纪 20 年代初撰文指出中国人面对西方文化侵袭的三条可能道路之一，其基本路径是中国本土文化在吸收融合外来文明成果之后，能够将其领会消化，最终内化为自身的一部分并自由运用。文化发展是中国人在发展出线性时间观之后，用进步的眼光审视自身的矛盾，在中与西、新与古的普遍联系中寻找促进文化发展的相关因素。

文化之间的交流是人类历史发展的常态，世界文化发展史其实就是一部地域文化交流史。我们必须正确看待文化交流时发生的摩擦，特别是当交流的双方彼此力量悬殊之时，原本平等的交流就会变成一方对另一方的同化。梁思成指出中国文化自古就善于吸收融汇外来文化，这种广采博取的基因丰富了中国文艺的题材、技法，但最终都发展成为带有中国精神、气魄、格调的新事物，这就是将外来文化消化吸收和重新创造的积极结果。作为梁思成设计观念核心的"中而新"思想，即是通过对外来文化的吸收学习，在保持民族文化鲜明性基调之上，完成本土设计观念、设计方法的持续更新。这里面的逻辑线索十分清晰，即本土资源是基础，吸收学习是条件，发展更新是目的。另外，它强调的是源自中国设计内部的原生新生力，而不是把发展的动力寄托于外部的给予。梁思成"中而新"的设计观其实蕴含着三个相互关联的现实问题：一、在当代环境之下，如何设计出既满足国人生活功能需求，又满足精神需求和审美意识的设计产品？二、如何去协调日新月异的现代生产技术与相对稳定的精神需求之间的矛盾？三、怎么看待民族文化资源，如何对其进行创造性开发和转换？

(四)"中而新"与"新而中"辨析

对于梁思成"中而新"设计观的解读，经常与另一个极相似的名词"新而中"混淆。这种混淆存在客观原因，即梁思成在前后两次对同一问题（建筑艺术风格的优劣）发表看法时，在上下文一致的情况下，分别用了"中而新"和"新而中"两种说辞，也就此给后续的研究工作造成文献来源上的混淆。从"中而新"和"新而中"分别对应的内容来看，"中"与"西"相对，"新"与"古"相对，从结果来看，两者都强调创造有中国特色的现代化建筑，其之间的内涵差异较小，尤其是把"而"理解为并列连词去连接一个对等概念时，更容易造成理解上的混淆。笔者认为"中而新"是更能代表梁思成设计观念本意的说法。由于"中"与"新"并非指向两个完全对等的概念范畴，故不宜将"而"当作并列连词。如果把"而"当作接续副词，两者之间的区别就可以明显呈现出来。即前者是本体，后者是前者发展的方向和目的。这样的理解更贴合梁思成学术研究的动因：随着营造学社展开十余年的中国古建筑调查，力图改变中国建筑不被国际学术界承认的现状，在中国传统建筑的分析解构中找到其更新发展的动力机制，寻找推动其向现代化建筑转型的路径。① 回望当时中国的现状,何止建筑需要寻找更新发展的动力,整个中国传统造物活动体系(中国现代设计体系的前身)在西方强势文化冲击造成的现实文化断裂语境中,有行将崩塌的危机,故梁思成"中而新"的设计观念虽针对建筑提出,却有相对整个设计门类的普适意义。

具体分析"中而新"和"新而中"设计观之间的差异,可以做以下几点归纳:第一,两者对本土文化的理解程度不同,以及由此造成文化更新出发点之不同。"中而新"强调中国本土设计文化的独立价值,并将其视为建立中国新设计最重要的资源。它是基于一种文化自省、文化自信和文化自尊的态度下,客观地审视中西文化之不同,坚定地秉持中国设计拥有自我更新潜力的认识,借鉴一切先进的国际化优秀成果,吸收消化,为我所用,最后创作一种新的中国特色的设计范式。"新而中"则是承认西方现代文化无论在人的精神生活、社会生活和物质生活各层面都是一个更适合中国人的选项,故在西方设计的基础上衍化出一个中国化的设计亚型。先不论此路是否可通,仅就文化角度来说,彻底放弃中国五千年来赓续不断的文化积累,确实是一种偷懒又可悲的做法,这种做法是让梁思成、林徽因等中国近代文化志士绝不能接受的。林徽因曾痛心疾首地撰文驳斥当时社会上一部分人对旧文艺断然否定的态度,认为"这话不但不通,简直是近乎无赖"②。第二,两者追求的核心目的不同,这点是较为隐蔽的。由于梁思成关于"中而新"的两次表述都是在其评价设计艺术风格之时,故很多人对"中而新"的理解等同于一种设计艺术风格的描述,并进而和设计形式画上等号。梁思成理想化艺术风格的实质是在其核心设计观指导下,运用相应设计方法最终完成的设计作品所自然呈现的外貌特征。风格只是表征,背后隐含的是梁思成如何对待"传统与革新"的关系,并在其理解基础上如何将传统造物方式进行符合现代化生产方式、技术条件、功能需求和审美特征的创新改造。所以"中而新"是隐含在风格外衣之下的一套独特的设计思维模式和设计操作过程。"新而中"则无此深意,他更适合解释中国近代建筑史上曾经出现的诸如"西译中建筑""中国复兴式建筑"等建筑艺术风格的形成机制。因为它们都是在西式框架(被国人等同于现代的、进步的、新的等概念)的基础上添加一些有中国特色的装饰性构件,起到一点追思怀古的慰藉效果。第三,两者在文化更新过程中面对外来文化态度和方式的不同。"中而新"是一种立足自身,主动求"新"的态度,"新"是目标。因此,梁思成在"传统与革新"之前加上了认识、分析和批判的过程,在之后加上了运用的过程,这一吸收融合的流程不仅对于传统文化,对于外来文化都是同样适用的。而"新而中"则是一种被动地全盘接受外来文化的态度,而后在外来文化本体上追求"中"的况

---

① 朱涛:《梁思成与他的时代》,广西师范大学出版社 2014 年版,第 55—105 页。

② 林徽因:《闲谈关于古代建筑的一点消息》,见梁思成:《梁思成全集》第一卷,中国建筑工业出版社 2001 年版,第 315 页。

味，这种将文化发展更新寄希望于外来文化的做法，是很危险的。

三、梁思成"中而新"设计观的流变

"中而新"这一梁思成独创的名词，首见于其关于中国建筑艺术风格优劣排序，他认为这一名词代表了他心目中中国建筑艺术风格的理想状态。但如果将这一名词的意义指向其衍生意义，我们则会发现这一概念早已多次出现于梁思成各时段关于建筑设计的论述之中。如果结合当时的现实语境和其表述时的上下文，则会发现梁思成提出的"中而新"是一个内涵不断发展变化的概念，其意义所指包括设计观念、设计方法、设计风格等多层面内容。由于设计观在内容上具有抽象意义的统摄性，故在展开讨论时可以将其他解释统括其中。

（一）西方文化冲击下的中国美感表达

20世纪初，受殖民文化和经济的影响，原本两种独立发展的建筑系统在中国完成了建筑表象上混合。这些中西混合的近代洋式建筑运用了新的建筑形式、结构和材料，其构造方式区别于以往中国传统梁架建筑，同时又具有明显折中主义的集仿特征。这些来自西方的设计师，将自己所谓的文明强加在被占领的土地上，从而体现自己的文化优势。这种混杂的建筑现象无疑反映了当时中国的半殖民文化特征，显示着西方文化霸权和高质量的品质。此时的中国人倾向于采用西方建筑风格来展示建筑的新颖之处和"现代性"，却根本无视这种风格的真正内涵。如北京和济南"瑞蚨祥"鸿记绸布店就呈现中西建筑文化彼此碰撞的矛盾特征。从建造技术和实用性角度来看，中国传统建筑相比西式建筑确实显示出落后性，这也客观上造成国人普遍认为本土工艺"技不如人"的自卑心理。在当时要求创新和渴望进步的年代，崇尚西方文化的趋势愈演愈烈，"西方的"和"外国的"已经成为"现代的"（主要指先进之意）同义词。

梁思成对欧美古典建筑大量"移植"到中国来是很不赞成的，认为这些西式古典建筑与周围环境极不协调，进而破坏中国城市十分完整独特的艺术特性，实在是经济侵略下的文化悲剧。在此期间，梁思成面临的典型困境即在于怎样让中国传统建筑顺应时代发展潮流，使其按照现代工程技术进行生产，同时又能适应现代生活环境和中国人的生活文化及行为方式。传统建筑予人印象最深刻的无疑是其独特的外貌特征，在还没有进一步了解中国建筑的本质属性之前，将中国传统建筑的固有美感融于西式建筑的框架之上是梁思成能想到的最好办法。不得不承认，梁思成此时设计的建筑还不是其后来所指的中国新建筑，顶多算是对当时建筑新式潮流的回应。因为无论从其设计主旨和设计结果来说，都没有体现出中国建筑设计的本体价值，所谓的"中"只不过是建筑上的装饰特色，建筑本身仍是西方式的。

（二）探寻潜藏于传统结构中的中国本质

梁思成之所以对中国建筑特征的把握由外观转向内部结构，是受到了林徽因的影响。在发表于 1932 年《中国营造学社汇刊》上的"论中国建筑之几个特征"一文中，林徽因将体现中国建筑精神的先人智慧成果归纳为两点：纯粹的框架结构（中国建筑是由梁柱互相牵连而成的框架结构），以及与之配合的美学表达（曲面屋顶、斗拱、色彩）。梁思成认为以前仅仅关注形式的探索没有触及中国建筑设计的本质，而对建筑内部结构的探索正弥补了这一缺憾。正是由于梁思成认为自己已经找到了中国建筑设计的本质潜藏于结构之中，"中而新"的"中"才被真正树立起来。1935 年梁思成在其编撰的《建筑设计参考图集》提出"为中国创造新建筑"的主张。梁思成指出创造新建筑需要对旧建筑有认识，其古建筑调查的目的是为中国创造新建筑提供可资借鉴的参考资料①。梁思成认为中国传统木构建筑和现代建筑的框架结构原则相通，即依结构理性原则而建立的以功能为主导的框架系统。既然西方从哥特建筑框架中找到了理性主义进而更新至现代建筑，因此创造具有中国特色现代建筑必须从吸收传统建筑的文法（反映结构理性原则的框架组织方法）入手，这样才能避免盲目向西方学习不但没得到现代建筑的精髓，反而失去了自己的建筑个性。

此时的梁思成似乎已经跟上国际现代主义发展的步伐。1934—1935 年梁思成和林徽因合作设计的北京大学地质馆和女生宿舍，则完全采取了现代主义的设计手法，而此时距柯布西耶（Le Corbusier）的现代主义建筑经典作品之一萨伏伊别墅（the Villa Savoye，建成于 1930 年）竣工只有数年。1938 年，因抗战原因客居昆明的梁林夫妇又给西南联大设计了一幢女生宿舍——映秋院，这是在当时物质条件极为紧缺的状况下，以简单的砖木结构建成的一座富有地方特色的二层楼的围合院落。梁思成一方面在推进中国传统建筑的现代化更新而不懈努力，另一方面，又在为保持建筑中固有的"中国质素"而苦苦求索。和激进的西方早期现代主义"与传统割裂"设计理念不同，梁思成对民族传统不但不排斥，而且十分重视。梁思成反对被动机械地理解"形式追随功能"，强调设计中民族个性的独立价值，他认为和提倡新科学不相冲突的是建筑作为一种艺术形式

---

① 梁思成：《建筑设计参考图集》序，见梁思成：《梁思成全集》第六卷，中国建筑工业出版社 2001 年版，第 236 页。

可以超越材料限制,不然历史上共享同一科学技术文明下的多姿多彩民族建筑就不可能出现。他强调任何艺术创造都不能脱离以往的传统基础而独立。他希望建筑设计师要研究中国传统建筑,但不要作形式上的模仿,而是要体现出时代背景下的中国精神。梁思成认为设计中表现中国精神的现实途径有三:首先是结构系统和平面部署,其次才是外部形式层面的轮廓,最后则是装饰细节。他认为由结构入手的途径最重要,而建筑的平面部署是我们传统生活习惯和审美趣味的物化结果,反映了我们的家庭组织、生活方式和审美偏好。

(三)建立中国设计本体的整体认识观念

从 1932 年至 1958 年梁思成正式提出"中而新"概念这段时间,梁思成将体现理性原则的中国传统建筑框架构造方法("文法")视为连接现代建筑的关键钥匙,因此他坚持采用"文法"来概括中国建筑(中国设计本体呈现形式之一)的主要特征。从1932 年起,梁思成一直秉持结构理性的观念去审视中国传统建筑并定义中国建筑的未来方向,然而由于新中国对现代主义建筑的"机械唯物主义"和"结构主义"的批判,苏联"民族的形式,社会主义的内容"建筑创作方法(其实质是古典折中主义)取代结构理性成为建筑设计的主导原则,梁思成只能退而求其次地追求形式构图法则。其实,梁思成对中国古建筑的"文法"阐释,本身就在结构组织规则和形式构图法则之间摇摆。

正如梁思成后来所总结的,研究民族形式不能只限于表层形式的探索,其实更重要的是研究本民族的生活所需和情感所需,以及为解决这些需求而产生的独特布局方式、结构方式和装饰方式①。表现为"文法"和"词汇"的设计形式其实是文化、经济、技术等要素综合影响的结果。被现代主义设计奉为圭臬的设计原则是充分满足人的功能需求,而如何界定人的功能需求,不是仅靠人机工程学等现代技术手段来测定。梁思成用以分析中国传统建筑的"文法"视角过于偏向技术,无疑会忽视决定设计本体的其他因素。今天我们可以将建筑的形式简单分列为结构力学形式和设计外显形式②,而后者更多地依循人们的心理需求逻辑,通常这种心理需求的人文因素表现得比结构逻辑更为强大。中国自古就是一个重视形式意义的民族,中国古代建筑上有大量具有象征意义的装饰图案,建筑在造型上受到象征意义的强力影响也是很自然的事情。在中国传统社会中,建筑上的结构功能和形态意义往往是相互掣肘的,很多建筑构件就承载着丰富的文化象征含义,它们反映着宗教信仰、社会组织、生活习俗、

---

① 王军:《城记》,生活·读书·新知三联书店 2003 年版,第 191 页。

② 汉宝德:《明清建筑二论·斗栱的起源与发展》,生活·读书·新知三联书店 2014 年版,第 38 页。

审美偏好等其他存在。梁思成将中国建筑的构成形式全部统一在结构功能的逻辑之下，虽然找到了与现代建筑连接的切入点。但正如建筑作为人类生活的文化产品必然综合反映着科学、技术、社会、经济、人文等多个层面，即使是被梁思成视为最能体现功能理性意味的梁柱系统，也未必不含有丰富的象征意味。所以，当梁思成将中国传统的建造智慧主要归集于人类共性化的技术理性层面，必然会忽视建筑中地域个性化的人文情感层面的非理性内容。而这种弥散于建筑形式空间的象征意向所反映出的人文内涵是无法单独用技术理性去衡量的，其结果自然不利于对中国传统文化资源的完整开发。

随着中国工业化程度逐步提升，中国设计中的技术环节逐渐持平甚至赶超国际水平之时，技术因素退居后位，设计的文化属性就会凸显出来。梁思成后期意识到从结构理性层面去概括归纳中国建筑之特色仍旧无法解决问题，必须寻找新的途径。在经过思考之后，对于如何塑造中国新建筑的民族特色，梁思成对"中国质素"的理解进一步加深了，从以前"形而下"的构件、结构和布置转向"形而上"的精神，"民族形式"也被更加抽象的形式与内容相统一的"中国风格"一词所取代。这时梁思成指出"形式不等于风格"，实质上就是试图挣脱"结构理应如何"决定的"形式理应如何"的桎梏，转而强调文化对设计的影响力。梁思成的这次学术突破，无论从学理层面还是实践层面都将对中国设计具有重要意义。

纵观梁思成设计思想的发展，可以看出，各时期他的思想虽有变化，但他设计思想中"探索中国新建筑"的这条主线是始终未变的。无论如何，从梁思成1935年首次明确提出"为中国创造新建筑"口号开始，到1944年提出提炼旧建筑中所包含的"中国质素"，用"词汇"与"文法"来解读中国建筑的形式，直至1959年梁思成提出探索"中而新"将形式和内容统一的建筑艺术风格理想，梁思成都没有更改其最初的宗旨：对"中"的坚守，对"新"的追求。

四、梁思成"中而新"设计观之体系建构启示

如前文所述，当代设计话语体系是一个综合了设计文化表征、设计经济制度、设计技术标准并表现为设计权利模式的整合系统，它反映了一个国家或地区的整体设计实力，也是每个国家努力建构的设计发展保障体系。中国当代设计体系正处于一个不断建构和完善的过程之中，而话语权的增强，本质在于中国设计体系的健康完善。通过对梁思成"中而新"设计观的研究，至少可以从以下三个层次为中国当代设计体系建构过程带来启示意义。

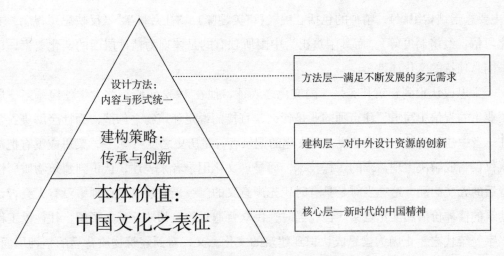

图4 梁思成"中而新"设计观在三个层面对中国当代设计体系建构的启示

（一）对中国设计本体价值的确证

中国设计体系的立基在于"中"，即以设计的本土化为核心。而何谓中国设计的本体，即中国设计独有且无法取代的核心特质，中国设计人对这一首要问题的认识经历了一个漫长的确证过程。梁思成虽以建筑为研究领域，但其探究的过程和结论依然能够勾勒出中国设计本体确证过程的大体形貌。简单回顾梁思成寻求建筑设计中"中国质素"的过程，我们大致可以归纳为20世纪30年代提出追寻"中国固有之建筑美"[①]，到20世纪40年代提出"我们需增加对旧建筑结构系统及平面部署的认识"[②]，直至20世纪60年代提出"建筑∈（社会科学∪技术科学∪美术）"[③]。这是一个梁思成对中国建筑本质理解不断深入的过程，其背后依托的逻辑是20世纪30年代的"美"——反映传统工艺美术思想，以艺术为主导；20世纪40年代的"结构及平面部署"——反映现代主义设计思想，以技术为主导；20世纪60年代的"社会、技术、美"——反映当代设计思维，以整体观、系统论为主导，这显然是20世纪初中国现代设计由萌芽到成熟过程的个人思维映射，也表明了梁思成经过深入研究，对中国建筑之本质由外及内、由现象到本质、由设计表现到设计关系、属性的认识过程。进一步分析梁思成上述表述中的关键词，我们可以将其分为两类：实体的和精神的，实体的包括"结构及平面部署""技术"

---

① 梁思成、张锐：《天津特别市物质建设方案》，见梁思成：《梁思成全集》第一卷，中国建筑工业出版社2001年版，第33页。

② 梁思成：《为什么研究中国建筑》，见梁思成：《梁思成全集》第三卷，中国建筑工业出版社2001年版，第379页。

③ 梁思成：《建筑∈（社会科学∪技术科学∪美术）》，见梁思成：《梁思成全集》第五卷，中国建筑工业出版社2001年版，第372页。

（主要意指结构组织），精神的包括"美"（审美趣味）、"社会科学"（反映思想观念、文化习俗、经济制度等）。而其中真正为中国所独有的是体现为精神层面的文化要素，即一国之独特的文化属性。

梁思成认识到建筑其实是一国文化之表征，他在1932年给东北大学建筑系第一届毕业生的祝信中写道"建筑师的业是什么，直接的说是建筑物之创造，为社会解决衣食住三者中住的问题，间接地说，是文化的记录者。是历史之反照镜"[①]，梁思成没有把建筑仅仅当成解决生理需求的工程技术，而是以文化记录者来表述，认识到建筑物质属性背后的人文内涵，这在当时是具有时代先声意义的。今天的建筑设计师中没有人会否认建筑的精神价值和文化意义，但在当时，民众普遍对建筑却缺乏基本了解，往往以工程二字笼统代之。正因为梁思成认识到建筑的文化意义，看到建筑物质背后的精神层面，使他格外珍视民族建筑传统的价值。新中国成立后，在对考古工作人员训练班的讲演中，梁思成在阐述建筑内涵时从具象和抽象两个层次，多角度地将建筑蕴藏的艺术、社会、民族等属性纳入到宏观文化的大框架中[②]。梁思成虽只言及建筑，但我们完全可以将他的判断拓展至整个设计领域。

在今天的生活环境中，设计对人们生活空间的建构正发挥着越来越大的作用，隐藏于设计产品背后的是一整套依托文化符码编织的意义系统，这个意义系统作为社会关系的表征曾被占优势地位的强势文化牢牢把握（如国人曾经对外国品牌的极端崇尚和倾慕）。随着中国在世界经济、技术舞台上话语权的增强，国人对传统文化价值认同正逐渐回归，以往世界文化单一（主要是以美国为首的西方发达国家文化）的稳定局面正逐渐被多元文化取代。作为中华民族文化在最高对象层次上能指集合的中国风格，正以蕴含中国文化内涵的设计产品为载体在国际文化传播领域凸显着越来越大的价值。

设计反映着民族思想和艺术，中国设计必须首先符合中国人的审美习惯和文化传统，基于相同文化的亲近性，体现民族文化特征的设计对象更容易引起设计使用者的心理认同，同时作为文化表征的设计实物一方面是激发国人信心和凝聚国家意识的重要因素。另一方面，独特的文化是保证一个国家设计体系独立价值的根本原因和立足之基。当一个国家的经济实力和科技水平逐步上升之时，它必然要求其文化影响力的相应增强。中国当代设计体系除了在设计经济制度和设计技术标准这两项硬实力环节有较大进步之外，设计文化表征体系的建构和传播是目前亟待突破的瓶颈。文化影响力的增强既

---

① 梁思成：《祝东北大学建筑系第一班毕业生》，见梁思成：《梁思成全集》第一卷，中国建筑工业出版社2001年版，第312页。
② 参见梁思成：《古建序论》，见梁思成：《梁思成全集》第五卷，中国建筑工业出版社2001年版，第155—157页；梁思成：《从"适用、经济、在可能条件下注意美观"谈到传统与革新》，见梁思成：《梁思成全集》第五卷，中国建筑工业出版社2001年版，第309页。

是维持和推进一个国家经济、科技竞争力的重要支撑，也是承担丰富人们精神生活和对人类文明作出贡献的应有责任。如果说在全球化的背景下，经济和技术资源是建立在全球通用性基础上的无差别资源，而文化则以其不可复制性成为一个国家设计体系最可宝贵的独有资源。因此，我们在建构中国的设计话语体系的过程中，离不开设计文化资源的开发和创造，只有努力提升中国设计的文化影响力和传播力，才能让中国设计抓住新技术革新带来的历史机遇，参与到国际设计多元文化的建构中。

（二）中国设计的传承与创新策略

梁思成认为处于新时代环境的中国建筑必须革新，但这种革新并不是抛弃传统文化的革新，万物的发展皆有缘起，艺术创造不能完全脱离以往的传统基础，新建筑自然承继着旧建筑文化和技术的给予。梁思成的态度正是在历史趋势的不可逆中（技术发展、材料更新、社会生活改变），以传统文化资源为基础表现时代的新风貌，求取设计文化的新发展。

具体做法包括在对待民族设计资源时要秉持传承与革新相统一的认识。因此在学习和开发传统文化资源时，不能机械地搬用，要辩证地吸收好的东西。他特别指出建筑设计上"折中主义"和"民族风格"在思想主旨和操作方法上的巨大差异，折中主义不是抱着发展的目的，是对古代建筑造型的机械照搬和杂乱拼凑，而塑造当代建筑民族风格的根本目的是发展传统，是革新，因此在对待传统的态度上是持批判、吸收的理念。他用"破"和"立"的辩证关系来具体说明："在革新的过程中，旧的有所破，新的有所立。在破与立的过程中新的就产生出来了。"① 他还将对传统的批判吸收过程概括为"认识—分析—批判—继承—革新—运用"② 的工作流程。中国建筑的历史向我们表明，我们的民族形式一直都是在不断地改进，从没停留在一个固定的形式上，我们要根据今天的需要，从广大人民的风俗、习惯和爱好着眼，从新时代赋予的新要求入手来创造我们新的民族风格。梁思成特别强调在对民族设计资源的认识过程中要透过现象看到本质。对传统的研究不能只浮于其表象的认识，否则只能看到建筑的手法、技巧和多种多样的艺术形式；而是深入本质去寻找传统产生的原因，及其与自然、社会、经济以及技术等相关因素关系的体察，认识建筑所反映出的人们的生活习惯和思想、情感和价值观念等，这样才能认识到传统未来发展的方向。

梁思成在协调中国建筑文化传统与革新之间矛盾的同时，还面临一个怎样面对外来文化的问题。随着当时中国社会由封闭走向开放，在设计领域，如何厘清设计思想保守

---

① 梁思成：《建筑创作中的几个重要问题》，见梁思成：《梁思成全集》第五卷，中国建筑工业出版社2001年版，第354页。

② 钟珍维、万发云：《梁启超思想研究》，海南人民出版社1986年版，第17页。

和丧失文化个性的边界，协调好设计文化上兼容并蓄、对外开放和弘扬民族特色、发掘文化的涵养功能就显得尤为紧迫。无论是近代时期中国被迫开放接受西方物质和精神的双重冲击，还是现代中国主动融入世界，共同拥抱人类的物质和精神文明，这一问题越来越具有现实性。中国的建筑文化自古就不是一个完全封闭的系统，恰恰相反，随着丝绸之路的架通，中国建筑在其历史演化进程中，通过不断吸收外来文化，融合淬炼，才逐步发展出一套独具一格的文化范式。文化交流融合中存在着优势文化对弱势文化的同化效应。因此，文化交流的前提首先是对本土文化的夯实基础，只有这样才能做到真正地平等吸收外来文化的精华，也只有这样民族形式才能保持自身独立性并进而得到更好的发展。相反，如果缺失这种文化自觉的合力，不重视对本土文化的学习研究，就容易造成对民族文化的误解，特别是在面对世界强势文化的冲击时难免迷茫，进而导致对国际文化潮流不假思索的盲从，20世纪初期中国建筑领域的混乱局面正是这种后果的典型。

梁思成通过对西方现代主义建筑作品的接触，并没有一味地跟随现代主义大师的脚步，他在经过独立思考后判断其中可被利用的合理成分，毅然摈弃其中不适用的部分。真正做到了其父梁启超的格物宗旨：不唯旧、不唯西，而是以我为主，做到"我有耳目，我物我格；我有我思，我理我穷"[1]。使其在遭遇到传统与现代、西方建筑文化和中国建筑文化的冲突中能够保持独立理性的思考并不断向前迈进。梁思成"中而新"设计观体现出独特的创新理念和强烈的民族文化价值取向，对于当今发展有民族文化特色的设计语言，和西方设计话语一起共同形成多元文化互补的健康局面产生重要影响。

(三) 面向新时代的设计方法更新

设计方法本来是技术层面的东西，但如何用，以及要达到什么目的则反映了设计师技术哲学层面的价值选择。随着对设计本质问题的理解加深，梁思成面对设计过程中遭遇的现实问题，相继采取了不同的设计方法，这些设计方法从试图解决设计外部问题开始，最后探及设计问题的本质核心：内容和形式的问题。

梁思成在具体的设计方法层面，首先从关注人的审美情感入手，使用装饰的方法，即通过在建筑外部附加装饰构件满足对形式感知的审美心理需求。当时业界知名建筑师石麟炳曾这样评论梁思成所做的北京仁立地毯公司铺面改造设计：作者在采用现代建筑材料和技术手段的基础上，巧妙融合了中国古代建筑的装饰构件，为中国式新建筑的探索开辟了一条道路[2]。但这种表面化的修饰技术显然没有触及设计过程的核心，设计依

---

① 石麟炳：《北平仁立公司增建铺面》，《中国建筑》1934年第1期。

② 梁思成：《为什么研究中国建筑》，见梁思成：《梁思成全集》第三卷，中国建筑工业出版社2001年版，第379页。

然主要遵从西方的框架，体现中国特色的只是非核心部分。其后，梁思成接受了现代主义设计"从功能出发"的设计理念，一改往日对"中国固有形式"建筑的乐观态度，客观认识到自己着力考察的官式建筑并不符合实际所需，在时代科技进步的驱动下，衍生出一种追求功能理性的设计理念，"形式为部署逻辑，部署又为实际问题最美最善的答案，已为建筑艺术的抽象理想"①。但梁思成并不完全认同现代主义设计的功能美学思想，尤其对纯几何式的形式表达并不赞赏。他试图对中国旧有结构体系进行创新，用新的表现形式达成既符合新技术、新材料的物质属性，又符合中国人审美心理需求的结果。梁思成在其学术生涯后期对设计方法的关注，已经从此前的关照形式、结构与中国传统的关系，延伸到更深层问题——社会问题。无论对设计问题的理解有多深刻，具体到设计方法上，还是要面对功能和形式问题。梁思成没有简单地认同现代主义设计的功能形式对立观，而是认为功能（内容）和形式都是人们在生活中物质和精神需求在设计对象上的动态反映，它们是事物的一体两面，设计中对两者的强调都是合理的。梁思成从中国传统建筑中体悟到功能、技术、形式并非互相排斥的关系，往往一个技术优异、功能完善的建筑也呈现出很高的形式审美价值。他用真、善、美的融合来描述这种关系：结构科学合理（技术面相）是"真"，充分满足使用者需求（功能面相）是"善"，符合审美情趣（形式面相）是"美"。正是基于内容与形式本为一体的设计理念，他要求建筑师在设计时做到真善美三方面的协调。对于设计过程中功能（内容）和形式不易协调的问题，梁思成则主张充分发挥技术的居间作用，并创造性地提出设计功能、技术、形式相统一的观点。正是因为秉持辩证的功能形式观，梁思成才没有陷入早期现代主义设计"功能决定一切"，片面强调功能而否定形式价值的理论窠臼，同时在看待形式时，也能够觉察出其蕴含的同步时代所需的功能价值（成为当代人所习惯的、所喜爱的、美好的形式），不至于陷入生硬地利用新材料、新技术模仿传统形式的摹古主义。

五、结语

20世纪早期，欧洲在第二次工业革命基础上开始了现代主义设计的探索，涌现出以包豪斯为代表的观念先进设计团体。20世纪中期，随着美国国力的异军突起，美国取代欧洲成为现代设计实验的主战场。与此同时，中国却一直是国际设计舞台的沉默者。但就在国力衰微、民生凋敝的艰难时刻，仍然有以梁思成为代表的中国最早一批设

---

① 参见梁思成：《图像中国建筑史》，见梁思成：《梁思成全集》第八卷，中国建筑工业出版社2001年版，第17页。

计师，在中国现代设计的道路上筚路蓝缕，以启山林。他们以从欧美接受的科学素养为基础，重新审视中国几千年来的工匠传统，将现代设计的概念引入中国。尤为可贵之处，他们没有不假思索地与中国造物历史切断关系，而是开创性地溯本清源，确立推进中国传统造物向现代设计发展的理论依据，并进一步地求取转化本民族造物传统的途径。时过境迁，当今中国设计界早已摆脱意识形态之争加载在设计创作上的枷锁，而随着中国经济的逐步发展，民族文化复兴的呼声日益强烈。吴良镛院士提出了"建筑文化竞争力"的概念，指出中国建筑界需要一个"文艺复兴"，我们似乎从其中又看到了梁思成近一个世纪前大声疾呼的身影。首届国家"梁思成建筑奖"获得者何镜堂院士提出的"两观三性"（整体协调发展观、可持续发展观、地域性、文化性、时代性）建筑创作思想无异于梁思成"中而新"设计思想在当今时代背景下的延伸和发展。

梁思成的"中而新"设计观作为一种对设计理想状态的追求，确实为当代中国设计界指明了努力的方向。"中而新"设计观的理论核心就是如何对待传统和现代的关系；如何正确处理中与西、新与旧；如何在外来文化的持续冲击下保持民族特性，坚守宝贵的自我格调；如何吸收外来文化的优秀资源，融入传统，升华出拥有生命活力的具有竞争优势的独特文化力；如何在把握时代科技和发展趋势时，仍将人的多方面需求满足放在设计考虑的首位。当然，因时代所限梁思成的"中而新"学术研究只是开端，还有很多未尽事宜，例如在如何开拓性、创造性地利用我国民族文化遗产，形成面向未来的设计发展方向上还有很多具体的工作要做，而这正是时代赋予我们当代设计人的责任和使命。

包豪斯研究与中国当代设计理论建设

闫丽丽

（浙江工业大学艺术学院）

摘要：包豪斯向来被视作一个手工艺与工业文明共存，艺术教学和技术探索共襄，标准生产和自由实验并行的实验场，艺术性的单品和工业化批量生产之间的转换场，一个成果丰硕的"教学实验"。本文通过对包豪斯研究中历来被忽略的工匠群体：技术师傅的研究，对包豪斯作品所体现出来的系统性与同源性的阐释，重估他们在包豪斯的教学和影响，借此重新思考工匠在设计教育中的作用，设计史书写的公正性等问题，期冀在中国当代设计理论建设中能够给予我们新的启发。

关键词：包豪斯技术师傅；工坊教育；系统性设计；同源设计

自 2010 年杭州将包豪斯遗产引入中国以来，中国美术学院多次组织并举办包豪斯研讨会，与国际上知名的包豪斯研究专家及研究机构开展了长期的合作，随着研究资料的日益丰富，近年来国内以包豪斯作为研究对象的理论成果在很大程度上已经与国际上最新研究同步。不可否认的是，在包豪斯结束几十年后，我们仍在讨论它、研究它，是基于其在设计教育领域所取得的成果。如若将包豪斯比作一个成果丰硕的"教学实验"，那么所有对它的研究都是想借鉴其优点为我所用。但如果对这一"实验"本身的发生条件未能做尽可能细致、准确、严格地描述，或者是没弄清楚"实验"是如何发生的，就不可能从中获得真实有效的借鉴。只有尽可能地去发掘、还原当时的"实验"前提、条件、过程和结果，才可能明白之前的效仿为何会失败，比如我国对"三大构成"的引入，是基于日本教学改革基础上的，距离包豪斯的课程原貌已经隔着几层，这必然会导致结果差强人意。因此找到这个实验的核心——纵使实验发生的条件不同，但仍然能够验证的操作经验，才是我们想从包豪斯教学实验中获取的真正的东西。尊重传统从来都意味着，在致力于探求各种潜在可能性的过程中，"借助传统来赋予新面貌，从而把精华保存下来"①。

---

① ［德］华尔德·格罗比斯著，张似赞译：《新建筑与包豪斯》，中国建筑工业出版社 1979 年版，第 63 页。

在包豪斯的诸多研究中，有一个群体始终被忽略：他们在包豪斯的教学过程中扮演着重要的角色，与艺术家们一同工作教学，熟练地操作各种机器并掌握精湛的手工技艺，手把手地在工坊内教授学生，他们的作品直接影响了包豪斯的学生们，使得他们的作品表现出系统性、同源性的特点，共同构成属于包豪斯的独特设计风格，他们就是包豪斯的工匠：技术师傅。

一、包豪斯的工匠：技术师傅

据魏玛国立包豪斯的教学大纲中所述，包豪斯工坊内的"教学方法源于工场的特征，根据手工技能来发展组织形式"将"培训分为三个教学课程：学徒课程，初级技工课程，初级熟练技工课程"[①]。师傅、熟练工、学徒[②]等级和中世纪的师傅、见习工、学徒组成三层等级结构没有本质区别。包豪斯的技术师傅（Werksmeister）显然更符合亚里士多德所说的"匠师"而非"匠人"，他们中的一些人甚至是大工业生产下现代意义的工业设计师。

包豪斯办学 15 年间先后聘用过技术师傅共计 36 位，他们到包豪斯任教主要通过5 种渠道：（1）原萨克森魏玛大公应用艺术学校[③]工坊负责人；（2）经人引荐试用入职；（3）提交求职申请入职；（4）由校长沃尔特·格罗皮乌斯（又译为"华为德·格罗比斯"）物色成为候选人；（5）包豪斯自己培养出的青年师傅。通过对人物传记、包豪斯历史文件档案、现存作品等资料的研究，不难发现他们大多是在学校经过了系统化、制度化和专业化的培训，又各自积累了一定的实际操作经验后，能够独立从业，具备了教师资格（满师考试合格证书，Meisterbrief）的现代意义上的工匠，他们在工坊教学中向学生传授材料知识、工艺程序和实际操作经验，帮助学生解决操作中遇到的问题，给予指导性的意见。他们熟悉机器、使用机器，并非传统意义上的主要依靠手作、因循守旧，对机器操作抱有敌意或不合作态度的手工匠人，他们已经具备了向现代意义上的工业设计师转化的可能，事实上他们中的大多数人已经与现代设计师无异，绘制适于机器生产的

---

① 中央美术学院设计学院史论部编译：《设计真言：西方现代设计思想经典文选》，江苏美术出版社 2010年版，第 232、235 页。

② "魏玛国立包豪斯的教学大纲"中的原文是："在包豪斯没有老师或是学生之分，只有熟练工、初级技工和学徒"。

③ Die Großherzoglich-Sächsische Kunstgewerbeschule，亨利·凡·德·威尔德曾担任校长，包豪斯最初的工坊形制以及部分师资是直接从应用艺术学校继承下来的，例如卡尔·左比茨（Carl Zaubitzer）成为包豪斯印刷工坊的技术师傅；海伦妮·伯尔纳（Helene Börner）担任纺织工坊的技术师傅；奥拓·多尔夫纳（Otto Dorfner）担任书籍装帧工坊的技术师傅。

设计图，与企业开展合作，改良设计与产品，注重形式与功能，研究新的材料，关注产品的销量，针对不同的消费者而设计……他们教学生如何绘制设计图，如何利用材料特性，实现设计意图，在他们以及形式师傅（Formmeister）的艺术课程的共同作用下，包豪斯的学生们建立起对材料的感觉，掌握手工制作的技术，设计产品的形式，接受了扎实而全面的艺术培训，为工业生产的开发和实验做好了准备。

二、技术师傅在包豪斯的教学与影响

技术师傅除了配合形式师傅的教学外，还需制定工坊教学内容，撰写每个月的生产报告，参与包豪斯师傅委员会会议，指导学生制作和生产作品，购置必要的生产设备和工具，完成工坊接到的委托订单，进行工坊开支预算，安排生产计划，培养学生出师……他们是包豪斯生产实践环节中重要的监督者、引领者，将包豪斯的所有艺术理念从无形转化为实在，他们用实际行动履行着本职工作，对学生产生润物无声的影响，但在近一个世纪后，学界仍然对他们的工匠身份抱有普遍的成见与忽视，对他们的系统研究与梳理始终未全面展开，他们在包豪斯教学中所扮演的角色与作用始终未得到公允客观的评价。

（一）系统性设计

a. 银制摩卡咖啡壶，约 1920—1921 年
设计者：克里斯蒂安·戴尔

b. 茶壶套具，约 1920—1921 年

图 1　克里斯蒂安·戴尔，银制摩卡咖啡壶（图 a）和茶壶套具（图 b）

以金属工坊为例，从技术师傅克里斯蒂安·戴尔（Christian Dell）1921 年 12 月 24 日写给格罗皮乌斯的求职信中所附的作品照片中可以看到，在入职以前他的作品风格已经初步奠定，银制摩卡咖啡壶（图 1a）和茶壶套具（图 1b）俱以六边形的壶身配合

图2 克里斯蒂安·戴尔，酒壶，1922年，新银，乌木

圆形盖子，手柄和盖子的捏手以乌木制成，器身轮廓分明，线条硬朗，弧形手柄又在一定程度上化解了这种硬朗。只是在这样的器皿设计中，隐约还保有着巴洛克银器的一些传统。通过在金属工坊的教学，对学生作品的指导，推进和演化了他对形式的理解，打造出了更纯粹简练的器物造型和比例，形成了稳定的个人风格，并在很大程度上促成了包豪斯金属工坊的器具风格的形成。戴尔于1922年制作的酒壶（图2）为工坊的产品发展作出了良好的典范。这个由银和乌木制成的酒壶，壶身由倒立的圆锥台和一个球体组合而成，木制的手柄是一个流畅而坚实的扇形，与壶身构成均衡的比例关系，优雅而简练。坚实的壶柄显示出使用者对功能性以及舒适性的考量，整个壶身线条流畅优美。银器和乌木材料的组合，色彩上黑与白的反差，壶盖、手柄上的细节处理，成为接下来金属工坊学生作品的共同特点。

沃尔夫冈·勒斯格，茶具套装，1924年

威廉·瓦根菲尔德，咖啡壶和茶壶套装，1924年

奥拓·里特维格，茶壶套装，约1924年

汉斯·普日伦贝尔，茶壶套装，约1925—1926年

图3 金属工坊学生作品

　　1924 年以后，金属工坊的学生威廉·瓦根菲尔德（Wilhelm Wagenfeld）、玛丽安娜·布兰德 (Marianne Brandt)、沃尔夫冈·图佩尔（Wolfgang Tümpel）、奥拓·里特维格（Otto Rittweger）、沃尔夫冈·勒斯格（Wolfgang Rössger）等人，他们在各自的作品中表现出了对戴尔风格的集中回应，创造出了一系列典型的包豪斯金属器皿。和戴尔的茶壶一样，这些作品（图 3）的器皿颈部往往有个金属带，以扁平化的手法与壶身的球体或柱体造成体量上的对比，器身是由基本的几何形式发展而来，手柄的弧度或角度略作调整，盖子的捏手做成小的半圆形，圆柱体、立方体。这样的作品比比皆是，个人风格的强化主要体现在足部，底座，盖子捏手处的节差别。师生们的作品共同营造出了包豪斯产品系统性的特点，细节上的区别则又反映出每个设计者思考的不同和产品的多样性。

　　戴尔设计的茶蛋（Tee-Ei）（图 4）和沃尔夫冈·图佩尔的茶球（Teekugel）（图 5）都是 1924 年制作生产，造型十分相似，戴尔在图佩尔设计的茶球的基础上进行了改动，将球体改为椭圆形增大了容量，金属柄的尾端将原来的圆柱体改为一个圆盘形，便于手持。由此可见，在包豪斯并非一定是自上而下的师傅影响学生，在指导教学、组织生产的过程中，技术师傅也从学生作品中获得了良好的反馈，进而推进和演化自己的设计，相互促进、影响，共同形成了包豪斯产品的风格。

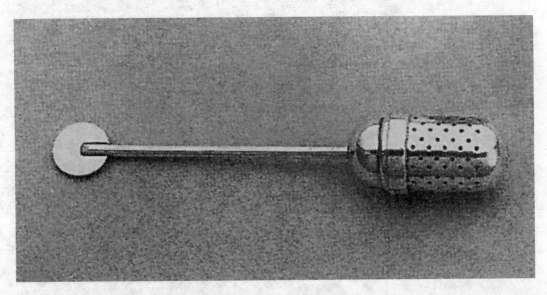

图 4　克里斯蒂安·戴尔，茶蛋 (Tee-Ei)，1924 年

　　有些师生在离开包豪斯之后，仍然从事设计或教学工作，继续发展这种设计风格，且与包豪斯金属工坊保持着良好的互动，这些产品同时也面临着市场上的相互竞争与促进。该工坊前任技术师傅纳奥姆·斯卢茨基 (Naum Slutzky) 1923 年离开包豪斯后继续从事金匠工作，他在 1926—1927 年设计的球形茶壶和咖啡壶（图 6），与包豪斯金属工

坊生产的器皿仍保持着共通性：几何形的器身，壶盖和把手上的细节处理凸显出个人风格，金属材料配以乌木，色彩上形成反差，器身比例匀称，稳重优雅。这说明，设计上的互动并不会因为离开包豪斯而中断，它是持续发生的。格罗皮乌斯 1936—1937 年设计的茶壶也是如此。此类例证不胜枚举。

图 5　沃尔夫冈·图佩尔，茶球，约 1924 年

a. 球型茶壶　　　　　　　　　　　　　　　　　b. 咖啡壶

图 6　纳奥姆·斯卢茨基，a 球形茶壶，b 咖啡壶，1926—1927 年

（二）同源性设计

在包豪斯的预备课程中，三角形、方形、圆形等几何图形被当作造型的基本元素，约翰内斯·伊顿、保罗·克利、瓦西里·康定斯基等形式师傅的教学巩固和加强了这种造型语言，并为之提供了切实可行的创作法则，学生们的作品中表现出了明显的同源性。由几个基本图式通过有节奏感的设计使其交织变化，增强其复杂性而形成的具有逻辑秩序的图案设计被阿奇博尔德·H. 克里斯蒂（Archibald H. Christie）称为"同源设

计"(homogeneous design)。他在考察了大量的形式装饰的图案元素后，认为重要的不是这些元素本身，而是它们的组合方式，即恰当地使用这些图式元素。同源设计在古老文明中既已有之，广泛应用于陶瓷、织物、建筑装饰等领域，尤其在纺织行业中应用最为普遍。在包豪斯的纺织工坊中，保罗·克利的教学产生了重要的影响：（1）"魔方"色块。由横向和纵向线交织形成的类似棋盘的网格，在这些等大的方格内填充不同的色彩，构成类似魔方的效果。（2）平移、旋转、镜像（图7）。将基本图式平移，间隔并置；或沿着例如方形的一角旋转，得到新的位置；或以三角形为基本图示，以三角形任意一角为定点，作镜像处理……（3）色彩的"复调"理论。将音乐中"复调"援引至艺术形式和色彩理论教学，其核心理念是不同的部分构成一个丰富的整体，其对立面是以一种"主调"为主旋律，其他部分予以烘托的构成方式。通过不同的图式和色彩的重复与渐变，造成一种空间和时间连续统一的错觉，来实现复调音乐向图画的转变，组成复杂而和谐的艺术形式。

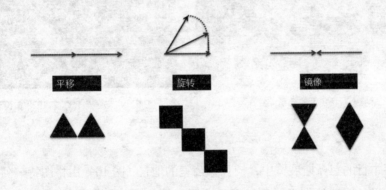

图7 "平移、旋转、镜像"图示

包豪斯纺织工坊的学生们凭借各自的理解，将形式和色彩理论运用于纺织品中，他们在作品中通过对比、呼应，或层次的叠加等手法进行扩展、增益，又常常打破这些规则。京塔·斯特尔策（Gunta Stölzl）作为工坊最出色的学生，也是包豪斯唯一的女性青年师傅，她从1925年起负责工坊的运转和教学，她的作品颇具代表性。在名为《红—绿》的挂毯中（图8），京塔采用了方形、菱形、波纹、锯齿、阶梯状等图案作为基本图式，制作出丰富无穷的变化，清楚地表明她是如何掌握了同源设计的原则，理解了它们，而非简单的复制。相较于魏玛时期，在德绍的编织工坊拥有许多不同种类的织布机，更多地采用机器而非手工编织，织造的图案和采用的技术手法也相对复杂。例如1928年，京塔的提花织物"五组合奏"（Fünf Chöre）（图9）以圆形、三角形、方形组合出了绚丽的图案和色彩。

图 8　京塔·斯特尔策的挂毯"红—绿"

图 9　京塔·施特尔策 1928 年设计的提花织物
"五组合奏"

　　1923 年举行的包豪斯展览中，校长办公室的地毯（图 10）由格图特·阿恩特（Gertrud Arndt）设计。这件作品以不同亮度的蓝色、黄色和灰色正方形组成，与室内立方体的家具相呼应，共同强化了立方体空间的划分 ①，是对"魔方"色块的典型运用。贝妮塔·奥特（Benita Otte）设计了位于霍恩街住宅（Haus am Horn）的儿童房的地毯（图11），在这件作品中，基本图示为方形和三角形，除了旋转、平移、镜像、交叉等处理方法的运用，还增加了许多新的变化，如向心式处理，利用条状图案打破单调感，不同色彩的比例关系处理以及对比色的运用等。

　　从以上作品中可以看出，"同源设计"不是一成不变的艺术法则，而是一个开放、多元的方法，其本身就蕴含着丰富的创造性，且与纺织工艺有效契合，由图案向纺织物的转换自然无间，这在京塔·斯特尔策、格图特·阿恩特、贝妮塔·奥特等人的作品中

---

①　校长接待室的设计由约翰内斯·伊顿设计指导，他定下明确的标准，要以方形作为整个接待室的唯一结构形状。该室内的家具、窗户、灯具等外形均以方形设计。见 Oliver Barker 的文章：Minimal Means, Maximum Effect，台湾高雄市立美术馆展览《极简大用，包豪斯巨匠亚伯斯》出版物，2010 年 6 月，第 20 页。

均有体现，即便离开包豪斯以后，她们的创作也以不同的形式回应着在包豪斯受到的影响。

囿于篇幅限制，以上仅通过金属和纺织两个工坊来管窥技术师傅在包豪斯的教学与影响，事实上在玻璃工坊、家具工坊的作品中均可看到这些特质，在不同的工坊内，技术师傅所教授的技艺、在工坊中的影响亦各不相同。

图 10　1923 年展览校长办公室，地毯由格图特·阿恩特设计

三、包豪斯工坊教育的总结

包豪斯的工坊教育是 20 世纪欧洲在向工业社会转型时期，对于新型应用艺术人才的需求下产生的教育形式，是德国艺术教育先锋赫尔曼·穆特修斯（Hermann Muthesius）和彼得·贝伦斯（Peter Behrens）等人在学习和借鉴了其他国家的教学制度和课程设置后，在德国的应用艺术学校相继展开的一场教育改革活动。设立工坊、在其中开展技艺教学与实践，成为这场改革的重点。包豪斯工坊教育并非孤例，它正是在这样的历史前因下发展成为丰硕的改革成果，既是时代的产物也必然有着时代的局限性，体现了传统手工业向工业生产过渡时期设计领域的人才培养的多方面要求：能够进行手工和机器操作，从事艺术性的设计，实现从小规模的生产制造向工业化批量生产过渡转型的设计师——这也是包豪斯在教学上设置形式师傅、技术师傅，并将教学实践活动安排在工坊内进行的原因。

图 11　贝妮塔·奥特（Benita Otte）设计的霍恩街住宅中儿童房的地毯

包豪斯的技术师傅们所接受的教育培养模式大多是先在艺术院校学习，然后经过几年的学徒实习，获得独立执业的资格。尽管机器对于生产的全面干预使得机器操作、配合机器生产设计早已成为他们必备的素养，但他们的设计和制作仍以单个产品为主，并带有极强的手工艺特性，尚未实现与工业化生产的进一步合作。相较于他们，包豪斯的学生们与工业生产发生了更为

直接的关联，随着工业化进程和城市化的发展，中产阶级对现代生活方式的追求，形成了庞大的市场需求，工业化生产方式成为无法忽视的社会现实。为工业生产设计产品原型，为大众消费而设计制造，成为包豪斯的学生们新的职业目标，现代意义上的设计师更加贴合他们的职业定位。

包豪斯的教育理念也在不断调整，在魏玛初期强调艺术家与手工艺人的亲密合作，后于1922—1923年间，确立了坚持工业化发展，为大规模生产而设计的发展方针。魏玛时期用机器全面取代手工制造因战后现实原因未能实现，大规模工业生产仍是阶段化的、程式化的，因此靠手工来制作产品模型、进行产品实验。但目标始终明确，正如格罗皮乌斯所说，"包豪斯的工坊实际是为大规模生产创制现代日用品新式样和改进模型的实验室。手工艺的主要活动领域是为大规模生产从事试验性的新形式的制作，即大规模生产的准备阶段的活动。"①

包豪斯的教育也围绕着这一目标而展开，形式师傅由艺术家担任，他们来自不同的艺术团体，与桥社、表现主义、青春风格、分离派、德意志制造同盟多个艺术流派和艺术组织不无关联，并受到立体主义、达达主义、风格派、至上主义、新客观派、现实主义、未来主义等艺术风格的影响，包豪斯是多种艺术思潮交流、汇集之地。技术师傅们来自于不同的行业和领域，他们因袭着传统的工艺技巧，却也能够随着生产条件与技术进步不断调整产品的设计与制造，他们负责工坊内的技术教学与生产实践，同时也受到思想前卫的先锋艺术家影响和不甘守成、大胆创新的学生的挑战，他们在各自的行业领域实现着向设计师身份的过渡与转变。包豪斯的学生们是手工业、艺术和工业生产之间的黏合剂，在工坊的教学中实现了手工业者、艺术家和设计师这三重身份的融合，他们受到当时最具先锋性的艺术思潮和艺术家的教诲，对形式、色彩、结构、材料进行解构，重建设计和应用的基础，在工坊内培养动手实践的执行力和对材料的直接感受力，通过在企业中观摩、实习进一步强化对工业生产中设计的需求的认识，与企业达成生产合约实现产品的批量制造，在这样的过程中成长为现代设计师。

包豪斯的学生、形式师傅、技术师傅三者之间形成了一个稳定的系统，各个子系统变量与偶然性常存（师傅的更替和学生的毕业），但保持了系统稳定。当各个子系统相互适应时，特点鲜明，成绩斐然，体现出强烈一致的风格特点；当各个子系统不相适应时，常见的解决办法是形式师傅或者技术师傅的更换，尤其是后者，作为独立的从业者，若在理念上不认同包豪斯与机器工业生产的密切联合，否定包豪斯的探索精神，将其视作为对传统工艺的破坏与反叛，必然会与合作者发生冲突。这种冲突往往是在对学生的教学中体现出来的，纺织工坊的技术师傅海伦妮·伯尔纳所教授的传统针织、刺绣

---

① ［德］华尔德·格罗比斯著，张似赞译：《新建筑与包豪斯》，中国建筑工业出版社1979年版，第19页。

遭到了学生们的反对和抗议，书籍装帧工坊的技术师傅奥拓·多尔夫纳与学生安妮·沃蒂茨（Anny Wottitz）的直接冲突 ① 均属此类。所有的冲突背后，主要是观念的冲突，在观念的碰撞下也会发生改变与适应。包豪斯的每一位技术师傅在包豪斯产生的影响，具有随机性和不可替代性，但只要这个三角形的稳定系统存在，就又在某种程度上昭示了历史的某种必然性。

四、包豪斯研究的现实意义

一个世纪过去了，传统手工业向工业生产社会转型的时代背景已然成为过去，如今的社会已经从追求大众化批量生产的工业社会转向谋求多元化、小众化的后工业时代。消费社会和信息社会的需求是多方面的，优良设计的判断标准也越来越宽泛，功能已不再是衡量设计好坏的唯一标准。设计的创造性和前瞻性成为行业内竞争至关重要和不可或缺的元素，包豪斯作为设计院校在教育中所体现出来的艺术的先锋性、领先于时代的前瞻性，以及在技术领域的探索和实验精神是如今的设计教育中仍需借鉴的。

包豪斯教育中形式师傅、技术师傅的设置在如今的现代高校设计教育中显然已经不再适用，但其内核却没有改变，艺术与技术的联合以及对于创造性人才的需求依然是我们这个时代设计教育的目标。包豪斯不是某个人的包豪斯，也不是某部分人的包豪斯，它绝不是仅凭几位艺术家或者几位技艺精湛的技术师傅或毫无创造力的学生所实现的，它所取得的教育成果是其中的每一位教师和学生共同努力下所形成的。包豪斯不同工坊生产的产品所表现出的系统性，是通过精心考虑限定的几种造型语言的重复使用（尤以几何形和几何体最具代表性）而形成的既简练又丰富变化的同源性、系统性设计。正如格罗皮乌斯在《新建筑与包豪斯》中所说的那样："包豪斯就得在千方百计从各个角度去解决问题的过程中，在把陆续的新发明加以系统化的过程中，来阐明自己的目标。"②包豪斯的师生作品从织物到染色玻璃再到金属、陶瓷品，由共同的造型语言形成丰富的设计变体，于细节处彰显不同设计者的思考和个人风格。这是包豪斯人的设计共识，是学生们艺术的起点，也是他们日后职业生涯中长期遵从和发展推进的艺术准则，在离开包豪斯之后，他们设计的作品中仍可见到这些特点的发展与演进。

作为一所设计院校，包豪斯对于人们的生活方式有着积极的倡导，格罗皮乌斯将建筑视为一个综合各种设计的载体和终极目标，通过在魏玛的霍恩街住宅、德绍的托滕区

---

① 详见笔者：《包豪斯"新精神"与手工艺的冲突——以书籍装帧工坊为例》，《新美术》2016 年 11 月刊。
② ［德］华尔德·格罗比斯著，张似赞译：《新建筑与包豪斯》，中国建筑工业出版社 1979 年版，第 22 页。

工人住宅、包豪斯校舍和大师之屋，向世人宣扬一种现代的居住和生活方式。从建筑室内空间的陈设和装饰，包豪斯壁画工坊生产销售的壁纸，纺织工坊织造的地毯到家具饰物，到与容克斯企业合作，在室内采用先进的热暖技术，由金属工坊开发和研发的照明设备，家具工坊发起的金属家具的改革，印刷和广告工坊在海报和广告设计中引起的视觉和观看方式的改变……这一切都是在打破藩篱与成见的合作下，在艺术与技术的共同作用下，在跨越学科与品类划分的综合设计观中所取得的。

将技术与艺术、理论与实践习惯性地分野在某种程度上只是人们的一种假设，一种积习已久的人为对立，在现实生活中的物品，技术与艺术、形式与功能、概念与技巧并非泾渭分明两相对立的，而是彼此共生、交融的存在。本雅明早就提醒过我们，巴黎的拱廊中所使用的建筑材料玻璃和铁，乃是由于技术的发展使得建筑结构的大跨度成为可能。19 世纪以来工业技术的飞速发展将整个世界的面貌翻了几番，离开了技术和机器，很多"物"都将不复存在。技术师傅和形式师傅在同一个工坊共同教学的设置，是基于各取其长、共同合作、互相协助的考量。技术师傅独立完成的作品，"剥除"了技术实现的手段后，必然或多或少体现出设计的思想与观念。形式师傅在"艺术性"表达创意和构思时，也必然需要顾及技术手段实现的可能性。技术师傅的工作性质导致了其思想多是承载于物品之上，存乎生产过程之间，而这些随着时空的消逝荡然无存。认为技术的实施者只是单纯的"工具与手段"，并无任何思想的观念，遮蔽了技术传承与技术创新主体的存在价值与意义。历史积淀下来的轻视技术和手工艺者的价值取向也并不见得正确。布尔迪厄的"文化资本"理论和福柯关于"知识权力"的论述，早已向我们揭示了在文化领域中存在的不公与权力支配，在包豪斯全球化传播过程中，包豪斯富有创造力的学生们和艺术家们闻名遐迩，而这些技术师傅在包豪斯教育中的作用和影响却一直被遮蔽和忽视。

本文通过对技术师傅的教育背景、从业资格以及在包豪斯执教活动的研究，客观地还原技术师傅在包豪斯工坊教学中所扮演的角色。在不同的工坊内，技术师傅与形式师傅之间的教学互动以及对学生作品的影响是不尽相同的。他们对于手工艺传统和工业生产的态度也各自有别：支持向工业生产转型的技术师傅如克里斯蒂安·戴尔、京塔·施特尔策；对包豪斯的艺术观抱有模棱两可的态度的奥拓·多尔夫纳尽管在书籍设计中受到影响，有过突破与尝试，却最终因制造观念的不同而离开书籍装帧工坊；认为包豪斯向工业转型为时过早，手工艺与工业各自都是合理存在的纳奥姆·斯卢茨基；以及其他不肯在传统工艺上妥协向工业靠拢、与包豪斯理念相违背的技术师傅……他们真实地反映出在时代的转折期，人们对于手工艺传统和工业生产的多面性思考和态度。正如列维-斯特劳斯所说，历史不仅在于实证领域的事物，也在于人们"在思想上经验着的东西"，技术师傅在包豪斯工坊内的教学，以及在"做"与"思"之间的落差可以通过其作品和言行有所揭示，在探究与资料重组的过程中重新检索那些被物质所掩盖、所抽离的时代线索，发掘出那些"无意识的过程和被遗忘的意向"，从而"使死去的活动再行复苏"①。重新评估与诠释那些长期被忽视的技术师傅在包豪斯教学活动和对学生的影响，也是对当下提倡工匠精神的一个回应。

在我看来，包豪斯的优势不体现在手工制作上，不体现在设计作品的艺术性上，不体现在与工业生产的联合上（这是时代的产物，是包豪斯在城市化进程的背景下，电气化发展的推动下，中产阶级日益增长的消费语境下，为了给大众提供更多价廉物美的日用产品而提出的目标），而体现在其大胆创新的实验精神上。包豪斯被视作一个手工艺与工业文明共存，艺术教学和技术探索共襄，标准生产和自由实验并行的实验场，艺术性的单品和工业化批量生产之间的转换场。1926年3月格罗皮乌斯在制造同盟的杂志《形式》（Die Form）中发表文章，题目为：在创造领域技术人员和艺术家如何联合？他表达了基本的原则：艺术作品同时也是一件技术产品。是什么把艺术创造者引向理智的技术制品？是其创造方法和内在的真诚。对新材料和新方法的使用，是一个艺术家创造力的必要的逻辑前提。学校的设计教育应当充分地发挥实验性的特点和优势，保持对先锋艺术的高度敏感，发挥独立自主的创造性，成为先进技术的研发者和领航者，与企业实现联合共同研制新型设计产品，促进教育的多元化发展和不同学科跨领域的交叉学习，并积极发挥对社会文明的引导作用。

---

① ［法］米歇尔、汪民安主编：《福柯读本》，北京大学出版社2010年版，第51页。

美国设计理论体系发展研究[①]

——中国当代设计理论构建的美国经验

邹其昌　孙　聪

摘要：在全球范围内，美国体系下的美国设计体系是当今世界较为先进、系统、创新和完备的设计体系，是"美国梦"中的"美国设计梦"。美国设计理论体系是美国现代化过程中的重要成果，是中国设计理论体系构建的绝佳范本。本文旨在从"欧洲化""本土化""全球化"等方面考察美国设计理论体系发展状况，为探索和构建中国当代设计理论体系挖掘其有益的世界经验和价值。

关键词：美国设计；设计理论；发展研究

习近平总书记自 2012 年就提出了"中国梦"的伟大构想，实现中华民族伟大复兴，就是中华民族近代以来最伟大梦想。我国"设计梦"的实现过程就是中国当代设计理论体系的构建过程，在构建设计理论体系的过程中，如何处理好从模仿到创新，从本土化到全球化，从机械化到人性化都是设计研究的核心问题。历史学家称 20 世纪为"美国世纪"，21 世纪被预言为"中国世纪"，中国和美国作为当今世界影响力最大的两个国家，无论在经济发展还是设计发展过程中具有很多相似之处。中国设计应当在"美国世纪"经验下提高设计理论构建，完善设计理论体系，真正实现 21 世纪全方位建成"中国世纪"，以此重获文化优势地位。

就国际范围来看，美国设计体系构建较为先进、成熟和完善。作为当今设计研究最先进的国家，美国设计理论体系经历了欧洲化、本土化和全球化的发展阶段，它在美国设计理论家不断探索下，形成了一套适合美国发展的设计体系。对于美国设计理论体系的发展研究，不仅能够宏观地了解美国设计历史，还能够系统了解美国设计理论体系构建的核心问题，探讨美国是如何从欧洲设计理论的强势影响下构成富有美国本土特色和国际影响力的设计文化，并如何在全球化的浪潮下依旧保持着设计的领先地位。这对于

---

①　本文原载《阅江学刊》2019 年第 5 期。

我国当代设计理论体系构建具有一定的指导意义。

一、美国设计理论体系的内涵与范畴

随着社会的快速发展和人民物质生活水平的提高，美国的设计体系构建成为政府和社会所关注的重要问题，也是美国体系构建中的关键环节，是国家发展的新兴力量。美国作为一个移民国家，设计体系的建设主要依靠设计行业的自发行为和政府对于设计产业的扶持。美国设计体系中的重要特点就是美国的设计产业是其构成的重要元素，由于设计具有精神和物质的双重属性，所以美国的设计体系本身是文化性和商业性融为一身的。美国在设计发展初期一直受到欧洲文化的影响，从一战到二战期间，才逐步建立起文化自信。在20世纪60年代之后，美国开始转变发展思路，逐步将单纯的设计活动转化为设计产业，构建成完善的设计体系。并将创意作为设计的重要构成因素进行设计体系中的产业化推进。美国设计体系包含了设计构思、设计生产、设计流通和消费文化的环节。

美国设计理论体系是在美国体系中的子体系，是设计体系的重要组成部分。从美国设计发展过程来看，整个社会的设计思想、设计思潮、设计风格都构成了美国独特的设计理论体系。研究美国设计就需要解构美国设计历史发展过程中的各个部分。纵观美国设计发展历程，其设计理论体系可以分解为"民主""实用""创新""商业""生态"方面的理论，很多观念性理论、技术性理论以及风格理论都融入在这几个方面当中。

美国设计理论体系研究的范畴分为以下几点。

首先，美国设计理论体系包含美国设计理论家和思想家的理论著作。这部分是美国设计理论体系中最为直接和具有深远意义的内容。在每个发展阶段中都有具有时代精神的理论著作。

其次，美国设计理论体系包含一些代表人物和代表思想。美国众多的设计师虽然没有设计理论专著，但是有着较为丰富的设计思想和设计观点，并在设计实践作品当中体现出来。尤其是美国第一代商业设计师，他们的设计作品就是设计理论的高度凝练，所以美国设计理论体系的构建与设计师有着密切联系。

第三，美国设计理论体系包含美国设计的作品。设计作品虽然被作为设计实践活动来考察，但是对于美国设计理论体系来说，一些具有划时代意义的设计作品，反映出背后所涵盖的丰富的文化思想和设计理念。所以不能割裂设计作品来单独谈设计理论。

对于发展脉络理解可以看作美国设计理论发展体系的研究，是纵向的研究。因此，设计理论体系并非单面的研究，而是一个横纵交错的立体研究。

二、美国设计理论体系的"欧洲化"

欧洲的设计理论在19世纪工业革命之后也出现了巨变，古代的艺术理论逐渐向现代设计理论转化。无论是普金、琼斯还是德莱赛，他们的设计理论思想都对后来的研究学者和社会产生了巨大的影响，尽管美国和欧洲隔海相望，但仍受到欧洲设计理论的影响。其中美国著名的建筑师路易斯·沙利文、弗兰克·赖特促进了美国设计理论体系的萌芽。

路易斯·沙利文（Louis Sullivan）作为美国芝加哥学派的奠基人，也是功能主义思想理论家，其建筑思想受到了欧洲设计理论的影响。他的文章《美国建筑风格的特性和趋势》中提到了利用自然中的曲线来作为建筑装饰，并且认为自然是伟大艺术的萌芽。他虽然提出了"形式追随功能"的观点，但是他并没有完全摒弃建筑装饰，并且内心对于建筑装饰有着独到的见解，他认为自己内心"有一种浪漫主义，一种强烈的表现装饰的愿望……我们的建筑将披上诗意和幻想的外装"[1]。

沙利文受到了欧文·琼斯（Owen Jones）装饰美学思想的影响，琼斯认为建筑装饰是有必要的，但需要以一种真实诚挚的方式进行装饰。沙利文就在这基础上提出了"有机装饰"概念，以此来实现装饰的价值。瓦因加登曾提到过，沙利文创作过一幅画，画中他手拿着橡树叶，这是沙利文自然主义建筑思想的印证。另外，他还认为，沙利文与当时的很多建筑师都受到过拉斯金的影响，他的建筑思想是拉斯金"诗即建筑"思想的进一步发展。琼斯在装饰原理中的第5条原则中论述过建筑和装饰的关联，他将装饰作为建筑作品中的重要组成部分，但不能够去造作的表达，认为美的建筑应该表达真实的情感。沙利文受到琼斯的这一观点影响，他认为建筑应该表达道德价值，提出有机装饰的观念。所以很多研究者将沙利文作为一个功能主义者进行单方面的研究是片面的，沙利文也具有丰富的装饰设计思想。他于1899年设计的梅耶百货大楼虽然整个建筑看似简洁宏伟，但墙面上的装饰图案却显示了沙利文对于建筑装饰的自然主义思想。在欧洲装饰理论的影响下，沙利文的建筑创作有机且连贯，结构合理，装饰自然，很好地表达了他的诗意理念，他将装饰与高层建筑联系在一起，影响了美国建筑的发展方向。他的高层建筑作品的理论集中体现在《高层办公建筑美学思考》，该文解释了沙利文对于高层建筑的功能分配和结构要求。沙利文在《建筑装饰体系》(*A System of Architectural Ornament*) 中谈道，"种子是实际存在的东西，能够将机能蕴含在内部，拥有着非凡的意志；它的功能就是去通过不断探索，找到完善的形式。"沙利文是美国设计理论体系

---

① Sullivan, L. "Ornament in Architeture", *The Engineering Magazine*. 1892(8), pp.633-644.

构建中一个重要的设计理论家，成为奠定美国设计理论体系基础的重要人物。

在 18 世纪和 19 世纪的欧洲，分别在英国和法国出现了启蒙运动和浪漫主义运动的哲学思潮，其对美国早期的设计活动有着深刻的影响。浪漫主义风格对美国设计大师弗兰克·赖特有着重要的影响。作为沙利文工作室的学徒，他也十分喜欢如画风景般的装饰，年轻时期的赖特喜欢临摹装饰理论家书籍中的装饰纹样，并且对欧洲的装饰理论有着深入的研究，他将从书中学习到的装饰思想融入到自己的建筑语言当中，例如流水别墅体现出一种整体性的装饰思想。另外，他从自然中获取灵感，并且将其转译为建筑语言，无论从建筑本身还是室内装饰都能够表现出来一种纯净、宽阔、灵动的精神，这种建筑是装饰艺术最自然的表达。肯尼斯·弗兰姆普敦（Kenneth Frampton）认为赖特的有机是"按照自然树叶的形式来使用混凝土悬臂，他的这种形式的构思似乎来自沙利文的'种胚'这一生物意义的隐喻，但在这里已引申到整个结构而不仅是装饰"①。在实践活动中，赖特打破了古典主义建筑那种人与自然直接的屏障，他将建筑的比例、布局、尺度与自然相协调，使建筑形成一种和谐连续的特性。

总体而言，19 世纪的欧洲设计理论对于美国设计理论体系的建设影响意义深远。美国虽说受到欧洲设计文化的影响，但其并没有完全照抄欧洲模式，而是在发展自身的基础上，不断探寻本土化的设计理论体系。

三、美国设计理论体系的"本土化"

美国设计史学家莱帕考特（Rapaport B. K.）认为："在一战后，欧洲文化模式开始逐渐摧毁。美国所逐渐兴起的力量形成了一种不同的、更加现代、更加本土的美学范式。"② 美国设计理论体系的本土化过程就是指原有的设计理论如何在美国的这片土地生长。设计理论体系的本土化，也就是"民族化"，它是在美国原有的从欧洲学习来的基础上，吸收别国的精华之处，融合自身的条件和情况，从而进化提升至适合美国这一多民族移民国家需要的设计理论体系，它需要适应美国的特殊国情，所以其关注的重点就是"大众化"的问题。而大众化的核心便是关于文化和身份认同的问题。

设计理论体系的本土化的重点在于从"欧洲精英"向"美国大众"的设计理论转变。美国从建国初期就与欧洲设计有着本质的区别，这与其民主的政治和无负担的社会基础

---

① 肯尼斯·弗兰姆普敦著，张钦南等译：《现代建筑——一部批判的历史》，三联书店 2004 年版，第 37 页。

② Rapaport, B. K. & Stayton K. L. *Vital form:American art and design in the atomic age, 1940-1960*, New York: Brooklyn Museum of Art in association with Harry N. Abrams, 2001，p.24.

有着密切关系。所以完全照搬欧洲的设计理论体系是不现实的，也是不符合美国设计发展的。而美国本土化的过程中最重要的一个问题就是如何解决从欧洲转移的理论中精英化到大众化的问题。

福特主义设计理论就是美国本土化过程中的核心，也是美国设计民主的开端。美国从"欧洲化"走向"美国化"的过程是一个构建文化身份认同的过程，也是一个民主思想深化的过程。"美国民主的一大奥秘就是——移民可以通过市场活动来参与到美国经济当中，并且以此来实现他们身份的认同和转化"。如何成为美国人的过程，就是一种身份认同建构的过程，其中消费文化就帮助迁移者完成了"美国化"的过程。以福特汽车为起点而形成的福特主义体系，标志着美国设计走向"大众化"。福特汽车作为汽车生产商的开拓者，他们的创新生产不仅推动了人类科技力量的发展，还为人类的文化作出了巨大的贡献。福特通过生产方式的改变，让设计能够走进千家万户，真正做到了"为大众的设计"，这一欧洲现代主义大师所提倡的乌托邦思想真正通过福特的实践而成为现实。因此，福特不仅仅是汽车的代名词，它也象征着美国设计的民主与自由。从美国体系到福特制的大规模生产方式，美国的设计体系从借鉴欧洲的基础上，逐渐发展出独具特色的"本土化"模式，不仅实现了设计上的产业化，还在设计产业方面超越欧洲，成为世界工业设计方面的领头羊。相较于美国，工业革命的发源地英国，还在守着固有的传统生产模式的思想，被后来的工业强国纷纷赶超。林肯·斯蒂罗斯评价福特是"一个不言语的预言家，一个不谈论政事的改革家，一个立法者，一个政治家，一个激进派"。①

约翰·杜威（John Dewey）奠定了美国本土化阶段的哲学基础——实用主义。他认为技术就是一个人造物的过程，它具有积极多面的特性，可以指导人们的社会实践。这种对于技术的要求必须是和人们生活的实际需要所密切相关的，也就是这种技术是需要达到和满足需求的一种手段。杜威将艺术和技术紧密地结合起来，审美则是一种对于事物的美学评价，需要鉴别和欣赏，他认为"艺术是一个做或造的过程。对于美的艺术和对于技术的艺术，都是如此"。艺术就是经验。这种经验来自于自然或者生活当中。所以设计作为人工物的创造，它能够以技术的手段，通过设计的方法制造出美轮美奂的产品，从而在技术的帮助下，设计也能够不断地发展，人工物和自然的和谐美，也是一种设计美。在美国的"本土化"阶段，技术美成为设计理论的一种要求，它是机械化生产过程中，机器与人文、人类与环境的和谐美。因此杜威认为"工业艺术的对象是具有形式的——该形式适合于它们的特殊用处。这些对象，不管它们是地毯，是壶，还是篮

① Patterson, J. T.*America in the Twentith Century*：*A history*, Jamert T. Patterson Harcourt Brace Jovauovich, 1983, p.147.

子，当材料被安排和利用，使它直接服务于丰富人的直接经验，而这人的直觉注意力指向对象之时，便带上了审美的形式"。① 美国的设计从生产到投入使用都始终将技术理论作为指导，以科学的方法和艺术的表现形式生产出物美价廉的产品。

另外一位奠定美国设计理论本土化基础的设计理论家是刘易斯·芒福德 (Lewis Mumford)，他提出了"有机技术观"的生态技术设计理论。芒福德对生态设计思想的贡献是与其有机技术观密切相关的。首先，他认为技术是人的外化，也是实现人的更高目标的一种手段。如果是反生命的，那么技术就没有意义，因此他对完全处于机器、技术系统操控下的社会发展表现出消极的态度。要技术为人服务才是一种"人性化"的技术，在他看来，生命形式的缺失主要表现在人类对待机器的态度，还有人类价值观的走向的问题。芒福德谈到，"我们时代的技术不把生命与空气、水、土壤以及他的全部有机伙伴关系看做是他的一切关系中最古老最基本的关系，而是千方百计设计制作出一些能控制的，能赚钱的代替品来维持有机体的需要，这既是一种愚蠢的浪费又是一种对有机体活力的扼杀。"② 他提出了"为生命服务"，强调了人是生命的有机体，所以促进有机体的健康才是技术发展的方向。他所批判的大机器系统的观点，不是为了否定机器在人类社会中的存在价值，而是希望改变在机械化体系下人类价值观的定位。就像摩天楼这种大机器的产物，虽然改变了城市面貌，但是全封闭的玻璃窗让人们与世隔绝，空调的安装让人们避免日照，并时刻开着日光灯，这种就违背了机器原本的意义。因此，设计师应当在造物活动中发挥作用，即使科学技术再发达，生产出再丰富的机器，都应当坚持以人为核心和以人为根本的设计理念。人与机器应当保持合理的关系，并通过机器服务于生活，就像大工业时代来临之时，机械化取代了劳动分工而生产率能得到大幅度的提升，节省了大量的人力操作。并且机械化的大规模使用保证了设计产品拥有统一规格和统一质量。

芒福德认为技术本身该具备相应的多样性和有限度性。他认为一切有机的进程都有目的，也是有限度的。应当将技术控制在符合生命的尺度之内，并保持它的适度性。生命对于物质数量不是无限的，机能也并非对物质消费是无止境的。在大机器之前，无论是农业技术还是手工艺术都是受到了天气、人力情况等环境的制约，在大机器时代这些都被打破了，机械拥有无穷的动力，只要需要就随时可以扩大生产。这样一来就会导致消费的无穷尽的循环，大量生产和大量消费，地球就成为人类的垃圾场。因此技术的进步必然和自然环境有着密切的关系，芒福德将有机技术观作为一个综合体来看，是对历史进程和社会进程以及人思维意识的思考。芒福德认为技术多样性，其一在于人类在进

① [美] 约翰·杜威：《艺术即经验》，高建平译，商务印书馆 2005 年版，第 50 页。
② [美] 芒福德：《城市发展史》，宋俊岭等译，中国建筑工业出版社 2005 年版，第 399 页。

化的过程中，成为物种之最，因为凭借着大脑的强大创造出各种技术。并将技术史分为三个不同阶段：始技术时代、古技术时代和新技术时代。每一个阶段都会富有新的生活可能，所以应当坚持多样性的技术观，大机器并不是人类唯一的发展方向。其二，芒福德还谈到了技术多样性的必要。他认为机器并不一定代表着效率，有时候最快的方式是步行，而不是所有人都开私家车，开车不仅造成拥堵还面临着停车难的问题。所以，单一的交通工具不能满足各种各样的需求，如果城市只有一种交通方式，那么城市将会变得十分混乱，技术生态也是一样的。这也为设计的大批量生产提供了一种新的要求。另外，芒福德还认为劳动所涵盖的价值也必须与技术的多样性相匹配。在机械化之前，手工艺能够给人打来心灵的愉悦，劳动者可以更自由地发挥想象力，这种也体现出一种"工匠精神"。因此，也应当保留以高艺术创造价值存在的这种方式。

机器不是技术的全部，技术是多样化的这一命题也为生活提供了丰富多彩的发展方向。因此，他为后来的技术发展走向奠定了新的基础。芒福德的这种有机技术观体现了他对于人和技术之间关系的考虑，认为人应该重视技术的多样性和有限度性，从此限制技术的单一方向发展。这种多样化的发展能够保证人们合理和健康的生活。芒福德认为应当保持技术发展的生态平衡。应当将技术控制在生产和需求之间的平衡关系，人不能只关注制造，否则将成为一个只有生命体征的机器人。人性的发展和技术的发展应该联系在一起，人的生活只有在越发达的技术时代才能寻找到人的本性，感受到生活和生命的价值。所以人类应当将本性与机器的发展控制在动态平衡的范围以内，维持一种平衡的发展，也就是可持续发展道路。正如他所说："生命和生长发展不取决于有没有不利因素，而取决于有足够程度的平衡，以及有足够多余的建设性力量去不断地纠正、恢复，去吸收新事物，去调节数量，去与所有别的需要维持平衡的有机物体和社会建立平等交换的关系。"①

总体来看，芒福德虽然感受到了机械化生产带来的弊端，但是仍旧对机器保持乐观的态度。之所以出现机器威胁到人类的发展和生态的破坏现状，主要的问题还是在于人，是人对于机器的认识匮乏产生的。如果人们可以保持生产和消费的平衡，不过度消费，就能够保持更好的生活状态。这种对于生态的思考其实就是芒福德的一种理想有机技术观，他希望以有机技术观来造就一个美好的城市。芒福德也对美国设计理论的本土化进程作出了突出的理论贡献，推动美国设计理论体系逐步走向完善。

自从第一次世界大战开始，美国从中取得了巨大的经济利益，社会的方方面面都在进行着巨大的变革，美国的设计理论体系自此走上了"本土化"的道路。

---

① ［美］芒福德：《城市发展史》，宋俊岭等译，中国建筑工业出版社2005年版，第408页。

四、美国设计理论体系的"全球化"

美国在全球化阶段中最重要的目的就是将全球变成"美国化"的世界,"全球化"的美国设计理论是在以设计作为载体进行文化观念输出,在美国设计理论体系的全球化过程中,美国扮演了一个时代引领者的角色。

美国设计虽然起步没有英国等老牌设计国家早,但美国学者的设计理论触觉十分敏锐,他们意识到设计作为"人造物"的实质开始不断地进行变化,设计不再单纯以制造使用功能和审美功能作为主要目标,而是将物质、环境、资源和人整合在一起。伴随着人类社会的环境危机、人口危机和社会危机,都让设计活动开始变得复杂,设计活动如何走向"广义综合"是研究的重点问题。

美国学者赫伯特·西蒙最早提出"设计科学"概念,他的著作《人工科学》(The Science of Artificial)引起了国内外学者的广泛关注,他将设计科学作为研究"人工之物"的科学。赫伯特·西蒙是人工智能和信息加工心理学的重要研究学者,其"人工物的科学"这个概念的构建表达了西蒙自身对于复杂性的理解。西蒙作为提出"设计科学"第一人,他通过对于"人工科学"的构建,将其与复杂的科学系统如经济学、管理学、心理学等领域联合起来,他认为设计是一种"人为事物的科学",这区别于传统的科学与技术。西蒙将事物划分为"自然物"与"人为事物"。其中"是什么"(Be)是通过自然科学的研究帮助我们了解和发现世间规律和事物的本质;进一步来讲,"可以是什么"(Might Be)则能够通过技术手段告诉人们事物可以成为的样子;设计可以作为第三种知识体系来综合这些知识,从而达到创造出合理的目标,也就是事物应当是如何的样子(Should Be)。通过这三种划分可以看出西蒙对设计学的本质有了更加清晰的认识,他的认识能够使美国的设计的发展向科学与系统进行转向。赫伯特·西蒙在书中对"人为事物进行界定",他认为设计科学不同于自然科学,研究人工之物的科学是对"科学"的扩展。西蒙本身是一名计算机科学家,他不断地通过计算机来对人工事物进行模拟。其对"人为事物"的理论解决是通过与纽厄尔共同提出的"人是信息处理器"的"适应人"概念,并建立了一种符号模型,通过这个模型,西蒙能够与复杂的环境综合在一起,实现一种科学与控制的想法。由此可以发现,西蒙的《人工科学》对美国乃至世界的设计学科的贡献在于他试图从复杂的事物中寻找简单的规律,并以简单来促进无限的复杂世界。[①]

从设计研究的发展来说,西蒙所提出的"设计科学"反映了当时对于设计研究独立

---

① [美] 亨特·克劳瑟·海克:《穿越歧路花园:司马贺传》,上海科技教育出版社 2009 年版,第 16 页。

性的需要，并且系统的设计知识体系表现了设计的专门性知识，而科学的研究范式也体现了设计学的科学性。这对原本自然科学的统治地位发起了挑战，西蒙在书中对于"人工技术科学"被"自然科学"的镇压表达了不满。他所提到的那些医学院、工学院的状况就是对当时学科门类的质疑，并将人工科学提到和自然科学一样重要的位置。

20 世纪后期开始，美国设计体系在全球化的发展当中之所以能够立于领先行列，并且国际竞争力连续位于世界第一，与其新经济背景下的国家创新体系密不可分。20 世纪 70 年代，创新理论的研究成为美国乃至西方世界的热点问题，随着 80 年代西方工业国家的经济衰退，以日本为代表的新兴工业化国家迎来了经济的持续繁荣，这让众多学者试图从不同角度来解答这一现象，并最终提出了一系列的创新理论。

国家创新体系这一概念是英国经济学家克里斯·弗里曼（Chris Freeman）在 1987 年首次提出的，他通过研究日本企业的生产组织、企业管理和政府激励之间的关系，深入探讨了日本的技术创新机制和技术立国的创新目标，这种国家创新系统是国家内部组织及其子系统之间的相互作用，该作用造成了日本经济的飞速发展。他在研究基础上出版了《技术和经济运行：来自日本的经验教训》（*Technology and Economic Performance: Lessons from Japan*）。弗里曼强调政府、企业、教育、产业等四个要素，并指出：国家创新体系是一种在公共部门和私营部门机构里所组成的网络，这些机构的活动能够启发、引导、改进和扩散新技术。可以说创新是该体系发展的根本推动力。美国学者纳尔逊在 1988 年发表了著作《作为演化过程的技术革命》（*Understanding Technical Change as an Evolutionary Process*），书中介绍了美国的国家创新制度，并认为创新是大学、企业、政府等机构的共同作用，而这种制度的目的就是能够实现技术的私有和共有的平衡。在此次研究基础之上，1993 年，他又出版了《国家创新系统：比较分析》（*National Innovation System: A Comparative Analysis*），并对多个国家的创新系统进行了分析，他认为国家创新体系在制度上来看是非常复杂的，并且不同国家有不同的历史文化、地理资源、社会文化的背景，这种情况下，科学和技术的发展都有不确定性。基于这种复杂性，政府应当保证技术的多元和制度的多元，建立起一种合作机制以协调不同机构之间的信息沟通问题，这种协调和发展有利于科技更好地融入到工业生产当中。

美国从 20 世纪 90 年代初开始保持了经济的继续平稳增长，创新机制的有效实施使其能够一扫 80 年代的经济颓势。而这一时期，美国的经济发展已经开始逐渐转型，从传统的工业经济开始走向信息经济，这种新的经济发展模式与传统经济发展有所不同，所以也被称为"新经济"。新经济在美国开始逐渐兴起，并对美国设计行业的发展方向产生了巨大的影响和变革。

在全球化的进程当中，美国的环境与社会危机也日渐显现。巴巴纳克在 20 世纪 60 年代出版了《为真实的世界而设计》（*Design For the Real World*）在整个设计理论界引起了巨大的反响，他在书中对于设计的可持续发展提出了三个重要的发展思路：首先，设计应当为广大人民服务，不应当单纯地满足少数的富有人群的需求。第二，设计应当为包括弱势群体在内的全部人民服务，而不是仅仅为健康人服务。第三，设计应当保护地球有限的资源，应当用设计手段来保护自然资源。如果说在《为真实的世界而设计》的伦理思想中，巴巴纳克将社会性设计作为重点的话，那么在他 1995 年出版的著作《绿色律令》（Green Imperative）则是更注重强调生态设计的，可以说巴巴纳克为美国绿色设计乃至世界生态设计领域作出了巨大的理论贡献。正如约翰·格赛克斯（John Gertsakis）所说的，"今天很多我们谈论的'为环境而设计'，很多都是来源维克多·巴巴纳克对于设计的批判，加上企业对此逐渐成熟的观念。关于设计师以及他们对于社会和环境的责任关系，没有人会反对巴巴纳克所作出的突出贡献"①。

唐纳德·诺曼（Donald Arthur Norman）是情感设计理论的奠基人，为美国设计理论体系全球化发展扩展了新范畴。他将情感纳入到设计科学领域，并对情感问题有了理性的阐释，他认为："情感的高低不同来源于人的需求和目的的层次不同，所以底层的情感是满足人们最底层的生理需要所得到的心理体验。在此之上，是高层次的情感，是来源于主体被社会的需要所满足而产生的心理体验。和设计相关的领域，虽然也有低层次的情感体验，但是最重要的组成还是高层次的情感。"②诺曼在《情感设计》一书中对涉及情感问题有深入的见解，并且他根据现代心理学对于情感的分析把情感设计分成 3 个层次：本能层、行为层和反思层。情感设计是目前企业能够连接消费者心理的重要法则，单纯的本能层次和行为层次的设计虽然能够满足消费者的功能需求，但反思层次的设计会更加吸引消费者的互动感受。

美国设计理论的全球化阶段也是其走向文化多元化的阶段，其理论的构建越发完善与成熟。例如亚历山大的"模式语言"，罗纳德·梅斯的"通用设计理论"都是美国设计理论体系全球化阶段的重要成果，是设计理论发展过程中的宝贵经验。美国依靠自身设计理论体系的构建促进了设计产业的良好发展，硅谷的"产学研"一体化带动了经济的良性发展。

五、结论

美国设计理论体系的发展从"美国体系"的诞生到以设计科学为核心的美国设计理

---

① [美] 诺曼：《情感化设计》，付秋芳、程进三译，电子工业出版社 2007 年版。

② Lewis, H. John Gertsakis, Tim Grant, Nicola Morelli, Andrew Sweatman. *Design Environment: A Global Guide to Designing Greener Goods*, Greenleaf Pubns. 2001.

论确立。在这几百年的时间里，美国从一个文化的弱势角色转化为一个设计文化强国。虽然美国建国历史不久，但是从"欧洲化""本土化""全球化"的逐渐演变中，形成了一套以民主为基本核心，以实用为基本、以创新为驱动、以商业为依托、以生态为责任的富有美国特色的设计理论体系。

通过美国设计理论体系的发展研究对我国的设计的有益经验在于：构建中国当代设计理论体系是我国设计行业的重中之重，我国长久以来一直未能建立起具有中国特色的当代设计理论体系，这也导致了设计产业的滞后发展。通过构建中国设计理论体系能够指导设计产业的良性发展，促进中国当代经济结构调整与升级。另外，通过设计理论的提升还能够促进我国设计产业国际竞争力，在国际竞争市场中获得优势地位。总而言之，中国设计理论体系的建立是"中国设计梦"的重要组成部分，我们应当在学习美国设计理论体系的过程中，取其精华，去其糟粕，找到适合我国设计理论体系发展的可持续道路。

20世纪80—90年代中国设计理论界
关于设计本质问题的讨论

宋 健

（中国美术学院）

回顾20世纪80至90年代中国现代设计重新起步并迅速发展的十余年，围绕着对于"设计的本质"及其相关问题的不同认识，理论界笔战不断。例如曾经被后来者无数次提及的"造物艺术"与"工业设计"间旷日持久的论争，在今天的设计研究者看来记忆犹新，这种印象的深刻不单是因为论争时间跨度的漫长，还在于双方论辩的激烈程度的"空前"。前前后后十余年的大争论看似已经成为现今设计理论研究的"遗产"，然而，在历经漫长的争论和90年代以来设计学科与专业建设的热潮后，抛开历史情境中的偏见，当初"争拗"的背后又剩下了什么？

这样说或许有些绝对，但当我们今天重新翻阅已然尘封的史料，却难免陷入失落。当时大大小小的在现在看来令人"瞠目"的檄文，多数竟停留在"隔空交火"和"各说各话"的层面，以致许多情形下论辩双方并不完全理解或有意忽视了对方的真正主张。这其实并不能归咎于专业界。20世纪80年代浩浩荡荡的"启蒙与改革"浪潮，加之以《河殇》的"蔚蓝色"为背景的反传统激流的裹挟下，学术探讨本身的学理性和纯粹性在时代的背景中已经大打折扣。对于这一点，张道一在他的《造物的艺术论》中曾这样说道：

曾经有人诘问：如果民族化和现代化只能取其一的话，应选择什么？我的回答是两个都要，不能割裂，可他说宁要现代化。这似乎是一种思潮，特别是部分从事现代工业美术研究和设计的同志，持有此种观点，好像民族化会阻碍现代化的发展。显然，这里存在着认识上的差异。主要是对于民族化囿于既成的观念，譬如说认为民族形式就是古代的瓶瓶罐罐，和纹饰中的龙凤牡丹等。假若民族化的内涵仅仅是这些，当然与现代化是格格不入的。谁能说将现代的收音机或电视机，搞得像古代彩陶或红木家具，或是装饰上龙凤牡丹就是民族化呢？这种将民族化和现代化割裂开来、对立起来的观点，显然带有表面性，也把问题看得太简单了。①

---

① 张道一：《造物的艺术论》，福建美术出版社1989年版，第42页。

当事者之一的张道一，此时或许颇为无奈。作为中国现代设计积极推动者的他，20世纪50年代还曾因此被错划为"右派"，人生际遇大受影响。然而，改革开放初期特殊的历史语境下，张道一的观点却为许多人所不理解，甚至一度被人冠以"工艺美术遗老"的蔑称。关于当时争辩的细节或由此引发的个人恩怨，本文不想作过多的评判，而是要问：以现在的视角看，张道一真的是"工艺美术遗老"吗，抑或柳冠中亦如他人所言是一个"不懂传统"的人？看来，中国的设计理论研究在20世纪80年代疾速的"启蒙与反思"的惯性下，其中的误解实在太多。不单是"造物艺术"与"工业设计"，设计教学中"图案"与"构成"的争论，"工艺美术"与"设计"在名词与内涵上的交锋，都成为20世纪以来中国设计漫长而曲折的历史发展进程的表征。

一、工业设计论与造物艺术论

1988年秋天，一篇题为《普罗米修斯——工业设计》的檄文在业内流传开来，文章不无讽刺地写道：

近年来，由于政策开明，介绍西方当代艺术运动和工业设计的文章开始不断出现。然而笔者却不时地感到，一阵阵"工艺美术"的回潮以种种形式扑来，大有股"尊王攘夷"之正气。"传统"卫道士的道貌，小生产的狭隘，学者之冷眼，鼓吹东洋式的"工艺文化"的遗老以及追求利禄的遗少……这些终究是缚不住普罗米修斯的。值得担心的是普罗米修斯还太年幼，不知道他仅感兴趣于工业文明之火的光怪陆离，还是因为他把套在商品经济摇篮上的封建枷锁当成奶嘴来吮吸？殊不知，不真正懂得工业文明之火对人类的意义，便不会有持久的意志和勇气，去挣脱"手工艺"传统的锁链，不掌握取火的方法，反倒会成为祭品……"工业设计"这个普罗米修斯所肩负的重任不是为传播人类文明之初那只照亮农业文化的油灯，而是思维方式、方法论的闪电。①

这篇文章的作者便是柳冠中。四年前，他带着在德国访学学习工业设计的成果回国，于当年在中央工艺美术学院创办了工业设计系并出任系主任——这是中国第一个工业设计系。他从此开始了通过教学与著书立说向国内介绍与推广"工业设计"理论，呼吁国家对工业设计的重视的努力。从那时起，柳冠中的名字就与"工业设计"如影随形了。

20世纪80年代中后期，随着设计理论研究的深入，专业界开始对"设计的本质"这一根本命题产生分歧，并逐渐演变为一场论争。为了从根本上区分现代工业设计与传统工艺美术，柳冠中借由三个文明的划分，即自然经济社会——手工业时代文明、商品

---

① 柳冠中：《普罗米修斯——工业设计》，见《苹果集：设计文化论》，黑龙江科学技术出版社1996年版，第71页。

经济社会——传统的工业时代文明、信息经济社会——高技术后工业时代文明，① 指出
"工艺美术"是一种不合时宜的落后文化，"是手工艺生产方式的产物，是自然经济基础
之上的文明与文化，是当时的生产技术和社会观念的协调，也是当时物质文明与精神文
明的体现"②。设计无法从生产中分离，全凭工匠的娴熟技巧，追求外在的形式美感，小
生产的局限，使工艺美术无法满足工业化生产的需求，其症结"正在于内部机制的先天
不足，它不能与工业文明、商品经济的外部环境协调，只能在温室中或在自然保护区内
存在"③。面对工业设计理论初入中国后的困境，柳冠中也将矛头直指工艺美术，认为它
长期以来曲解了国人对设计的认识。"一些学校的权威、专家们至今还把国外几十年前
就已摈弃的老观念视为不可侵犯的禁区，把'工艺美术'视作唯一设计途径与设计教育
阵地，把小生产的手工艺当作我国传统文化的精华，认识不清作为一种文化遗产应在创
造社会主义现代化的前提下继承、保护，认识不清发展国家大生产的经济杠杆是生产力
的解放，而工业设计是大生产的必然趋势。沉湎于个人完善、陶冶的小手工艺的道路是
不可能对社会主义新文化做出真正的贡献的"④。

　　他认为，在中国迫切需要完成工业现代化的当下，"无情的历史进程将淘汰已有几
千年辉煌成就的工艺美术事业"，代表着现代文明的工业设计必将登上历史的舞台。而
"工业设计理论可以说是现代文明之火。它的传播架起了科学与艺术的桥梁，将传统与
创新统一，空间与时间融合；将历史引向未来；将中国从工艺文化的思想枷锁中拯救出
来，面向大海，去揭开中国时间的新篇章"⑤。

　　柳冠中等人对于"工艺美术"基本上是持否定和批判立场的，其批判立场也是一贯
的，尤其在 20 世纪 80 年代中后期到 90 年代中期，这种批判甚至尤为激烈，代表了改
革开放初期设计理论界的反传统思潮。同时，这也与 20 世纪 80 年代初工业设计初入中
国时面临的困境有关，改革开放之初，"设计"的社会认同度比较低，无论政府抑或大
众还没有完全认识到工业设计对于国家发展的重要性，从 50 年代延续下来的以工艺美
术品出口换取外汇储备的经贸政策思维依然影响着那时的决策层。另外，传统的工艺美
术学科仍"包办"着刚刚出现的现代设计教育，工业设计处在亟须发展却又无比尴尬的

---

① 1987 年 10 月，中国工业设计协会成立，柳冠中在成立大会上宣读了他的论文《让历史告诉未来》，后
　刊载于 1988 年第 1 期的《装饰》杂志，题为《历史——怎样告诉未来》。
② 摘自柳冠中的论文《我对工艺美术专业分类的拙见》，此文是他参加"1987 年工艺美术事业发展研讨会"
　时的发言提纲。
③ 柳冠中：《普罗米修斯——工业设计》，见《苹果集：设计文化论》，黑龙江科学技术出版社 1996 年版，
　第 72 页。
④ 柳冠中：《当代文化的新形式——工业设计》，《文艺研究》1987 年第 3 期。
⑤ 柳冠中：《普罗米修斯——工业设计》，见《苹果集：设计文化论》，黑龙江科学技术出版社 1996 年版，
　第 74 页。

关头。当时中国工业设计的倡导者们，几乎无一例外地将矛头直指工艺美术，认为工艺美术论的滥觞，已经严重阻碍了现代工业设计在中国的普及。而这种批判也逐渐发展为一种不点名的、言辞激烈的论战。柳冠中从"进步史观"和"社会主义现代化建设"的需求出发，以不同角度对工艺美术展开诘难。20世纪80年代思想解放的历史背景，还使得这种对于工艺美术本体的批判逐渐指向了其背后的工艺文化，甚至是以农业文明为主体的中国传统文化。整体解读柳冠中的这些文章，虽然情绪化的外露较为显著，但对于传统工艺美术在工业化大生产中的尴尬境遇，他的批判还是直击要害的。在这样的舆论环境下，无论是作为一个名词抑或其背后所承载的工艺或造物价值，"工艺美术"在改革开放初期的遭遇可以说是被动和尴尬的。

在1978年中共十一届三中全会确立"改革开放"的战略决策后，尤其是1979年3月撤销《全国教育工作会议纪要》(1971年8月转发)，在知识界开展全面的拨乱反正以来，学术禁区被打破，老一辈理论家恢复名誉并重返教学和研究岗位；经济建设迅速恢复，民众物质和精神生活水平亟待提高。"工艺美术"的设计本质就是在这样的历史背景下迅速"正名"并开始了它的重新出发。

在这期间发挥重要作用的是20世纪50年代成长起来的工艺美术学者，他们大多出生在20世纪20—30年代，在中华人民共和国成立初期便已经投入对工艺美术的研究，但由于时代背景所带来的个人际遇的悲剧，自1957年的"反右"运动始，直至"文革"结束的近20年间，这些当时本应大有所为的青年学者多数却因政治原因而被迫沉寂。正是在这样恶劣的政治环境下，仍然有部分学者坚持"地下"研究和写作，使相应的研究成果在改革开放后得以集中呈现，奠定了整个20世纪80年代中国工艺美术的学术研究的基础。然而，历史情境却随着时空的变幻而悄然改变，"工艺美术"在中国，此时正面临着双重挑战：一方面，在知识界积极引进西方最新学术成果的情境下，发端于20世纪早期的"中国工艺美术体系"遭遇到了西方现代工业设计理论的强烈冲击；另一方面，嬗变中的中国正进行着空前的现代化建设，民众物质生活的极大丰富正在促进着中国设计形态的转型，而这也对传统的工艺美术叙事提出了新的挑战。为了适应这种挑战，工艺美术的理论建设及其现代阐释就显得尤为必要。20世纪80年代起的十余年中，国内中生代的工艺美术理论家群体曾经为此付出过大量努力，系统性的学术成果一时间蔚为壮观。作为当时造物文化论和民艺研究的最重要的提倡者，工艺美术理论家张道一[①]便是其中的代表。1989年4月，张道一的第二部文集《造物的艺术论》出版，这

[①] 20世纪50年代，张道一曾师从著名工艺美术家陈之佛学习图案与工艺美术史论。1956年，他前往中央工艺美术学院，与何燕明、田自秉、王家树、刘守强一道编辑《工艺美术通讯》，刊物停刊后，张道一被调往南京艺术学院，长期从事艺术史论研究。改革开放后，他积极推动建立艺术学学科，并成为国内首个艺术学学科博士生导师。

是他近十年来讨论工艺美术的诸多文章的结集。值得一提的是，此书一经出版，便受到理论界的好评，许多设计（工艺美术）专业的学生甚至如饮甘泉，将其视为专业上的"圣经"。这也从一个侧面反映出在中国社会和经济急剧转型中，专业界对本土工艺美术理论建设的期待。

关于名词的"工艺美术"，我们曾不止一次地提及，它是 20 世纪上半叶中西交流背景中受日文翻译影响下的产物，本身就具有"现代设计"的含义。遗憾的是，20 世纪 50 年代以来外部环境的种种，使得关乎中国人生活日用的"工艺美术"始终没有得到充分的发展，工艺美术理论的研究依然停留在当时生产力水平的背景下，原本宽泛的"工艺美术"的概念被狭隘化为一种手工艺甚至特种工艺的概念。然而，当历史开始进入社会经济迅速发展的改革开放初期，相对"陈旧"的工艺美术理论的革新已经迫在眉睫。这样的情形，曾师从陈之佛学习图案后又转入工艺美术史论研究的张道一想必十分清楚。从改革开放初直至 20 纪 90 年代的十余年间，他将主要精力放在了对"工艺美术"的现代阐释和学理研究上，并通过大量的著书立说积极建构中国本土的现代工艺美术理论体系，他的"造物艺术论"就是在这个背景下提出的。

何谓"造物"，谁又是"造物主"？这是需要首先回答的问题。在张道一看来，"造物主"既不是西方文化中的上帝或者神明，亦不是东方文化的"圣人"，如《考工记》中的："知者创物，巧者述之，守之世，谓之工。百工之事，皆圣人之作也"，而应是历史上的劳动者，"待到农业和手工业有了初步分工之后，也就是从事手工劳动的艺人"[1]。对此，诸葛铠认为，"'造物艺术论'正是借用了'造物'这一传统概念，但把造物的主体由神转换为人，又把'万物'分解为自然物和人造物，从而确立了以'人——物'为基础的中国现代造物观。"[2] 对于"造物"的概念，另一个事实是作为名词的"工艺美术"虽然对应着数千年来中国古代的优秀设计遗产，但就现实而言却无法令人信服地表述当下的现代工业产品设计，不得不说是令人遗憾的，而这也正是 20 世纪 80 年代以来在"现代设计"的冲击下，作为名词的"工艺美术"的现实处境。在这个意义上，张道一提出以"造物艺术论"代替"工艺美术"，的确有着不得已而为之的苦衷。另一方面，面对当时已经纷纷扰扰的"工艺美术"与"设计"的名词之争，"造物"的概念可以说具有"先天"的优势，作为"一切的人造物"，它甚至比"设计"的含义更为宽广，"涵盖了传统手工业生产、近现代机器生产的完整过程和成果"[3]。"造物艺术论"的另一个重要命题，则是如何定义"工艺美术"及其在人类历史文化长河中的角色。张道一认为，就工艺美术本身的艺术性而言，它给使用者带来了精神上的愉悦和享受；另一

---

① 　张道一：《造物的艺术论》，福建美术出版社 1989 年版，第 30 页。
② 　诸葛铠：《"造物艺术论"的学术价值》，《山东社会科学》2006 年第 4 期。
③ 　诸葛铠：《"造物艺术论"的学术价值》，《山东社会科学》2006 年第 4 期。

方面，"它的物质性又会直接作用于人们的感官，甚至在直接的使用中判断出材料的粗精、光涩、优劣、贵贱"①。在张道一看来，兼具物质文化与精神文化双重身份、从人类制造第一件工具起就延续至今的工艺美术，其本身就说明了传统上二元文化（物质文化和精神文化）的划分并不全面，"事实上，人类创造的文化，首先是兼有物质和精神不可分离的'本元文化'，这就是工艺美术"②。客观地讲，张道一的"本元文化"理论将"工艺美术"置于人类文化发端的"原初"性地位，有其逻辑和学理上的充分理由，而从学术影响的角度看，它也大大提升了人文社会科学界对工艺美术（设计）研究的关注。之所以说张道一的"造物艺术论"具有工艺美术在其现代阐释上的价值，是因为它基本契合了20世纪80年代经济社会迅速发展的进程。例如从工艺美术的"资生""安适""美目""怡神"等特点归纳出其实用性和审美性的融合与统一；科学技术为工艺美术提供赖以发展的技术与物质条件，而工艺美术则为科学技术发展的新成果塑造"适用"的物化形态；工艺美术在精神层面上对人的"潜移默化"，表现在它在群体的审美教育上的价值，在蕴含着高尚情趣的同时亦丰富和创造着美好的生活，在这个意义上，它甚至与人的"幸福"的概念同构，这是其他艺术所无法替代的。面对当时极为重要的"民族化与现代化"问题，张道一并不局限于传统工艺的视野，他认为工艺美术的本质属性决定了其"日益更新"的特点，这要求设计师必须从历史的、传统的艺术形式中提炼出系统的民族"元素"，体现在新的设计之中，进而在新的时代背景下促进民族化与现代化的融合，这也是当代设计师的重要命题。而对于"工艺美术"的未来，张道一还作出了令人信服的预言：未来的工艺美术将面向多元化的方向发展，"它既重视历史的创造和积累，又充分表现出本时代的特色和优越性。现代工业美术，作为工艺美术的一个新兴分支，将紧扣着现代生活的脉搏，显示出旺盛的生命力，得到飞跃的发展，当它成为生活舞台的主角之后，便向着更高的层次升华。而传统手工艺，包括现代人的创制品和对古代工艺品的复制，非但不被冷落，遭到抛弃和排斥，反会在传统感情的复归之下，受到人们的宠爱"③。这是张道一在20世纪80年代纷繁复杂的社会与经济、滚滚而来的工艺与设计之辩的情境下对于中国设计的未来方向的判断，而在今天看来，这种判断似乎完全正确。"人类的发展是一部伟大的史诗，而造物活动犹如一根贯彻始终的琴弦，弹拨出美妙的乐章。在人与自然的关系中，表现出人的能动性；在人与物的关系中，表现出创造性"④——对于"造物"在人类文明发展中的地位，张道一如此总结。还原今日的视角，"造物艺术论"的学术影响和价值在20世纪80至90年代热络的设计文化研究中

---

① 张道一：《造物的艺术论》，福建美术出版社1989年版，第36页。
② 张道一：《造物的艺术论》，福建美术出版社1989年版，第37页。
③ 张道一：《造物的艺术论》，福建美术出版社1989年版，第43页。
④ 张道一：《张道一文集》，安徽教育出版社1999年版，第387页。

确乎独树一帜，"在'人一物'、'人一自然'关系的研究中，造物艺术论关注人的本质力量显现和人的创造力的发挥，从而使造物艺术从偏重实践技巧的层次上升到人文学科的层次"①。传统工艺的研究也得以真正地从学理上得到提升，"从百工之说进入到学术的层面"②。它象征着中国的现代工艺美术研究在中国社会急剧转型的历史进程中向前迈进了一大步。

二、为图案辩护

20 世纪 70 年代末、80 年代初以来，在广州美术学院、中央工艺美术学院和无锡轻工业学院等高等艺术院校的推动下，以"三大构成"为代表的设计基础课逐渐在全国高校的工艺美术专业普及。用"构成"论的倡导者辛华泉的话说，"时代不同了，我们的艺术应当随着科学技术及精神意识的影响而具备不同的面貌，而美，亦有与昔日不同的含义。因为艺术教育必须探求哲学和科学间的新秩序，因为除了哲学是造型设计的根据外，还要在人类的视觉现象和感觉关系中，也就是在空间和色彩等影响人类心理的经验和事实中，去寻找造型设计的原理。"③

诚然，"构成"教学在 20 世纪 80 年代初期的中国现代设计教育中起到了关键的作用，并有助于摆脱僵化的工艺美术教学体系和过分的装饰主义倾向，使封闭已久的中国设计教育得以在较快时间内恢复并走上了"快车道"。但是，对于这样的"普及"，其背后的隐忧在起初就已存在，并将随着时间的推移日趋严重。批评者认为，这种"系统化、公式化"的教学样板，存在着"将德国灵活的教学实验变成机械的、教条的、形式主义的方法的危险"④。遗憾的是，由于时代的局限，"改革"浪潮下的中国设计界当时还很难意识到这一点，时间久了，"三大构成"似乎就成了设计本身，基础课教学的"理性"的初衷反而抑制了作为本体的设计的"创造性"，走到了形式主义的反面。同时，它强烈的"排他性"尤其是对中国传统图案教学的排斥所导致的设计"民族性"的危机，则引发了许多学者的不满，从而在学术上揭开了一场"论争"的序幕。

1982 年，北京军区第一招待所——"文革"结束后规模最大的一次全国性"工艺美术教学座谈会"在这里召开。有关设计基础课教学的问题不出意外地成为与会者争论

---

① 诸葛铠：《"造物艺术论"的学术价值》，《山东社会科学》2006 年第 4 期。

② 杭间：《张道一与柳冠中》，《美术观察》2007 年第 5 期。

③ 杭间：《形成"工艺美院风格"的若干描述》，《装饰》1991 年第 4 期。

④ 袁熙旸：《中国现代设计教育发展历程研究》，东南大学出版社 2014 年版，第 183 页。

的焦点之一。面对"构成"体系的咄咄逼人，老一辈工艺美术家和中青年学者提出了质疑。最有代表性的是郑可的发言："现在的所谓许多构成，都是从外国传来的。其实我国早就有构成，比如八卦图上的图案乾、坤、震、坎、离、艮、兑，那就是构成。但是中国的构成毕竟很不系统，缺乏科学的严密性，现在吸收一些外国的有什么不好呢……一种外国的东西进来，不管它的来势如何猛，声势如何大，总要受到中国人几千年来形成的欣赏习惯和心理的检验，如果它不能适应中国的需要，迟早就会被排斥掉；如果它能适应需要，就会慢慢被同化，变成中国民族艺术的组成部分。现在的一些新东西，什么立体构成、平面构成等，是否能适合于中国的需要，要经过时间的检验、市场的检验，你的东西没有人买账迟早会被淘汰。但是可以肯定地说，外来的东西再好，也绝不能全盘肯定，也有一个一分为二的问题，合理的留下，不合理的抛弃。所以，不论是传统的还是外来的，都有个去粗取精、去伪存真的问题。"① 作为曾经和"包豪斯"有较深渊源且对西方现代设计有深入研究的老一辈学人，郑可的谈话可谓一针见血，在今天看来不无讽刺。不得不感慨时代弄人，在当时"构成派"裹挟着改革的风潮的大背景下，这样的讨论虽不是徒劳，但注定是没有结果的。

20 世纪 80 年代中后期以来，随着构成课的滥觞及其对传统图案教学的冲击，设计理论界的反弹声浪逐渐扩大，不单是"构成"的负面效应开始显现，面对岌岌可危的传统"图案学"，许多长期研究工艺美术的理论家们站在保护本土设计传统的立场，开始了对"构成"的反击。他们中最为引人注目的正是张道一。

这不仅是因为他的批判最激烈，更重要的是作为中国传统图案学的坚守者的他，通过努力真正地使传统图案研究从学理上得到提升，进入到学术层面，并建立起"传统图案"与现代设计的联系。改革开放后，压抑已久的中国设计界开始了它的"再出发"。但是，在业内山呼"改革"的大背景下，国外的基础课教学模式被"不假思索"地全盘引进并在国内普及，作为中国优秀造物传统的"图案学"却被冠以"守旧""落后"的标签，遭遇到了空前的挑战和批判。虽然今天我们完全可以轻率地将此归咎于 20 世纪 80 年代"反传统"思潮的渗透，但是大部分设计人的"集体无意识"在当时则见证了一个"可怖"的事实——中国设计界还是"思想的沙漠"。对于"构成"体系所引发的负面效应，面对着设计界这个并不大的"圈子"，张道一的批判却丝毫不留情面：长期以来漠视图案设计的实质，导致"70 年代热心于'平面设计'、'平面构成'的一些代表人物，他们的动机和目的尽管不同，但是其共同的情况是都没有学过'几何形图案'和'用器画'，缺乏比较，没有鉴别力，以致坐井观天，犯了先入为主的毛病。这不能怪他们，我也没有针对任何人的意思，而是视为一种思潮，一种比较轻浮和浅薄的思

---

① 郑可：《对工艺美术教学谈一点初步看法》，《工艺美术参考》1982 年第 3 期。

潮，犹如墙上芦苇，根底太浅，才导致了今天基础薄弱的局面"①；"在理论上，豪言壮语、大话连篇，诸如'设计哲学'、'国土设计'、'生活方式设计'之类，实际上连设计的概念都不熟悉，更谈不上对其内涵与外延的理解，溢美之词超过了本质性的分析；在历史问题上，割断了它与手工业的漫长联系，甚至把西方的'设计运动一百年'当成了设计史的全部；在技法上还没有总结出一套行之有效的措施和方法"②。20 世纪 20 至 60 年代，"老一辈的图案家、工艺美术家们曾做了大量的工作。道路虽然未及铺平，但其建树不能低估……须作具体分析，不能割断历史，简单化地肯定或否定。用偏激的态度对待过去和现在，甚至以未来者自居，是无济于事业之发展的"③。在他看来，对"图案"的诘难，其根本错误在于"既不了解图案学产生的历史背景及其意义，也不懂它所包含的内容和在艺术上的价值，甚至违反了一个最普通的语言常识，即不知道在与英语对译时，它提倡的'设计'是 design，反对的'图案'也是 design。因为这两个词的内涵是相通的，都是在从事某一创造性的活动之前所做的设想、计划、图样、方案。"④ 客观地讲，张道一对"构成"的批判虽然过于激烈，但直指问题的"核心"——割裂设计与中国悠久的造物文化的联系、漠视本土设计经验，将会对中国本土现代设计的发展造成致命的伤害。同时也明确指出了这场争论的核心盲点：不论是"设计""图案"抑或"工艺美术"，它们在本质上都是"Design"，在这个意义上，对于"图案"的批评，不论是从名词还是观念出发，都面临着"根源"上的误区。

从时空背景的角度看，20 世纪 80 年代以来设计界关于"图案"与"构成"的争论就其实质而言也是大环境下设计的"本土化"与"现代化"争论的缩影。这一点，作为工艺美术史研究者的田自秉有着清醒的认识，面对"构成"课体系的泛滥以及新材料和新技术的"话语权"所引发的"图案过时论"，他认为："这些说法自然很不全面，或者持有偏见。工艺美术作为一个物质生产和精神生产的艺术品种，必须紧密结合时代，结合生活。但是任何具有艺术生命力的工艺美术，都必然是既有时代性，也有民族性的。即使是多功能、高功能的现代工业产品，除了具有时代特色，也必须富于民族风格，才能为人民所喜用乐见，才能立于世界工艺美术之林。"⑤ 可以说，这是一位艺术史家基于工艺美术历史演进经验的真知灼见。"文化大革命"结束后，伴随着改革开放国策的实施，曾经被视为"封建糟粕"的传统物质文化死而复生，重新受到人们的重视；另一方

---

① 张道一：《不要亏待图案》，见张道一：《设计在谋》，重庆大学出版社 2007 年版，第 62 页。
② 张道一：《不要亏待图案》，见张道一：《设计在谋》，重庆大学出版社 2007 年版，第 62 页。
③ 张道一：《〈图案设计原理〉序案》，见张道一：《设计在谋》，重庆大学出版社 2007 年版，第 68 页。
④ 张道一：《Design：返回起点再出发——〈设计艺术学十讲〉序》，见张道一：《设计在谋》，重庆大学出版社 2007 年版，第 72 页。
⑤ 田自秉：《图案美的探索——雷圭元先生学术思想》，《中国工艺美术》1986 年第 3 期。

面，西方的新知识和新思想在对学术界产生极大的影响的同时，也严重冲击着传统文化的生存场域。中国传统图案的发展面临抉择。在这种情况下，当时不少工艺美术学者是站在坚守传统图案的立场上的。例如诸葛铠曾在 1982 年发表《传统图案的继承与创新》一文，呼吁重视传统图案学的研究。文中在响应改革开放后新材料与新技术对于设计的新的要求的同时，也坚定地认为："归根结底，是要发展中国的文化遗产，而不是用'拿来'的取而代之。"[①] 然而，事实却是 20 世纪 90 年代中期以来，图案学研究者开始自觉着手"图案"的现代学理探索，基于现代技术与视觉元素的中国图案学开始重燃生机。历史地看，这其实也是一次"大变革激发的文化要素重构"[②]。究其原因，改革开放带来的中西文化交融的历史背景是其中最根本的因素。1991 年，诸葛铠编写的《图案设计原理》的出版，成为中国的"现代图案学"在学理上日臻完善的标志。20 世纪 90 年代以来，在老一辈以及中生代工艺美术理论家的共同努力下，中国传统图案研究从学理上获得了提升，进入到学术层面，并且逐步建立起"传统图案"与现代设计的联系。在这个背景下，现代意义上中国图案学的雏形开始逐渐形成。

三、从"工艺美术"到"设计艺术"

也许我们需要不停地强调作为名词的"设计"以及它在中国现代设计曲折发展的历史进程中的"角色"。因为，对英文"design"含义的理解的不同，并不仅仅是"图案"或"工艺美术"与"现代设计"的名词之争，也是在转型时期学术界对于"工艺美术"本质内涵的"误读"的体现。以"design"一词汉译流变的历史溯源看，作为特殊历史情境下的产物，不论是"图案""商业美术""工艺美术"抑或"设计"等，它们在本质上其实都是同一个概念。但是，在改革开放初期启蒙与反思的浪潮下，情形却变得复杂起来，"工艺美术"被曲解为小生产的"落后"与"守旧"的代名词，随之而来的其与"设计"的名词之争也逐渐浮上台面且愈演愈烈。

1985 年创刊的《中国美术报》是 20 世纪 80 年代中后期中国现代艺术的主要学术阵地，同时也是"现代工业设计论"的积极拥护者。1986 年 10 月 27 日，该报在头版头条刊发了杭间的《对"工艺美术"的诘难》一文，引发了学术界对于是否应以"现代设计"取代"工艺美术"的讨论。文章指出，"工艺美术"一词自 20 世纪 30 年代前后在国内被提出以来，其在复杂的历史语境的转换中已经逐渐被社会和大众理解为狭义的

---

① 诸葛铠：《传统图案的继承与创新》，《实用美术》1982 年第 11 期。
② 诸葛铠：《裂变中的传承》，重庆大学出版社 2007 年版，第 109 页。

"传统手工艺"的概念，而忽视了其中"现代工艺美术"的内容，已经带来了许多颇为不妙的效应，并将会对中国设计的发展造成致命伤害。所以，概念的混淆不清已经使得"工艺美术"在现代社会发展中面临着抉择。文章列出了一个简单的公式："现代设计：现代，创造，'造物'，重功能，在材料面前主动；工艺美术：传统，总结，装饰，重外观，在材料面前被动"①，提出以"现代设计"代替"工艺美术"。而 1988 年 9 月，该报又刊发了《博物馆——工艺美术的必然归宿》一文，以更加激烈的口吻，将"工艺美术"描述为保守、腐朽和个人主义抱负的代名词，认为它已经无力引导民众"新生活方式"的革命，其最终的归宿只能是博物馆。1987 年，随着中国工业设计协会在北京成立，专业界关于"工业设计"与"工艺美术"的争论也渐入高潮。会上，中央工艺美术学院工业设计系主任柳冠中作了题为《让历史告诉未来》②的演讲，他以人类历史上三个文明时期的划分（自然经济时期的手工业时代文明，商品经济时期的传统工业时代文明，信息经济时期的高技术后工业时代文明），指出作为手工业时代文明代表的"工艺美术"必将被承载着高技术后工业时代文明理想的"工业设计"所取代，"工业社会产生的设计之花将开遍人类社会活动的每一个角落，无情的历史进程将改变有着几千年辉煌成就的工艺美术事业的垄断地位"③。1988 年 2 月，广州美术学院设计研究室投书《装饰》，以《中国工业设计怎么办》为题，将中国工业设计发展严重滞后的部分原因归咎于日用品生产中盛行的"实用品美术化"和"泛工艺美术化"倾向，并指出："当今任何一个发达国家，'工艺美术'与'工业设计'都是两条泾渭不同的设计道路。前者是指手工艺方式、密集型劳动生产的传统工业产品设计，而后者则泛指大工业生产方式、机器制造的产品的设计。"④ 与此相对，一些长期研究工艺美术的学者则站在回溯"design"汉译流变的角度为"工艺美术"正名，认为"工艺美术"本身就是一个广义的概念——既包含着传统手工艺和民间工艺的概念，也涵盖现代工业设计的范畴。为此，张道一还曾以"辫子股"为喻，呼吁客观、全面地看待"工艺美术"："在造物活动中，由物质和精神的创造所统一的工艺文化，有传统的，有民间的，有现代的，三股并列，有时还会产生摩擦和碰击，为何不能把它们编结起来呢？"⑤ 今天看来，张道一的主张是辩证且具说服力的，但在变革时代的"历史进步论"的裹挟下，似乎没有人愿意静下来去听一位"过来人"的冷静思考。而"工艺美术"与"工业设计"的争论从一开始便夹杂了太多设计之外的因素。

---

① 杭间：《对"工艺美术"的诘难》，《中国美术报》1986 年第 43 期。
② 该演讲稿后发表在《装饰》杂志 1988 年第 1 期。
③ 柳冠中：《历史——怎样告诉未来》，《装饰》1988 年第 1 期。
④ 广州美术学院设计研究室：《中国工业设计怎么办》，《装饰》1988 年第 2 期。
⑤ 张道一：《辫子股的启示——工艺美术：在比较中思考》，《装饰》1988 年第 3 期。

作为名词的"工艺美术"与"设计",是现代设计在20世纪中国近百年历程中产生的两个特殊"变体",两者到底如何区分,要不要区分,学术界是探讨了许久的。例如改革开放后,部分专业界人士曾长期以来将"工艺美术"和"设计"看作性质不同、截然对立的两种形态,以至于引发了专业界的论战并加剧了对"工艺美术"的误读,直至1998年教育部将"工艺美术"逐出高等教育学科目录,工艺美术作为一个专业和名词的实质性消亡①,我们才恍然发现这其中隐藏着的深深的误会。

在1998年的学科调整中,延续了近50年的"工艺美术"专业被"艺术设计"(研究生专业称"设计艺术")所取代,并窄化为狭义的传统手工艺概念而逐渐从高等教育的层面上"消失"。从某种意义上讲,它标志着20世纪80年代以来纷纷扰扰的有关"工艺美术"与"设计"、"工艺美术"与"现代设计"抑或"工艺美术(造物艺术)"与"工业设计"等诸多名词或概念争论的"终结",可以说有着现实意义。因为,"工艺美术"的概念已在这种争论中被"定型",其冠以的"传统的""小生产的""手工艺的"标签,也已经成为公众脑海中挥之不去的印象,加之"工艺美术"本身在山呼变革的社会惯性中并无力为自己辩解,这也就注定了它在20世纪末的"现代中国"的命运。

不少专业界人士将这次学科调整视为国家层面对设计的"重视",是"对设计艺术学科本质的强化"②,更进一步讲,它也是经济结构转型的重要表征,象征着中国工业化进程的加快和生产方式的"革新"。但是,在这些"表象"的背后,有一个致命的问题却是无法回避的:"工艺美术"作为一个名词被"设计艺术"所取代是因为它本身所包含的现代设计的内容被漠视,并逐渐被窄化为一种传统手工艺的概念后所导致的一种"功利性"决策的结果。"名词"的更替并不能解决长期以来传统手工艺被轻视的局面,反而因为"工艺美术"被取代后并未尽快设置相应的专业而使得传统手工艺面临更加窘困的局面,割裂了中国古代优秀造物传统与现代设计的联系,甚至将会伤害到民族文化复兴的进程。

1998年的"学科调整",其时也适逢国务院机构改革。除部分院校直属教育部外,各部属院校均与所在部委脱离,划归地方政府管辖,引起了一股高校合并重组的浪潮。当时的清华大学正朝着"建设世界一流大学"的目标迈进,亟须加强艺术与人文学科的建设,加之中央工艺美术学院地处北京CBD核心区,在空间上已很难发展,极高的"互补性"使得两校的合并成为可能。1999年9月,教育部正式下达《关于同意中央工艺美术学院并入清华大学的通知》,当年11月,两校合并仪式在清华园举行,"中央工艺

---

① 2012年,教育部将"艺术学"升格为门类,恢复了"工艺美术"二级学科的地位。但已不是1998年之前那种设计意义上的工艺美术的概念,而是一个狭义的传统工艺美术的概念。

② 李砚祖:《建立中国的设计艺术学——中央工艺美术学院工艺美术学系建系15周年》,见《设计艺术学研究》第一辑,北京工艺美术出版社1998年,第5页。

美术学院"走入历史,成为"清华大学美术学院"。

客观地说,学院的"合并"在学科整合的意义上有其积极意义。在几乎所有人都认识到"设计"的多学科交叉特性的今天,一所设计学院的发展已经无法脱离多重文化因素与学科互助而"遗世独立"。在这个意义上,"艺术设计类专业置于综合大学之中,将能得到学科优势互补的多方面支持,与此同时,还将在互补的基础上,开设适应未来发展需求的新学科。这些新学科不仅需要综合大学多学科的技术方面的支持,更需要多学科的思维模式及理论研究成果方面的支持"①。但不容否认的是,寻求学科的优势互补其实并不必然要以学院的"合并"为代价,而且在"设计"愈来愈受到举国上下的重视的时候,"中国最重要的一所以设计为主的高等学校就这样没有了独立办学的机制,恐怕真的会对中国当代设计的发展带来负面的、无可挽回的影响"②。不客气地说,这其实是国家层面上对于"设计"本质的误解以及对"设计改善民生"的漠视使然——而这也许是"合并"背后真正的隐忧所在。

问题还不仅仅在于此。回顾中央工艺美术学院建院以来的发展历程,不难发现它几乎与"工艺美术"在中国的"命运"同步。1957 年,学院创立伊始便面临着棘手的"办学方针"的争论:是发展面向大生产的、为大众服务的现代设计教育,还是以获取更多外汇储备为根本目标的特种工艺教育?学院面临的抉择就其本质而言其实也是如何认识和看待"工艺美术"的问题。然而,在政治现实和社会上的种种"误读"的裹挟之下,学院的主要创办者庞薰琹等人被打为"右派",办学方针的争论也以前者的失败而告终。真正令人遗憾的是,"工艺美术"在这之后一直未能向社会厘清它的本义,直到 1998 年"学科调整"后作为一个学科名词而退出历史舞台、中央工艺美术学院最终失去其"独立建制"而成为一所综合性大学的美术学院,历史的种种,其实也映照出"工艺美术"在现代中国的坎坷历程。

四、结语

2006 年,张道一为诸葛铠的《设计艺术学十讲》作序,回想起十多年前外界加诸"图案"和"工艺美术"身上的种种误解,他选择将序言定题为《Design:返回起点再出发》,以作为一种历史反思中的期冀。诚然,不论你是否承认,围绕着"工艺美术"与"设计"的名词之争即针对"design"汉译的不同理解而引发的争论,在事实上都构成了改革开

---

① 王明旨:《发扬传统开拓创新——为创世界一流大学而努力》,《装饰》2000 年第 1 期。
② 杭间:《一所"学院"的消失?》,《美术观察》2007 年第 1 期。

放以来中国设计理论演进的一条主线。多年后当我们已经不再为"名词"而苦恼，并已经学会以理性的思辨来看待百年中国设计的流变时，不少那段"历史"的参与者或见证者都逐渐发现，我们曾经争拗不休的"这个那个"在某种程度上是没有意义的。以今天学术界的共识看，不论是"图案""工艺美术"抑或"设计"，它们在本义上是一致的，是中国人在复杂的历史境况下对英文"design"汉译的不同选择。

那么，改革开放后作为名词的"图案"和"工艺美术"所遭受到的种种误读的背后，其原因究竟是什么？本文的主要观点是，从20世纪50年代"工艺美术"逐渐被狭义地理解为传统手工艺的概念始，直至改革开放以后"图案"与"构成"，"工艺美术"与"工业设计"的论战，本质上都是社会文化环境所裹挟的结果。虽然近年来不少当事者倾向于将之描述为20世纪80年代"工业设计"由于自身势单力薄，不得已而为之的一种"策略性"手段，但终究不可避免地造成了社会对于"工艺美术"的进一步误读，割裂了传统手工艺与现代设计的联系，更遑论1998年教育部的学科调整中"工艺美术"作为一个专业名词的实质性消亡并在一个时期内所造成的设计民族性危机的可能。但是，从积极的角度看，"争论"也在某种程度上刺激了争论双方对于自身理论建设的深入探索，例如20世纪80年代中后期以来，许多研究工艺美术的学者纷纷提出了"工艺文化论""造物艺术论""大工艺业说"等，积极探求对工艺美术的现代阐释；而"工业设计"的拥护者们在深入研究工业时代下设计与社会、经济关系的同时，也试图从对中国古代造物传统的研究中，建构作为"舶来物"的工业设计的"中国文脉"。这一点也足以证实广义"设计"的传统与现代的"同源性"。今天，关于设计本质问题的争论已经告一段落，中国的设计理论在改革开放以来的历史进程中已经逐步建构起了基础的理论框架，为当代设计研究和实践提供了一些有价值或前瞻性的参考。虽然"工艺美术"作为一个名词在20世纪末已经看似不可逆转地退出历史舞台，但时间终究会吹开表象的浮沫，沉淀和还原出历史本原的"真实"。近年来，在非物质文化遗产保护和传统工艺振兴等国家政策的支持下，传统工艺的当代价值得到彰显，"工艺美术"重燃生机，设计学在学科的广度上亦得到了空前的确证。回溯历史是为了更好地前行，当年的"争论"仿佛一面镜子，既映照出时代的局限，也是中国设计学在面向未来时的经验和财富。

近五年中国设计学理论建设与发展概述 ^①

——中国当代设计理论体系建构问题探索系列研究之二

邹其昌　华　沙^②

摘要：本文立足中国设计学科健康发展，旨在探索中国设计理论发展与建构，重在事实呈现，不做价值评判，共同推进中国设计理论发展，以期建构中国设计学派。在设计学学科升级的背景下，中国设计理论领域近五年来涌现了一批研究成果，这些成果进一步推动了当代中国设计学理论体系的建设。通过对近五年来中国设计理论的代表性研究成果进行梳理概括，以期从设计基础理论建设、设计实践理论建设、设计产业理论建设三个方面较为全面地反映近五年来中国设计理论建设发展的状况。

关键词：当代中国；设计理论体系；建设与发展；中国设计学派

本文立足中国设计学科健康发展，旨在探索中国设计理论发展与建构，重在事实呈现，不做价值评判，共同推进中国设计理论发展，以期建构中国设计学派。

2011 年，国务院学位委员会颁布了新的《学位授予和人才培养学科目录(2011 年)》。在新的目录中，艺术学升级为学科门类，设计艺术学则修改为含义更广的设计学（可授予艺术学、工学学位），并升级为一级学科。在学科升级的背景下，2015 年 1 月，在国务院学位委员会第三十一次会议审议通过的第七届国务院学位委员会学科评议组名单

---

① 国家社科基金重大项目"中华工匠文化体系及其传承创新研究"（项目批准号 16ZDA105）阶段性成果，原载《创意与设计》2018 年第 1 期。

② 邹其昌，男，1963 年 12 月生，湖北荆州人，文学硕士（湖南师大），哲学博士（武汉大学），设计学博士后（清华大学），同济大学设计创意学院教授、设计学博导，国家社科重大项目"中华工匠文化体系及其传承创新研究"首席专家。中华美学学会理事，教育部、中宣部马克思主义理论建设和研究工程（"马工程"）重大课题《中国美学史》编写组核心专家，主要从事美学与设计学等领域的科研与教学，重点探讨与研究中国当代设计理论体系建构问题。完成或承担国家级项目、省部级项目等多项，发表美学设计学研究论文 80 余篇，出版学术专著作 3 部，古籍整理 3 部，译著 2 部，同时还主编《设计学研究》（大型设计学理论研究丛刊，已出 4 部）、《上海设计文化发展报告》（年度系列）等。华沙，男，上海大学美术学院博士生。

中，设计学首次作为一级学科拥有了独立的学科评议组。这些学科地位的变化提升了设计理论研究的学术地位，激发了学界的研究热情，围绕中国当代设计理论体系建构这一核心问题，中国设计学界涌现了一批理论成果，推动了中国设计学理论的发展。

一、设计学理论研究成果概览

近五年来是设计学理论的快速发展时期。在课题立项方面，潘鲁生的"城镇化进程中民族传统工艺美术现状与发展研究"、李立新的"中国设计思想及其当代实践研究"、邹其昌的"中华工匠文化体系及其传承创新研究"、杭间的"中国传统工艺设计理论研究"、方李莉的"社会转型下的传统工艺美术发展研究"等一批国家重大、重点项目成功立项。在会议与展览方面，同济大学所举办的"新兴实践"设计教育与研究会议、江南大学所举办的"设计教育再设计"系列国际会议、南京艺术学院所举办的"设计学青年论坛"、中国美术学院"东方地平线"全国设计教育学术研讨会、杭州市政府举办的亚洲设计管理论坛暨生活创新展、深圳市政府举办的中国设计大展等学术活动积极推动了中国设计学理论的发展。在著作出版方面，郑曙旸等人合著的《设计学之中国路》，潘鲁生所著的《设计论》，李超德所著的《设计的文化立场：中国设计话语权研究》，王琥所著的《设计与百年民生》，沈榆所著的《中国现代设计观念史》，祝帅所著的《中国平面设计产业研究》等一批优秀成果先后出版。在论文发表方面，以"设计学"为关键词在"中国知网"进行搜索，2012年以来的论文发文量呈稳步上升趋势，论文主题了涉及了设计史研究、设计心理学研究、设计社会学研究、设计经济学研究、设计产业研究等多个领域。可见，在学科升级的推动下，设计学学科地位得到显著提升，设计学学科外延不断得到拓展，设计学理论研究新成果不断涌现，中国当代设计理论体系得到不断完善。中国当代设计理论体系的建构主要包括设计基础理论、设计实践理论、设计产业理论三个核心板块，涉及了核心设计文化价值体系建设、关键设计技术价值体系建设、先进设计制造、生产与消费价值体系建设等诸多领域。因此，下文将从设计基础理论、设计实践理论、设计产业理论三个方面对近五年来中国设计学理论的重要成果进行梳理概括和系统归纳，以期较为全面地反映近五年来中国设计理论体系建设发展的状况。

二、设计基础理论建设

设计基础理论是中国当代设计理论体系建构的基础。当前学界对设计基础理论的研究主要集中在中国当代设计理论体系建构的本土化问题上,本土化资源也是构建中国当代设计理论体系的重大系统工程,本土民族设计资源更是中国当代设计理论体系建构独具国际竞争力价值的关键性根本。近五年来,在中国当代设计理论体系建构的本土化问题研究上,潘鲁生、邹其昌、李立新、杭间、方李莉等人的研究最具有代表性。

潘鲁生作为民艺学专家,长期致力于民间工艺生态保护和民间非物质文化遗产的保护抢救,著有《匠心独运》《民艺学概论》《设计论》等书。近年来,随着城市化的快速发展,民间非物质文化遗产也面临着转型,在这种背景下,潘鲁生将研究重心侧重于非物质文化遗产和传统美术的资源转化上。2014 年,以潘鲁生为首席专家的国家社科基金艺术学重大项目"城镇化进程中民族传统工艺美术现状与发展研究"正式立项。围绕这一研究内容,潘鲁生在项目申报前后发表了《非物质文化遗产资源转化的亚洲经验与范式建构》(发表于《中华文化论坛》2014 年第 4 期)、《传统文化资源转化与设计产业发展——关于"设计新六艺计划"的构想》(发表于《山东社会科学》,2014 年第 6 期)、《城镇化进程中农民画的发展路径》(发表于《美术研究》2016 年第 5 期)、《工艺美术的转型与复兴》(发表于《上海工艺美术》2016 年第 1 期)等论文。这些论文体现了潘鲁生近年来对非物质文化遗产和传统美术的资源转化上的思考,他认为,"传统民间美术的生存与发展不是一个孤立的问题,离不开大的社会环境、文化生态和服务产业布局,须将民间美术放在社会转型发展的历史进程中,结合区域文化生态,联系相关产业布局进行综合架构上的把握和研究,深化对于民间美术发展条件和发展作用的理解,解决保护与发展的具体问题。传统民间美术保护与发展是城镇化过程中解决文化传承问题的一个有效途径,将单纯的保护与积极的利用相结合,促进文化传承和相关生产实践,加强美术资源要素的应用转化具有关键意义,有助于解决传统民间美术的生存与发展问题并由保护为主的求生存向资源利用的科学发展转化,实现民族文化的传承与复兴发展。"① 潘鲁生对民族传统工艺美术现状与发展的研究,对非物质文化遗产资源转化的探索,不仅在注重非遗保护的当下具有现实意义,也从民族本土设计资源的角度对中国当代设计理论体系建构的本土化问题展开了探索。

李立新是当前国内中国设计史研究领域的代表学者,他的研究涉及了设计史、设计艺术研究方法论、设计哲学等领域。曾著有《设计艺术学研究方法》《设计价值论》《中国设计艺术史论》等书。李立新在中国设计史的研究过程中,逐渐形成了具有自身特色的设计史观。他认为,"设计的历史,必须是一部启迪的历史,创造理论的历史;也应该是一部记述生活的历史。在研究路径上,设计的历史可以从区域史走向整体史。在研究方法上,设计的历史,必须运用综合方法来研究。在史学特色上,设计的历史应该强

---

① 整理自潘鲁生:《城镇化进程中的传统民间美术研究》,《美术观察》2014 年第 10 期。

调自己的史学特色。"①2016 年，以李立新为首席专家的国家社科基金艺术学重大项目"中国设计思想及其当代实践研究"正式立项。李立新对中国传统设计思想史的研究，从设计思想史的角度对中国当代设计理论体系建构的本土化问题展开了探索。

邹其昌潜心治学，长期致力于美学与设计学等领域的科研与教学工作。重点探讨与研究中国当代设计理论体系建构——创建中国自己设计话语体系问题。近年来积极倡导构建中国当代设计理论体系问题的系统深入研究、提出并研究设计学理论的基本框架（设计基础理论、设计实践和设计产业三大板块结构系统）。在构建当代中国设计理论体系方面，他认为传承与创新是中国当代设计理论体系建构的基本策略，其中传承包括本土民族设计资源的传承和当今世界先进设计体系的学习与借鉴。在本土民族设计资源的传承上，创新性地提出中华"考工学"体系（以《易》《礼》体系为思想源头），深刻性地把握中华传统设计理论体系性质和特征、开辟了中华工匠文化体系研究新领域。此外，他还创办了第一份大型设计理论研究丛刊《设计学研究》（年刊）、创建了第一个设计理论研究中心（研究室）、举办了首届中国设计理论研讨会、开办了首届全国设计理论高级研修工作坊、策划并主办了首届上海设计及其中国现代设计史写作研讨会（2011）。最为重要的是，他倡导理论研究与国家社会发展间的内在逻辑性。注重个体性的学术研究与社会性的实践需求相结合。通过对中国传统设计文化的深入挖掘，探索出了一条属于自己特色的学术路径："考工学"——"造物文化体系"——"工匠文化体系"。并认为"工匠是立国之本、强盛之根"。在此基础上，2016 年，邹其昌作为首席专家申报的国家社科基金重大项目"中华工匠文化体系及其传承创新研究"正式立项。围绕这一研究内容，邹其昌在项目申报前后发表了《论中华工匠文化体系——中华工匠文化体系研究系列之一》（发表于《艺术探索》2016 年第 5 期）、《〈考工典〉与中华工匠文化体系建构——中华工匠文化体系研究系列之二》（发表于《创意与设计》2016 年第 4 期）、《〈考工记〉与中华工匠文化体系之建构——中华工匠文化体系研究系列之三》（发表于《武汉理工大学学报社会科学版》2016 年第 5 期）、《中华工匠考核体系及其当代价值》（发表于《创意设计源》2016 年第 6 期）、《"中华工匠文化体系及其传承创新研究"的基本内涵与选题缘起——中华工匠文化体系系列研究之五》（发表于《创意与设计》2017 年第 3 期）等系列论文。这些论文体现了他对中国工匠文化体系的思考，他认为，中华工匠文化体系是以"工匠"为主题，以"工匠文化"为中心，以"工匠精神"为信仰，系统整理、构建和探索"工匠文化"世界，构建中国工匠文化体系。这一结构体系中，有三大核心要素：技术体系、工匠精神、工匠制度，另有两个层面：生命传承（教育）和生命意蕴（民俗）。中华工匠文化体系的知识谱系定位大致如下：中华工匠文化体系属

---

① 整理自李立新：《我的设计史观》，《美术与设计》2012 年第 1 期

于中华工匠体系(文化、心理生理等),中华工匠体系属于中华造物体系(人的因素部分,此外还有"物""器""事"等重要部分),中华造物体系属于中华文化体系(造物、精神、治理等)。因此,中华工匠文化体系研究应该属于一个基础性的理论建设工程。① 这些论述体现了中华工匠文化体系的研究将与传统的非遗和手工艺研究有着本质性的区别。它不仅具有设计学价值,而且具有更大的文化史价值和世界观价值。这一独特研究路径也获得了学界与国家的认同与支持。"工匠精神""工匠文化"分别写入 2016 年和 2017 年国家政府工作报告之中,成为国策,国家发展战略问题。邹其昌在中国当代设计理论体系建构的本土化问题上的独特思考,为中国当代设计学理论的建设发展和中国当代设计理论体系的建构作出了重要贡献。

杭间长期致力于传统手工艺的研究,曾著有《中国工艺美学史》《手艺的思想》《设计的善意》等书。调任中国美院后,近年来杭间除了展开对中国美院包豪斯藏品的研究外,还负责筹备了中国美院民艺博物馆。目前民艺馆已成为展示、研究中国民间传统手工工艺的重要平台。2017 年,以杭间为首席专家的国家社科基金艺术学重大项目"中国传统工艺的当代价值研究"正式立项,课题子课题包括了"中国传统工艺的文脉和特质研究""中国传统工艺的现代性与美学价值挖掘研究""中国传统工艺的再造与活化研究""中国工匠精神与产业生态研究""传统工艺材料与技术研发平台搭建"。该项目围绕着"悠久而优秀的中国传统工艺,在当代社会的生产条件、生活方式与传统全然不同的背景下,如何葆其精华,扬弃糟粕,通过实践发现新的价值,从而实现传统工艺延续文化根脉的现代转型"这一总体问题,从理论和实践双重通道上探索当代价值的发现、总结与有效转化,解决创作中国传统工艺的推陈出新与文化综合阐释之间的关系。并通过美学、体制、技术材料应用等的思考,最终在普遍意义上形成对中国传统工艺的当代价值的共识与认同。② 杭间对中国传统工艺当代价值的研究将对当前传统工艺的传承创新提供理论上的指导,对民族本土设计资源的传承创新有着积极的意义。

方李莉主要从事艺术人类学领域的研究。近年来,她以艺术人类的研究视角对传统工艺和非物质文化遗产展开研究,先后发表《艺术人类学视野下的新艺术史观——以中国陶瓷史的研究为例》(发表于《民族艺术》2013 年第 3 期)、《中国少数民族非物质文化遗产保护的再认识》(发表于《内蒙古大学艺术学院学报》2014 年第 3 期)、《艺术人类学研究的新转折》(发表于《中国社会科学报》2015 年 12 月 30 日)、《"一带一路"建设中艺术人类学应有所为》(发表于《中国社会科学报》2016 年 3 月 6 日)等论

---

① 整理自邹其昌:《"中华工匠文化体系及其传承创新研究"的基本内涵与选题缘起——中华工匠文化体系系列研究之五》,《创意与设计》2017 年第 3 期。

② 整理自姜大伟:《零的突破!中国美术学院喜获国家社科基金艺术学重大项目立项》,http://www.caa.edu.cn/gmrx/2017/201707/t20170724_68878.html,2017-07-20s。

文，这些成果在学界产生了积极的影响。2015年，以方李莉为首席专家的国家社科基金艺术学重点项目"社会转型与传统工艺美术的发展研究"正式立项。这一项目包括了"社会转型中苏绣手工艺的传承与发展研究""社会转型中山东潍坊风筝的传承与发展研究""社会转型中徽州木雕的社会转型中传承与发展研究""社会转型中北京雕漆的传承与发展研究""社会转型中凤翔彩绘泥塑技艺传承与发展研究""社会转型中特种手工艺的传承与发展研究""社会转型中宜兴紫砂陶的手工技艺传承与发展研究""社会转型中山东杨家埠木板年画的传承与发展研究""传统的再适应：广东香云纱的现代变迁""社会转型中的白族金属捶揲与錾花工艺发展研究""变迁与重构——比较视野下的国外民族手工艺研究探析""景德镇陶瓷手工艺百年变迁的艺术人类学研究"等12个子课题。该项目尝试从人类学角度，以传统工艺民族志的方式完成每一个子课题的记录和研究任务。在此基础上综合地理解和认识当前中国传统工艺发展中的种种问题，并总结出普遍规律，建立一套普适性的理论体系。[①] 这一项目的研究对当前传统工艺的发展具有一定指导意义，也从民族生活方式和民族文化精神的视角丰富了当代中国设计理论体系的建设。

此外，郑曙旸等人合著的《设计学之中国路》，李超德等人合著的《设计的文化立场：中国设计话语权研究》，王琥所著的《设计与百年民生》，沈榆所著的《中国现代设计观念史》等书以及中国美院召开的"东方地平线"全国设计教育学术研讨会也从设计学发展的中国道路、中国设计理论话语权、近现代中国设计史梳理等角度对中国当代设计理论体系建构的本土化问题展开了探索。在世界先进设计体系的研究方面，比较有代表性的成果是邹其昌团队对美国设计体系的研究，杭间团队对德国包豪斯设计体系的研究以及黄厚石对西方设计思潮的研究。邹其昌主张以全球化视野积极借鉴世界设计发达国家的历史经验，特别是美国设计体系是当今最为先进、系统、完善和创新的设计体系，是中国当代设计理论体系建构最为重要的坐标，应借鉴美国设计理论体系（美国设计梦），从而实现中国设计梦的探索。杭间团队则依托中国美院包豪斯藏品的资源，近年来集中力量展开对包豪斯设计体系的研究，力图为中国当代设计理论体系建构提供参照。黄厚石所著的《造物主》一书以造物为线索对西方现代设计思潮进行了系统性的梳理。但总体来说，与民族本土设计资源的挖掘研究相比，近五年来学界对世界先进设计体系的研究则稍显薄弱，缺乏重大、重点项目的课题立项。因此，未来学界应加强对世界先进设计体系的研究。

① 整理自方李莉：《"社会转型与传统工艺发展"项目简介》，《民族艺术》2016年第6期。

三、设计实践理论建设

设计实践理论是中国当代设计理论体系建构中的重要板块之一，侧重于"设计技术操作"的学习与研究。近五年来学界对设计实践理论的建设主要集中在以下几个方面。

一是路甬祥、潘云鹤对当代创新设计的研究。2013 年 8 月，由中国工程院负责的重大咨询项目"创新设计发展战略研究"正式启动。该项目由两院院士路甬祥和中国工程院潘云鹤院士担任正副组长。研究内容涵盖了创新设计发展战略综合研究、中国创新设计路线图研究、创新设计的现状、发展趋势与关键要素、推进创新设计的路径、创新设计的共性、关键技术研究，创新设计在机械设备、交通运载、国家安全装备等领域的应用及发展路线，创新设计在信息产品、消费类产品、医疗设备与器械等领域的应用及发展路线和中国材料创新设计的现状、发展趋势及关键技术发展路线、中国好设计案例集和创新设计发展战略等重要问题。通过组织近 20 位院士、100 多位专家，经过两年在地方、行业和企业的广泛调查和深入研究，2015 年 2 月中国工程院向国务院呈报了《关于大力发展创新设计的建议》的报告。中央领导对报告做了重要批示："相关建议可在顶层设计文件中通盘考虑"；"创新设计是国家创新驱动发展战略的重要组成部分，亦是《中国制造 2025》的重要内容；是实现三个转变的重要抓手和必经桥梁"。发改委、工信部、科技部等相关部委随后迅速推进，研究发展创新设计的政策和措施。随后国务院在《中国制造 2025》规划中也将提高创新设计能力作为提高国家制造业创新能力的重要对策。① 由路甬祥、潘云鹤院士所承担的"创新设计发展战略研究"，根据中国当前具体国情，对中国创新设计发展作出了顶层设计，从创新的角度发展了设计实践理论，完善了当代中国设计学理论体系的建设。

二是同济大学所举办的"新兴实践"设计教育与研究会议对设计实践理论的探讨。自 2012 年起，娄永琪所领导的同济大学设计创意学院每年秋季都会举办"新兴实践"设计教育与研究会议。这一会议曾先后围绕"设计的专业、价值与途径；开放设计；发展中的社群、经济、教育、研究、探索；设计行动主义；设计 x 复杂性"等主题展开过深入的探讨。"新兴实践"系列会议从设计教育、设计研究、设计实践等角度探讨了变革时代下，设计的新角色、新问题与新方法。其中，在 2014 年的会议后，参会学者们将自己关注的议题命名"Design X"，并将"Design X"描述为一种全新的、基于佐证的方式，这种方式将用以处理当今世界面临的众多复杂而严峻的问题。"Design X"是对现今设计方法的补充和拓展，将重塑设计的角色。2016 年新兴实践会议上，娄永琪

---

① 整理自创新设计发展战略研究项目组：《创新设计战略研究综合报告》，中国科学技术出版社 2016 年版。

在题为《再谈 Design X 与设计行动主义》的演讲中对 Design X 概念进一步进行了诠释，他认为，所谓 Design X，"是一个开放的问题，它是为了更好地应对现在真实世界的挑战，它必须是跨学科的，我们所讲的所有真实挑战都不是单学科的，它要把创新、技术和商业模式整合起来，它是关系的设计、系统的思维，怎么把自然、人类、人工世界以及正在经历的赛博世界能够连接起来，它是一种新的行动主义。"① 娄永琪的这一论述进一步丰富了"Design X"的内涵。在当前的变革时代，由"新兴实践"设计教育与研究会议所引发的关于"Design X"的探讨，丰富了当前的设计实践理论，为研究当代中国设计实践理论提供了新的视角和可能性。

三是江南大学"设计教育再设计"系列国际会议对设计实践理论的探索。随着设计学学科升级以及社会经济发展的需要，设计教育的改革已经刻不容缓。在辛向阳的主导策划下，江南大学设计学院自 2012 年起，连续五年举办了"设计教育再设计"系列国际会议。2012 年的会议主题为"范畴、方法、价值观"。针对设计学科成为一级学科的背景，这一年的会议邀请了包括心理学、社会学、商学和历史学科背景的学者一起反思了设计学学科研究对象、学科界限、实践方法和判断准则的定位问题，提出了新美学的概念。2013 年的会议主题为"新领域、新问题、新对策"。该次会议更多地从实践的角度探讨了设计思维在包括健康、服务设计、公共事务管理等诸多新兴领域的应用拓展，以及设计咨询服务自身的转型升级问题。2014 年的会议主题为"哲学概念"，会议明确地提出了哲学方法在理解设计领域复杂现象中可以发挥的抽象和理论构建作用。2015 年主题为"新现象基础：体验、策略、健康"的会议围绕体验、策略和健康展开了探讨，体验、策略和健康既是设计学自身学科研究的新关注点，更是反映了广泛社会需求，是为构建学科框架提供现象素材的新兴行业领域。会议通过经验分享和学术抽象两种手段和现象学的方法，在探讨设计实践和设计教育新的理念和方法的同时，尝试将现象学的方法运用到实践升级和教育转型当中。2016 的会议主题为"精心设计的教育：经历、能力和理想"。这届会议既是系列会议的收官之作，也是把会议从"设计教育"引向另一个主题的承上启下之作。作为系列会议的收官之作，此次会议在前几届会议广泛讨论的基础上，从不同的角度，分享了不同语境下的设计教育理念、人才培养模式和设计教育改革案例；同时提出一个围绕新时期、新的广泛需求背景下的新的设计学哲学框架；通过回顾历届会议的主题和经历，从而让与会者更加完整地理解各届会议主题之间的从现象展开、问题提出、路径设计到框架构建的内在联系。② 五年的系列会议为设计学界提供了一个持续、稳定的交流平台，同时也为设计实践创新探索提供了重要的讨论空间，

---

① 整理自 2016 年新兴实践会议上娄永琪题为《再谈 Design X 与设计行动主义》的演讲。

② 整理自辛向阳：《"设计教育再设计"系列国际会议回顾》，《设计》2016 年第 18 期。

会议中的相关成果从设计实践理论的角度完善了当代中国设计理论体系的建设。

四是中国设计大展所引发的对当代中国设计实践主体性的讨论。在中国，设计展览作为一个分展长期依附于全国美展的体系中，缺乏相应的重视。设计界迫切需要举办一场官方性质的全国综合性设计展览展现中国设计的发展现状。借助设计学科升级的东风，由文化部和深圳市人民政府于 2012 年末联合举办了中国设计大展。该次展览的主题为"时代·创造"，意为"时代造就中国设计，设计引领时代风尚"，旨在鼓励中国设计创新，促进社会生活进步。展览分为平面设计、产品设计、空间设计和跨界设计四大板块，包括主题展、外围展、学术论坛等内容，展现了当前中国的设计实践水平。《美术观察》杂志认为，"该次大展和论坛是当代中国设计史上的重要事件，从某种意义上讲标志着中国设计主体性的崛起。"① 由此，中国设计大展引发了学界对中国设计实践主体性的探讨，2013 年第二期的《美术观察》杂志刊登了多位学者的文章。这些文章从不同角度对中国设计主体性问题展开了讨论，其中包括了孟繁玮、祝帅的《中国设计主体性的崛起》、陆丹丹的《中国设计的主体性：崛起还是有待建构》、刘炳麟的《崛起中的中国设计主体性》、黄治成的《中国设计的主体意识与文化自觉》、陈嵘的《字体设计：中国设计主体性的新"临界点"》、吴洪的《试析全球化语境下中国服装设计的主体性话语》、石晨旭的《从跨界设计概念的提出看中国设计自主性的崛起》以及《中国设计的社会责任与主体意识——诸迪访谈》等文章。2012 年的中国设计大展和 2016 年的第二届中国设计大展（主题为"设计与责任"）以及由这两次展览所引发的相关讨论从设计实践理论方面推动了中国当代设计学理论体系建设。

四、设计产业理论建设

设计产业是设计学科的核心之一，设计产业理论也是当代设计理论体系建构的核心之一。设计产业理论侧重于对"设计理论"和"设计实践"两者的整合、应用与创新。与设计基础理论和设计实践理论的研究相比，国内对设计产业理论的研究起步较晚，成果不多，是当前中国当代设计理论体系建构三个板块中最为薄弱的环节。近五年，国内设计产业理论的建设主要集中在以下几个方面。

一是邹其昌对设计产业国际竞争力的研究。邹其昌团队近五年来先后完成多项上海市设计产业科研项目，发表了《关于中外设计产业竞争力比较研究的思考》（发表于《创意与设计》2014 年第 4 期）、《工匠文化与中国设计产业发展战略》（发表于《中国艺术》

---

① 李一：《美术观察·卷首语》，《美术观察》2013 年第 2 期。

2017 年第 9 期）等论文。建构了独立的"PMBTA"设计产业国际竞争力五要素研究模型，即 P（Policy 政策）、M（Morphology 形态）、B（Brand 品牌）、T（Talent 人才）、A（Assessment 评估）。提出了"万众创新、设计立国"的主张，以及推进设计产业可持续发展的 12 字方针——即"理论先导，政策跟进，产业繁荣"。邹其昌对设计产业国际竞争力的研究对当代中国设计产业理论的发展有着一定价值和理论意义。

二是祝帅对中国平面设计产业的研究。由设计学青年学者祝帅和石晨旭合著的《中国平面设计产业研究》于 2017 年出版。该书作为设计产业研究方面一部带有开创性的专著，主要围绕中国平面设计产业的主题而展开。该书共十一章，由理论和实务两部分组成。在平面设计产业理论研究部分，祝帅和石晨旭结合国内外产业研究理论，提出了平面设计产业研究的几个重要问题，尝试建立起中国平面设计产业自主性研究的理论框架；同时，探讨平面设计产业研究的方法论，强调实证研究在平面设计产业研究中的地位。在平面设计产业实务研究部分，该书主要围绕海内外平面设计产业案例及现状展开研究，包括欧美和日韩不同的平面设计产业发展思路、中国设计产业园区建设、设计之都创办等；并在总结国内外经验和趋势的基础上，提出现阶段我国平面设计产业发展繁荣的建议。[1] 该书的出版在一定程度上弥补了国内设计产业理论的空白，对平面设计产业的发展具有指导意义；同时完善了当代中国设计学理论体系的建设。

三是亚洲设计管理论坛暨生活创新展对设计产业理论发展的推动。随着近些年设计产业的蓬勃发展，设计公司的不断涌现，国内设计业界迫切需要先进设计管理理论的指导，学界也迫切希望"设计基础理论"和"设计实践理论"成果通过业界的整合走向市场。在中央美术学院国家设计战略发展与设计管理研究中心主任海军的主导和策划下，由杭州市政府、中央美术学院主办的首届亚洲设计管理论坛暨生活创新展于 2013 年在杭州举办。该论坛基于全球设计管理研究和实践研究，关注创新领域领先一步的项目、研究、方法、策略和趋势，并通过论坛、展览、奖项等形式，给当下中国青年设计力量创新思维、商业模式以一定的支持和启发。目前该论坛已成功举办了四届，主题分别为"改变""展开对话""共同体""开放"。[2] 经过几年的发展，亚洲设计管理论坛暨生活创新展逐渐成为设计和创新趋势的观察者平台，吸引了业界、学界、政商界等各界人士的参加，涌现了一系列围绕设计管理的政、产、学、研、商研究成果。这些成果一方面推动了社会、城市、产业和生活创新的发展，在另一方面论坛的相关成果也积极推动了设计产业理论的发展，完善了当下中国设计学理论体系的建设。

---

① 整理自石晨旭、祝帅：《中国平面设计产业研究》，清华大学出版社 2017 年版。

② 整理自亚洲设计管理论坛暨生活创新展网站，http://www.hzadm.com/Forum/index。

五、结语

通过对近五年来设计学理论研究成果的整理，本文从设计基础理论、设计实践理论、设计产业理论三个方面展现了中国设计学理论建设发展的现状。当前，我们正处于社会经济发展的转型时代，当代中国设计理论的建设一方面应传承前人优秀历史经验，另一方面应与时俱进，不断创新。路漫漫其修远兮，对于尚处于起步发展阶段的中国当代设计理论而言，未来中国设计理论体系的建设仍需要学界各位有识之士的共同努力！让我们共同对中国设计理论的未来发展寄予无限的期待和祝福！

二、设计基础理论研究

　　本栏目重点研究设计学科建设与发展最为基础性的理论问题。包括设计学本体论、价值论、学科系统论、批评论以及设计学科发展历程等。本期刊登了关于设计现象学问题的文章，抛砖引玉，以期对设计学科系统性建设做更系统深入研究的佳作。

设计现象学[①]

——一个关于体验、意义创造与追寻实践的描述性框架

李清华

摘要：在人类设计创造实践中，体验不仅仅是一个关乎主体感官知觉、情感情绪以及观念印象的经验性概念，它同时还是一个表明主体纷繁复杂的语境性关联的文化概念。设计现象学的研究，正应该展开对于设计体验丰富复杂的语境性关联的关照、呈现与描述，进而探寻出设计体验中人类意义创造与追寻的动力机制。这种动力机制表现为身体动力学、文化动力学和伦理动力学。这最终建构起了设计现象学的一个描述性框架。

关键词：设计现象学；体验；意义创造与追寻；描述框架

设计伴随着人类文明的整个进程，它源于人类生产与生活实践，是人类凭借经验和技术手段，有目的、有计划地改造自然，使之满足自身生存和发展需要的一项创造性实践活动。

希腊学者卢瑞达斯（Panagiotis Louridas）把设计史的发展划分为不自觉设计（unselfconscious design）与自觉设计（selfconscious design）两个阶段。职业设计师的出现是自觉设计阶段到来的标志，而在这之前人类漫长而艰苦卓绝的设计实践则可以归入不自觉设计阶段。对于设计师的职业化发展过程，卢瑞达斯曾做过这样的描述："从不自觉设计到自觉设计的转变是广泛的社会文化变迁的结果。人类社会在规模和复杂程度上的增长；并且随之同时出现的是人类所面临的问题也在不断增长。与此同时，技术在不断进化并且提供了解决这些问题的手段。社会不再是静态的：它们充满活力并且不断发展。能够通过新手段和新方法解决的全新的设计问题层出不穷。传统颠覆了。进而是资本主义成为生产的主导模式。随着产量的增加，设计不得不从制造业中被分离出来，这

---

① 本文是国家社科基金重大项目"中华工匠体系及其传承创新研究"（项目编号 16ZD105）、浙江传媒学院人才引进科研启动项目"人类学与中国当代设计批评"（项目编号 Z301B15504）的阶段性成果。

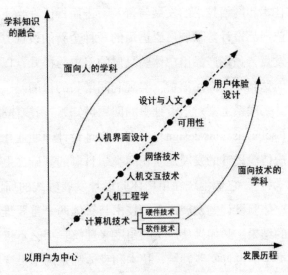

主要出于盈利增长的目的。更多的设计需求产生了；设计师不再是制造者，设计被职业化了。"①

卢瑞达斯的这段描述表明，无论是在前工业时代漫长的"不自觉设计"阶段，还是在历史较短暂的、自工业革命时代开始并且以设计师职业化为标志的"自觉设计"阶段，设计都毫无例外地是人类凭借长期积累和发展起来的经验和技术手段，解决生产与生活实践中层出不穷之问题，满足多种多样之需求的、不可或缺的创造性实践。

图1 用户体验设计的发展

对设计史的回顾还表明，尽管体验只有到了当下的后工业时代和体验经济时代，并且也只有在体验设计中才被赋予至高无上的地位，但一个显而易见的事实是：无论是在生产力和技术水平极为落后的前工业时代，还是在生产力水平极高、技术高度发达的后工业时代，体验在人类设计实践中始终扮演着一个举足轻重的角色。体验的创造与生成过程不但是人类生产和生活实践中层出不穷之问题得以解决而又不断产生新问题的过程，同时也是人类种种需求得以满足又不断创造出新需求的过程。从这一角度来看，体验就自始至终是人类设计实践中技术维度和身体维度长期交互作用和共同建构的结果，正是这种交互作用和共同建构，创造和生成了人类设计实践中纷繁复杂、多姿多彩而又鲜活生动的丰富体验。在这个意义上，我们甚至可以说，也正是它们，共同模塑和建构起了灿烂辉煌的人类文明。人类文明的进程，也就是人类在漫长的设计创造实践中展开的对于体验、意义创造与追寻的过程。对这一过程的描述，正是设计现象学的核心课题。

一、设计中体验、意义创造与追寻实践的设计史描述

图1是一位国内学者绘制的"用户体验设计的发展"图示②。正如作者力图表明的，体验设计是一种以用户为中心的设计，它是伴随着计算机技术、人机工程学、人机交互

① Panagiotis Louridas, Design as bricolage: anthropology meets design thinking, Design Studies, 20(1999),pp. 517–535.

② 罗仕鉴、朱上上：《用户体验与产品创新设计》，机械工业出版社2014年版，第11页。

技术和网络技术的发展与普及，进而得以在当下的数字媒体设计、移动终端设计以及工业产品设计等领域广泛运用的一种全新的设计方法。它以用户体验为设计目标和根本出发点，强调产品用户体验品质的追求与提升，以此来增强产品对于消费者的吸引力，从而达到刺激商品消费、实现利润增长的目的。

联系上文对于设计史的回顾可知，"用户体验设计"毫无疑问应该归入"自觉设计"（selfconscious design）一类，它是设计师职业化高度发展的产物。这一图示还表明，用户体验设计的发展建立在两类学科群的基础之上，即"面向技术的学科"和"面向人的学科"，它们围绕在用户体验设计发展轴线的周围。对这一图示的进一步分析表明，用户体验设计的发展，正是技术与身体两个重要维度在设计史上长期交互作用和共同建构的结果。① 如果从广义的角度来理解，那么不仅在人机交互设计领域，而且在人类所有类型的设计实践领域，技术和身体都是两个贯穿始终的、不可或缺的重要维度。正是它们之间长期的交互作用，才共同建构和生成了人类生活世界纷繁复杂、多姿多彩而又鲜活生动的体验。也正是它们，共同模塑和建构起了灿烂辉煌的人类文明。

显然，要想获得对设计体验的深入理解，首先我们就必须对"体验"这一概念做一番深入细致的梳理。

在某种程度上，体验既可以指涉一种稳定的、特征明显的感觉、知觉、情感或氛围，又可以指涉某种变动不居、飘忽不定或模糊而难以名状的感官印象或情绪，因此是一个异常难以把握的概念。比如瑞克（Alexander Raake）和艾格（Sebastian Egger）就把"体验"界定为"某种发生于一个特定情境范围中的个体感知流（情感、感觉、知觉和概念）"②。正是从这样的定义出发，这两位学者才作出了这样的推论：体验既然是一种感知"流"（stream），而且这种感知"流"既然是"个体"的，那么它就有着巨大的个体差异性，而且只能发生于特定的情境氛围中，因此对它的描述和把握也就只能分别从量和质两个维度展开。正是基于这一理解，他们进而把"体验品质"（Quality of Experience）界定为："关乎某人对于正在经验的一项运用、服务或系统的喜悦或烦扰程度。它源自于某人对于他或她的期望和需要满足情况的评估，这种期望和需要伴随着对于在某人情境、个性和当下状况映照之下的效用和／或愉悦的充分尊重。"③ 显然，这里的"体验品质"定义，对设计中的体验特征进行了生动细致的描述：那是一种"喜悦"或"烦扰"的情绪，这种情绪状况完全取决于设计产品能否充分"满足"或"尊重"消

---

① 李清华：《技术与身体：设计史叙事的两个重要维度》，《创意与设计》2012 年第 6 期。

② Alexander Raake, Sebastian Egger, *Quality and Quality of Experience*, Sebastian Möller · Alexander Raake Editors, *Quality of Experience: Advanced Concepts, Applications and Methods, Springer* International Publishing Switzerland 2014, p.13.

③ Ibid, p.18.

费者瞬息万变、飘忽不定并且极为情境化、个性化的"需要"，而其评判的标准则是"当下状况映照之下的效用或愉悦"。这一定义显然把设计体验那种飘忽不定、变动不居而又充满了个体差异性和情境差异性的特征充分描述和表达出来了。

其实，只要我们把体验放在广阔的设计史语境中来进行考察就能发现，不仅当下进行得如火如荼的"体验设计"，而且任何一项设计实践——从最古老的砍砸器到最先进的可移动终端——都始终伴随着对于用户体验孜孜不倦的追求。从这一层面上看，它们无一例外地都能被称为"体验设计"。它们之间的唯一差别，仅仅在于所凭借的技术手段即解决问题之方式的差别。正是出于这一理由，本文将在广义上使用设计和体验这两个术语，而非仅仅把它们局限于当代以计算机和信息技术为核心的人机交互设计领域。

通过瑞克和艾格的这一定义我们也看到，用户体验设计既然把用户"体验品质"的提升作为产品设计的最终目标和根本出发点，因此这毫无疑问是人类文明史上最为进步也最为人性化的设计。但与此同时，这两位研究者也充分认识到了体验的情境关联性特征。他们除了对体验和体验品质进行界定之外，还绘制了一幅图示（图2）①，来对体验的情境关联性特征进行了深入阐释。在图示中，用户接收来自语境中的各种信号，这些信号各自又携带着丰富的语境性信息。而从这些语境性信息的来源上看，则又可被归结为交互语境、情境语境和社会—文化语境。

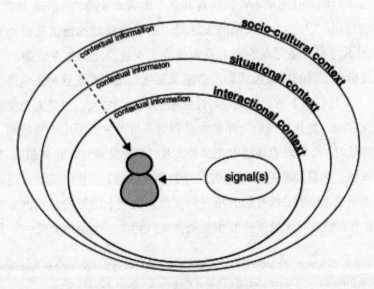

图2 体验的情境关联

① Alexander Raake, Sebastian Egger, *Quality and Quality of Experience*, Sebastian Möller · Alexander Raake Editors, *Quality of Experience: Advanced Concepts, Applications and Methods*, Springer International Publishing Switzerland 2014, p.12.

通过这一图示，研究者向我们充分展示了用户体验的情境关联性特征以及这种情境关联本身的丰富性、多样性和复杂性。显然，不同设计产品所带来的体验及体验品质的丰富性、复杂性和差异性，正是在这种复杂关联中才得以实现并彰显出来。同时我们也看到，在这种复杂关联中，正蕴藏着人类学文化研究巨大的可能性空间，它正召唤着我们去做一番深入探索。

体验设计把用户"体验品质"的提升作为产品设计的最终目标和根本出发点，这是人类文明史上最为进步也最为人性化的设计。然而，我们也应该以一种辩证的眼光来进行审视。瑞格和艾克所言，体验是一种感知流，对其评估和描述有量和质的两个维度。其中"质"的维度要求我们在考察这种用户体验感知流时，还必须考察其语境关联的丰富性和复杂性特征，以及在这种语境关联过程中所建构起来的整个意义世界。而且从某种程度上说，也正是这个意义世界的"品质"，决定了用户的体验品质并且进而是人类生存的品质。

有国外学者指出，面对当下形形色色、光怪陆离的体验设计及其产品，人们很容易错误地假设，这些体验对于消费者来说具有同等重要的意义和价值，因此消费者能从对每一个设计产品的每一次消费体验中，生发出无差别、高品质的设计体验和价值意义。[1] 这显然是后工业的消费经济时代成功制造出的一种典型的审美幻象。[2] 鉴于此，在对这一由体验的语境关联所建构起来的意义世界进行考察的过程中，我们尤其应该深刻反思设计体验背后那无时无刻不在发挥着其强大影响力量的"经济动力学"。

有国内学者指出："人类工业文明的发达是以石化型资源的价值发现和利用为前提的，资源分布的不均和资源开发的资本投入构成工业社会全部生存竞争的'合理'依据，借势发展并极盛一时的商品模式和消费主义文化实质加剧了这种竞争恶性膨胀的风险。"[3] 而事实上，我们当下所面临的"恶性膨胀的风险"之大，也是人类文明史上任何历史时期绝无仅有的。当我们身边充斥着大量利用不可再生资源生产制造的、用完即扔的一次性设计物品时；当我们的环境中充斥着大量"情感化设计"和高品质"用户体验"设计所遗留下来的、触目惊心的有毒有害废弃物和垃圾时；当我们沉浸于广告商制造出来的虚假需求而乐此不疲时；当我们的年轻一代终日沉迷于虚拟的游戏世界而不知经典阅读为何物时；当我们面对无处不在的水污染、大气污染、土壤污染时……我们是否应

---

① Ebru Ulusoy Akgün, *Consumer Experince Intensity: Towards a Conceptualization and Measurement*, University of Texas-Pan American, A Dissertation for Doctor Philosophy, August 2011.

② 对审美幻象的相关研究，可关注王杰：《审美幻象与审美人类学》，广西师范大学出版社 2002 年版；特里·伊格尔顿：《后现代主义幻象》，华明译，商务印书馆 2014 年版；（英）特里·伊格尔顿：《美学意识形态》，王杰译，中央编译出版社 2013 年版等著作。

③ 许平：《走向真实的设计世界》（中译本代序），见《为真实世界设计》，周博译，中信出版社 2013 年版，第 17—18 页。

该深刻反思，在这种对于人类最反复无常之情绪、感官印象和体验的"充分尊重"的所谓"人本设计"和"体验设计"的背后，我们所付出的沉重代价是什么？设计师和消费者在这个过程中又该承担什么责任？当设计师和消费者（首当其冲的显然是设计师）抛开了一切伦理和责任，而任由资本、市场和经济的"逐利"本性所驱动时，整个情境将变得疯狂而不可理喻。

到目前为止，体验设计之所以如此重视用户的"体验品质"，并把提升用户"体验品质"作为产品设计的最终目标和根本出发点，除了技术进步的推动外，很大程度上正是商业考量和经济利益驱动的结果。抛开这些因素不看，尽管在人类文明史上，这的确是史无前例的巨大进步。但正如维克多·帕帕奈克深刻指出的那样，要想判断这究竟是一种巨大进步还是历史倒退、究竟是人类福祉还是灾难，还得做一番伦理的考量才行。

作为设计师和杰出的思想家，在其影响深远的著作《为真实世界设计》一书的"初版序"中，维克多·帕帕奈克以彻底颠覆性的观点写道："有些职业的确比工业设计更加有害无益，但是这样的职业不多。也许只有一种职业比工业设计更虚伪，那就是广告设计，它劝说那些根本就不需要其商品的人去购买，花掉他们还没得到的钱；同时，广告的存在也是为了给那些原本不在意其商品的人留下印象，因而，广告可能是现存最虚伪的行业了。工业设计紧随其后，与广告天花乱坠的叫卖同流合污。历史上，从来没有坐在那儿认真地设计什么电动毛刷、镶着人造钻石的鞋尖、专供沐浴用的貂裘地毯之类的什物，然后再精心策划把这些玩意儿卖到千家万户。以前（在'美好的过去'），如果一个人喜欢杀人，他必须成为一个将军、开矿的，或者研究核物理。今天，以大批量生产为基础的工业设计已经开始从事谋杀工作了。"[①] 由此可见，某些设计实践究竟是巨大进步还是历史倒退、究竟是福祉还是灾难，其评判标准绝不应该交由市场来决定，或是仅仅根据其所依托的技术是否先进、其目标是否对于人类飘忽不定、反复无常而又转瞬即逝的感官印象以及情感、情绪"体验"和无穷无尽需求、欲望的充分尊重与满足为标准来简单地进行评判，而应该从更深的伦理层面来作一番考量。

再回到图 1。围绕着用户体验设计发展曲线的两类学科群：面向人的学科和面向技术的学科，它们对于用户体验设计来说，显然具有同等重要的价值。在面向人的学科群中，除了心理学、社会学、管理学、美学、伦理学等之外，人类学也扮演着一个至关重要的角色。而且事实上，正如前文所指出的，如果我们以设计史的更为宏阔的视野来审视设计体验，那么，用户体验设计的发展曲线，就绝不应该仅仅以计算机技术作为其开端，而应该继续往前追溯至旧石器时代的石器砍砸技术甚至更为古老、更为原始的技术形态上去，并且在这一根发展曲线的周围，同样始终围绕这两类学科群。一个显而易见

---

① [美] 维克多·帕帕奈克：《为真实世界设计》，周博译，中信出版社 2013 年版，第 38 页。

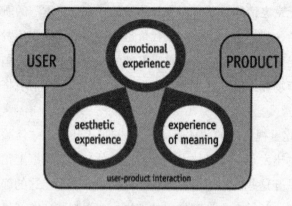

图 3　产品体验结构

的事实是，在计算机技术出现之前，诉诸更为古老技术的人类设计实践和设计行为，都同样离不开用户体验。人类文明史上各个历史时期留存下来的大量经典设计作品，从居住模式到家具设计、从生产工具到生活用品，都毫无例外地是以用户体验为目标的设计。因此从广义的角度来看，我们也都可以把它们归入体验设计的范畴。设计现象学的研究，正应该以此为出发点，来深入探讨设计体验丰富复杂的语境性关联，揭示和呈现这种关联中所蕴藏着的那个鲜活、丰盈的意义世界，并进而深入探究设计体验中人类的意义创造和追寻的动力机制。

人类的设计产品，无论是旧石器时代最粗糙的砍砸器，还是当下最时尚、最先进的iPhone6、iPad 或谷歌眼镜等可穿戴移动终端，其存在最正当、最充分的理由，都是对于人类需求和人类体验的尊重与满足，从这一层面上看，它们都属于"体验设计"，它们都以高品质的用户体验和运用的舒适性、便捷性等作为设计的核心目标。然而，人类是最为复杂的动物，人类需求和人类体验也正如同人类欲望那般，也是最飘忽不定、最反复无常也最变动不居的东西，它们也因此最迫切地需要加以规范和引导，而不是一味地加以迎合、满足甚至刺激和放纵。

人类是迄今为止这个星球上所有灵长类动物中进化得最为充分的动物。这个观点最充分的证据，便是人类发展出了灿烂辉煌的文明。这同时也就决定了人类设计实践中的体验绝不能仅仅局限于身体的或感官的层面，它还应该有着纷繁复杂和多姿多彩的精神维度和文化维度。从这一角度来看，在人类成就卓著而且动力强劲的设计实践和设计行为背后，起着关键性推动和影响作用的，除了一门强大的身体动力学之外，还有着一门同样强大而且影响力无处不在的文化动力学。这正是设计现象学研究一个可以纵横驰骋的广阔空间，而现象学描述，正为我们提供了完成这一任务的一个理想工具。

何克特（Hekkert）的"产品体验结构"图示①（图 3），正指出了产品体验中的精神的、文化的层面，而这些体验与身体的感官知觉体验层面是水乳交融的一个有机整体。设计现象学的研究，正应该把这一有机整体背后的动力学特征深刻地揭示和描述，并在此基础上，对当下的人类体验设计实践展开深刻反思。

---

① Hekkert, *Design aesthetics: principles of pleasure in design*. Psychol Sci 48(2):158–164.

在何克特的"产品体验结构"图示中，用户与产品之间的互动正是建立在体验的基础之上，在何克特看来，这些体验由情感（情绪）体验、审美体验和意义体验构成。这一图示同样适用于当下的人机交互设计。在用户界面设计中，用户与最终产品（在人机交互设计中则体现为各种移动终端、运用软件或游戏产品）之间的互动同样建立在这些类型的体验基础之上。而在"经验四线程"图示（图4）中，麦卡锡（John McCarthy）和莱特（Peter Wright）又把产品经验概括为构成性的、情感（情绪）的、感官

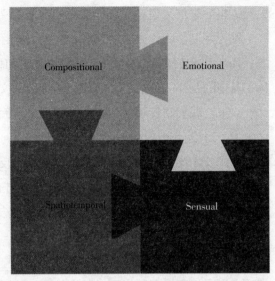

图 4　体验四线程

的和时—空的四个维度。他们认为，这四个维度在产品体验中深深地相互嵌套为一个有机的整体，它们共同构成了一个完整的产品体验。[1]

在这里我们看到，无论是何克特的"产品体验结构"，还是麦卡锡和莱特的"体验四线程"，都让我们不自觉地联想起马斯洛人本心理学的需求层次理论。

马斯洛的人本主义心理学认为，人类需求可以划分为不同的层级，它们被由高到低排列成一个类似于金字塔那样的结构。位于金字塔最底端的是生理需求，位于生理需求上面一层的是安全需求，安全需求再上面一层则是审美需求，位于审美需求再上面的是爱与归属的需求，而自我实现的需求则处于整个金字塔结构的最顶端。马斯洛认为，人类只有在较低层级的需求获得满足之后，才会进而追求更高层级的需求。人类与动物最根本的区别，正在于人类拥有超越较低层级的需求而追求较高层级需求的需要和冲动。马斯洛的人本心理学，其创立的初衷便是要与弗洛伊德的精神分析学相抗衡。正是不满于弗洛伊德精神分析学把人降低为动物的做法，马斯洛才发展出了自己有着精英主义色彩的人本主义心理学。

尽管马斯洛的人本主义心理学带有浓厚的精英主义色彩，但他的心理学在解释人类高级体验和高级心理方面却赢得了众多的支持者。比如他就在其需求层级理论的基础上，提出了影响深远的"高峰体验"理论。在马斯洛看来，所谓的高峰体验，正是人类自我实现的需求在获得真正满足时，所体验到的一种强烈、深沉的生命价值感和意义感，它是对肉体层面的自然生命和现实的超越。马斯洛认为，这种价值感和意义感对于

---

[1]　John McCarthy, Peter Wright, *Technology as Experience*, *interactions* / September + October 2004.

人类人格的发展来说，比其他层级的需求意义更为深远。

毫无疑问，无论是人类体验构成的剖析还是需求层级的划分，都只是理论建构的需要，而在现实的生活实践中，人类的需求和体验从来都是浑然不可分割的一个有机整体，其中的身体（或感官）层面与精神（或文化）层面水乳交融地结合为一个整体。在这一点上，我们正应该对西方传统中根深蒂固的身心二元论进行批判。也正是从这一视角出发，对设计中的体验进行研究，我们正可以引入现象学的理论、思想和方法，来对体验中的技术维度和身体维度进行现象学的反思与描述，而这种反思和描述正可以把其中无限丰富的文化内涵生动、清晰地呈现出来。在这一点上，我们正可以借鉴克利福德·格尔茨科学文化现象学的深描民族志方法。① 这也正是本文研究中人类学和现象学两个学科之间一个深层次的契合点。

显然，这种科学文化现象学的宏阔视野，正有利于我们打破当前设计体验研究中，把研究视野仅仅局限于当下以数字技术为依托的人机交互设计和移动终端的界面设计等领域，而把探寻的目光投向整个人类设计史的滚滚长河，凭借现象学反思和描述的犀利目光，来对人类整体的设计实践和设计行为展开全方位、多层次的深刻剖析、反思和描述，从而努力探寻人类设计的真正价值所在，并寻求人类摆脱当下危机以及未来可持续发展的道路。

令人倍感欣慰的是，在当下西方的设计学研究中，这种探寻正在逐步发展为一种自觉的行动。博瑞嘉德（Russell Beauregard）和柯瑞文（Philip Corriveau）就认为："用户体验框架强调随着时间的推移而出现的产品中的源自于人类感知、情绪、思想、态度和行为等交互的所有方面。"② 这种宏阔视野就告诉我们，无论是史前时代的砍砸器，还是当下最时尚、最先进的可穿戴移动终端，或者是环境智能领域的所有无线和有线设备、硬件和软件设备之间的智能连接与设计，在其体验框架中，在技术维度和身体维度中都蕴藏着无限丰富的人类学文化内涵。对于这些内涵的全面呈现、阐释和描述，就为我们深刻反思当下的人类设计状况和人类生存危机，提供了其他方法所无法比拟的优越性。

人类设计实践中技术的发展大大拓展了人类体验的范围，提升了人类体验的品质，同时也为人类超越感官层面的体验，到更广阔的人类文化情境关联中去探寻生命的价值感和意义感，从而真正实现生活世界中的意义创造和交流创造了前所未有的条件和可能。有国外学者就指出："在一个智能环境中，设备共同利用隐藏于设备连接网络中的信息和智能来运转。光线、声音、视像、家电和个人健康护理产品等相互之间的无缝合

---

① 李清华：《深描民族志方法的现象学基础》，《贵州社会科学》2014 年第 2 期。

② Russell Beauregard and Philip Corriveau, *User Experience Quality: A Conceptual Framework for Goal Setting and Measurement*, V.G. Duffy (Ed.): *Digital Human Modeling*, HCII 2007, LNCS 4561, pp. 325–332, *Springer-Verlag Berlin Heidelberg 2007.*

作，通过自然和直观的用户界面支撑而用以提升整体的用户体验。"[1] 至此，人类设计超越了工业时代大批量生产的工业产品设计仅仅停留于实用主义和功能主义的用户体验层面，人类感官因此得以真正从机器统治的桎梏中被解放出来，从而获得了超凡的用户体验品质。对于这种解放的意义和价值，也只有把它放到整个人类设计史的宏阔背景之下，并且在科学文化现象学[2]的描述中，在对身体动力学、文化动力学和伦理动力学的深刻反思、阐释和深描中，才能获得一种清晰、完整的呈现。

二、设计体验的身体动力学、文化动力学与伦理动力学描述

动力学（Dynamics）是一个物理学概念。它是经典力学的一个分支领域，主要研究运动的变化与造成这些变化的各种因素。换句话说，动力学主要研究的是力对于物体运动的影响。

在现代医学观念中，人类身体首先是一个生物体，它通过新陈代谢不断与外界进行能量与物质交换，从而完成自身的各项生命活动。在人类生命活动中，新陈代谢总要诉诸身体不同的功能系统以及它们之间的相互协同配合才得以顺利实现。按照各自功能的不同，这些功能系统又被划分为消化系统、呼吸系统、血液循环系统、神经系统、内分泌系统、运动系统、泌尿系统、免疫系统、生殖系统等九大系统。正是它们的正常运转以及相互之间的协同配合，才最终共同完成了人类身体各种正常的生命活动。

在人类设计实践中，无论是设计师的设计行为还是消费者的消费行为，都是直接诉诸人类身体的行为，都直接与人类的身体体验密不可分。从这一层面上看，设计实践中的身体体验，正是建立在设计实践对人类身体能量的动态调节和有效干预基础之上。我们也正是在这个意义上，在充分借鉴物理学和生理学中的动力学概念的基础上，把人类设计实践中这种诉诸身体的、对于身体能量的动态调节和有效干预过程称为身体动力学。从某种程度上说，设计物品的功能实现过程，正是设计物品对人类身体结构和动力学特征进行有效调节和干预的过程。与此同时，人类的设计实践显然绝非仅仅是一种身体实践，它同时还是一种文化实践和伦理实践。在人类设计实践中，种种纷繁复杂的、来自文化的（传统的、地域的、民俗的、习惯的、宗教信仰的等综合要素）和伦理的（世

---

① E.H.L. Aarts J.L. Encarnação (Eds.), *True Visions: The Emergence of Ambient Intelligence*, Springer-Verlag Berlin Heidelberg 2006, Printed in the Netherlands.

② 以格尔茨为代表的人类学学科流派，科学文化现象学的学科名称与目前学界流行的阐释（解释）人类学、符号人类学等学科名称相比，更能准确地表明其学科的理论立场和方法论旨趣。参看笔者：《格尔茨与科学文化现象学》，《中央民族大学学报（哲学社会科学版）》2012 年第 5 期。

界观、价值观、自由选择、生态环境、利益分配等要素）等诸多"作用力"，也无处不在并且时时刻刻地深刻影响着人类设计实践的整体面貌和基本形态。也正是在这个意义上，本文分别把它们称为设计中的文化动力学和伦理动力学。这样，设计体验中的身体动力学、文化动力学和伦理动力学，就共同构建起来一门气势恢宏的设计动力学，而设计中的身体动力学、文化动力学和伦理动力学，正是这门设计动力学的分支领域和具体呈现。它们之间在人类设计史漫长发展历程中的长期交集和互相渗透，就共同生成和构建了设计现象学研究得以纵横驰骋的广阔空间。

新现象学创始人、德国著名哲学家赫尔曼·施密茨在《身体与情感》一书中，提出了影响深远的身体经济学概念。严格说来，身体经济学是一个治疗学概念。施密茨认为，人类身体对外部世界（包括物理世界和人类社会）的感知，所创造的是一种类似于氛围的东西，他把这种氛围称为情感氛围。在施密茨的思想体系中，情感氛围是一个外延非常宽泛的概念。人类日常生活中，几乎所有的感觉、知觉、情感、情绪，甚至道德、审美等体验性要素，都可以被囊括其中。施密茨认为，人类身体的情感氛围总是飘忽不定和变动不居的，总是处于宽广与狭窄两个极点之间永不停歇的辩证运动过程中。宽广氛围往往与人类身体感知、情感情绪体验或审美、道德体验中的积极性要素相关，它们通常包括轻松、舒适、愉悦、明快、优美、惬意以及价值感、意义感等体验；而狭窄氛围则往往对应于人类身体感知、情感情绪体验或审美、道德体验中的诸多消极要素，它们通常包括沉重、压抑、疼痛、痛苦、灰暗、窒息、单调、沉闷、厌恶、丑陋以及虚无感、幻灭感等体验。施密茨认为，人类身体的情感氛围不能长期停留于宽广或狭窄两个极端，若是那样，人就很有可能出现身体感官知觉及功能的紊乱甚至进而是精神的紊乱，因此有必要对身体的情感氛围进行有效的调节和干预。他的学说也正是在这个意义上被归入身体治疗学的范畴。

从上面的简要介绍中我们看到，施密茨的身体经济学概念，之所以是一个治疗学概念，其创立的目的之一，正是要通过不同手段，对身体知觉进而是身体的情感氛围（包括各种感知、体验以及情感情绪状态）进行有效调节和干预。从这一层面看，身体经济学本身显然不但是一个典型的身体动力学概念而且是一个文化动力学和伦理动力学概念。

正因为如此，我们把赫尔曼·施密茨的身体经济学概念引入设计学研究，尤其是引入到对于设计实践中的体验、意义创造和追寻过程的研究，就不但是合乎情理的，而且更是卓有成效和意义深远的。正是在这种借鉴的基础上，设计中的身体动力学、文化动力学和伦理动力学，其任务正是要对设计中的体验进行研究，要对设计物品的消费和使用环节，诉诸体验的对于身体经济学的结构和动力学特征所进行的有效调节和干预过程进行深入细致的阐释、描述和反思。这种阐释、描述和反思实践，正是设计现象学得以纵横驰骋的一个广阔领域。可以说，人类身体在感知到"需要"的地方，正是身体经济学的结构和动力学特征开始发挥作用的地方。一件设计良好的作品（包括传统设计作品和交互设计作品）总能顺利实现对于人类身体经济学结构和动力学特征的有效调节与干预，而这一调节与干预过程，又都毫无例外地是设计产品的功能实现过程和设计体验的生成、建构和意义追寻过程。

图 5　上海博物馆的中国古典客厅家具陈设

与此同时，正如前文所言，人类体验无论如何也从来不会仅仅停留于纯粹的身体感官知觉的层面。而这也恰恰是身体经济学概念的题中应有之义。如前所述，赫尔曼·施密茨的身体氛围是一个外延极其宽泛的概念，它既包括纯粹的身体知觉性和感官性体验，也包括纷繁复杂而多姿多彩的社会、文化、审美和伦理体验。

马斯洛的人本主义心理学告诉我们，人类需求（进而是在需求推动之下的种种行动和体验）永远不会停留于较低层次需求的满足之上，当较低层次的需求获得满足之后，人类体验总有追寻更高级需求和体验的冲动，而这种冲动背后的动力，都毫无例外地来自于文化、审美、信仰和道德等精神领域。这其中所蕴含着的，正是一门强大而影响力无处不在的文化动力学和伦理动力学。现代心理学的研究也表明，需求从来都是由欲望推动的，而欲望又是一个外延极为宽泛的文化学概念。拉康的欲望辩证法正深刻地揭示了这一真理。人类欲望的文化本质及其复杂性和丰富性，同时也就规定了体验背后文化动力学和伦理动力学的复杂性以及人类学内涵的丰富性特征。

在人类设计实践领域，对设计物品的需求和体验来自超越于感官需求之上的文化需求和伦理需求的事例可以说是不胜枚举。比如我对衣服的"需要"就从来都不会仅仅满足于衣服所能提供的遮蔽和保暖功能，而且还要综合考量衣服在款式、颜色、材质等方面是否符合所在社会的习俗、宗教信仰、道德规范、礼仪要求、审美习尚以及我自身特定的社会身份定位等文化要素。这些精神性、审美性和意蕴性要素，毫无疑问，也都参与到了情感氛围的营造和身体经济学的结构和动力学特征的有效调节和干预过程中。再比如在家具的设计和陈设实践中，不仅包含着对于美观、舒适等的体验要素的考量，它

图6 科隆大教堂内部空间设计

还同时包含着特定文化情境中人们在生活习惯、民俗、宗教信仰、礼仪制度等种种文化要素方面的考量（图5）；同样，食物的获取、加工、消费等环节也都不仅与食欲满足和营养需求等要素相关，它还与特定社会中的风俗习惯、宗教信仰、礼仪等文化要素密不可分；基督教教堂建筑的设计，从外部的视觉冲击力到内部结构、空间布局、装饰性要素、光线运用和声学要素的考量等，再加上繁多的宗教主题壁画、雕塑等，就实现了对于身体经济学结构和动力学特征的有效调节干预。它能有效地把人从世俗、日常、慵懒、百无聊赖、无可无不可的宽广氛围引入到宗教世界的神圣、庄严、虔敬、神秘的狭窄氛围，进而再复归到宗教体验和超越的宽广氛围中（图6）。宗教生活的意义世界也正因此得以源源不断地涌入人类日常生活世界，从而增加了人类生命的厚度和人类思想、情感和道德等精神生活的深度，使得人类从海德格尔意义上的烦、畏、模棱两可的非本真状态中解放出来，进入到本真状态。这些文化要素也在身体经济学的结构和动力学特征的调节和干预过程中发挥了极其重要的作用，它们通过在狭窄和宽广两个极点之间永不停歇的辩证运动和相互转换过程而渗透到了人类的生活世界中。

世界不同民族、不同地域的人们，由于文化、习俗、生活方式、道德规范和宗教信仰的差异，因此对于世界有着各不相同而又特色鲜明的体验和感知方式。与此同时，无论在何种文化中，对设计物品的创造、使用和消费过程，也都同时是一个建立于不同的技术传统并且诉诸身体体验的意义创造、交流和追寻的过程。由于不同民族文化上差异，因此毫无疑问，在设计物品创造、使用和消费过程中所创造的体验，以及由体验所建构起来的意义世界，它们在内容，意义创造和交流的形态、方式上，也应该是多姿多彩和千差万别的。而这些都是我们在对设计中的体验进行科学文化现象学描述和阐释过程中，应该加以深入探究的重要内容。正是它们，共同构建了有着广阔前景和无限可能的设计现象学研究领域。

总之，无论是在前工业时代的传统设计还是在当下的交互设计，设计的身体动力学、文化动力学和伦理动力学，都共同决定了设计产品的功能实现过程、设计体验的生成和建构过程以及设计产品的意义创造和交流过程。

美国著名设计心理学家诺曼（Don Norman），在《情感化设计》一书中，就指出产品设计实践必须同时考虑三个不同层级的认知和情感处理过程。这三个认知和情感处理过程被他称为本能、行为和反思。本能层级处理消费者在与产品的交互动作发生之前，对于产品的视觉和其他感觉的直接反应。行为层则是帮助消费者管理简单的日常行为。反思层的认知和体验则通过记忆来实现，它可以将消费者与更为广泛的生活经验联系起来，并且随着时间的推移，将实际的意义和价值与产品本身联系起来。正是在诺曼观点的基础上，库伯（Alan Cooper）等人提出了交互设计的三个目标层级：体验目标、最终目标和人生目标。库伯等人还为每一层次的目标列出了几个典型的条目，比如，属于"体验目标"层级的有：①

· 感觉很潇洒，或者具备控制力

· 有乐趣

· 感觉很酷，很时髦，很放松

· 保持注意力集中，很清醒

属于"最终目标"层级的有：

· 在问题变得严重之前要意识到问题的存在

· 和朋友和家人始终保持联系

· 每天早上 5 点清空我的待办事项列表

· 找到最喜欢的歌曲

· 找到最合算的交易

属于"人生目标"层级的有：

· 过美好的生活

· 成就我的抱负

· 成为某个方面的鉴赏专家

· 让我周围的人喜欢并尊重我

当下的电玩游戏中所创造的虚拟现实，对玩家之所以有那么大的吸引力，正是因为设计者在设计过程中，充分尊重了玩家各个层级的体验，真正把玩家各个层级体验最大限度地满足作为设计的根本目标。游戏设计者在游戏中创造了一种近乎完美的体验，使得玩家的体验在每一个层级上都能全身心地沉浸其中，从而忘却了周遭的现实世界，进

① ［美］Alan Cooper, Robert Reimann, David Cronin,《交互设计精髓》，刘松涛译，电子工业出版社 2012 年版，第 67—71 页。

而甚至能使玩家如痴如醉、精神恍惚，分不清游戏世界中的英雄角色与现实世界中的平凡角色，让游戏世界中的英雄人物代替玩家实现人生中的种种"伟大目标"，感受到"自我实现"所带来的妙不可言的高峰体验。可见，在游戏设计的背后，同样隐藏着一门无时无刻不在发挥其深刻影响力量的身体动力学、文化动力学和伦理动力学。正是身体动力学、文化动力学和伦理动力学中那无处不在的、活跃的意义创造和交流过程，使它们在游戏玩家对游戏设计的接受、消费和体验过程中，每时每刻都在发挥着其自身强大的影响力量。

正如前文所言，帕帕奈克的研究，以极具颠覆性的激进立场，揭示了设计师的诸多行为选择给人类所造成的灾难性后果。这就表明人类的设计实践（无论是设计师的设计实践还是消费者的消费实践）中，有着极其重要的伦理维度。而这种伦理维度，同样无处不在地渗透进入了人类设计体验那纷繁复杂、多姿多彩而又鲜活丰盈的诸多面相中，参与到了意义创造和交流的复杂过程中。马克斯·舍勒的现象学伦理学启示我们，伦理问题的核心，正在于一种价值感受，也就是说，它本身便是一种体验。在舍勒的现象学伦理学中，人类的价值感、意义感、道德感等，正是现象学直接直观的产物，它们都属于人类的价值感受范畴。

倪梁康先生就指出，价值与人格问题在马克斯·舍勒的现象学伦理学中就居于核心地位①。正是在这种对于价值和人格问题的直接直观中，舍勒标示出了从感性感受、身体感受和生命感受，到纯粹心灵感受再到精神感受或人格性感受的价值感受等的先天秩序类型。②这是舍勒以现象学的态度对价值和人格进行反思和观照的结果。他说："在直接直观中，'作为更高的'而被给予的价值，也就是那些在感受和偏好本身之中（而不是通过思考）才作为更接近绝对价值而被给予的价值。"③从这一层面上，"我们甚至可以说，舍勒的伦理学就是一种价值感受的现象学。"④这种价值感受由于与伦常明察、与情感、与美丑、与适意和不适意、与幸福和不幸、与神圣和非神圣等"先天秩序类型"的价值感受系列不可分割地融为一个整体，因此价值便是在对这些"善业"的直观中才最终获得了对其自身的显现。

从这一层面看，设计中的伦理维度，其本身就是一种价值体验和价值感受过程，它显然也顺理成章地是设计体验的重要组成部分。它与身体动力学和文化动力学（或者说

---

① ［德］马克斯·舍勒：《伦理学中的形式主义与质料的价值伦理学》，倪梁康译，三联书店2004年版。

② ［德］马克斯·舍勒：《伦理学中的形式主义与质料的价值伦理学》，倪梁康译，三联书店2004年版，第121—134页。

③ ［德］马克斯·舍勒：《伦理学中的形式主义与质料的价值伦理学》，倪梁康译，三联书店2004年版，第119页。

④ 倪梁康：《现象学的始基：对胡塞尔〈逻辑研究〉的理解与思考》，广东人民出版社2004年版，第148页。

是身体维度和文化维度）一道，共同建构起了设计实践中那纷繁复杂、多姿多彩而又鲜活丰盈的设计体验。因此，如果想对设计体验中的意义创造和交流过程和机制进行深入探讨，那么对这门伦理动力学的深入探察就是必不可少的一个重要环节。而现象学的理论和方法，正是这种探察得以有效展开的一件利器。

三、设计体验中技术维度和身体维度的现象学直观

毫无疑问，对于设计体验来说，技术同样扮演了一个举足轻重的角色。正是技术为设计实践同时也为设计中的身体经验创造了无限丰富的可能性，也正是技术同时也是以技术为依托的设计在不断改变和模塑着人类的感知方式进而是生活方式。因为"从远古时期到各类文化之中的人类活动，总是嵌入在技术中"。①"技术是我们在环境中以各种方式使用的那些物质文化的人工物"②，"我们最古老的祖先也许自从能直立行走以后，就使用技术与周围环境打交道，因此技术总是我们生活世界的组成部分。"③

这些论述表明，正是技术以及以技术为依托的设计，创造了人类生存环境中除了自然环境之外的"第二自然"，并且伴随着科学技术的不断进步，我们对于这个人类自己创造出的"第二自然"的依赖程度，正有着日益加深的趋势。与此同时，技术以及以技术为依托的设计，又总是要诉诸人类体验，才能实现其自身的目的和功能。人类设计实践中的技术和身体也正是在这种目的和功能的实现过程以及设计体验的生成和建构过程中，完成了人类自身的文明创造。这同样是身体动力学、文化动力学和伦理动力学共同作用的结果。正如伊德所言："文化的历史是多样化（variant）的历史——但是它们仍然聚焦于我们身体的生存。"④

然而，长期以来我们对于技术和身体的"无思"状态，严重地妨碍了我们对于设计中技术维度和身体维度的考察。而在这种考察中，正蕴含着技术维度和身体维度无限丰富的人类学文化内涵，同时也蕴藏着设计现象学研究和反思的无限可能性空间。正如梅洛-庞蒂所言："当我的知觉尽可能地向我提供一个千变万化且十分清晰的景象时，当我运动意象在展开时从世界得到所期待的反应时，我的身体就能把握世界。"⑤ 梅洛-庞

---

① [美] 唐·伊德：《技术与生活世界》，韩连庆译，北京大学出版社 2012 年版，第 22 页。
② 同上，p.1。
③ [美] 唐·伊德：《让事物"说话"：后现象学与技术科学》，韩连庆译，北京大学出版社 2008 年版，第 51 页。
④ [美] 唐·伊德：《技术与生活世界》，韩连庆译，北京大学出版社 2012 年版，第 32 页。
⑤ [法] 莫里斯·梅洛-庞蒂：《知觉现象学》，姜志辉译，商务印书馆 2001 年版，第 319 页。

蒂知觉现象学的根本目标，便是对身体知觉的意向性进行反思，并且凭借这种反思来对世界进行把握。而把梅洛 - 庞蒂的知觉现象学引入设计研究实践，其中正蕴含着一个文化研究和设计现象学研究的广阔空间。

以现象学的观点来看，思想界长期以来对于技术和身体的"无思"状态，一方面是由于近代以来长期占据了统治地位的自然态度，另一方面则是由于西方文化中长期以来根深蒂固的身一心二元论。而要想对这种自然态度和身心二元论有一个较为全面准确的理解和把握，我们就必须对西方思想史做一番巡礼。

从现代学科划分的角度来看，技术和身体分别从属于自然科学和生理学的研究领域。显而易见，这是两门在西方近代实验室研究基础之上建构起来的标准的现代学科形态。在这之前，在西方文化漫长的演化历程中，技术与身体连同所有的自然科学都曾长期隶属于哲学沉思的对象，它们与自然哲学、伦理学、宗教学和美学一道，都同样是人类对真理的一种重要探寻方式，是人类在闲暇之余一种纯粹的思辨活动。亚里士多德就指出："在所有这些发明相继建立以后，又出现了既不为生活所必需，也不以人世快乐为目的的一些知识，这些知识最先出现于人们开始有闲暇的地方。数学所以先兴起于埃及，就因为那里的僧侣阶级特许有闲暇。"①

西方古典时代这种在人类闲暇之余所进行的沉思，其内容无所不包，其范围更是几乎囊括了人类一切实践领域，正是它们构成了西方古典时代的知识总库。在这种沉思行为中，技术显然也不例外，也成了哲学家们重要的沉思对象。比如亚里士多德的《尼各马可伦理学》，就对技艺作了极为深刻地阐述。他把知识划分为三种类型：理论知识(episteme)、技艺 (techne) 和实践智慧 (phronesis)。理论知识是普遍的真理，它关注普遍适用性，不依附环境、时间或空间；技艺大致与技巧、技术相对应，是需要不断被创造出来的技术诀窍或实际技能；而一般来说，实践智慧是关于伦理、社会和政治生活的实际知识，其发轫于政治学领域。②

与技术相比，尽管身体在西方文化中几乎自始至终都处于卑贱地位，但它同样和技术一样，也是哲学沉思的对象。身体在古典文化中的卑贱地位与西方哲学对理性的推崇密不可分。早在古希腊哲学的发端时期，巴门尼德就曾谆谆告诫青年人，"别让习惯用经验的力量把你逼上这条路，只是以茫然的眼睛、轰鸣的耳朵或舌头为准绳，而要用你的理智来解决纷争的辩论"。③ 到了柏拉图那里，这种对身体和感官知觉的鄙弃达到了其顶点。柏拉图认为，理念世界是人类知识的最高境界，因为它摒弃了一切感官知觉的

---

① ［古希腊］亚里士多德：《形而上学》，吴寿彭译，商务印书馆 1997 年版，第 3 页。
② ［古希腊］亚里士多德：《尼各马可伦理学》，商务印书馆 2003 年版。
③ ［古希腊］巴门尼德：《论自然》，见北京大学哲学系外国哲学史教研室编译：《西方哲学原著选读》上卷，商务印书馆 1981 年版，第 31 页。

混乱印象，所以是明晰的、确定的。这种传统经由中世纪，一直延续到文艺复兴时期。我们看到，尽管西方古典哲学鄙视身体，轻视一切与身体感官相联系的知觉印象，但这种态度恰恰是哲学对身体及其感官知觉的诸多特征进行深刻"沉思"的结果，这其实又从反面印证了西方文化对于身体的重视。这是一种挥之不去的悖谬情结。

人类改造自然的实践强有力地推动着西方近代自然科学的勃兴，并最终促成了以实验为基础的实证研究方法的确立。此时，技术和身体不再是人类闲暇之余的哲学沉思对象，而逐渐从包罗万象的古代哲学中摆脱出来，成长为独立的自然科学的现代学科形态。在实验室研究的推动之下，即便是人类自身的身体，也因此成为一个异己的客观之物，因此对它的把握也要借助于自然科学的实证方法，以实验室的方式来进行解剖和探索。正如有学者指出的："从价值学的角度，尸体被随意摆放在其他物品旁边，之间毫无价值学意义上的断裂或过渡。人体再次与人脱离，以自在为终极目标，并成为以下研究的素材：身体不仅是用于了解内在结构之解剖对象，用于确定最佳比例之研究对象，还是展览对象。"①

在实证主义思潮的推动之下，自然科学知识从此取代"理念"成为知识的最高典范。西方思想界发起了以自然科学确定性、可实证性为知识标准，来对一切人类知识体系进行系统改造的运动。面对如此声势浩大的运动，人文领域面临深重灾难显然就是情理之中。这就是学界通常所说的科学之"祛魅"。这种思潮在哲学上的典型表现便是实证主义。更为可怕的是，自然科学的决定性胜利，所造就的绝非仅仅是一种哲学思潮，它还以摧枯拉朽之势、以前所未有的速度和规模，改造和侵蚀着人类的世界观。它所造就的实证主义世界观进而主张，凡是不能以自然科学标准进行检验和实证的知识都不是严格意义上的知识，都应该被从人类知识王国中驱逐出去。若以这种尺度来进行衡量，则广大人文社科领域，那些长期倾注了无数伟大头脑之心力，孜孜不倦地进行过深入探索的人类宗教、道德、伦理以及情感等领域，都将因不具备自然科学知识的可检验性和实证性标准，而最终将被毫不留情地从人类的知识王国中清理出去。这是多么骇人听闻！实证主义世界观以及它所培育出的工具理性和实用理性，使得人类生存陷入了前所未有的危机之中。

以胡塞尔等为代表的伟大思想家，正是敏锐地洞察到了这一切，才因此忧心忡忡地指出："十九世纪后半叶，现代人让自己的整个世界观受实证科学的支配，并迷惑于实证科学所造就的'繁荣'。这种独特现象意味着，现代人漫不经心地抹去了那些对于真正的人来说至关重要的问题。只见事实的科学造成了只见事实的人。"② 鉴于此，胡塞尔

---

① [法]大卫·勒布雷东：《人类身体史和现代性》，王圆圆译，上海文艺出版社 2010 年版，第 65 页。
② [德]胡塞尔：《欧洲科学的危机和先验现象学》，张庆熊译，上海译文出版社 1988 年版，第 5—6 页。

认为，作为"人类父母官"的哲学家，有责任通过对哲学的改造来实现对全人类自身世界观的改造。他倾尽毕生之力才创建起来的现象学，正是这种改造行动一个集中的体现和一次积极的努力。

在胡塞尔现象学思想中，这些在不经意间被人类"抹去"的，"对于真正的人"的生存来说，才是至关重要也最为根本的东西。失去了这些的人类存在也只能是一种非本真意义上的存在，人类也将沦为行尸走肉。事情还远不止于此，如果人类利用自身掌控的强大技术手段作为工具，不断地向大自然疯狂攫取，对人类生存的自然环境进行无休止的掠夺和破坏，同时对于那些在文化、风俗、宗教和伦理上与自身有较大差异的其他民族或群体实施毁灭性打击，那么人类自身也终将走上毁灭之路。这绝非杞人忧天或耸人听闻，20世纪刚刚发生的两次世界大战、至今在全世界范围内蔓延的局部战争和区域性持续动荡、尖锐的难民问题、种族和文化间冲突、经济和贸易壁垒以及贸易摩擦，再加上经济、社会发展过程中所带来的资源枯竭和环境的持续恶化、地区发展的不平衡等，都深刻印证了胡塞尔这些观点的远见卓识。从这一层面上看，正是以胡塞尔为首的现象学家们的集体努力，把技术和身体重新从实证主义和自然科学"操控"和"统治"之下"解放"出来，推动了技术和身体的意义深远的"复魅"运动。

胡塞尔的现象学发端于人类对待世界两种截然不同态度的区分，这两种态度即自然的态度和现象学的态度（也称科学的态度）。自然态度催生自然的思维，它"对认识可能性问题漠不关心"；而现象学态度则对认识的可能性问题展开了深刻反思。这些反思关注"认识如何能够确信自己与自在的事物一致，如何能够'切中'这些事物？自在事物同我们的思维活动和那些给它们以规则的逻辑规律是一种什么关系呢？"等等问题。①胡塞尔倡导的现象学态度，其对待世界采取了一种诗性的观照态度，而非实证科学操控、支配和改造态度。有了这种态度，世界的存在才能真正被还原为那个鲜活、丰盈的意义世界，而非那个在实证主义世界观中被随意操控、肢解的支离破碎的世界。在这种现象学态度的观照之下，人类生存中不可或缺的宗教信仰、道德伦理、审美以及情感价值等领域也才有了坚实的存在根基。正是在这个层面上，现象学是"一种将本质重新放回存在，不认为人们仅仅根据'人为性'就能理解人和世界的哲学"。②

以这种现象学的态度和反思精神来对人类技术和身体进行观照，技术和身体就不再仅仅是工程学、生理学中那个冷冰、坚硬、确定、可操控，并且是可以随意肢解的异己之物，而成为有着自身鲜活"生命"的存在。这种鲜活的"生命"存在，正是现象学态度观照之下，能够赋予它们社会的、道德的、审美的以及情绪、情感体验意蕴的异彩纷

---

① ［德］胡塞尔：《现象学的观念》，倪康梁译，上海译文出版社1986年版，第7页。
② ［法］莫里斯·梅洛-庞蒂：《知觉现象学》，姜志辉译，商务印书馆2001年版，第1页。

呈的、丰富多样的人类文化世界。

通过这样的勾勒，我们对于设计现象学，对其研究对象、研究范围和研究目标等学科建构的核心要素，便有了一个大致清晰的轮廓。这为我们搭建起了一个对于人类设计中的体验、意义创造和追寻实践进行描述的现象学框架。但与此同时，我们也应该深刻认识到，这距离设计现象学学科体系的完整建构和学科理论、方法的成熟还有相当的距离。作为一门新兴学科，设计现象学的发展和成熟仍然需要众多领域的研究者付出长期不懈的艰苦努力。

服务界面设计：后现象学方法

费尔南多·塞克曼迪　德克·斯内尔德斯 / 著 ①

孙志祥　辛向阳　代福平 / 译 ②

一、引　言

设计已然成为现代社会影响技术效应的主要因素。在消费市场扩张时期，工业设计崭露头角，成为独特的创意实践，其组织批量生产的产品不计其数，遍布日常生活的方方面面。工业化的初始影响已成过去，人们发现从事更多的是服务交换，而不是货物交换。我们该如何理解人类的服务体验呢？如何对待服务设计呢？

本文以界面理念作为回答这两个问题的出发点。③ 我们的研究路线遵循的是以往已

---

① 作者简介：费尔南多·塞克曼迪（Fernando Secomandi）系荷兰代尔夫特理工大学工业设计工程学院博士研究员，曾获工业设计学士学位和战略产品设计理学硕士学位，在 *DesignIssues* 和 *Touchpoint* 等学术刊物发表多篇有关服务设计的研究论文。德克·斯内尔德斯（Dirk Snelders）系荷兰埃因霍芬理工大学工业设计系副教授，芬兰阿尔托大学国际设计企业管理专业客座教授。1995 年，获博士学位。曾就职于比利时那慕尔大学商学院和代尔夫特理工大学。斯内尔德斯主要从事竞争和创新过程中的设计重要性研究。早期主要研究美学产品判断以及新颖性和品牌管理在美学产品判断中的作用。曾在 *DesignIssues, Design Studies, The Journal of Product Innovation Management* 和 *British Journal of Psychology* 等学术刊物发表研究论文。本文译自 *DesignIssues* 杂志 2013 年（第 29 卷）第 1 期。
② 译者简介：孙志祥，江南大学外国语学院教授、博士，研究方向：翻译学。辛向阳，江南大学设计学院教授、博士，研究方向：交互设计、设计哲学。代福平，江南大学设计学院副教授、博士研究生，研究方向：视觉设计、设计哲学。
③ 服务设计研究者普遍认为，"界面"（服务提供商和客户之间的交互境域）构成服务设计活动的对象，这是本文所探讨的内容。See Birgit Mager, *Service Design: A Review* ,Cologne: Köln International School of Design, 2004, pp.53-56；Elena Pacenti, "Design dei servizi," in *Design multi-verso: Appunti di fenomenologia del design*, ed. Paola Bertola and Ezio Manzini ,Milano: Edizioni POLI.design, 2004, pp.151-164；Daniela Sangiorgi,"Building Up a Framework for Service Design Research" ,presented at the 8th European Academy of Design International Conference, Aberdeen, 2009, pp.415-420, http://ead09.rgu.ac.uk/ Papers/037.pdf (accessed April 4, 2012); and Fernando Secomandi and Dirk Snelders, "The Object of Service Design," *Design Issues* 27, no. 3(2011): pp.20-34.

经描述的路径。郭本斯（Gui Bonsiepe）在其重要著述中，将设计诠释为致力于创造用户界面的实践，借以指涉人、技术和行为之间的联系。① 郭本斯和人机交互领域的其他学者一样，主要借鉴海德格尔的现象学哲学，把用户的情境行为和自身经验作为交互装置设计的基础。② 郭本斯将他的思想延伸到数字技术之外，包括版式设计和产品设计，在这些学者中恐怕是独一无二的。

我们将借鉴海德格尔人—技关系论的新近发展，将郭本斯的界面设计方法拓展到服务领域。在下一节，我们介绍郭本斯的用户界面概念以及界面设计的一般方法。其后，我们借鉴伊德(Ihde)的技术后现象学哲学，提出用户界面的拓展理念，专门运用于服务情境。③ 然后，我们提出服务界面设计的综合方法，指出郭本斯在借鉴海德格尔思想的同时，对界面设计的认识存在局限性，以为界面对人的经验应该总是"透明的"。鉴于这一局限性，我们认为，服务界面设计的后现象学观为界面设计运用提供了一种更精细的思维方式。本文在最后一节的结语部分，将当代设计实践和其他同样构建新型服务的专业人士相比较，提出把界面作为有效反思当代设计实践的基础。

二、郭本斯的界面设计方法

设计界常常缅怀郭本斯，他把一生都献给了设计事业。④ 到 20 世纪 80 年代末，他的研究兴趣拓展到了当时刚刚兴起的人机交互领域。⑤ 在美国一家软件开发公司担任设计师期间，部分受到德雷福斯（Dreyfus）的影响，郭本斯对海德格尔有了新的发现。⑥

---

① Gui Bonsiepe, *Interface: An Approach to Design*, Maastricht: Jan van Eyck Akademie, 1999.

② See Terry Winograd and Fernando Flores, *Understanding Computers and Cognition: A New Foundation for Design*, Norwood: Ablex Publishing Company, 1986；Pelle Ehn, *Work-Oriented Design of Computer Artifacts*, Stockholm: Arbetslivscentrum, 1988；Paul Dourish, *Where the Action Is: The Foundations of Embodied Interaction*, Cambridge: MIT Press, 2001；Daniel Fällman, "In Romance with the Materials of Mobile Interaction: A Phenomeno-logical Approach to the Design of Mobile Information Technology", Doctoral Thesis, Umea University, Sweden: Larsson & Co:s Tryckeri, 2003.

③ Don Ihde, *Technology and the Lifeworld: From Garden to Earth*, The Indiana Series in the Philosophy of Technology, Bloomington: Indiana University Press, 1990.

④ See James Fathers, "Peripheral Vision: An Interview with Gui Bonsiepe Charting a Lifetime of Commitment to Design Empowerment," *Design Issues* 19, no. 4(2003), pp.44-56；Victor Margolin, "Design for Development: Towards a History," *Design Studies* 28, no. 2(March 2007), pp. 111-115.

⑤ Bonsiepe, *Interface: An Approach to Design*, p.9.

⑥ Fathers, "Peripheral Vision," 51. 值得注意的是，德雷福斯不断地将现象学和技术哲学思想介绍给计算机科学读者。他对海德格尔的诠释方式已经影响了威诺格拉德（Winograd）和弗洛里斯（Flores），两者都是公司行为技术的创始人，其间郭本斯受聘担任总设计师。See Ethel Leon, *Design brasileiro: quem*

《界面：设计的一种方法》收入的系列论文形成了郭本斯海德格尔式的界面方法。[①]

　　该书中的界面概念表明，郭本斯显然受到海德格尔早期技术哲学思想的影响。海德格尔有这样一段著名的论述：一个人拿起一把锤子施行某个行为——譬如说，把一根钉子钉到墙里去。海德格尔发现，在通常情况下，锤子并不能把注意力吸引到它自身上去，而是吸引到通过它所到达的对象身上（本例中，主要是墙里的钉子）。锤子起着工具的作用，是有用的，是"为了"将人让与到世界的另一面。锤子从行为中"退出"，为其用户获得了一种知觉的透明。用海德格尔的话来说，就是"上手"状态。然而，如果锤子发生故障或者不见了，使用者的活动参与就会受到干扰。一旦发生这样的干扰，工具及其指向网络（工程、材质、钉子）才会受到关注。现在，锤子把注意力吸引到自己身上，但并不是作为有用的物体，而是成了使用者的障碍。锤子成为"现成在手"。[②]

　　郭本斯将以上现象学思想运用到三重"本体设计图"，并做了如下描述：

　　首先，我们有一个想有效实现某一行为的用户或社会施事者；第二，我们有用户希望完成的任务（如切面包、涂口红、听摇滚、喝啤酒或做根管手术）；第三，我们有主动施事者有效完成这项工作所需要的工具或人工物——面包刀、口红、随身听、啤酒瓶、20000 转/分的高精度钻孔器。现在的问题是：这三个异质领域——身体、有目的的行为和人工物或交互行为中的信息——是如何连接起来的？连接它们的是界面。[③]

　　根据以下观察，这种界面的概念在很大程度上受到海德格尔工具分析的启发。首先，界面反映了用户是如何和世界的其他方面连接起来的。郭本斯通过计算机用户和计算机中存储的数字信息之间的互动说明了这一点：

　　存储数据（硬盘上的或光盘上的）以 0 和 1 的顺序形式编码，并需要转译到视觉境

---

fez, quem faz ,Rio de Janeiro: Viana e Mosley, 2005, 88. 威诺格拉德和弗洛里斯还共同撰写了一篇具有重大影响的文章，批评海德格尔的计算机技术设计（See Winograd and Flores, *Understanding Computers and Cognition*.）。《界面：设计的一种方法》第 138—140 页足以证明，郭本斯非常仰慕威诺格拉德和弗洛里斯的著作，这或许影响了他的界面设计方法。然而，尽管郭本斯借鉴了海德格尔，却没有穷尽他有关界面概念和设计关系的反思。根据卡尔森（Carlsson），早在 1973 年出版的郭本斯文章中，就已经出现了"界面"一词。他说，"当然，工业设计师贡献聪明才智的地方不仅仅是所有工业产品的开发，而是那些'界面'产品类，用户通过操控或感知这些产品，得以进行直接交互。"（原文为作者译自西班牙文）关于这段引文，以及受海德格尔启发的出版物问世之前，他在这一问题上的思路历程，参见 Hugo Valdivia Carlsson, "La racionalidad en la obra de Gui Bonsiepe" ,Master of Advanced Studies thesis, Universidad de Barcelona, 2004, pp.39-43.

① 该书还以意大利语（1995）、德语（1996）、葡萄牙语（1997）和韩语（2003）出版。

② 该段文字的依据是两位技术现象学哲学大家有关海德格尔的论述。See Don Ihde, *Technics and Praxis*, Boston Studies in the Philosophy of Science,Dordrecht: Reidel, 1979, 103-29；and Peter-Paul Verbeek, *What Things Do: Philosophical Reflections on Technology, Agency, and Design* ,University Park, PA: The Pennsylvania State University Press, 2005, pp.77-80.

③ Bonsiepe, *Interface: An Approach to Design*, pp.28-29.

域，传递给用户。这不仅包括菜单设计、屏幕定位、凸显用色、字体选择，而且包括"搜索"和"查找"等命令的输入方式。所有这些元素构成界面，没有界面就无法获得数据和行为。①

第二，界面只按照行为环境界定工具。试看郭本斯有关剪刀的分析：

只有当一个物体具有两刃，才能满足剪刀这一名称的标准。两刃是工具的有效部分。但是两刃需要手柄将两个活动部分和人体相连，才能成为"剪刀"人工物。只有附上手柄，该物体才是一把剪刀。界面创造了工具。②

第三，郭本斯将界面理解为环境。在此，物体和数据相遇得以使用；也就是说，他们是"上手"状态：

界面体现了作为工具的物体以及数据中所含信息的特点。它使物体成为产品，它使数据成为可理解的信息——用海德格尔的术语来讲——它构成"上手"……而不是"现成在手"……③

在郭本斯看来，界面并不完全在工具自身，而是在使用者、行为和工具之间的交互。设计的主要任务就是组织这些关系，从而使行为得以实现：

应该强调的是，界面并非物质实体，而是身体、工具和有目的行为之间的交互维度……界面是设计师关注的核心领域。界面的设计决定了产品使用者的行为范围。④

尽管郭本斯起初将界面广义地定义为"交互维度"，但他所给的具体例子也暗示工具可以作为更具体的划界基础。在最近的出版物中，郭本斯对此间的模糊性进行了补充说明，认为在诸如水杯这样的欠复杂的人工物中，界面和整个人工物本身是重合的。然而，随着人工物的复杂程度加深，界面就成了一个自身的境域。因此，就诸如计算机这样复杂的人工物而言，界面具有双重含义：

狭义的"界面"是指控制和信息元件的设计。最广义的"界面"是指与界面相接的整个产品的设计。⑤

在此，我们不准备为郭本斯进一步讨论该术语的意义，只是认为界面作为具身人所体验的人工物，其物质性是郭本斯的设计方法的显著特征：

可以这样认为，所有设计最终都终结在身体上……设计的任务就是把人工物附着到人身上。⑥

---

① Ibid.,p.30.

② Ibid.,p.30.

③ Ibid.,p.29.

④ Ibid.,p.29.

⑤ *Design, Cultura e Sociedade* ,São Paulo: Blucher, 2011, p.175(原文为作者译自葡萄牙语).

⑥ Bonsiepe, *Interface: An Approach to Design*, p.35.

我们的观点是，对于使用者的具身经验，设计的人工物不应该像郭本斯所认为的那样总是"透明的"。但是，在就服务设计和一般设计，细致评价郭本斯的方法之前，我们先提出界面的后现象学视角，并把它运用到服务使用体验中去。

三、服务界面的后现象学方法

一般认为，海德格尔是重要的技术哲学家，他有关工具的深入分析对伊德率先提出后现象学技术哲学产生了重大影响。① 根据伊德的诠释，海德格尔表示，技术从来都不仅仅是工具性物体"自身"，而总是向人们传递了在某种环境下的特定行为方式，传递了公开世界认知的特定方式。② 然而，伊德发现，在海德格尔的工具分析中，技术人工物（如锤子）基本上是隐性的，只有在出现负面问题的时候，才会显现出来，如发生故障或者不见了（成为现成在手）。据此，伊德更加细致入微地思考了技术调和人之世界经验的方式——人工物的显现并一定是"发生故障"的结果。在有关这一问题的系统分析中，伊德提出了人—技关系的四种模式：具身关系、诠释关系、他异关系和背景关系。③

伊德派学者对人—技关系的性质和种类做了不同的诠释。在维贝克（Verbeek）看来，只有具身关系和诠释关系才是技术调和关系，或者是"通过"人工物体验世界的关系。④ 另一方面，在人的意向性受到技术影响的情况下，赛林杰（Selinger）则将背景关系排除在外。⑤ 不过，也有少有的例外情况。在利斯（Riis）的建筑设计原型分析中，人—技关系的四种模式具有同等重要的地位。⑥

然而，伊德自己突出各种关系在人的经验世界中的非中性效应，并且进一步指出

---

① 有关后现象学简介，参见 Don Ihde, Postphenomenology and Technoscience: The Peking University Lectures, SUNY Series in the Philosophy of the Social Sciences ,Albany: State University of New York Press, 2009. 有关伊德对海德格尔技术哲学的正反论述，参见 Ihde, *Heidegger's Technologies: Postphenomenological Perspectives, Perspectives in Continental Philosophy* ,New York: Fordham University Press, 2010.

② Ihde, *Technics and Praxis*, pp.103-129.

③ Ihde, *Technology and the Lifeworld*, pp.72-123.

④ Verbeek, *What Things Do*, 123-28. 维贝克后来修正了自己的立场，承认背景关系也涉及技术调和。参见 Peter-Paul Verbeek, "CyborgIntentionality: Rethinking the Phenomenology of Human-Technology Relations," *Phenomenology and the Cognitive Sciences* 7, no. 3(June 2008),p.389.

⑤ Evan Selinger, "Introduction," in *Postphenomenology: A Critical Companion to Ihde* ,Albany: State University of New York Press, 2006, pp.5-6.

⑥ Søren Riis, "Dwelling In-Between Walls: The Architectural Surround," *Foundations of Science* 16, no. 2-3(October 2010),pp.285-301.

"在各种关系之中，技术仍然是人造的。也正是技术的人工构造实现了影响地球和我们自身的变革"。① 我们的兴趣恰恰就在服务界面的"人造"属性上。因此，我们从伊德的四种分类出发，对服务中四种不同类型的用户—界面关系解释如下。

在具身关系中，用户将服务界面"纳入"到他们具身经验世界的能力范围之中。伊德认为，具身关系近似于海德格尔的上手概念和锤子用例。② 梅洛-庞蒂（Merleau-Ponty）在解释盲人如何运用技术人工物增进感知能力，通过盲杖头感觉世界的时候，也描述了类似的经验。③ 将此例在服务情形下变动一下，我们注意到存在视觉障碍的人租用导盲犬，将动物纳入感知（和避开）路上障碍物的一种方式，从而进入一种具身关系。这种经验来源于对狗和用户的长时间训练。然而，一旦受到训练，通过皮带牵着狗的人的知觉焦点就不再在所牵的东西身上，而在通过所牵的东西经验到的世界上。

在诠释关系中，用户依赖自身的理解能力，通过服务界面"解读"世界的某个方面。伊德所描述的诠释关系的一例就是电子邮件通信。④ 在具身关系中，技术几乎全然同化到了人体感官之中。与此相反，在诠释关系中，技术本身"成了'感知对象'，同时指向自身以外不能直接看到的东西"。⑤ 把伊德的例子用到服务境域，我们发现用户在通过电子邮件联系服务提供商的时候，可以借助于虚拟的帮助台进入一种诠释关系。通过写投诉和阅读回复，客户获得和他人交谈的体验。尽管用户并不能直接看到处于界面"另一端"的人，但这个人能通过出现在计算机屏幕上的文本呈现出来。

在他异关系中，用户通过与服务界面的直接交互参与到服务界面之中。显然，这种关系和海德格尔的上手正好相反。在他异关系中，可以积极客观地把技术呈现给用户，而不需要出现使用故障。⑥"他异"这一术语暗指技术相对于人成为准他者的情形。⑦ 相关的案例包括技术人工物在使用过程中获得某种拟人属性，"被赋以了生命"，就像是玩抽陀螺，⑧ 或者玩玩具机器人的时候一样。⑨

他异关系可能常见于服务交换之中，其间用户和提供商之间存在人际交往。通过演示传递身体技能就是这样一种情形。例如，滑雪教练依赖一系列方法教人滑雪。教学方

① Ihde, *Technology and the Lifeworld*, p.108.

② Ibid.,80.

③ Ibid.,40.

④ Don Ihde, *Bodies in Technology*, vol. 5, Electronic Mediations Series ,Minneapolis: University of Minnesota Press, 2002, p.82.

⑤ Ihde, *Technology and the Lifeworld*, p.82.

⑥ Ibid.,p.98.

⑦ Ibid.,p.98.

⑧ Ibid.,p.100.

⑨ Ihde, *Postphenomenology and Technoscience: The Peking University Lectures*, p.43.

法通常部分包括要求学员跟着教练下坡，同时不断增加坡道难度，要求学员尽力重复教练的动作。在尽力模仿的过程中，学员把教练的身体演示移到了经验的最重要位置，几乎到了遮蔽其他环境因素的程度，诸如坡的陡峭度、必要技能以及教练的口头建议。在此，学员和教练所建立的他异关系隐含了一种准他性。这种关系并不是和不可化约的他者的直接关系；更确切地说，是通过教练的物化行为所产生的人工物所建立的关系。然而，不管教练的经验整体性如何，对于许多滑雪初学者而言，其他方面都是通过人与人的界面达到和转化的——获得新技能，具有挑战性的坡道不那么恐怖了。

最后，在背景关系中，用户将服务界面作为其行为的背景。伊德关于此类人—技关系的示例之一涉及掩体技术体验，如住宅。[①] 伊德发现，背景关系也涉及技术的退出，这和海德格尔的上手相似，但不是一个类别。他的解释是，"技术可以说是'靠边'了。但是，作为在场的缺席，技术仍然成了居民经验域的一部分，成了最近的一片环境。"[②] 在服务情形下，譬如两个朋友去当地酒吧喝酒，就存在背景关系。两人可能全神贯注地谈话，几乎注意不到音乐、家具、灯光以及其他客户窃窃私语所营造的氛围。客人彼此直接注意对方，因而酒吧的服务界面在其体验中就不那么清晰。尽管在这种情况下，服务界面处于感知背景之中，但仍然可以从这种域位影响交谈——例如，通过微妙地改变顾客彼此相对时的心境和情绪。

通过选择性地介绍包括人、动物、有形装置和环境在内的界面，我们坚持先前的看法，即服务的特点在于其物质界面的多样构成性。[③] 不过，我们承认，我们所描述的界面人工物与伊德本人所分析的那种技术存在显著的差异。服务中的许多用户—界面关系都涉及生产过程中的提供商在场，这是伊德基本上所忽视的。我们仍然认为，即便这种关系在很大程度上基于提供商和用户之间的人际交往，也可以通过用户体验服务界面的方式，分辨伊德所发现的主要结构特征。

总之，我们注意到从后现象学的角度来看，具身关系并不是吸引其他关系的"理想"关系类型。上述的每一个用户—界面关系也都不是静态的，一成不变的。存在视觉障碍的用户凭借导盲犬动物伴侣能够进入他异关系；酒吧客人可以把注意力放到墙上的装饰，从诠释的角度发现这些装饰反映了当地历史的方方面面，等等。从具身关系转移，并不表示发生了故障，而是指向用户宽广的经验潜能空间。

① Ihde, *Technology and the Lifeworld*, p.110.

② Ibid., p.109.

③ Secomandi and Snelders, "The Object of Service Design," p.32.

四、推进服务界面设计

本文一开始介绍了两条研究主线：如何认识人的服务体验，以及如何构思服务设计。至此，依据后现象学的人—技关系，我们主要讨论了第一条主线，描述了服务界面的用户体验。现在转而讨论第二条主线。为此，我们还得依赖郭本斯。在本文所提到的作者当中，郭本斯最为强调从现象学的角度重新诠释设计。他的印刷设计思想很好地说明了这一点：

印刷商设计书籍版面，不仅使得文本清晰可视，界面工作也使文本易解。字号、字体、负空间、正空间、对比度、排列方向、色彩以及语义单位分割的视觉分辨能力，使得读者能够深刻理解文本。排印设计是通往文本的界面。[①]

在另一段文字中，他得出了如是的结论：

如果说语言使得我们能够认识现实世界，那么印刷术使得语言成为可视的文本，因而构成理解的组成部分。可以反对文本生产是主要功能的说法，但是，统一在诠释和理解之下，两大领域之间的等级关系是次要的，相互关系才是重要的。[②]

郭本斯坚持认为，设计师在赋予界面形式的同时，能够影响人们对于世界的理解和经验。对于设计效应的这种深刻认识，在很大程度上得益于本文中所解释的现象学思想。不过，在海德格尔的基础上提出自己的观点，郭本斯的界面设计方法难免具有很大的局限性。

如上所述，郭本斯相信，界面设计应该能够实现有效的行为：手柄要挪动剪刀的双刃；[③] 计算机屏幕指令有益于数据浏览；[④] 印刷术帮助理解文本。[⑤] 郭氏对于行为的理解原则上是可取的：

要认定一项行为有效，总是需要甄别隐性的标准。对于人类学家而言，口红是产生短时纹身的物体。这种纹身被用作社会行为方式的一部分，即所谓的引诱和自我表征。其有效性的衡量标准，显然有别于衡量文本编辑、音乐会海报或者道路施工推土机的标准。只谈有效性，而不说明衡量某个产品对于某个行为有效性的尺度，是没有意义的。[⑥]

然而，为迎合海德格尔的上手概念，郭本斯认为理想—使用情形的特征在于：设计总能把使能技术退出用户意识。从他有关信息光盘的设计描述中可以看出这一点：

---

① Bonsiepe, *Interface: An Approach to Design*, p.59.

② Ibid.,p.52.

③ Ibid.,p.30.

④ Ibid.,p.53.

⑤ Ibid.,p.52.

⑥ Ibid.,pp.35-36.

构想界面的功能并不难：它应该允许用户获得内容概览；浏览数据空间，而不迷失方向；以及追逐自身的利益……就像透过一副眼镜，你无须看见镜片——它只是看的工具而已。①

我们认为，即便是对于郭本斯深入分析的选项，这种界面设计方法也是不充分的。严格地说，尽管我们必须监督信息设计师细心安置的网幅广告，我们还得将信息设计师便于浏览的屏幕文字布排理解为"设计活动"。至于安置网幅广告问题，要求广告条在用户点击购买时保持"透明"，那是不易做到的。②

我们的观点是，郭本斯的界面设计方法只是启动行为的多种方式之一。将郭氏的方法拓展到一般意义上的设计，以及把它具体延伸到服务设计，需要重新评价郭氏所持有的海德格尔观点，即界面要对人有用就必须具有知觉透明性。正是在这一点上，用户界面的后现象学观能够提供新的见地。

在上一节中，基于伊德的人—技关系，我们发现了用户和服务的不同交互形式。从这种后现象学视角，界面有时不需要透明就能对人有用。在特定服务情况下，我们可以再看看前面所讲的两个例子。设计师竭力完善导盲犬和用户之间的具身关系，很可能会设计出一种新的皮带，提高其可操作性。或者，在他异关系情形下，设计师可以改变滑雪教练的制服，凸显教练的身体演示。在后例中，更加突出教练的身体(因而不那么"透明")，便于初学者学习技巧，想象着他们很快就会像教练一样轻松自如地滑动。我们相信，这种观点更加准确地说明了服务界面体验，而且更加适用于设计师。因为这种观点承认，在创设新的用户界面时，存在更大的可选范围。

总之，我们的方法承认，界面在影响用户理解世界和自我方面的作用。但是，我们提出了一种更加精细的框架，设计师得以思考希望人们实现的那种体验。

五、透过服务反思设计

将界面概念置于设计理论和实践的中心，郭本斯提出了设计的现象学视角。在他看

---

① Bonsiepe, *Interface: An Approach to Design*, p.53。

② 乔瓦尼·安欠斯基（Giovanni Anceschi）也注意到了郭本斯狭隘的界面观，参见 "The Domain of Interaction: Prothesis and Anaphora forthe Design of the Interface [Il dominio dell'interazione: Protesi e anafore per il progetto dell'interfaccia]，" in *Il Progetto Delle Interfacce: Oggetti Colloquiali e Protesi Virtuali*, Milano: Domus Academy, 1992, pp.19-21. 与界面透明地启动行为的情形（他认为郭本斯倾向于这样认为）相反，安欠斯基认为，在一些场合，界面和用户进入"对话"状态，用户因而成为知识的接受者。这种界面体验的极端情况类似于看电影所产生梦样状态。然而，安欠斯基并没有质疑郭本斯的海德格尔立场，这和我们在本文中的做法一样。

来，设计能力不应局限于传统学科，而是可以延伸到人类活动的其他境域，尽管这些有待仔细观察。他写道：

我们有陷入"一切皆设计"这种模糊概括陷阱的危险。并不是什么都是设计，也不是人人都是设计师……每个人都可能成为自身专业领域的设计师。这一专业领域就是设计活动的对象，需要我们去发现……设计的内在元素不只是和物质产品有关，也包括服务。设计是一项基本活动，贯穿人类所有活动。任何职业都不可能把设计作为自身的专利品。①

将界面设计运用于服务，是本着深刻认识设计的精神，将设计明确置于特定的研究对象基础之上，置于专业技能培养基础之上。依靠界面概念，郭本斯定位了设计专业技能与其他学科的关系——特别是工程学：

工程学和设计都是设计学科，但是界面的概念有助于我们解释两者的不同。设计师看使用现象的兴趣点在社会文化效率。工程学范畴并不包括用户功能，而是以通过精准科学手段评价的物理效率为基础。然而，设计在技术黑盒和日常实践之间架起了一座桥梁。②

或许我们会反对专家所描述的工程学，但是设计对技术社会化的贡献是不容置疑的。然而，既然界面概念有助于巩固设计专业技能境域，也能防范这种实践的长期僵化现象。在服务境域，我们必须关注许多专业人士的创造性活动，他们创设了新的用户界面，但是传统上人们并不认为他们是设计师。事实上，我们可以认同形形色色的从业人员：存在视觉障碍的人使用的导盲犬驯狗师，回答顾客问题并给予具体建议的服务台雇员，为初学者完善自己技能展示的滑雪教练，为避免过度拥挤而优化酒吧资源的经理。既然他们有助于组织用户服务体验，能不能也把这些从业人员视为设计师呢？

在本文的最后，我们建议，界面概念给了我们一个反思的机会，我们得以反思设计在充满服务交换的世界里的意义演变。其他专业人员也具有服务部门的专长，设计师向他们学习的道路也是通畅的。要学习，就要反思那些在现代设计话语中尚未受到关注的人士的遗产。至少就服务设计而言，我们从发型师和细木工匠那里可以学到一样多的东西。

本文作者感谢 Petra Badke-Schaub、Lin Lin Chen、Susan Stewart、Peter-Paul Verbeek，感谢第八届设计思维研讨会的两位匿名评审的评审意见和支持。

---

① Bonsiepe, *Interface: An Approach to Design*, pp.34-35.

② Ibid.,p.36.

"经验模型"的价值

——以中国现代设计史研究为例

沈 榆

（华东师范大学设计学院）

摘要：基于长时段考察中国现代设计变迁的需要，在研究过程中建立"经验模型"，以其流变性、交融性和模糊性原则反思"形式模型"的单义性、确定性、斩截性原则，用以发现影响中国现代设计发展的要素及其相互关系。运用"反向格义"的方法梳理其发展脉络，在与国际现代设计史的对比中发现差异性与同一性，为中国现代设计史研究赋予社会历史学的特性。

关键词：长时段；经验模型；反向格义；两史比较

中国现代设计史的研究固然是"求真"的过程，但更是"求解"的手段。就设计而言，基于中国百年工业化的进程，不仅是追问因果关系的需要，更重要的是通过对这段历史的整合研究，发现中国设计的特色以及影响其发展的诸多要素，建构中国现代设计史研究框架，揭示在历史表象下内在的、深层次的意义，进而发现、发掘其对当代中国设计发展的作用。诚然，这种研究工作的展开需要理论上的自觉和主体上的自觉，因为我们的目标不仅是面向过去事实的认同，而且是面向未来的建构性认同。

一、百年中国设计历史整合研究的必要性

19世纪60年代，以洋务运动为标志，中国出现了第一次工业化浪潮。清末至中华民国时期也有过若干次工业化的高潮，但其思想和产业能级较低，基本上跟随了西方工业化的思想和足迹。1949年新中国成立后开始了大规模、较长时期的工业化建设工作，形成了比较独特的工业化理论体系，展开了丰富的实践活动，其中有曲折，更有成就。改革开放以来，中国经济得到了迅速发展，当代经济理论研究气氛空前活跃，为中国工

业化思想带来了新的方法和理论体系，有效地指导了中国工业化的实践。可以认为，中国工业化发展经历了三个阶段，即 19 世纪 60 年代到 20 世纪中期，可称作初始阶段，第二阶段为 20 世纪 50 年代以后至 80 年代为主要发展阶段，20 世纪 80 年代以后进入了高速发展期。

中国工业化的过程是中国的现代化的过程，所谓现代化正如德国社会学家马克斯·韦伯所言，"现代化"主要是一种心理态度、价值观和生活方式的改变过程。① 而科学和技术本身不能直接改变价值观和生活方式，只有将科学和技术通过设计转化成工业产品、现代服务形成创新力量的时候才能造福人类。通过研究找到影响中国设计发展的各种要素，尤其是发现中国设计发展各个阶段的"内生性"要素，对于当代中国以创新设计的影响力加速推进新型工业化进程无疑具有重大意义。

中国现代设计发展的"内生性"要素的源头在民国初期，如果再向前推移会遇到事实和理论上的障碍，但不可否认的是清代种种工业化的探索为之奠定的基础，所以我们将研究的起点定在这个时期。当然中国现代设计的发展还受到国际性要素的影响，特别是国际间工业技术向中国转移的影响及由此带来的设计理念的变化。

长期以来，比较多的学者集中研究的是民国时期的设计成果，涉及建筑、品牌、广告、装饰居多，另一部分学者则认为 1949 年至改革开放前中国只存在"工艺美术"和"实用美术"，真正的现代设计则是 20 世纪 80 年代中期由欧美、日本传入，两者都忽略了连接这两段历史的 40 余年间所发生的事实，由于这种缺失，影响了对中国设计的客观认识，甚至会减弱未来中国设计的影响力。客观考察前一类研究者的研究成果，应该还是具有相当功力的，"重事实、重考据、重史实"和"重阐释、重义理、重史识"成为他们的研究价值取向，研究内容散而不乱，可以认为是"散点式"的研究方式。后一类研究者醉心介绍欧美的研究成果和方法，这对于当下中国而言仍十分需要，但从其研究的角度而言，同样是因为片段的事实罗列居多，缺少因果关系分析，所以无法从根本上发现其真正价值，反而会把未来中国设计引入误区。为此将百年中国设计历史进行整合研究显得十分必要。

法国年鉴学派历史学家从其总体史观念出发，主张研究大时空尺度的历史现象，研究深层结构，认为只有如此才能对历史作出合理可信的解释。马克·布洛赫甚至断言：历史不容画地为牢，唯有总体的历史才是真历史。布罗代尔强调说："对历史学家来说，接受长时段意味着改变作风、立场和思考方法，用新的观点去认识社会。"② 他认为只有长时段现象而不是短时段的政治事件才构成了历史的深层结构，只有借助长时段观点研

---

① 赵晓雷：《中国工业化思想及战略研究》，上海财经大学出版社 2010 年版，第 6 页。

② 费尔布·布罗代尔：《菲利普：世时代的地中海和地中海世界》第二卷，见张正明：《年鉴学派史学范式研究》，黑龙江大学出版社、中央编译出版社 2011 年版，第 80 页。

究长时段历史现象，才能从根本上把握历史。早在 20 世纪 80 年代初中国现代文学史研究者已经率先提出了"中国新文学整体观"的概念，"试图打破文学史研究中的人为分界，把文学视为一个整体来给予重新界定"。复旦大学教授陈思和指出：20 世纪以来，中国文学在时间上、空间上都构成了一个开放的整体。唯其是一个有机整体，它所发展的各个时期的现象都在前一阶段的文学中存在着因，又为后一阶段的文学孕育了果。这种研究方式值得我们借鉴。

无论是年鉴学派历史学家注重宏观历史建构、阐释的总体史的观点还是中国新文学整体观的实践都为中国现代设计的长时段研究提供了理论基础和"类比"对象。当今天还是在欧美设计话语笼罩中国的情况下，唯有先通过实证研究建构起长时段的史迹，链接与之相关的背景资料，才能摆脱简单地争论中国"有"还是"没有"现代设计这个问题，当然我们并不只是简单地将中国工业发展史、中国经济发展史、中国社会发展史等内容填充、替代中国现代设计史，但通过这些资料的运用能够为考察中国现代设计史增加一个新的维度，并打开另外一扇阐释之窗。

二、"经验模型"的建立与作用

基于长时段研究的需要，要建立与之相适应的可思考模型。"形式模型"与"经验模型"都可以应用在中国现代设计史的研究中，其目的是努力使之成为具有清醒的理论意识和强烈的现实关怀的一门学问。所谓"形式模型"是指将一个想法进行特征化、可视化的表现的形式，具有概括性；所谓"经验模型"是指不仅分析设计活动的机理，还有根据从实际得到的有关事实进行分析，按差异原则归纳出各变量要素对设计的作用以及其互相之间的关系，两者的建立都需要对研究实体进行必要的简化，并用适当的变现形式或规则把它们主要特征描写出来，具有现实性。在此之中，由经济学、社会学知识积累而来的对手工艺、工程、工业三个要素发展的非线性特征的判断以及与之相匹配的社会特征描述是关键，决定了"经验模型"的价值，如图 1 所示。

从图 1 中可以看出，"形式模型"的任务是阐述中国设计发展的宏观规律性问题，具有"简化"的特点，而"经验模型"的任务是实现时间叙事——用历史学的观点确定设计的史实；结构叙事——用人类学的方法确定各种要素对设计的作用关系；解释（读）叙事——用社会学的知识解释设计演变发展的原因。由于经验模型是吸收了辩证逻辑的流变性、交融性和模糊性原则而建立的，主要是对抗"形式模型"的单义性、确定性、斩截性原则，所以更加强调在一定的语境制约中探索新史实。这种模型又被法国当代哲学家爱德加·莫兰称为认识的"复杂性范式"，以修正经典科学研究中树立的"简化模式",因为他认为简化模式以形式逻辑作为理论的、内在的、真理标准的绝对可靠性的原则,任何矛盾的出现都必然地意味着错误,在形式模型中人们的思考是以单值逻辑的推理中加以连接的,而"经验模型"则可以将看似无关的原理、要素、概念结合起来,以揭示研究对象不可划归为一种结论的本质。更具体地说,要在同一性的地方发现差异性,在差异性的地方发现同一性。由此可见基于经验模型可以将中国现代设计史的研究扩大到社会历史的范畴,从而避免了仅仅从静态的、标签的、理性的和认识的角度来研究的弊端。

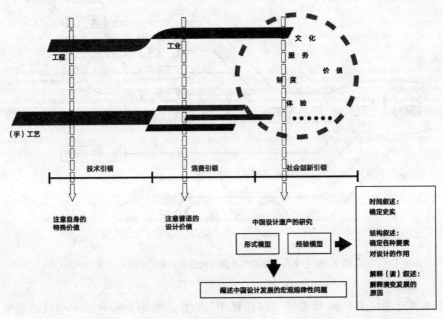

图 1　中国现代设计史"经验模型"走向示意图

通过"经验模型"还可以解释中国现代设计的历史分期问题,并可以从外延和内涵两个层次展开研究。外延是指从时间上看这一历史时期的起讫时间,内涵则指这一历史时期与其他历史时期本质上的区别和差异,历史的分期工作不是简单的切分年代,而是对历史认识不断深化的过程。① 本着这样的目的,运用"经验模型"进行长时段的研究并不是造就一部宏大叙事的中国现代设计史,相反是力图发掘一些微观的细节,秉承"微观改变历史"的宗旨,将研究的触角延伸至各个方面,并试图将其作为新的史识诞生的铺垫。

与基于考据、归纳的研究不同,基于"经验模型"展开的中国现代设计研究可以以"猜想"为先导,通过查找各种史料进行论证,其过程具有"反驳"的性质,反驳的过

---

① 邓庆坦:《中国近、现代建筑历史整合研究论纲》,中国建筑工业出版社 2008 年版,第 16 页。

程并不是简单地扩大史实占据的数量，而是需要更加锐利的思想武器，以此去刺破史实的表象，因而需要链接更多的专业领域，但又不是简单地移植某一个成熟学科的思想框架，将设计研究的内容加入其中，否则得出的结论只能证明其他学科相关研究结论的合理性和合法性。为此，运用其他成熟学科的学说、思想、概念、命题来认知、理解中国现代设计的学术实践和产业实践显得十分重要，这种做法我们姑且称之为"反向格义"，具体的关系如图2所示。

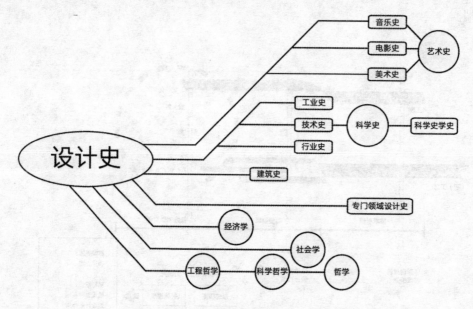

图2　相关学科、知识与中国现代设计史研究的关联及影响

这种"反向格义"的实质是"以西释中"，图2中几乎所有学术领域的成果都来自西方，中国同领域研究的成果也大量是"反向格义"后"以西释中"的产物。中国哲学史、中国电影史、中国现代建筑史等研究无一例外地可以看出这种印迹。近几年来以中国科学院主导的中国传统科学史、技术史、中国现代技术史研究成果为代表，更加体现了这种学术方法。深入考察这些学科取得的成果我们可以发现，它们至少形成了以下三方面的突破，其一，形成了学术共同体的共识，成为其共同承认、接受和提倡的学术实践模式；其二，作为顺应时代学术潮流的研究方式，已经具体落实在具体的学术实践中；其三，不仅成为其学术理论"论战"聚焦的话题，也正成为全球同行能够读解的内容。以"类比"的思路推理和现有的成果来看，这种方法对中国现代设计史的研究保持学术水平也具有价值。

另外，"经验模型"为中国现代设计史的"共时性"研究提供了可能，长期以来中国设计史研究中"历时性"成果比较丰富，而研究范式的改变是丰富设计史研究成果、发现新知识点的必由之路。基于"共时性"的研究可以发现，国际现代设计思想在中国的延续性是本质的，非延续性是表象，过度歌颂 1949 年前中国设计的成果和否定 1949 年以来中国设计的实践的想法都是被一些表面现象所迷惑的结果。

通过分析和整理可以初步得出结论，近百年的中国现代设计实践过程可以整合一个完整的"中国现代设计史"，并可从"国际现代设计思想的传播""中国现代设计的实践""中国工业设计的产业价值"三条线索表述，如下表所示。

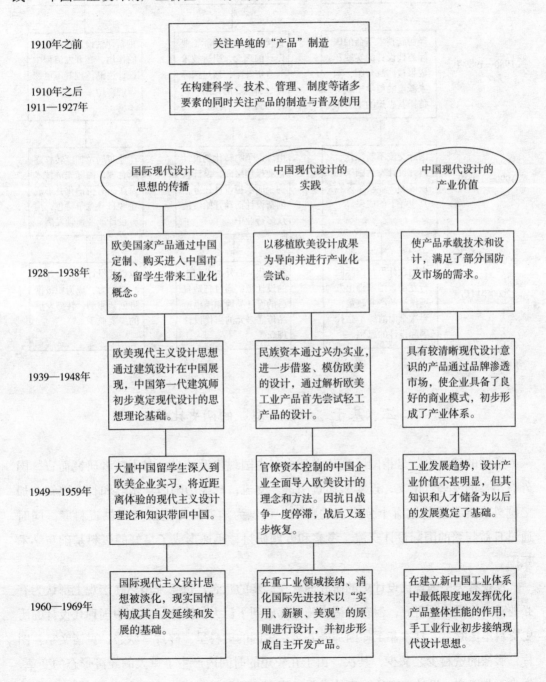

	国际现代设计思想的传播	中国现代设计的实践	中国现代设计的产业价值
1910年之前	关注单纯的"产品"制造		
1910年之后 1911—1927年	在构建科学、技术、管理、制度等诸多要素的同时关注产品的制造与普及使用		
1928—1938年	欧美国家产品通过中国定制、购买进入中国市场，留学生带来工业化概念。	以移植欧美设计成果为导向并进行产业化尝试。	使产品承载技术和设计，满足了部分国防及市场的需求。
1939—1948年	欧美现代主义设计思想通过建筑设计在中国展现，中国第一代建筑师初步奠定现代设计的思想理论基础。	民族资本通过兴办实业，进一步借鉴、模仿欧美的设计，通过解析欧美工业产品首先尝试轻工产品的设计。	具有较清晰现代设计意识的产品通过品牌渗透市场，使企业具备了良好的商业模式，初步形成了产业体系。
1949—1959年	大量中国留学生深入到欧美企业实习，将近距离体验的现代主义设计理论和知识带回中国。	官僚资本控制的中国企业全面导入欧美设计的理念和方法。因抗日战争一度停滞，战后又逐步恢复。	工业发展趋势，设计产业价值不甚明显，但其知识和人才储备为以后的发展奠定了基础。
1960—1969年	国际现代主义设计思想被淡化，现实国情构成其自发延续和发展的基础。	在重工业领域接纳、消化国际先进技术以"实用、新颖、美观"的原则进行设计，并初步形成自主开发产品。	在建立新中国工业体系中最低限度地发挥优化产品整体性能的作用，手工业行业初步接纳现代设计思想。

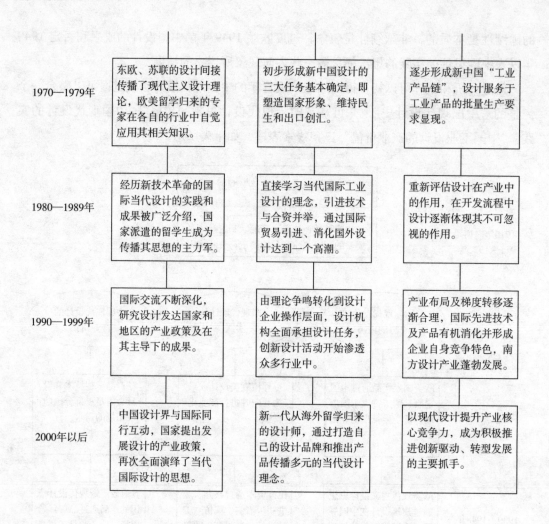

1970—1979年	东欧、苏联的设计间接传播了现代主义设计理论，欧美留学归来的专家在各自的行业中自觉应用其相关知识。	初步形成新中国设计的三大任务基本确定，即塑造国家形象、维持民生和出口创汇。	逐步形成新中国"工业产品链"，设计服务于工业产品的批量生产要求显现。
1980—1989年	经历新技术革命的国际当代设计的实践和成果被广泛介绍，国家派遣的留学生成为传播其思想的主力军。	直接学习当代国际工业设计的理念，引进技术与合资并举，通过国际贸易引进、消化国外设计达到一个高潮。	重新评估设计在产业中的作用，在开发流程中设计逐渐体现其不可忽视的作用。
1990—1999年	国际交流不断深化，研究设计发达国家和地区的产业政策及在其主导下的成果。	由理论争鸣转化到设计企业操作层面，设计机构全面承担设计任务，创新设计活动开始渗透众多行业中。	产业布局及梯度转移逐渐合理，国际先进技术及产品有机消化并形成企业自身竞争特色，南方设计产业蓬勃发展。
2000年以后	中国设计界与国际同行互动，国家提出发展设计的产业政策，再次全面演绎了当代国际设计的思想。	新一代从海外留学归来的设计师，通过打造自己的设计品牌和推出产品传播多元的当代设计理念。	以现代设计提升产业核心竞争力，成为积极推进创新驱动、转型发展的主要抓手。

三、基于"经验模型"的两史比较

所谓的"两史"是指国际现代设计史与中国现代设计史，对于前者研究而言，国外有丰富的专著、论文，近年来通过引进、交流，已经为国内学术界和行业熟知，加之国外有专业博物馆有十分丰富的藏品，可以为学者的专题研究提供资料库。同时通过日益频繁的国际设计交流、考察和专题研讨，迅速形成了良好的资料基础与学术氛围。

反观有关中国现代设计史的研究尚处在起步的状态，近年来虽然在宏观上都认为有必要对其作系统的研究，但在付诸实施时都碰到了巨大的困难，首先中国现代设计的历史资料不像欧美、日本甚至韩国那样齐全，中国的史料呈"碎片"状态，见诸文字、图片、影像的资料少之又少，其次，由于在较短的时间内产生了重大的经济形态的变革，作为工业遗产、设计遗产的珍贵的文献已流失，更加需要基于"经验模型"进行追溯和还原，将其置于相关的技术、社会变迁的语境之中，为中国现代设计的研究注入社会历史学的特性，所形成的新史论才是两史的比较的基础，才能形成新的史识。

中国设计事业的发展却要求我们不能无视自己设计的历史，在当代东西方设计交流活动中不能反复咀嚼别人的设计文化。中国现代设计的发展历程与国际发展历程是无法割裂的，通过"经验模型"的研究成果，如果我们能够正确找到两者之间的关联、关节点，就能更好地理解两者之间的互动关系，同时能够深入地观察影响两者发展的诸多要素，并且进行有效的比较。我们强调的是"比较"不是"复制"，事实上欧美设计的成果有其形成的特定因素，因而不具备普适的价值，认为只要能够沿着欧美的经验来发展中国设计就能达到理想的目标只是一种乌托邦式的想象。"比较"是一种启迪行为，它力图发现新的、更好的、更有趣的和更有建设性的成果。这种给人以启迪性的努力表现为不同文化、不同历史时期之间来回穿梭式的诠释行为，它可以是思考新目标、新概念与新原理的诗意行为，也可以根据不为人熟悉的方式重新诠释周围熟悉的环境。① 焦树安在《比较哲学》中提出，比较哲学的基准是同和异，比较哲学的方法应当是哲学的方法。他把比较哲学的具体方法归纳为 9 种：(1) 实证论分析——对现象或表面的形式的比较。先是哲学分类，然后加以比较，抽象概括。(2) 语义学方法——研究符号与其对象的关系问题。通过分析所用词汇的含义的变化和发展，可以将某一种文化系统的哲学概念的本质掌握，再以同样办法将另一种文化系统的哲学概念加以掌握，在此基础上比较二者。(3) 历史方法——从一个外来文化系统输入的新思想，对于本位传统文化的发展能给予一种新组合的任何哲学概念都要加以研究。主要有三种情形：a. 外来思想文化依附于本位传统文化；b. 外来思想文化与本位传统思想本身大体相符合；c. 外来思想文化某些方面或全面高出本位传统思想文化。(4) 现象学方法——胡塞尔的现象学方法分两步走：a. 从先验还原到本质还原；b. 对纯意识及其产生的现象作详尽的描述。(5) 结构的方法——注重对关系和整体结构的研究。只作共时性的比较，而不作历时性比较。(6) 比较的方法——考察各个不同文化系统的传统哲学在本体论、认识论、方法论以及逻辑的、伦理的、美学的、社会的各个分支与领域的发展。(7) 心理学方法——用心理学去研究和解释各个文化系统的哲学和宗教的差异，把差异归结为心理因素的不同。(8) 社会学方法——从社会状况与民族的角度出发，研究思想赖以产生的背景和前提。(9) 历史唯物主义的方法——社会存在决定社会意识，社会意识及其形态都要由经济基础所决定，并随着经济基础的改变而变更。上述 9 种方法概括来看就是"交叉比较"的研究方法，完全可以适用中国现代设计的研究，并可消除仅凭经验、体会、试错来进行比较的简单方法，可以取得更有学术价值和应用价值的成果。

---

① 邹晖：《碎片与比照——比较建筑学的双重话语》，商务印书馆 2012 年版，第 55 页。

综上所述，无论是两史比较还是"反向格义"，其目的是建立观察中国现代设计的"世界眼光"，而不是"西方眼光"，只有在两者的同一性中发现差异性，在差异性中发现同一性，才能将中国现代设计史研究的成果转化成为未来促进中国创新设计发展的思想资源。

"手工艺"的解构与重构

占晓芳 ①

（英国兰卡斯特大学设计研究中心）

摘要：手工艺，特别是传统手工艺被认为是和现代经济、技术及社会发展背道而驰的文物，手工艺行业和手工艺人也在现代文化中日趋边缘化。但另一方面，手工艺和工匠精神近几年受到业界重视，内涵延伸到更广泛的领域，在世界非物质文化遗产保护、创意产业和创客文化等领域成为研究热点。在西方，手工艺从被工业革命及现代生产方式遗弃的边缘中被重新发现，对手工艺的研究已经超越历史性的论述和艺术性的批评，拓展到对它的工作方式和思维方式的研究。所以本文作者认为传统手工艺不仅仅是属于历史和艺术的范畴，它可以被拓展到方法论的范畴，并为当代的设计和制造文化提供重要视角和哲学思考，最终促进主流设计界对手工艺及工匠精神认识的积极转变。文本从实践论、认识论和本体论的层面，结合手工艺、人类学、生态学、认知心理学的角度及文献，系统诠释了手工艺的本质。传统工艺体现地域知识及文化，是植根本土环境的实践，反映地方价值。它是地方记忆和文化基因，连接历史、现在及未来，并且它必定是进化中的文化。本文认为系统解读手工艺，并重新建构它在历史和现实语境中的意义尤为重要。

关键词：手工艺；技艺；思维方式；生态性；本土性

在当代的语境及研究中手工艺可以理解为一种思维方式，同时可以把通常我们所熟知的"隐形知识"转化成可以解释传授的"显性知识"（e.g. Risatti, 2007；Sennett, 2008；Niedderer, 2014）。因为传统手工艺自身所具有的探究性的特点，所以具有颠覆性（Niedderer, 2014, p.631）和革命性的特征，加上它与人文价值的紧密亲缘性，因此，

---

① 占晓芳，英国兰卡斯特大学 Imagination Lancaster 设计研究中心博士候选人，曼彻斯特大学可持续消费研究所访问学者，*Journal of Design Research*（Inderscience 出版社）审稿人。研究领域，产品设计及策略，可持续性设计及手工艺。参与多项设计相关英国及国际合作项目，在国际重要设计类期刊包括 *The Design Journal* 发表论文多篇。

传统手工艺知识和文化对现代设计理论将会产生重要的启发。西方致力于发现和探索手工艺科学和人文价值的主要学者有格林·亚当森（Glenn Adamson），霍华德·里萨蒂 (Howard Risatti),理查德·森尼特 (Richard Sennett) 和马修·克劳福德 (Matthew Craw-ford) 等。由于背景的不同，虽然各有理论视角和侧重，但他们的作品共同反映了一点，即传统手工艺的核心本质和价值在于通过它的物质性（手工艺品，专业知识）和世界观所传达的人文价值（e.g. Risatti, 2007；Sennett, 2008；Crawford, 2009）。本文作者从他们的主要思想出发，从实践论、认识论和本体论三方面探讨和论述它的本质，解读和重构手工艺的当代含义。并将之特征概括为四个方面：生态性，本土性，思维的系统性和存在的真实性。

一、手工艺的定义

"手工艺"（craft）在当代的语境中是个宽泛而精深的概念。它涉及生产生活的各个方面，从制造一支牙签到宇航设施的设计；从制作单个产品到服务系统的整体规划，无不体现工艺的价值和精神。要更好地理解手工艺的内涵，我们需要理清西方工艺界对它的看法。工业革命之前几千年来，手工艺是物质生产的主要方式。它具有丰富的物质性，植根深厚的文化基因和内在价值。它提供高质量的产品，表达文化和伦理习俗。基于对手工艺的解读和研究，产生了大量专业著作（e.g. Lucie-Smith, 1981；Adamson, 2007, 2010；Risatti, 2007；Sennett, 2008；Niedderer, 2014, Hang and Guo, 2012, etc.）。西方研究界认为手工艺是一个难界定的概念，属于"多元范畴"（Marchand, 2016, p.3, cited in Hyland, 2016），很难绝对定义。本文试图从三个方面来理解实践论，认识论和本体论，通过系统分析，解读和重构手工艺的当代含义。

二、实践论：生态的实践

格林·亚当森（Adamson，2010, p.3）开放式地定义手工艺，他提出手工艺是"以材料的运用为基础，技艺和专业知识为核心的相对小规模的生产活动"。这个宽松的定义拓展了手工艺仅仅是工业革命之前的手工劳作的范畴。其实囊括了传统工艺、现代工艺和当代多媒体数字时代的当代手工艺。但这些定义和解释不可否认地一致认为手工艺是物化知识、材料、地方主义和小规模生产的体现（Shiner, 2012, p.239）。学者普遍讨论知识和手工艺有形元素的关系。例如，森内特（Sennett, 2008, p.95）认为手工艺确立了"人类无法用语言能力表达的技巧和知识范畴"。这些技术、技巧或者专业技能在长时间通过从事慢节奏的手工制作过程而获得（Sennett, 2008, p.95）。这种知识无法完全用语言认识的形式通过课堂获得，而必须在实践中学会，掌握，内化。这种知识在代代相传的过程中得以继承、发展甚至创新。学徒从熟练的手工艺人习得这些知识，再内化成自己的知识，并又以实物和实践的形式传承下一代。这种知识共享的形式塑造了一种独特的手工艺人和学徒之间的关系和制度：师徒制。

这种知识在特定的环境形成（Brown, 2014, p.6），运用地方特色的材料和资源，依赖于地方传统，解决地方生活的需求（Bop Consulting, 2012）。这种地域的概念通常代表一种鲜明的个性或者极具象征性的地方文化（Racz, 2009；Williams et al., 1992, p.31），地方各异，个性和特征各异。因此，"地方性"和"多样性"是手工艺实践的重要特征。然而，今天因为数字通信，手工艺人可以便利地互相了解彼此的作品，在大范围内互相交流。这无疑影响到当代手工艺的地方性（Brown, 2014）。尽管如此，面对全球化、大规模生产的产品以及同质化的美学，我们发现人们对于地方特色和手工制作的产品越来越感兴趣。英国手工艺界认识到手工艺对当代的意义，自从20世纪90年代以来，英国的手工艺委员会（Crafts Council）积极资助和支持了一系列的手工艺创新实践项目。这些包括 Tent London 设计展，制作：转变（Make: shift）一系列跨界合作工坊和交流研讨会等。在世界更广阔的范围内，手工艺的复兴浪潮暗流涌动，有的以恢复、活化的形式，强调传统与继承，有的以继承创新的形式，注重创新与再造。

通常手工艺产品对环境影响小。手工艺产品使用环境友善的过程和原料，许多传统手工艺原料——比如木材、羊毛以及植物染料——是可再生的。人类能量通常是生产过程的重要部分。同时，手工艺产品通常寿命长，它们的传统设计——世代改良——使得它们的外表历久弥新（Ree, 1997cited in Nugraha, 2012, p.106）。手工艺产品的这些美学特点使之区别于短期的、顺应时尚潮流的、依赖技术的、批量生产的产品。手工艺产品的生态特征不仅通过使用生态友好的资源、可再生原料、尊重自然等得以体现，而且反映在整个手工艺产品的文化精髓。这个观点得到文化生态理论的支持（Steward, 1990）。该理论认为任何文化转变，尤其是相对小范围的文化转变，同时通过帮助人们适应环境的技术、实践和知识的调整而产生的。手工艺在地方环境中使用地方原料和适当的技术。技术的使用受到具体环境的限制和影响，随着环境的改变而调整。这种持续进化的过程创造了独特的、成为地方生态系统一部分的文化，产生适应地方特点的物质产品。同时，包含地方文化的手工艺产品也反映生态和文化变化。中国也进行了从文化生态方面研究少数民族和民间手工艺品。这表明了手工艺产品体现地方文化的生态变化（e.g. 郑, 2013），但这些论述大部分过于笼统，不够深入。

三、认识论：手工艺体现系统化的认知和思维方式

由于认知研究、神经科学、思维哲学以及民族志野外工作的发展，人们改变了对手工艺的认识，尤其在通过学徒传承和学习手工艺知识方面。有些学者认为手工艺体现了认知的多种方式，可以产生复杂的思维过程（Crawford, 2009, p.23）。波兰尼（Polanyi, 1961, ed. in L. Prusak, 1997）认为，手工实践本身意会的知识传承是复杂的认知过程，这一过程衍生其他类型的知识（比如，认知过程）。梅特卡夫（Metcalf, 1997, p.74-75），因为手工艺知识看似无法沟通的性质，称之为"身体动觉智慧"，这种认知方式和概念式思维没有任何关系。然而，这不能代表手工艺知识的全部。森内特（Sennett, 2008, p.50）指出，人体反射功能的自我意识在手工制作过程产生作用，用来判断只可意会的习惯和改变预设。因此，意会知识和外在意识在手工制作过程相互作用。这在马钱德（Marchant）一系列从民族志方面研究手工艺和手工艺者当中得以证实。他认为：

"物化知识不单单是技能行为和表征。身体在这其中产生重要作用，尤其是在手工制作以及综合运用全系知识方面，这其中包括概念性知识。"（Marchand, 2010, p.18）

经验和实践在获取和共享手工艺意会（隐性）知识方面至关重要。手工艺产品的质量取决于它们的联合运用。这两者代表人类智慧的两方面：经验性的和认知性的。加德纳在1999年提出的多元智能理论，可以很好地为经验和身体智慧辩护。根据多元智能理论，它们二者同等重要（Gardner, 1999）。另外，一些知识管理学者认为，手工艺隐性知识可以被编码，外化，并传授。比如说手工艺者的内在或者意会（隐性）知识，大多说可以说明或者成文传授（Nonaka & Takeuchi, 1995, cited in Niedderer, 2011）。许多根据手工艺的、实践引导的研究者的文章和思考中都明显地体现了这一点。尼姆库拉德（Nimkulrat, 2012, p.11）注意到，"程序性的和经验性的知识可以通过文字或者 / 以及视觉表现的形式成为显性知识。"

另外，弗利特和瓦伦丁（Follett and Valentine, 2010, p.5）认为手工制作运用的思维过程是"思维体系"，可以作为高效的媒介用来给设计（Woolley, 2011, p.31）以及设计组织提供信息，尤其在跨学科合作方面。他们的观点基于如下思想："手工艺知识复杂的思维有利于跨界的知识交流和知识共享。"（Niedderer, 2011）近年来，许多学者研究并证实了这一思想，比如，英国手工艺委员会联合跨学科研究者、实践者以及企业，进行跨学科研究（例如，艺术与人文委员会创意经济知识交流项目）。这些跨学科合作项目，通过"边界物品"整合不同领域知识，运用手工艺过程本身的思维模式。（Brown & Duguid, 1998, pp.103-104）在这些研究中，手工艺的前述这两项认知能使和形式可以给新兴跨学科系统提供总体指导原则，还可以作为"边界物品"构建各学科的共同领域。

作为另一种思维方式，一些学者引入"精神智能"的概念，作为理性智能（IQ）和感性智能（EQ）无法量化的对应部分。精神智能指的是批判性存在主义思维，个人意义创造，先验意识，以及意识状态延伸（King & DeCicco 2009）。埃蒙斯（Emmons，2000，p.59）把精神智能定义为"适应性地使用精神方面的信息，以解决日常问题，达到目标"。精神智能在宗教和科学界得到广泛认可。鉴于很难给精神做科学测量和标准性评估，加德纳（Gardner，2000）建议使用"存在智能"代替"精神智能"，"来探索存在的本质，揭开存在多样性的面具"。然而，他补充说，没有足够的证据来说明和这种智能同大脑结构和神经思维过程直接关联。本文在手工艺的本体论层面将进一步论述存在性思维。

四、本体论：手工艺作为真实的存在方式

真实性：通过以上对手工艺实用特点和认识论特点的分析，引发一个深层次的问题，那就是关于对手工艺实践的本质的认识。手工艺和手工艺实践各种含义和意义可以用一个词概括，那就是"真实性"。首先，什么是"真实性"？"真实性"狭义上指物质的真实性和原创性。例如：材料货真价实、作者原创作品等。除了物质性和作者的原创性之外，广义的"真实性"描述"一个人不仅根据自己（相对于他人）的欲望，动机，思想或者信仰行事，同时，这些行为表现了他真实的自我"（斯坦福哲学百科全书，2014）。"真实性"是美学（Funk, Grop & Huber, 2014）和存在主义哲学（Thomas, 2006）的术语。存在主义思想的主要价值在于自由，主要优点在于真实性（Thomas, 2006）。所以，这里"真实"指的既是物质上真实自然，也指哲学上真实可靠，尤其是后者。后者和"道德心理学，身份认同和职责"相关（Thomas, 2006）。在物质真实方面，传统手工艺使用自然物质，人类劳动和生态资源。然而，许多人认为，手工艺最重要的价值并不是手工劳作和传统技艺本身，而是手工劳动的过程中的工作态度和哲学价值的实现。

在哲学的真实性方面，手工艺制作行为的驱动力，来自于完善手工艺本身的欲望（Sennett, 2008, pp.241-267）；手工艺者在自由实验（手工制作）中得到自我满足，渴望并追求更高程度的完美。这个过程中，手工艺者批判性地反思他们的目标和价值，对自己的工作负责。泰勒（Taylor, 1992）认为，"自我实现背后强大的道德思想是更好更高尚的生活应该追求的……是我们应该追求的目标。"他进一步指出道德思想是我们渴望的，但是它超越了我们个体。这揭示了手工艺制作的深层含义，也就是存在性(精神)意义。森尼特（Sennett, 2008）称，在手工艺制作的"实验"过程中可以发现道德思想。尼德尔（Niedderer, 2009, p.169）同样认为，手工艺和作者以及使用者之间的亲密

关系，分别在手工艺制作和使用过程中，产生"真实性"，这种真实性表现在制作者和使用者的关联的真实性。然而，机器控制的大批量生产，或者现代机械化管理和单向调控中，既无法产生高质量的人类行为，也无法带来自我满足（Sennett, 2008；Tweedie & Holley; 2016）。尽管约翰·拉斯金和威廉·莫里斯在一个多世纪之前就对机器生产进行了伦理学的批判，但主要是建立在反对大批量生产的极力反对的基础上的。他们的对现代主义和批量化生产的批判不可否认具有重要的意义，尤其是对引发人们当代的困境的反思，但或多或少具有时代的局限性。近年来，越来越多的研究者，实践者，根据大量的实证科学实例和哲学意义的时代性问题的反思，更加中肯地批评现代无意义、无目的的工作的非真实性（例如，Taylor, 1992, pp.2-4；Walker, 2011；Marchand, 2011, 2014）。他们赞扬手工劳动的尊严，并认为这反映了一种更加本真，更加符合伦理的存在方式。

手工艺和存在性（精神）意义：因为"存在"和"精神"的紧密关系，本文没有区分它们。尽管在科学研究方面，这两个术语应该使用哪个还存在争议，重点是，存在思维中人类特点的一个重要方面。它和人类价值相关，但是不能得到科学衡量（Gardner, 2000）。这意味着手工艺牵涉到重要的人文价值和个体的精神层面，能够给学术研究提供参考。存在的意义是一个本体论话题，它的基本问题有：

我们是谁？我们来自哪里？我们由什么构成的？这些问题可以在神话，艺术，诗歌，哲学和宗教等象征体系中得以传达。(Gardner, 2000, p.29)

精神性指的是"思想"及"意义创造"的行为（Sink & Richmond, 2004），或者通过人类情感，社会礼仪以及神的信仰给物质世界以生命（Sink & Richmond, 2004）。根据考古学证据，传统手工艺和制作积累了我们祖先的价值，体现了他们的精神。然而，存在主义者认为，这些行为和思想从人类个体的行为、感受和生活经验中产生，而不仅仅来自于头脑或者思维（Macquarrie, 1972, pp.14-15）。根据这些思想，制造过程赋予物品于意义，这种意义超越了物品本身，甚至可以超越肉体和宗教的神圣相关。霍华德·里萨蒂（2007）认为手工艺的独特品质一部分来自于"一种可以表达超越时间、空间和社会界限人类价值观的能力"。这些人类价值和几千年来手工艺品以及日常用品的生产相关（Ahmad, 2003 cited in Arshad et al., 2014）。斯图亚特·沃克（Walker, 2011, p.118）认为日本的尺八笛不仅是功能性的体现，同时还象征着久远的道家思想和藏传佛教，以及随之赋予的文化和精神意义。这些象征意义通过物品结构和组件，以及它的使用得以表现。尺八笛的象征性通过物质的整体构造，产生非物质性可感官的声音，表达象征意义。①

---

① 关于斯图亚特·沃克（Stuart Walker）对尺八笛的美学和象征意思的论述，请见他的著作：*The Spirit of Design* (2011), London: Routledge p.118。

泰勒（Taylor）（1992）在《真实性的伦理》一文中，探讨存在的深层观念问题，尤其是超越工具理性，追求本真生活。在超验世界中，真实性和人类价值有关。尽管这些价值不能被充分衡量，但是，它们是我们伦理系统的基础。

五、结论

本文基于西方关于手工艺的主要文献，通过从实践论、认识论和本体论三个层面，系统论述了手工艺的内涵和本质。并且呼吁重新深入建构手工艺的意义及理论应当属未来研究领域的重要命题。总之，正如格林·亚当森说的手工艺的定义永远在"通过他的外在差异得以确立"（Adamson，2010，p.5）。这说明了手工艺不是只能属于工业革命之前的产物，它的实践价值、认知价值和存在价值可以为我们当代的艺术和设计理论及实践提供依据和参考。尽管说手工艺无法特定定义，然而，作为以人为本的行为，手工艺的核心要素可以概括为：手工艺者，物质（材料，手工艺品），特殊知识，特定文化，特定社区和环境。它的特征和本质可以通过几个关键主体性词语表达：生态性，本土性，思维系统性，存在的真实性。这些要素之间彼此相关，形成一个生态系统。正如《考工记》所说，"天有时，地有利，材有美，工有巧，合此四者，然后可以为良。"（戴，2003）。以上从西方主要观点入手的分析和东方手工艺的生态哲学高度一致：天，地，人，和物的完美融合。手工艺精神的"可持续性"得乎其中。

参考文献：

1. Adamson, G. (2007). *Thinking Through Craft*. Oxford: Berg.

2. Adamson, G. (2010). The Craft Reader. Oxford: Berg.

3. Arshad, Mohd Zaihidee, Izani Mat Il M. Hum, & Abd Halim Ibrahim (2014)."Sarawak Bamboo Craft: Symbolism and Phenomenon." *Proceeding of SHS Web of Conferences*. 5, doi:10.1051/shsconf/ 20140500002.

4. BOP Consulting (2012). *Craft in an Age of Change*. London: Crafts Council.

5. Brown, J. (2014). *Making It Local: what does this mean in the context of contemporary craft?* London: Crafts Council.

6. Brown, J., & Duguid, P. (1998). Organizing knowledge. *California Management Review*, 40(3), 90-111.

7. Crafts Council. (2010). [online]. Retrieved from: craftscouncil.org.uk.

8. Crafts Council. (2016). Make: shift, [online]. Retrieved July 14, 2017, from: http://

www.craftscouncil.org.uk/what-we-do/makeshift/.

9. Crawford, M. (2009). *The case for working with your hands*. NY: Viking.

10. 戴吾三 . (2003). 考工记图说，山东画报出版社 .

11. Emmons, R. A. (2000) Spirituality and Intelligence: Problems and Prospects. *The International Journal for the Psychology of Religion*, 10，57-64. doi:10.1207/S15327582I-JPR1001_6.

12. Fillis, I. (2007) 'Celtic Craft and the Creative Consciousness as Contributions to Marketing Creativity' . *Journal of Strategic Marketing*, 15，(1), 7-16.

13. Fillis, I. (2008). 'Entrepreneurial Crafts and the Tourism Industry' . In J. Atelijevic, & S.J. Page (Eds.) *Tourism and Entrepreneurship: International Perspectives*. Oxford: ButterworthHeinemann, 133-147

14. Follett, G., & Valentine, L. (2010). *Future Craft: research exposition*. Dundee: Duncan of Jordanstone College of Art & Design.

15. Fuchs, C. (2003) The Self-organization of Matter. *Nature, Science, and Thought*, 16(3): 281-313.

16. Funk, W., Groß, F., & Huber, I. (2012). Exploring the Empty Plinth. In *The Aesthetics of Authenticity: Medial Constructions of the Real*. Funk, W., Groß, F., & Huber, I. (ed.). Bielefeld: Transcript Verlag.

17. Gardner, H. (1999). *Intelligence Reframed: Multiple Intelligences for the 21st Century*. New York: Basic Books.

18. Gardner, H. (2000). A Case Against Spiritual Intelligence. *The International Journal for the Psychology of Religion*, 10(1), 27-34.

19. Hang, J., & Guo, Q. (2012). *Chinese Arts and Crafts*, Cambridge: Cambridge University Press.

20. Hyland, T. (2016). Craftwork as problem solving: ethnographic studies of design and making, *Journal of Vocational Education & Training*, 68(1), 395-398. doi:10.1080/13636820. 2016.1195065

21. King, D., & DeCicco, D. (2009). A Viable Model and Self-Report Measure of Spiritual Intelligence, *The International Journal of Transpersonal Studies*, 28，68-85.

22. Lucie-Smith, E. (1981). *The Story of Craft: The Craftsman's Role in Society*, Phaidon, Oxford.

23. Macquarrie, J. (1972). *Existentialism*, England: Westminster.

24. Marchand, T. (2010). Making Knowledge: Explorations of The Indissoluble Relation

between Minds, Bodies, and Environment, *The Journal of the Royal Anthropological Institute*, 16, pp. S1-S21. Retrieved May 24, 2017, from http://www.jstor.org.ezproxy.lancs.ac.uk/stable/40606062.

25. Metcalf, B. (1997). "Craft and Art, Culture and Biology," in P. Dormer (ed.), *The Culture of Craft*, Manchester: University of Manchester Press, 67–82.

26. Niedderer, K. & K. Townsend. (2011). Expanding craft: Reappraising the value of skill [Editorial] . *Craft Research*, 2(1), 3-10.

27. Niedderer, K. & Townsend, K. (2014). Designing Craft Research: Joining Emotion and Knowledge, *The Design Journal*, 17(4), 624-647.

28. Niedderer, K. (2009). Sustainability of Craft as a Discipline? In Making Futures. *Proceedings of the Making Futures Conference*, Plymouth: Plymouth College of Art, 1, 165-174.

29. Nimkulrat, N. (2012). Hands-on intellect: Integrating craft practice into design research. *International Journal of Design*, 6(3), 1-14.

30. Nugraha, A. (2012). *Transforming Tradition: A Method for Maintaining Tradition in a Craft and Design Context*, Helsinki: Aalto University.

31. Polanyi, M. (1997). The Tacit Dimension. In L. Prusak (Ed.), *Knowledge in Organizations*, Newton, MA: Butterworth-Heinemann, 135-146.

32. Racz, I. (2009). *Contemporary Crafts*. Oxford: Berg.

33. Risatti, H. (2007). *A Theory of Craft: Function and Aesthetic Expression*. Chapel Hill: University of North Carolina Press.

34. Sennett R. (2008). *The Craftsman*. New Haven: Yale University Press.

35. Shiner, L. (2012). "Blurred Boundaries" ? Rethinking the Concept of Craft and its Relation to Art and Design. *Philosophy Compass*, 4, 230–244.

36. Stanford Encyclopaedia of Philosophy (n.d.). Authenticity, [online] .Retrieved November 7, 2017, from: https://plato.stanford.edu/entries/authenticity/.

37. Steward, J. (1990). *Theory of Culture Change*. Urbana-Champaign: University of Illinois Press.

38. Taylor, C. (1992). The Ethics of Authenticity. Cambridge: Harvard University Press.

39. Thomas, F. (2006). *Existentialism - A Very Short Introduction*. New York: Oxford University Press.

40. Tweedie, D. & Holley, S. (2016) The Subversive Craft Worker: Challenging 'Disutility' Theories of Management Control. *Human Relations*, 69(9), pp.1877-1900. SAGE Publication, http://journals.sagepub.com/doi/full/10.1177/0018726716628971, (accessed January 25,

2016)

41. UNESCO ICH [United Nations Educational, Scientific and Cultural Organization: Intangible Cultural Heritage] . (2015). Browse the Lists of Intangible Cultural Heritage and the Register of Best Safeguarding Practices. [online] . Retrieved January 14, 2017, from: http://www.unesco.org/culture/ich/en/lists.

42. Walker, S. (2011). *The Spirit of Design*. London: Earthscan.

43. Williams, D. R., Patterson, M. E., Roggenbuck, J. W., & Watson, A. E. (1992). Beyond the Commodity Metaphor: Examining Emotional and Symbolic Attachment to Place. *Leisure Sciences*, 14, 29-46.

44. Woolley, M. (2011). Beyond Control – rethinking industry and craft dynamics. *Craft Research*, 2(1), 11-36.

45. 郑艳姬:《传统手工技艺的文化内涵分析——以云南"乌铜走银"为例》,《民族艺术研究》2013 年第 6 期。

《鲁班经》版本的演变及其传播

江 牧 解 静①

（苏州大学艺术学院；苏州高博软件技术职业学院建筑与艺术设计学院）

摘要：本文运用图表及对比的方法，对《鲁班经》在明清时期的流传以及流传的地域特征进行分析。根据搜集到的十个版本的书名、版本信息及内容的演变，得出明末至清，江南及闽粤地区经济较发达，民间营建兴盛，因而促使《鲁班经》被大量翻刻影印。在传抄的过程中，书名文字发生了细微的变化，版本内容不仅数量上差异较大，部分语言措辞上也有所改变。

关键词：鲁班经；地域；版本

引 言

中国封建社会从元代开始，政治、经济、文化发展相对缓慢，建筑发展也随之缓慢。到了明代，相对缓解，尤其明代中后期是社会转型的重要时期，此间大规模营建，成就了中国古建筑发展的最后高峰期。《鲁班经》成书、发展、成熟于木构架发展的高度程式化时期，其书名、版本、内容等的微妙变化与这一时期中国社会的发展息息相关。尤其明中期，木质家具的逐渐成熟，使得《鲁班经》一书更加全面，几乎涉及百姓日常生活中的所有常见用木。研究《鲁班经》的版本演变，首先应了解元明清时期的社会发展状况以及这一时期所处的历史阶段及地位。

---

① 江牧，苏州大学艺术学院教授、博导；解静，苏州高博软件技术职业学院建筑与艺术设计学院教师。

一、《鲁班经》传播的地域与时代

(一）明清时期的民间营建

《鲁班经》的成书现已不可考，从目前掌握的资料看，至晚成书于元代的《鲁般营造正式》应为其前身之一，此书本身在民间的流传可能有过间断，但其内容在民间百姓的日常生活中的指导作用从未间断，其主要从建筑营建、家具制作、相宅择吉三个方面影响百姓的营建活动，其中建筑营建主要指民间木构架营建。

中国独特的木构建筑体系是劳动人民在长期实践中形成的，其结构精巧而复杂，发展缓慢但不间断，所谓上下五千年一气呵成，其发展过程可分为五个阶段，见表1：

表1 中国古代木构架的发展

朝代	年代	发展阶段
先秦时期	远古—公元前 221 年	木构架的萌芽阶段
秦汉至南北朝时期	公元前 221 年—公元 589 年	木构架的初始形成阶段
隋、唐、五代时期	公元 581—960 年	木构架的成熟阶段
宋、辽、金时期	公元 960—1279 年	木构架的精致化阶段
元、明、清时期	公元 1279—1911 年	木构架的高度程式化阶段

元明清三代是中国封建社会的最后时期，这一时期的营建用木水平已发展到相当高的阶段。元代由于为蒙古族统治，其间不论官式营建还是民间营建均受到蒙古族文化传统的影响，加上元朝统治者对各种文化和宗教的包容，元代的建筑风格多样且多融合外来因素，建筑装饰丰富且精美。值得注意的是，元代曾对官式住宅做过一定的规定，但不及前朝与后代，多有疏漏，因为统治阶级是蒙古族，只是到了汉族区域才有固定的住宅，可谓发展尚不成熟。但从主要建筑与次要建筑的关系来看，即主要建筑分别建在各进院落的主轴上，各进主房东西都有厢房相配，中间主房出轩廊，各进院落有夹道相连，元代建筑已经表现出从宋时建筑向明清过渡的形式特点。元代官式建筑的民族特征十分明显，布局上受到等级、礼制观念的影响，受风水择吉的束缚还基本不存在。正如《营造正式》的内容均为营建技术而无风水择吉的相关内容，而元

代家具继承辽金风格，形体厚重，造型饱满多曲，雕饰繁复，给人以奔放、雄壮、富足之感。

明清时期封建大一统达到顶峰，商业、手工业高度发展，此时不论官式建筑、坛庙建筑、私家园林都进一步发展，逐渐形成各自的特色，各地民居百花齐放，清代少数民族建筑有不同程度的发展。明代相对元代木构建筑的构架大为简化，但增强了结构的整体性。清代颁布工部《工程做法则例》规定了二十七种房屋的尺度、比例和用材，以斗口或柱径作为木构建筑的设计模数，总之，明清木构建筑已经完全成熟定型。明式家具的发展可谓炉火纯青，明式家具较明代家具有别，正如田家青先生的观点："明式家具指的是制作于明至清前期有某种特定造型风格的家具，尤以明嘉靖到清雍正（1522—1735 年）的二百多年间所制的明式家具最为经典。"这一时期也被誉为中国传统家具的黄金时代，与前朝后代相比，家具类型较多，大体有椅凳类、几案类、橱柜类、床榻类、台架类、屏座类，每一类的品种也较齐全，如椅凳类的椅就有官帽椅、南官帽椅、四出头官帽椅、灯挂椅、圈椅、玫瑰椅、靠背椅、梳背椅、曲背交椅、直背交椅等，多达数十种。明式家具不仅种类繁多，而且技术含量高，造型美观，所谓"科学性与艺术性的高度统一"。

（二）明清时期民间营建文化

明代中叶，由于资本主义经济萌芽，民间商业贸易迅速发展，人民生活稳定富足，这不但给明代中后期民间房屋的营建提供了物质基础，而且使得民间房屋营建数量大幅增多。事物的发展总是遵循一定的规律的，物质基础满足了以后，随之而来的就是人们思想、注意力的改变，由之前注重营建材料、营建技术等转变为注重建筑风水文化。

明代的民间营建活动，一是要有业主，二是要有职业的堪舆师，三是有专职土木工师的通力合作才能实现，这是因为明中叶以后，风水迷信日益普遍深入社会的每个角落，人们拘牵忌讳，一切重大活动如开张、出行、红白喜事、营建等，须依吉利日辰、方位行事。此时皇家官府有钦天监、阴阳宫，国子监设阴阳学；民间则有专业的堪舆师，当时社会视堪舆术重于生产技术，堪舆师的社会地位与报酬比工匠高。出于职业的竞争要求，匠师深感自己也须具有堪舆方面的职能，这也恰好符合民间百姓财力有限，不能支付过多的堪舆费用的状况。于是，匠师们身兼数职的现象便发生了。又我国自古就有从各种书籍中收集摘抄汇编而成另一书籍的风气，明代更是常见，如《阳宅十书》便是明代从各种书籍中摘抄而成的一部重要的风水专著，而其中的房舍营建工序的吉日选择等内容与《鲁班经》卷三对应的择居内容表达很相似，举例如下：

书目	《鲁班经》	《阳宅十书》
插图		
对应文字	土堆似人拦路抵， 自缢不由贤。 若在田中却是牛， 名为印绶保千年。	面前若见生土堆， 堕胎患眼也难开。 寡妇少亡不出屋， 盲聋喑哑又生灾。

上述对比中，虽然文字表述与图上内容有所不同，但均表达门前出现土堆的屋舍为凶宅，且都达到人亡的程度。

从《鲁班经》卷一与卷三记载的内容来看，建筑营建风水可分为两类，一类是对建筑营建程序的择吉与禁忌，即营居文化，此类集中在卷一的七十五条目中，提及风水的条目约占二分之一，而专门叙述营建择吉的有二十四条目，几乎每个营建步骤都列举了方位、时辰的吉凶，神煞吉星的趋避，可见当时风水术在营建中的实际应用已十分普遍，是营建不可或缺的一个组成部分。

另一类是房屋地址选择的吉与凶，即择居文化。此类集中在卷三，卷三71幅图与歌诀列举了71种房屋周围环境案例和如何选择，这种选择的依据主要是对阳宅的判断。中国古代社会十分重视选取阳宅作为自己生息连绵的场所，所谓"宅者人之本，人以宅为家。宅安，即家代吉昌；宅不安，即门族衰微"。我国浩如烟海的历史文献中记载阳宅选择的文献不在少数，而《鲁班经》第三卷中的七十一首相宅歌诀堪称是总结性的经典。

（三）江南及闽粤地区的传播

关于《鲁班经》的流传地域说法不一，但大体一致。刘敦桢《鲁班营造正式》一文指出："明中叶以来，以长江中下游为中心传布于附近诸省，影响所及几与官书《做法则例》处于对立的地位。"陈耀东先生的《〈鲁班经匠家镜〉研究》认为其是从明代起在南方流传的民间建筑做法的一种。《〈鲁班经〉评述》认为："《鲁班经》的主要流布范围，大致为安徽、江苏、浙江、福建、广东一带。"以上三位先生所指的范围当属一致，即江南及南方地区，江南指江苏、安徽长江以南地区及浙江省全部，南方包括福建、广东，甚至台湾省，这些地区现存的明清时期木构建筑、家具或匠师口中的风水歌诀均与

《鲁班经》的记载一致或有相近之处。

近代江南农村集镇依然留存建房的传统，其施工顺序和《鲁班经》中的记述大同小异。如李芳洲曾经调查过太湖东山、西山村民的传统，发现房舍施工的各个过程中依然包含各种信仰与习俗，其描述的营建过程包括了选址破土、平磉、竖柱上梁、封山作脊、砌灶等，虽然描述比较简化，但可看出施工步骤均包含在《鲁班经》的记载之内，且顺序基本一致。又清末苏州地区著名的"香山帮"匠人，其历代匠师传授的木工技艺依然与《鲁班经》中的许多记载吻合，其中著名的"一代宗师"姚承祖所作《营造法原》，其记载的诸多民间营建技术、营建步骤、营建歌诀等均与《鲁班经》的记载大同小异。包海滨曾对其记载的屋架形式与《鲁班经》中的记载做过详细的对比，认为两者记述的屋架做法虽略有不同，但最后形成的屋架形式特征比较相近。

安徽歙县郑村的明代住宅的楼阁剖面，与《鲁班经》中楼阁一图结构一致（如图1、2），均在楼上向外挑出的栏杆上立柱，以承受外檐荷重。

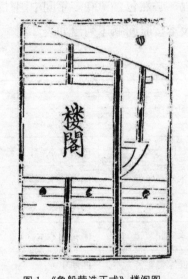

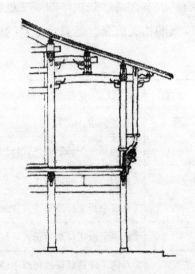

图1 《鲁般营造正式》楼阁图　　　　图2 安徽歙县郑村明代住宅剖面

图片来源：《续修四库全书》879 册　　　图片来源：刘敦桢评《鲁般营造正式》

我国南方地区传统住宅也有《鲁班经》指导的痕迹。陈耀东先生不仅对福建、广东地区的民间住宅有过深入的研究，其《〈鲁班经匠家镜〉研究》一书细致地分析了《鲁班经》的记载与福建、广东甚至台湾地区民间住宅营建的关系。书中指出，闽南、粤东及台湾的民间传统住宅建筑有一套完整的做法规矩，其原则与内容均与《鲁班经》的规定相同，有的就是沿着《鲁班经》的规定而有发展。如在决定建筑方位时，部分地区将房主的生辰与之结合、对"奇数"特别重视等。

类似的营建技术、营建文化等记载很多，但多与《鲁班经》的记载一致或相近，可见明末以后，《鲁班经》在江南及闽粤地区民间的应用已相当广泛，虽然随着时间的推移，后期其技术性内容逐渐被风水文化取代，人们使用它更多的是求吉避邪，但其仍然是当时民间营建不可或缺的指导用书。其在明代后期之后的盛行与当时南方沿海地区经济的繁荣、人口剧增、民间建筑营建的普遍活跃关系紧密；综上，《鲁班经》的广泛翻刻影印是在明末及之后，从现存的史料及实物来看，流传范围主要为江南及闽粤地区，可以说其是时代性与地域性较强的民间营建用书。

二、书名与版本的演变

（一）书名的演变

《鲁班经》从元末发展至今，已有700多年的历史，其在民间不断被翻刻、影印，许多地区均有其版本，而这些版本的演变过程，必然包含700多年间中国社会经济、文化等变化与发展的相关信息。笔者收集到的版本按时间顺序列出如表2：

表2

序号	朝代	书名	馆藏
1	元	《鲁般营造正式》	天一阁藏本
2	明万历	《新镌京板工师雕斲正式鲁班经匠家镜》	故宫藏本-汇贤斋刻本1606年
3	明末	《新镌京板工师雕斲正式鲁班木经匠家镜》	国图藏本
4	明	《新镌京板工师雕镂正式鲁班经匠家镜》	国图藏本
5	明	《新镌京板工师雕斲正式鲁班木经匠家镜》	中科院藏本
6	清乾隆	《新镌工师雕斲正式鲁班木经匠家镜》	四库本
7	清咸丰	《工师雕斲正式鲁班木经匠家镜》	国图藏本，咸丰庚申1860年
8	清同治	《工师雕斲正式鲁班木经匠家镜》	中科院藏本
9	清	《工师雕斲正式鲁班木经匠家镜》	国图藏本，徐乃昌藏书
10	清宣统	《新镌京板工师雕斲正式鲁班木经匠家镜》	1909年

上表中部分版本无法确定其具体年代，但均可以确定其朝代，由此可知，唯一的元代版本名称与明清时期的版本名称差别较大。《鲁般营造正式》通俗易懂，其中"营造"二字指出了此书的性质为营建类；"正式"之意，根据明谢榛《四溟诗话》卷三："草茅贱子，至愚极陋，但以声律之学请益，因折衷四方议论，以为正式"，可见，虽为民间

汇编，没有一定的规定、规范，但经"折衷四方议论"之过程，定有其来自于四方的根据，在民间也自然有一定的可信度和说服力。明清时期所用的"匠家镜"则为匠作、家具的指导用书之意，"镜"有指南、手册的意思。此用词之别也侧面表示，该书包含的内容发生了变化，后者较前者包含的内容更丰富，多了家具制作、相宅择吉等内容。

明清版本名称相比，有两处不同。其一是明代版本书名均有"新镌"二字，清版本中除较早的乾隆版有"新镌"二字外，其余均无此二字。"新镌"即新编的意思，这说明目前发现的最早的明代万历本也为新编之本，在它之前还有其他版本，但究竟是否为元《鲁般营造正式》或其刻本等就不得而知了，毕竟元末至明万历之间也有200多年的历史。除此之外，因"新编"区别于"改编""增编"，故可推测前后版本内容及顺序应该有些变化，但具体如何变，仅从"新镌"二字无法知晓。

其二，清代版本名称中均为"鲁班木经"，而明代仅部分有"木"字。因中国古代建筑材料多以木材为主，尤其沿海地区，《鲁班经》中包含的所有内容均与木有关，故加"木"字天经地义。笔者猜测明代部分版本中无此字是因为明代各地区基本都是木构建筑，司空见惯，无须特指。到了清中后期，沿海经济发达地区逐渐出现砖石建筑，此时书名中若不加"木"字，容易误导。

（二）版本内容的演变

版本内容演变主要是指从元末至清条目与插图性质与数量的变化。在《鲁班经》的版本演变过程中，内容上最明显的变化为元代的《鲁般营造正式》到明代的《鲁班经》。首先，元代《鲁般营造正式》与明代《鲁班经》最大的差异在数量上，前者仅有后者的约八分之一内容，且后者包含前者的全部内容。《鲁般营造正式》虽分为6卷，但条目内容上仅局限于《鲁班经》的卷一，且无附录，而后者除包括前者的全部内容外，还多了卷二的家具部分和卷三的相宅择吉，详见下表3。

表3 《鲁般营造正式》与《鲁班经》内容对照表

项目	《鲁般营造正式》		《鲁班经》	
插图内容	卷一	正七架地盘（跨两页）；地盘真尺（跨两页）；水鸭子（一页）	卷一	正三架；三架式；正架式（两幅）；九架式；秋千架式；搜①樵亭；造作门楼；五架后施两架式；正七架式；王府宫殿；司天台式；庵堂庙宇；祠堂；凉亭式；水阁式；桥亭式；钟鼓楼式；建造禾仓格；牛栏式；马厩式；大床式；镜架式
	卷二	鲁般真尺（跨两页）；曲尺之图（跨两页）		

---

① 原文作"搜"，下文均作"搜"。

续表

项目		《鲁般营造正式》		《鲁班经》
插图内容	卷三	三架屋连一架（跨两页）；五架屋拖后架（跨两页）；楼阁正式（跨两页）；七架之格（跨两页）；九架屋前后合僚（跨两页）；秋迁架之图（跨两页）；小门式（跨两页）	卷二	仓廒式；桥梁式；郡殿角式；建钟楼格式；建造禾仓格；牛栏式；五音造羊栈格式；马厩式；鸡枪样式；屏风式；牙轿式；大床；藤床式；禅椅式；雕花面架式；案棹式；搭脚仔凳；诸样垂鱼正式；驼峰正格；风箱样式；鼓架式；凉伞架式；校椅式；琴凳式；杌子式；大方扛箱样式；食格样式；衣折式；衣箱式
	卷四	造屋吉凶图（上图下文）；创门正式（跨两页）；垂鱼；掩角；驼峰正格（包括五种样式）；	卷三	相宅图例72幅（每幅上图下文）
	卷六	钟楼；七层宝塔庄严之图	源流	鲁班升帐图
条目内容	卷一	"起造立木上梁式"结尾21个字；请设三界地主鲁般仙师文；定盘真尺	卷一	人家起造伐木；入山伐木法；伐木吉日；起工架马；起工破木；总论；画柱绳墨；总论；动土平基；总论；定碾扇架；竖柱吉日；上梁吉日；折屋吉日；盖屋吉日；泥屋吉日；开渠吉日；砌地吉日；结砌天井吉日；论逐月整地结天井砌阶基吉日；起造立木上梁式；请设三界地主鲁班仙师文；造屋间数吉凶例；断水平法；画起屋样；鲁般真尺；鲁般尺诗八首；曲尺诗；曲尺之图；论曲尺根由；推起造何首合白吉星；按九天玄女装门路；论开门步数；定盘真尺；推造宅舍吉凶论；三架屋后车三架法；五架房子格；正七架三间格；正九架五间堂屋格；秋千架；小门式；搜焦亭；造做门楼；论起厅堂门例；债不星逐年定局；修门杂忌；逐月修造门吉日；门光星吉日定局；总论；论黄泉门路；郭璞相宅诗三首；五架屋诸式图；五架后拖两架；正七架格式；王府宫殿；司天台式；妆修正厅；正堂妆修；寺观庵堂庙宇式；妆修祠堂式；神厨搭式；营寨格式；凉亭水阁式
	卷二	断水平法；鲁般真尺；鲁般尺诗八首；曲尺诗；椎起造向首人白吉星；凡伐木克择日辰具工；推匠人起工格式；推造宅舍吉凶论；三架屋后车三架；画起屋样		
	卷三	五架房子格；造屋间数吉凶例；正七架三间格；（正九）架五间堂屋格；小门式		
	卷四	搜樵亭；郭璞相宅诗三首；造门法；起厅堂门例；诸样垂鱼正式；驼峰正格		

项目		《鲁般营造正式》	《鲁班经》	
条目内容	卷六	五架屋诸式图；五架后拖两架；正七架格式；"占牛神出入"结尾28个字；五音造羊栈格式	卷二	仓廒式；桥梁式；郡殿角式；建钟楼格式；建造禾仓格；造仓禁忌并择方所；论逐月修作仓库吉日；五音造牛栏法；造栏用木尺寸法度；合音指诗；牛黄诗；定牛入栏刀砧诗；合音指诗；牛黄诗；定牛入栏刀砧诗；起栏吉辰；占牛神出入；造牛栏样式；扁枋为吉；论逐月造作牛栏吉日；五音造羊栈格式；逐月作羊栈吉日；马厩式；马槽样式；马鞍架；逐月作马枋吉日；猪栏样式；逐月作猪椆吉日；六畜肥日；鹅鸭鸡栖式；鸡枪样式；① ……踏水车；推车式；牌匾式
			源流	鲁班仙师源流

除了数量上的差异，在传抄过程中一些措辞上也发生了较大的变化。如《鲁般营造正式》第一页："金安顿、照退官符、三煞，将人打退神杀，居者永吉也。""请设三界地主鲁般仙师文"。在《鲁班经》中："……金安顿、照官符、三煞凶神，打退神杀，居者永远吉昌也。""请设三界地主鲁班仙师祝上梁文"。这两段文字性质上没有不同，仅"三煞"改成了"三煞凶神"，"永吉也"改成了"永远吉昌也"，"仙师文"改成了"仙师上梁文"，类似这些语言表达上的变化很多，这当归因于社会的发展与时代的变迁。

严格地说，《鲁般营造正式》性质与明清时期《鲁班经》卷一的性质一致，均为房舍营建的指导用书，只是由于时代不同，社会文化侧重不同。虽然上述二者性质一致，但是依据条目内容所绘制的插图却截然不同，《营造正式》的22幅插图与《鲁班经》卷一或卷前插图名称基本一致，内容上却有些许不同。其中差别最大的当属"秋迁架"一图，秋千架乃省略栋柱（或称中柱）的结构方式，原图异常明晰（图3），后来诸本竟绘为真实的秋千架（图4），距创作意义相差不可以道里计；"小门式"一图（图5、6）两版本也相差甚远。

《鲁班经》元、明、清三代版本的内容变化，可概括为明万历本较元《营造正式》增加了木质家具、日常用具、营建择吉等项；崇祯本较万历本又增加了"推车""手推

---

① 此条目后省略58条，省略条目均为家具内容。

车""踏水车""算盘"四条目，说明民间木工匠师的工作范围由只进行民间营建工作扩大到兼顾营建和营建风水术等。按照这本书在社会实践中的应用价值，即其为一本民间木工匠师的专业用书来看，无疑元末至清木工匠师的工作范围有所扩大。

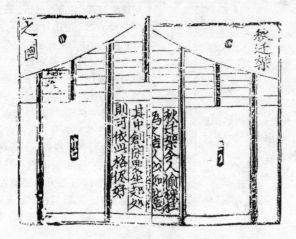

图3 《鲁般营造正式》秋迁架之图

图片来源：《续修四库全书》879册

图4 《鲁班经》秋千架式

图片来源：北京大学图书馆

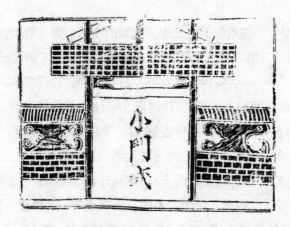

图5 《鲁般营造正式》小门式

图片来源：《续修四库全书》879册

图6 《鲁班经》小门式

图片来源：北京大学图书馆

三、结语

《鲁班经》成书于元末，在明代末期之后被广泛翻刻影印，目前发现的版本可达数十种之多，其在不同时期不同地区的版本或多或少存在差异，而这些差异必然直接或间接地反映了当时社会各地的文化风俗、建筑形态等。元明清三代是中国封建社会的最后时期，这一时期的营建用木水平已发展到相当高的阶段。明清时期木构建筑已经完全成熟定型，这一时期民间营建由之前注重营建材料、营建技术等转变为注重建筑风水文化。可见，《鲁班经》在明代后期之后的盛行与当时南方沿海地区经济的繁荣、民间建筑营建的普遍活跃关系紧密。由于《鲁班经》流传年代长，流传地域广，加之为民间营建用书，翻刻影印质量不能保证，因而其在被传抄的过程中，书名在措辞上发生了细微的变化，版本内容不仅数量上差异较大，部分内容言语表达上也有所改变，即便如此，也没有改变《鲁班经》在民间营建工作中的指导性地位和作用。

参考文献：

1.《鲁般营造正式》，天一阁残本，上海科学技术出版社 1985 年影印出版。

2.（明）刻本：《新镌京板工师雕斫正式鲁班木经匠家镜》，中国国家社会科学院图书馆藏。

3.（明）刻本：《新镌京板工师雕斫正式鲁班木经匠家镜》，北京国家图书馆藏。

4.（明）刻本：《新镌京板工师雕镂正式鲁班经匠家镜》，北京国家图书馆藏。

5.（清）刻本：《工师雕斫正式鲁班木经匠家镜》，北京国家图书馆藏。

6.（清）咸丰刻本：《工师雕斫正式鲁班木经匠家镜》，崇德堂藏版，北京国家图书馆藏。

7.（清）咸丰刻本：《工师雕斫正式鲁班木经匠家镜》，北京国家图书馆藏。

8.（清）宣统石印本：《新镌工师雕斫正式鲁班木经匠家镜》，上海埽叶山房版，北京国家图书馆藏。

9.（清）同治刻本：《工师雕斫正式鲁班木经匠家镜》，中国国家社会科学院图书馆藏。

10.（清）咸丰刻本：《工师雕斫正式鲁班木经匠家镜》，中国国家社会科学院图书馆藏。

11.（清）乾隆刻本：《新镌工师雕斫正式鲁班木经匠家镜》，北京大学图书馆藏。

12.（清）刻本：《新刻京板工师雕镂正式鲁班经匠家镜》，北京大学图书馆藏。

13.田大方、张丹等：《传统木构架建筑解析》，化学工业出版社 2010 年版。

14.王其钧：《华夏营造中国古代建筑史》，中国建筑工业出版社 2005 年版。

15.李浈：《中国传统建筑形制与工艺》，同济大学出版社 2006 年版。

16.南炳文、何孝荣：《明代文化研究》，人民出版社 2006 年版。

17.包海滨：《〈鲁班经匠家镜〉研究》，同济大学博士论文 2004 年。

18.于希贤：《中国古代风水的理论与实践》，光明日报出版社 2005 年版。

19. 刘敦桢评：《鲁班营造正式》，《文物》1962 年第 2 期。

20. 陈耀东：《〈鲁班经匠家镜〉研究》，中国建筑工业出版社 2009 年版。

21.（明）王君荣著，许颐平译：《阳宅十书》，华龄出版社 2009 年版。

民国袜子包装盒艺术设计研究

左旭初 ①

摘要：民国时期，袜子包装盒的艺术设计，是民国产品包装艺术设计的一个极为重要的组成部分。因为，当时袜子产品不仅面广量大，而且还直接面对广大消费者。因此，对于民国时期袜子包装盒的外观艺术设计，就显得尤为重要。一个构思美观的袜子包装盒，不仅能吸引众多顾客的关注，更能提升人们踊跃的购买欲望。一件设计精美的袜子包装礼盒，从某种意义上来说，还是一份不可多得的艺术品。

本文从分析民国袜子包装盒的艺术设计，即从一件件民国袜子包装盒原件实物入手，通过袜盒外表多方面的艺术设计，对其进行全面而综合性的分析与解读，能够让读者充分了解当时袜盒艺术设计，作为商业美术设计的一种人文思想与时代特征；同时对当今产品包装设计，也具有一定的指导与借鉴作用。

关键词：民国时期；袜子包装盒；艺术设计研究

在叙述和谈论民国袜子包装盒艺术设计时，作者感到有必要将民国时期袜子生产企业使用袜子包装盒的一些基本情况，包括外观形状、尺寸、制作过程、纸盒包装纸粘贴方式等有关问题，先给读者有一个简要的说明。以便对"民国袜子包装盒艺术设计研究"有一个更为直观的了解。

民国时期，国内城乡各地袜子生产企业所使用的袜子包装盒，从外观形状来看，各个时间段所制作的包装盒，包括包装纸盒与包装铁盒等，外观大体相同，即全部采用长方形设计。作者目前没有发现还有其他什么形状。但对于长方形外观尺寸的大小、纸盒制作方式，使用纸张的种类，等等，从各个时间段来看，确实又有很大的不同。下面作

---

① 作者简介：近现代商业美术设计博物馆馆长、上海商业博物馆商标分馆馆长、华东师范大学设计学院兼职教授、重庆理工大学知识产权学院兼职教授、湖南工业大学包装设计艺术学院客座教授、上海商学院艺术设计学院特聘教授、《上海包装》杂志编委、广东《包装与设计》杂志顾问、河北《商标天地》杂志顾问、《内蒙古商标》杂志顾问、上海东方知识产权俱乐部专家顾问、香港中国品牌研究院研究员、近现代工商业艺术设计史料收藏家等。

者分不同段落，予以概述。

一、民国袜子包装纸盒外观尺寸的变化

作者经过40多年的收集，现已保存民国时期遗留的各种袜子包装纸盒，约有100多只。另外，在编写此文时，曾花费大量时间专门对一些民国袜子包装纸盒外观尺寸进行了测量。从袜盒外观形状来看，虽说都是长方形，但外形大小，尺寸相差较大。

民国时期，国内各地袜子生产企业所使用的袜子包装纸盒，一般来说常见的有三种基本尺寸。最常见的尺寸（也是所谓的标准尺寸）为：长25厘米 × 宽12厘米 × 高5厘米。这种常见纸盒将半打（6双）普通袜子作为一个整体，进行独立包裹，放入纸盒内。

另外，就是当时有个别袜子厂商，还根据市场需求，常常生产长筒舞袜。由于长筒舞袜的袜筒很长，可穿到大腿根部。这样，普通袜盒肯定是无法放置。所以，袜厂便有意使用专门存放长筒舞袜的超长袜子包装纸盒，即外观为：长36厘米 × 宽11厘米 × 高5厘米的专用长筒舞袜包装纸盒。由于标准纸盒放置毛绒袜等较为拥挤，故20世纪30年代以后，在市场上又出现一种存放袜子较为宽松的袜盒，即较宽的宽体袜盒，尺寸为：长25厘米 × 宽16厘米 × 高5厘米。另外，当时还出现一些特殊尺寸的袜子包装纸盒，即极为少见的就是将1打（12双）袜子包裹在一起。这种加高（加厚）型的袜盒外观尺寸为：长25厘米 × 宽12厘米 × 高10厘米，是标准袜盒高度的二倍。这样做，看起来好像是节省了包装材料和包装成本，但由于将12双袜子挤在一个包装盒中，袜子的重量自然增加了，同时纸盒的负荷也一样增加。由于纸盒要经常移动，拿进拿出。人们一只手很难抓住纸盒，常常一不小心的碰撞与跌落，纸质袜盒便会破损。特别是袜盒的四只角，很容易开裂。所以，当时极少有生产企业使用这种特殊尺寸的包装纸盒。目前，作者只发现两家袜厂使用过这种加高型的袜盒，即上海富华电机织袜有限公司使用的"龙门"牌（后改名为"彩门"牌）丝袜包装纸盒和上海达丰织造厂使用的"塔蜂"牌、"金箭"牌羊毛袜包装纸盒。还有当时达丰厂将"塔蜂"牌和"金箭"牌两种商标图样，同时印在一件包装纸盒盒盖正面，这种做法也极为罕见。

以上只是就民国国内各地纺织品生产企业，对使用的袜子包装纸盒外观形状，特别是各种外观尺寸大小的一个概述。实际上，因对袜盒外观尺寸，当时国家并没有专门的尺寸要求，故各个纸盒厂在袜盒生产过程中，或大或小2到3厘米的情况，也都十分普遍、正常。以上只是对民国袜子包装纸盒外观尺寸的变化的一种简单叙述。

二、民国袜子包装纸盒的制作与图文标贴的演变

如果对民国每一时间段袜子生产企业，所使用的袜子包装纸盒，进行仔细观察和细心鉴别，就会发现有很多不同。如纸盒中间黄板纸粗加工时的剪裁不同，黄板纸粘合方向及程序不同，外观包装装潢用纸不同，甚至于纸盒四周侧面的装饰也不同，等等。故这里需要给读者作一说明。通过各时期遗存的袜盒加工工艺来细心观察，这里所说的不同点在哪里呢？

第一，民国袜子包装纸盒半成品的制作、加工工艺及流程不同。20 世纪 20 年代左右，袜子（包括与当时的针织内衣、服装和皮鞋等包装纸盒一样）包装纸盒在制作过程中所裁剪硬板纸，一般分成三块，即纸盒前、后侧面两块，是与纸盒盒底及左、右侧面折叠的这一块，是粘合在一起的。30 年代以后，纸盒加工厂对纸盒制作工艺进行重大技术改革，即用整张硬板纸，剪掉四个长方形或正方形的角后，折叠合拢起来的。这样的重大改进，大大简化了纸盒的制作流程和提高工作效益，同时也节省了纸板及粘贴胶水等原材料。

第二，民国各时期袜盒生产厂家对纸盒外包装纸粘贴方式，也完全不同。20 世纪 20 年代左右，人们对于袜子纸盒外包装纸，是先粘贴各种色彩的高级皱纹纸，或含有简单几何图形、花卉图案的花纹纸后，再在纸盒盒盖处和前侧面，粘贴事先准备好的设计精美的，一般含有商标图样和其他装饰性花样的包装标贴纸。这里需要强调指出的是：在整件袜子包装纸盒盒盖中，只粘贴两张包装标贴，即盒盖正面和前侧面，而纸盒盒盖后侧面与左右两侧面，一般不会再粘贴含有其他各种图样和文字的包装标贴纸。另外，在袜子包装纸盒制作完毕后，常常还有很多纸盒加工厂会在袜子包装纸盒盒底部，加盖纸盒生产企业椭圆或长方形等单位印章，以示该纸盒确切生产单位。这种在纸盒盒底加盖印章做法，一直持续到 50 年代初。

第三，20 世纪 40 年代以后，人们再次对袜子纸盒加工工艺进行技术革新，即大量使用订书钉来固定纸盒四个角，不再使用糨糊或胶水等粘合材料。还有纸盒盒盖上原先粘贴上去的五彩标贴纸，也不再使用。而是将有关简单的图文直接印制在纸盒盒盖正面和四个侧面。通常这样的印刷是单色的，偶然也有使用双色的。这样做，对袜子生产企业来说，虽是节省了一点包装成本，但从纸盒整体艺术设计，纸盒外观漂亮、美观程度来说，大打折扣。真的有点类似于粗制滥造的味道。

另外，到了 20 世纪 50 年代之后，袜子包装纸盒更是如此。甚至对于单双袜子的包装，基本上都是使用一面白纸一面透明玻璃纸粘合在一起的半透明纸袋来包装。50 年代后期至 60 年代初开始，便使用全透明玻璃纸袋来包装袜子。而民国时期大量使用的

包装纸盒，基本上不再使用了。

民国时期，对于单双袜子，是不用纸袋包装的。袜子包装纸袋的使用，是20世纪50年代以后才出现的。到了50年代后期，才改为全玻璃纸包装袋。个别袜子生产企业，也会在玻璃纸袋的一面，印上一些含有商标图样等简单图文。这样的玻璃纸袋，基本上不再有什么艺术设计的文化元素，同时也就没有什么观赏价值可言了。

三、民国袜子竖式包装纸盒艺术设计

民国时期，厂商对于袜子包装纸盒外观整体设计，虽都是长方形状，但又可分成竖式包装纸盒和横式包装纸盒两大类。从作者所收集的100多件民国袜子包装纸盒外观来看，绝大多数图文都为竖式设计。因为竖式包装盒的图文设计，能为有关厂商工作人员在实际使用过程中提供方便。为了兼顾国内各个地区、各种图文内容的包装纸盒的艺术设计，作者有意挑选几件具有一定代表性的袜子包装盒，包括使用最多的上海地区，加上少量杭州和无锡等地区厂商，在民国时期所使用的袜子包装纸盒。对于各种不同图文内容的选择，如不仅有政治时事类内容的，还有人物类、动植物类和建筑图形类等多种图文内容的包装纸盒，也一并介绍给广大读者。

（一）"胜利门"牌舞袜竖式包装纸盒艺术设计

"胜利门"牌舞袜竖式包装纸盒，由上海永大针织厂使用于抗战后期。据有关民国时期工商史料介绍：该厂由工商业者、织袜行家姚承生先生创办。工厂位于南市东门路26号。① 早期，上海永大针织厂主要生产男女线袜、女士长筒舞袜和针织内衣等相关针织产品。抗战胜利前夕，该厂为了配合工商业者和全国民众欢呼庆祝抗日战争的最后胜利，曾委托纸盒设计人员设计使用过一种"胜利门"牌的舞袜产品包装纸盒。

这里从20世纪40年代中期，上海永大针织厂使用的"胜利门"牌舞袜包装纸盒盒盖正面观察，图样设计非常清新、别致而典雅。而包装纸盒中的图样设计，主要集中在纸盒正面和前侧面两处。此处先从盒盖正面图样看，中间偏上位置，设计师绘制有两扇门形状，通向抗战胜利之门，被慢慢打开。门内左右两边和后面，还设计有一座座蓝、黄色现代化高楼大厦。大楼的上面有蔚蓝色的天空，金黄色的阳光，正冉冉升起，并已越过整个屋顶。另外，"胜利门"的前面，设计师精心绘制有奶白与深蓝相间的一个大大的彩条状"V"字形，并一直延伸至纸盒左右两侧面。以此象征着抗日战争在我国即

---

① 上海全国工商业调查所编辑：《华商行名录·上海版》，上海全国工商业调查所1947年版，第543号。

将取得完全彻底的伟大胜利。纸盒最上面设计有扇形、弧形和半圆形连贯组成，并由黄、蓝、白三色搭配而成的装饰性花边，由此显得非常美观，而引人注目。对于纸盒中的中英文字体设计，也是非同一般。如产品名称奶白色"胜利门舞袜"五个图案美术字的设计，就极具个性化。还有中间深蓝加金黄色英文手写体"victory gate"（译为：胜利门）也非常醒目。最后，纸盒底部设计有乳白与湖蓝色组成的彩条纹，并延伸至前侧面。

整个"胜利门"牌舞袜包装纸盒画面设计风格，一反常态，非常新颖。如没有当时人们常见的，由很多民众聚集、簇拥在一起，兴高采烈直接欢庆胜利的场景。而是非常含蓄地打开两扇胜利之门，来欢庆这来之不易的伟大胜利。画面色彩使用，以普蓝、湖蓝、深灰和土黄色为主，完全摒弃当时在包装纸盒上常见的各种大红大绿组合在一起的传统模式。

另外，再从纸盒四周侧面艺术设计看，主要是前侧面图样的设计。画面中间为椭圆形，中间是正面"胜利门"的缩小版本。经过仔细辨别后，两者也不是完全相同。如"胜利门"两边增加一栋栋高楼，还添加了两行文字，即"胜利门"与"注册商标"。其他在左右两侧面，只是正面图样与线条的延续。后侧面完全为奶白色，没有任何图文。

从这件"胜利门"牌舞袜包装纸盒整体艺术设计看，不仅抗战内容题材选择得好，其包装盒画面布局与艺术设计同样新颖别致，不落俗套。还有纸盒大量使用深蓝、湖蓝、金黄和乳白色，由此显得十分清新、素雅。最后，此件纸盒中所设计使用的各种字体，包括手写体、印刷体，书法中的隶书，图案美术字等的选用，都达到了非常令人满意的艺术效果。

（二）"麒麟"牌袜子竖式包装纸盒艺术设计

阅览此件包装纸盒，由民国时期浙江杭州振兴电机针织袜厂使用。从包装盒盒盖画面看，为白色纸张，用大红和翠绿双色印制。而整个画面构思非常清楚，就是两方面内容。上面一大半为民国时期振兴袜厂袜子等纺织针织品的销售大楼。下面一小半为振兴袜厂一大段红、绿相间，竖排的文字广告。这种古朴、典雅而精细的包装艺术设计风格，在当时国内厂商所使用的服装、针织内衣和鞋帽等包装纸盒上，虽也有所见，但在袜盒盒盖上极少见。

"麒麟"牌袜子竖式包装纸盒，从整体艺术设计风格来看，完全就是20世纪20年代或此前的包装盒设计款式。它是采用一种国画中的白描手法，将所要表现的场景或人物细部特征，非常精细地描绘或刻画出来。首先从盒盖最上面文字看，为圆弧形从右至左排列的隶书体厂名，即"振兴电机针织袜厂"。下面便是设计师所要绘制的主要内容，即振兴袜厂早年使用的袜子发行所西式洋楼。从画面所反映的内容来观察，可谓非常丰富。此楼虽不高，只有三层，但楼房外立面的艺术装饰非常美观。首先，从底楼看，在大门两边为装饰漂亮的商业橱窗，其中右边橱窗内，就挂满了各种款式的袜子产品。其次，二楼、三楼除了描绘美观的窗户铁栏杆外，外立柱上还书写有大量楷体产品广告语。如二楼外立柱上从右至左分别有："最优原料""各种线袜""冬夏线衫"和"丝光纱线"等。三楼为"本厂特选""督造纯丝""卫生毛巾"和"兼售各厂"。另外，从楼房中间建筑装饰来看，与左右两边完全不同。其中在中间最高处，还竖有一面旗帜，上面印有"振兴袜厂"四个红色标准楷体大字。最后，从底层大门口观察，站立着男男女女很多人。他们中有握手送客的；有在门口张望等人的；也有正进出此处的。再从门口路边看，左边正停着一辆老式（当时新款）小轿车；而右边很有意思，一辆拉有一位女士的黄包车正路过门口处。设计师将大楼外立面的各种装饰，大门口众多人物及路边场景等，均描绘得细致入微。

另外，对在袜盒正面下方印制大段（共 199 字）文字广告语的这种设计样式，在民国袜盒装饰设计中也极为罕见。因为它不是民国时期大张（60 厘米 ×90 厘米或 45 厘米 ×60 厘米）袜子包装纸中常见的大段袜子广告。因为袜盒盒盖面积很小，设计师一般不会将大段文字广告直接印在上面。还有左右两边为红、绿色对仗工稳，并以该厂厂名开头的两句广告对联。其中右边是"振全球足见我精神"，左边为"兴中华当惟以实业"。在红、绿色竖排广告语边框外，另印有一行当时该厂对外销售的联系电话，即"二百七十一号"。最后，纸盒四周边缘处的大红色直线加多种曲线组成的花边图样设计，也非常精美。这里不再细说。

再从这件包装纸盒四周侧面看，装饰有黑色蜡光纸。除了前侧面外，其他三处均没有图文。而前侧面虽说是"麒麟"牌，但设计人员并没有将传说中的这种吉祥动物画面绘制出来。而"麒麟"牌袜子包装标贴，从画面图样设计看，内容虽不是很多，但标贴底纹的绘制还是非常精美的。如底纹设计采用黑色点线状纹饰，将一个个人字形花纹连接在一起。中间上面空白处为袜子生产企业名称，中间是袜子商标名称。左右两边椭圆形空白处，留给袜子厂商加盖纸盒内袜子的尺寸、款式、质地和颜色等基本信息。

这只"麒麟"牌袜子竖式包装纸盒，从艺术设计角度和创作风格来评判，非常明显的是有多点与众不同之处。首先，就是盒盖上半部分大面积商业建筑白描手法的运用。其次，则是商业建筑下面的红、绿相间大段广告语的设计。再次，便是左右两边对仗非常工稳的一副对联的印制。上面这三种构图和表现方式，在当时其他织袜同行所使用的袜子包装盒中，几乎都未出现过。最后，从此件包装盒的色彩使用来观察，仅使用红、绿两色。包括大段广告语也是这样，红字一句，绿色一条。所以，从此件"麒麟"牌袜子竖式包装纸盒整体艺术设计来看，充分表现出 20 世纪 20 年代国内包装艺术构思的一种非常鲜明的时代特征和设计风格。另外，在 30 年代之后，"麒麟"牌袜子包装纸盒的这种设计风格，极少再现。

（三）"南洋群岛"牌袜子竖式包装纸盒艺术设计

"南洋群岛"牌袜子竖式包装纸盒，由上海南洋袜厂使用于20世纪20年代。南洋袜厂是我国早期知名度很高的专业袜子生产企业。该厂由清末著名广东籍商人、广升祥什货店经理、著名织袜专家余乾初先生创办于1916年10月。厂址位于上海五马路（今广东路）366号。① 按照骆贡祺先生一文《一双袜子藏幽香》（见《新民晚报》2009年1月11日B13版）介绍，南洋袜厂曾生产出我国第一双针织袜。20年代之后，南洋袜厂由余乾初先生转让给自己的同乡、学生张劭棠经营。1933年11月，由国民政府实业部商标局编辑，中华书局出版的大型商标、包装图样书籍——《东亚之部·商标汇刊》，就有我国知名工商实业家、南洋袜厂经理张劭棠先生向政府注册使用"南洋群岛"牌袜子商标的详细文字记载。② 之后，该厂还先后使用有"群岛""南洋"牌等袜子商标（有时该厂还将"南洋群岛"与"群岛"牌或"南洋"牌袜子商标，同时使用于同一件袜子包装纸盒上）。

观看使用于20世纪20年代的这件"南洋群岛"牌袜子竖式包装纸盒，从包装装潢的专业角度来研读，与当时国内其他厂商袜子产品包装图样，以常见的人物、花卉等图样为主的图样内容来进行比较，其设计风格完全不同。首先，该袜盒盒盖表面及四周侧面由土黄、淡蓝和乳白三色，所组成的十字形、口字形和田字形网格状底纹，且立体感非常强。袜盒盒盖正面主要就是中间的由黄、黑、白三色组成的"南洋群岛"牌商标图样。该商标图形为圆形白色地球仪状。画面中地球的经、纬线绘制非常标准，清晰可见。而地球仪中所描绘的陆地，很有意思，即并不是人们常见的五大洲、四大洋的固定版式。而是设计师只将东南亚地区的马来群岛、菲律宾群岛和印度尼西亚群岛中的部分地区绘制其中。这样的设计主要是突出表现"南洋群岛"牌袜子商标的主要内涵。画面中也有黑色楷体"南洋"与"群岛"的文字标注。在白色地球仪外面，设计有黑色圆环，中间有英文企业名称。商标图样的上面是从右至左书写的中文商标名称。另外，在盒盖上、下位置，还印有中英文企业名称和大量产品广告语。这里摘录几句由大红色楷体字竖排的中文广告："本厂特置电机，专织上等男女丝袜、线袜"（标点符号由作者添加）。另外，盒盖正面下方的英文字体设计，有手写体，也有印刷体，可谓多种多样。由此表现出设计师在外文字母设计和书写方面，确实具有高超的艺术素养和设计水准。最后，盒盖正面四周有大红色粗直线边框。

---

① 孔令仁、李德征主编：《中国老字号》，高等教育出版社1998年版，第215页。

② 国民政府实业部商标局编：《东亚之部·商标汇刊》，中华书局1933年版，第1018、1089页。

对于"南洋群岛"牌袜子竖式包装纸盒四周侧面底纹设计，包括前、后侧面中商标图形与正面一样，只不过在比例上是正面图样的缩小版。左右两侧面有用标准隶书体印制的两句广告语，右边为"坚固耐用"；左边是"价廉物美"。上、下边缘处，也有大红色粗直线边框，予以装饰和美化。

"南洋群岛"牌袜盒，画面整体艺术设计，图样构思虽较为简练，但画面底纹的艺术设计非常突出，构思巧妙。这也是此件包装纸盒在艺术设计方面一个非常鲜明的亮点。另外，画面中设计、书写的各种中外文文字字体，也充分体现出设计人员一定的专业水准。

(四)"勇军"牌袜子竖式包装纸盒艺术设计

阅览这件"勇军"牌袜子竖式包装纸盒，从纸盒文字内容看，为江苏无锡中华织造厂使用的。当时，该厂除了使用"勇军"牌袜子商标外，知名度很高的便是"花篮"牌袜子品牌。其他还使用有"千代"牌、"槟榔"牌和"红棉"牌等袜子商标。①

"勇军"牌袜子包装纸盒所反映的内容，具有很强的时代特征。它诞生于抗日战争时期。从"勇军"两字的字面含义来说，不仅有义勇军、志愿军和自告奋勇的本意，也有勇敢的军队、军人之意，同时还有民众拥护我国军人抗战时期英勇杀敌的含义。此件作品画面艺术设计，非常威武而雄壮。如图样上面偏下的中间位置，设计人员绘制有四位勇士，一字排开。他们头戴湖蓝色军帽，上身穿着同样整齐的湖蓝色军装，腰间束缚着咖啡色军腰带，下身穿着黑色长裤，一个个英姿飒爽地骑在一匹匹枣红马上。还有四位军人，他们左手握着长枪，右手正向人们挥舞着，以此号召广大爱好和平的民众，一起踏上抗战第一线。另外，从四位军人身后的背景图样设计看，同样与众不同。从画面整体看，犹如一轮刚刚升起的太阳，并由淡黄、咖啡色绘制而成。而四位军人站立在中间。军人的上面与左右两边，正闪烁着一道道紫红色光芒，并一直延续到纸盒的后侧面及左右两侧面。另外，对于四位军人的前面，设计人员绘制有一个淡黄色，上下用咖啡色粗直线点缀的一个大大的英文大写字母"V"字，以此象征着中国人民一定能取得抗日战争的最后胜利。另外，对于英文字体的设计，如上面黑、白色由左向右并逐步向上倾斜的"VOLUNTEERS"（可译为"志愿军""志愿兵"等），和下面湖蓝色空心英文美术字"COTTON HOSIERY"（可译为"棉线袜"）的设计，同样非常美观。对于袜盒前侧面艺术设计，只是正面图样的延续，没有什么特别之处。

此件"勇军"牌袜子包装纸盒艺术设计，不仅时代特征非常鲜明、强烈，而且画面艺术设计、整体图样布局等各个方面也与众不同，令人瞩目。画面中的人物、马匹

---

① 本人收藏有民国时期中华织造厂使用的这些袜子纸盒包装纸、包装标贴等原件实物。

和大量背景图样及细部特征的绘制与勾勒，也非常传神而有特色。此件"勇军"牌包装纸盒，确实反映出抗战时期广大军民英勇杀敌的豪迈气概，一往无前上战场的大无畏革命勇敢精神。

（五）"彩门"牌袜子竖式包装纸盒艺术设计

此件"彩门"牌袜子竖式包装纸盒与众不同之处就在于它的高度。即由普通的两只袜子包装纸盒组合在一起。前面已经说过，这种特殊的包装纸盒，目前只发现两件。即上海富华电机织袜公司使用的"彩门"牌（原名为"龙门"牌）丝袜包装纸盒和上海达丰织造厂使用的"塔蜂"牌、"金箭"牌羊毛袜包装纸盒。

据民国织袜工业史料介绍：富华电机织袜公司由工商业者杨焕南先生创办于1924年。厂址位于爱多亚路（今延安东路）489号。当时，该公司不仅生产各种各式男女袜子，还曾生产汗衫、背心和卫生衣裳。产品商标除了使用有"彩门""龙门"外，还先后使用有"龙亭"和"爽而薄"牌等袜子商标。[①]

观察"彩门"牌袜子竖式包装纸盒原件实物四周，发现其画面设计主要集中在盒盖这一面。此件包装盒盒盖正面与四周侧面，均由乳白色与湖蓝色相间组成的彩条状底色。盒盖正面中间位置，由包装设计人员绘制有外观为大红而金黄色，上下、左右对称状，标准椭圆形图形，中间为一座五彩古建筑风格的"彩门"。

画面中的古建筑"彩门"，从外观看实为一座高大的牌坊。古时，人们所竖立的牌坊常有这样几种情况，如有为表彰功勋、科第、德政和忠孝节义者所竖立的；有某些地方用来标明地区名称的；还有一些宫观寺庙以牌坊作为山门的。这里是作为山门的用处。从"彩门"的细微处看，如底部绘制有四根红色立柱，上面盘旋着一条条巨龙。再上面为青砖绿瓦，飞檐翘角，蔚为壮观地矗立在河岸边。还有"彩门"地面上铺设有长长的条石，中间还镶嵌有浮雕，两边种植碧绿的庄稼。从"彩门"的不远处看到，有蔚蓝色波光粼粼的河水，河对岸有绿油油的农作物。更远处还有高高的山脉，映红了半边天的阳光。该件"彩门"牌袜子竖式包装纸盒前侧面，厂商标贴有一张乳白色长方形小标贴。上面印有红色中英文企业与商标名称。另外，其他三侧面除了彩条状底色外，并没有其他装饰性的图文内容。

此件特殊规格的民国袜子包装纸盒，整体艺术设计较为传统，如画面讲究左右对称，景物设计也十分工稳，完全符合我国传统设计理念。总之，"彩门"牌袜子竖式包装纸盒除了选用一种特殊高度的规格来制作纸盒外，在纸盒画面艺术设计方面，并没有什么十分明显的突出亮点。但纸盒画面的色彩搭配还是非常新颖、引人注目的。

---

① 上海总商会编：《上海国货商标汇刊》，上海《商业月报》社1941年版，第143页。

（六）"美蜂"牌线袜竖式包装纸盒艺术设计

"美蜂"牌线袜是 20 世纪 20 年代，国内织袜行业中的传统名牌产品。由于美丰针织厂生产的"美蜂"牌线袜品质精良，声名卓著，故曾多次被其他同行非法假冒。如 1928 年 5 月间，该厂在市场上发现同行美焕针织厂，非法以"美蝶"牌假冒"美蜂"牌商标，曾多次向当时商标主管部门——全国注册局，举报美焕针织厂的侵权行为（南京中国第二历史档案馆有完整的"美蜂"牌袜子包装标贴图样档案资料，作者以前曾去查阅过）。同年 10 月 22 日，全国注册局向国民政府工商部请示，要求工商部发布禁令，予以禁止。① 当时，被假冒的商标画面，就是此件包装纸盒盒盖标贴偏下方的长方形图样，即"美蜂"牌商标图样。

这里对于"美蜂"牌袜盒，其画面装饰设计，为典型的 20 年代袜盒装饰风格。即包装纸盒图样的装潢设计，主要集中在纸盒盒盖上方和前侧面两处。观看"美蜂"牌袜子包装纸盒原件实物，首先是纸盒外粘贴有一张橘红色高级装饰纸。从纸张细微处看，表面压制有排列整齐的圆点状花纹。其次，从盒盖上面这张标贴图样看，画面设计非常精美，内容丰富。而整个图案主要可分成两大部分，即中间偏下位置的长方形"美蜂"牌线袜商标图样，和上、下两块由花卉及中英文美术字组成的装饰性画面。核心内容"美蜂"牌袜子商标图样的艺术设计非常精细而美观。如最先映入人们眼帘的是一位坐在石头上，梳理着一头短发的美女。只见她上身穿着当时非常时髦的中式花布短袖上衣，下面穿着湖蓝色长裤。脚上穿着黑色袜子，白色绣花鞋。她的头部附近还有一只蜜蜂，而右上角及偏下位置，也有五只蜜蜂。由此组成美女加蜜蜂这样的主要内容，即商标名称"美蜂"。另外，在这位美女身旁，设计师设计有多块大大小小的灰白与褐色相间的山石，周围生长有绿油油的青草。而不远处则有树木、红花、围栏、圆窗和庭院等景物。从画面整体看，犹如一幅完美的风景画。另外，商标图样外的上、下面花卉与文字字体的艺术设计也同样非常精美、漂亮和耐看。如商标图样的上面，即右上角，有红、黑两色组成的"美蜂牌"三个美术字。其他还有分别用金黄色、草绿色、深蓝色和大红色等多种颜色印制的英文产品名称、广告语和"注册商标"。下面为中英文企业名称。背景图样为蓝、白与黄等多种颜色，绘制成喇叭状花朵和绿色枝叶。最后，整个画面四周边缘处，还设计有金黄色齿轮状花边予以装饰与美化。

"美蜂"牌线袜竖式包装纸盒前侧面的设计同样是非常精彩。图样中间是一位美女的半身圆形肖像画，草绿底色。她梳理的也是当时社会上非常流行而时髦的发型。即美

---

① 左旭初：《中国商标法律史》（近现代部分），知识产权出版社 2005 年版，第 297 页。另见南京中国第二历史档案馆商标档案，全宗号第 613 号，目录号 583 号。

女头顶的长发，被左、右两边分开，前额中间留着一撮整齐的刘海。还有她涂抹着口红，耳垂处也佩戴着饰品。上身穿着黑色绲边，红、黄色中式上衣。而在美女的身后，设计人员又构思有一个大圆形图样，并由此形成一个内圆与外圆形成切点状的几何图形。在外圆空白处绘制有大小不等的三组六只蜜蜂。这样非常有创意的艺术设计，同样也是为了表现与满足"美蜂"这一商标图样的主题思想。还有"美蜂"商标的四周，也设计有上、下两组左、右对称的红花与绿叶。最后，左、右两边还设计有大红色厂名"美丰"两个美术字。

此件"美蜂"牌线袜竖式包装纸盒，盒盖上方和前侧面两处图样设计，具有很高的艺术水准，且画面构思十分巧妙而精美，并能紧紧围绕"美蜂"这两字商标名称的内涵，来充分发挥设计师的丰富想象力，从而达到了令人非常满意的艺术效果。另外，纸盒画面色彩搭配可谓五彩缤纷，美轮美奂。字体设计同样多种多样。如不仅有书法中隶书字体厂名的书写；也有如"美蜂牌"和"美丰"等图案美术字的设计。至于英文字体的构思，不仅有手写体，同样也有印刷体，真是变化多端。"美蜂"牌线袜竖式包装纸盒画面图样设计，不愧是 20 世纪 20 年代袜子包装纸盒家族中的精品力作。

四、民国袜子横式包装纸盒艺术设计

民国时期，国内袜子生产企业对于包装纸盒的使用，以竖式包装纸盒为主，且占据着绝大多数。使用横式包装纸盒的厂商极少。作者虽收藏有民国袜子包装纸盒 100 多只，但横式包装纸盒就那么 4 件。而其中勤兴袜衫厂、广升祥电机针织厂和大东电机袜厂三家又是一家民国时期由上海部分老字号袜子生产股份企业组建的联合体——"上海六合公司"中的三个主要成员单位。①

20 世纪 30 年代末 40 年代初，面对当时国内织袜行业激烈的市场竞争，由南洋袜厂的股东和经理，将广升祥袜厂（广升祥电机针织厂），南洋袜厂总号、南号，大东袜厂总号、东号和勤兴厂六个股份企业，联合组织起来，组建"六合公司"，以此增强衫袜经营的整体优势。当时在市民中曾流传过这样一句话："要买衫袜，只有到南洋"的赞誉之言。②另外，从中国现代织袜工业史料介绍，这四家袜厂有这样一些共同的特点：不仅它们创办时间早，生产设备先进，品牌知名度高，袜子也品质精良。

---

① 上海市黄浦区人民政府财政贸易办公室、上海市黄浦区商业志编纂委员会编著：《上海市黄浦区商业志》，上海科学技术出版社 1995 年版，第 201 页。

② 《上海日用工业品商业志》编纂委员会编：《上海日用工业品商业志》，上海社会科学院 1999 年版，第 149 页。

（一）"轮船"牌袜子横式包装纸盒艺术设计

"轮船"牌袜子横式包装纸盒，由我国现代袜业知名度很高的广升祥电机针织厂使用。

阅览"轮船"牌袜子横式包装纸盒，正面和四周侧面均为翠绿底色。整个画面使用金黄、乳白和淡绿颜色绘制而成。首先，这里从盒盖正面看，右上角为经过当时政府商标行政管理机关核准注册的圆形"轮船"牌商标图样。对于此件"轮船"牌商标画面的设计，为一艘正在航行的远洋巨轮半侧面图样。从这艘巨轮的细部特征来看，如高高的船舷，双层船舱，还有船上高高的桅杆，两个大大的烟囱等，均描绘得清晰可见。而这艘巨轮正航行在风平浪静的海面上。在轮船的上方，即天空中还有不少云彩。另外，在圆形"轮船"牌商标图样外面的圆环图形上、下位置，还注明全英文生产企业名称。商标图样左、右两边分别印有金黄色竖排黑体美术字"注册"与"商标"文字。另外。从盒盖中间位置看，设计师通过非常夸张的艺术表现手法，将一艘威武、雄壮的，由绿色到淡绿直至乳白色渐变的巨轮全侧面，完全展现在顾客面前。船体上方三个排列整齐的巨大烟囱，正冒出一缕缕笔直平行的白烟。水面上波浪的曲线，也是被夸张地绘制成大小完全一样。而现实中的水纹、白烟自然所形成的曲线线条，是完全不相同的。在巨轮的船尾，两只乳白色海鸟，正慢慢自由翱翔。另外，在大船画面的左、右两边，一道道强光将巨轮照耀得非常明亮而耀眼。对于主图巨轮上、下位置，不同内容的中英文字体设计，同样也充满着艺术美感。如最上面金黄色"轮船牌"及下面乳白色"首创电机丝光袜"等文字设计，均具有一定的个性化，并富有较强艺术性。

另外，"轮船"牌袜子横式包装纸盒，四周侧面的艺术设计，同样具有较高水准。如盒盖四周底部设计有三根金黄色细直线，上面还有大小相同的淡绿色弧形状连贯而成水纹。前、后侧面有相同的全英文生产厂名和厂址。左侧面上方为设计精美的金黄色空心美术字"轮船牌"和白色厂名。右侧面除了厂名外，设计人员还设计有三块并列在一起的白色长方形，主要是便于厂商加印袜子的尺寸大小、产品型号和袜子颜色等基本信息。左右两边还分别绘制有两组淡绿和金黄色的三角形，作为对右侧面的装饰与美化。

观赏整件"轮船"牌袜子横式包装纸盒，外观艺术设计非常清新而明快。由于设计师只使用黄、绿、白三色，故此件作品让人确实有眼睛一亮的感觉。还有画面局部，如海浪、白烟等，大胆采用艺术夸张的设计手法，使之更具有一股令人称羡的美感。最后，这件"轮船"牌袜盒的文字字体设计，也具有与众不同的个性化，特别是如左侧面金黄色"轮船牌"三个字，经过局部的加工处理，被有机地连接成一个完全的整体，确实具有很高的艺术水准。

(二)"黑猫"牌袜子横式包装纸盒艺术设计

根据此件"黑猫"牌袜子横式包装纸盒上的具体文字介绍,由民国时期国内知名袜衫生产企业——勤兴袜衫厂使用。这里查阅民国时期的工商史料:发现该厂由知名工商业者庐仲麓先生创办于1928年。厂址位于马浪路(今马当路)585弄20号。当时,该厂不仅使用有"黑猫"牌线袜、麻纱袜商标,还使用有"黑马""勤兴""老人""勇士""蜓翼""米鼠"和"蛛丝"牌等10件袜子产品商标。①

此件"黑猫"牌袜子横式包装纸盒,采用橙色与黑色作为纸盒的底色,并以金黄色曲线纹饰,对画面进行美化和装饰。而画面图样主要集中在中间左、右两边。首先,看右边圆形状金黄底色内的卡通型"黑猫"形象设计,非常惹人喜爱。如"黑猫"两只大大的眼睛。而最为夸张的是它的那个大而长的黑舌头,真是令人叫绝,自然特别会赢得众多少年儿童的欢迎。还有那个短而粗的尾巴,也与现实中猫的实际长相相差甚远。另外,再从左边中间偏下位置的那朵红花的设计看,也是与众不同。如花中间的花蕊部分,并没有按照自然界中普通花朵形状来设计。设计师当时完全是按照厂商的要求,将两句白色文字产品广告语移植在其中。上面为"原料上乘",下面是"始终如一"。由此说明,"黑猫"牌各种袜子的质量精良。因为产品原料的选用,首先要求是质量上乘。只有这样,才能从根本上保证袜子质量的优良。另外,纸盒中间的中英文字体设计也具有较高的质量。如在中文字体中,不仅使用有楷体字,也有图案美术字的选用。

另外,从纸盒四周侧面来看,前后侧面只是中间橙黄底色和金黄色曲线花纹的延续,没有再设计其他图文内容。而左右两侧面情况有所不同。如虽延续正面的底色,但右侧面中间设计有"蝉翼麻纱袜"五个白色美术字。左侧面则印制有上、下两句白色广告语。上面是"薄如蝉翼";下面为"细若蛛丝"。以此说明"黑猫"牌丝袜等产品质量过硬,品质精良。

此件"黑猫"牌袜盒,设计师首先采用由橘黄色与黑色共同组成彩条状底色,因此非常引人注目。纸盒正面画面图样设计并不多,但分布非常合理,一左一右。在具体位置方面,一个偏下,一个偏上。可谓遥相呼应,互为补充。另外,这里作者还发现与后面所介绍的由大东电机袜厂南号使用的"蜜蜂"牌袜子横式包装纸盒,在整体设计方面,如纸盒四周装饰性底纹设计、图样布局等,都有一些相似之处。因这两家袜厂在民国时期,都是袜业集团"六合公司"的成员单位。所以,这件包装盒设计可能出于当时的同一位设计师之手。

---

① 上海总商会编:《上海国货商标汇刊》,上海《商业月报》社1941年版,第134页。

（三）"袜字"牌丝袜横式包装纸盒艺术设计

"袜字"牌丝袜横式包装纸盒，由民国时期广东袜厂使用。该厂是一家知名的老字号专业袜子生产企业。查阅1933年11月出版的大型商标、包装图样工具书——《东亚之部·商标汇刊》一书，得知广东袜厂由钟日生先生创办。当时，钟先生曾向国民政府实业部商标局呈请登记注册有"袜字"牌（又名"袜砌袜字"牌）袜子商标，商标注册证编号为：第851号。还有书中也有"袜字"牌图文资料。① 民国时期，该厂不仅使用横式包装盒，同时也使用过竖式袜子包装盒。从当时该厂使用的竖式袜子包装纸盒上的文字得知，工厂早期设立于广州，产品发行所则位于上海浙江路（今浙江中路）宁波路北首。

阅览此件"袜字"牌丝袜横式包装纸盒，其艺术设计非常独特。首先，从袜盒盒盖正面看，为土黄底色。四个角上分别印有四句该厂生产的产品广告语。它们分别是"丝袜线袜""羊毛织品""卫生衣裳"和"麻纱袜衫"。另外，中间设计有一个深蓝色菱形图样，左右两边还各有四个仿宋体文字。右边为"广东袜厂"，左边为"袜字商标"。其中最精彩的部分，就是下面一个小菱形图案。即设计人员通过非常巧妙地将10只红色袜子，有意摆放出一个文字"袜"字。这种由具体实物经过设计师艺术性的创意组合，所形成一种与本产品相关的文字的艺术表现手法，在民国时期所有袜子包装纸盒，包括其他产品包装物中，都是极为罕见的。这种发挥丰富的想象力，非常奇妙的艺术表现手法，真可谓令人叫绝。还有从形象化的文字"袜"整体艺术设计来看，内容也非常丰富。还有如"袜"字的底纹设计，采用深蓝与乳白相间组成的条纹状装饰。另外，"袜"字外一圈，也分别设计有左右和上下对称的，由红花与绿叶组成的圆形装饰性花边。两边尖角处，印有英文"注册商标"的文字。

这里再阅读"袜字"牌丝袜横式包装纸盒前、后侧面，发现图文内容完全一样。其文字的艺术设计，同样别具一格。其中就是由多只红色袜子，经过特殊处理，组成繁体字企业名称"广东袜厂"。最后，再从左侧面和右侧面来看，图文内容及色彩与盒盖正面一样，只是按照比例进行了图文的缩小。故这里不再详细评述。

此件"袜字"牌丝袜横式包装纸盒，如从文字字体的艺术设计角度来评判，与民国时期各种产品包装纸盒的艺术设计均完全不同，真可谓独具匠心。它最大的亮点就是通过一只只袜子的不同位置的摆放，以此组成一个个与袜子及生产企业完全吻合的内容。以具体的袜子实物，来充分表现抽象的袜子文字内容。这就是这件"袜字"牌丝袜横式包装纸盒，艺术设计方面非凡的奇妙之点和过人的高超之处。

---

① 国民政府实业部商标局编：《东亚之部·商标汇刊》，上海中华书局1933年版，第1040、1096页。

（四）"蜜蜂"牌袜子横式包装纸盒艺术设计

这里通过阅览"蜜蜂"牌袜子横式包装纸盒上的文字看到，此件包装纸盒由大东电机袜厂南号使用于 20 世纪 30 年代。按照有关民国工商史料介绍：大东袜厂由知名工商业者、织袜专家张劭棠先生创办。从民国时期出版的大型商标、包装图样工具书——《东亚之部·商标汇刊》一书中，也有"蜜蜂"牌袜子商标图样的图文记载。①

观察这件"蜜蜂"牌袜子包装纸盒，画面由暗红加黑、白色组成的彩条状底色。此件"蜜蜂"牌包装纸盒与勤兴衫袜厂使用"黑猫"牌包装纸盒，从整体设计风格来看，应属于同一设计师的作品。

"蜜蜂"牌袜子横式包装纸盒画面整体艺术设计非常美观、大气。袜盒图样部分的设计，主要集中于盒盖左右两边。首先，是袜盒左边的"蜜蜂"牌袜子商标图样的艺术设计，即为圆形奶白底色。画面由土黄色绘制的一只长筒袜子，与周围的一只蜜蜂及附近枝叶等组成。另外，中间还设计有一行黑色外文字母，即英文"Bee Hosiery"（译为：蜜蜂牌袜子）。而右边图样外观，为一朵盛开的红、黑色花朵。花朵中间还设计有两行白色楷体广告语"原料上乘""始终如一"。中间部分从左至右的厂名和厂址的中英文字体设计，也非常美观（注：厂址中的霞飞路，即现在的淮海中路及淮海东路西段）。在左边一端，设计有长方形黑白相间的细直线，对袜盒起到一定的装饰和美化作用。盒盖及四周侧面中的底纹设计，包括白、红色与红、黑色朵朵祥云的配置和绘制，均增添了袜盒的美观程度。其他前后、左右四侧面的文字广告的广告，并没有什么非常明显的特别之处。

对于 20 世纪 30 年代由大东电机袜厂南号使用的"蜜蜂"牌袜子横式包装纸盒，整体艺术设计来评判，无论是图样布局，色彩搭配，还是具体的文字字体设计等，均呈现出一种完全不规则的非对称设计风格。其设计人员的设计理念，均属于上乘或高水平的，且有种西洋化的韵味，确实是可圈可点。

五、民国袜子包装铁盒艺术设计

因"民国袜子包装铁盒艺术设计"这一章节，文字内容与包装原件实物有限，这里按照书稿编写的实际情况，只将其分成两个小目进行叙述。

民国时期，国内袜子生产企业在新品袜子出厂时，一般很少使用铁盒来包装袜子。这样一来，目前所留存的民国袜子包装铁盒实物和图片资料就显得非常稀少，所保存的

---

① 国民政府实业部商标局编：《东亚之部·商标汇刊》，上海中华书局 1933 年版，第 885、1049 页。

文字史料相对来说也同样不多。

（一）民国袜子包装铁盒使用概况

民国时期，国内织袜行业对于袜子产品的包装，可以说是百分之九十九地使用纸质包装盒。因为使用纸盒包装，可节省大量的包装成本。但世界上任何事物都不是绝对的，民国时期有极个别袜厂，为了追求袜子产品外包装的美化和吸引更多消费者的关注，曾不计成本，采用极为罕见的翻盖铁盒来包装袜子。如20世纪30年代的上海五洲袜厂、仁和织袜厂等。

另外，在民国纺织品包装盒的使用中，如厂商在帽子的新品出厂包装时，使用铁盒包装的实例还是不少。这是因为生产企业所生产的一些高级礼帽，从外观来说需要挺括。在日常运输和保存等过程中绝对不能受压，否则要变形，而影响到产品质量和使用时的美观。但袜子的质地，是羊毛、棉线、麻纱和丝绸这些柔软的织品。所以，民国时期厂商使用铁盒包装袜子的实例极少。下面选用上海五州袜厂曾经使用的袜子包装铁盒，就其外观艺术设计，做点简要的评述。

（二）"五卅"牌袜子包装铁盒艺术设计

为了对"民国袜子包装铁盒艺术设计"这一节进行直观而形象化论述，这里选取作者收集的唯一一件民国时期袜子包装铁盒，即上海五州袜厂20世纪20年代末使用的"五卅"牌袜子包装铁盒，按照艺术设计这一主题，进行点评和解读。

据民国时期有关国货史料记载：上海五州袜厂设立于南市小西门迎勋路文惠里8号，产品发行所位于五马路宝善街（今广东路）满庭坊东首535、536号。该厂早期主要生产"五卅"牌男女丝、线袜①。对于"五卅"牌袜子商标名称的使用，主要来源于1925年5月30日，中国共产党在上海领导的反对日商无理打人和开除工人的大罢工，即"五卅运动"。②

这里从此件袜子包装铁盒艺术设计看，画面整体艺术设计，较为简洁、明快。而有关图文内容，主要集中在盒盖正面和前、后两侧面。首先，铁盒正面选用当时较少见的全绿底色。铁盒上面为淡黄色缎带，中间是由隶书体印刷的企业名称"五州袜厂"。而画面的核心内容是中间的商标图样。设计师这里选用深蓝底色，金黄色文字。而商标名称"五卅"两字，被有意设计成圆形。外面再绘制一圈由黄花与深绿色构成的装饰性花环，中间底部用金黄色缎带系住。在商标图样左右两边，还分布印制有两句广告语。其

---

① 上海机制国货工厂联合会编辑：《国货样本》，上海机制国货工厂联合会1934年版，第40页。
② 中国近现代史大典编委会编：《中国近现代史大典》（上），中共党史出版社1992年版，第70—71页。

中左边是"电机丝袜"；右边为"精美国货"。其他在商标图样上、下面的文字为"注册商标"和"五卅牌"。最下面是当时五州袜厂的厂址：上海五马路宝善街（今广东路）。铁盒盒盖四周侧面的图样设计，主要是由金黄色与深蓝色相间，并呈竖式长方形块状而组成一圈装饰性花边。

铁盒下半部分前、后侧面底纹的设计，由黄、绿色加黑色点状花纹组成。前侧面图文内容为圆形"五卅"牌商标图形，但省略了正面圆形外复杂的花环图样。上、下边缘处设计有黄直线与黄色加深蓝色相间组成的花边。后侧面底纹与花边图文与前侧面完全相同，但没有商标图样，改为两行金黄色隶书体文字，每个字均用深蓝色线条进行勾勒，内容为"五卅牌"和"五州袜厂"。左、右两侧面相同，即为金黄色横直线与金黄色加深蓝色竖直线相间，而共同组成的装饰性纹样，此件对整个铁盒予以装饰和美化。

此件民国时期使用的"五卅"牌袜子包装铁盒，盒盖与铁盒下半部分，画面整体艺术设计，非常简洁、直观。色彩以黄、绿色为主，为此让人有一种赏心悦目之美感。但此件"五卅"牌袜子竖式包装铁盒，因保管不当，表面油漆脱落严重，品相相对较差。再则作者因只有这么一件，无法使用其他铁盒进行替代。这里为了不使民国时期厂商使用铁盒包装袜子的历史经过，以及民国袜子包装铁盒外观艺术设计内容的空缺，无奈之下，在此也只能以"五卅"牌袜子包装铁盒实例进行介绍和评述。

六、结束语

民国袜子包装盒的艺术设计和构思，不仅是袜子包装艺术设计的一个很重要的组成部分，同时也是民国产品包装设计的一个分支。民国袜子包装盒与民国袜子外包装纸、内包装纸、包装封套、包装标贴、包装插牌和包装吊牌等一样，均是民国时期袜子包装艺术设计的重要内容；还有民国袜子包装盒的艺术设计，与民国袜子广告设计、商标设计、产品样本设计和产品价目表设计等组合在一起，构成了民国袜子实用美术设计的完整设计体系。它不仅非常值得现在从事包装艺术设计的人们去探索，同样值得有关从事中国近现代商业美术设计的人员进行系统研究。

19世纪英国学术训练方法研究

——以欧文·琼斯思想形成为例

李　敏　郑　杰①

（上海大学数码艺术学院）

摘要：本文以英国19世纪为背景，探讨维多利亚时代英国建筑师培养的学术训练方法。文章以英国研究"东方主义建筑"的建筑师欧文·琼斯（Owen Jones）为案例，分析该时代建筑学者如何进入建筑事务所；如何进行大旅行学术训练并成长为建筑师，和在学术训练中如何形成独立思想。本文写作目的是引起高等院校关注学生培养方法，以西方历史为鉴，寻找当代艺术设计教育的良方。

关键词：19世纪英国；学术训练；大旅行；欧文·琼斯

马克思主义哲学认为，社会存在决定社会意识，经济基础决上层建筑。"物质生活的生产方式制约着整个社会生活、政治生活和精神生活的过程。不以人们的意识决定人们的存在，相反，是人们的社会存在决定人们的意识。"② 马克思的这段话揭示出：人的思想形成与其生活的社会密切相关；与其生活的时代的意识形态，社会文化精神导向，社会经济发展密切相关。琼斯生活的时代正是处在英国"工业革命"嬗变过程中，社会正发生深刻变化，前工业化时代传统文化与工业革命新文化相互交织、混合和结构性的调整；是各种思想交汇、碰撞，新旧矛盾重重，考古之风兴盛，新古典主义、哥特建筑艺术复兴；折中主义流行、浪漫主义兴起以及功利主义抬头；艺术创作盲目、模仿，抄袭泛滥的时代；加之社会结构变化，新兴资产阶级追求浮华急于显示财富和地位，使这股风气很快流行，它打破了以往审美的规律和品质。而科技的新发明和新创造又充满这个时代，在这些综合因素作用下，社会变革欣欣向荣的表层下暗流涌动。一大批艺术理

---

① 李敏（女），土家族，博士，上海大学数码艺术学院副教授，硕士生导师，研究方向：装饰艺术设计与文化遗产，文化创意产业理论与管理，艺术市场与品牌策划研究。郑杰，上海大学数码学院在读研究生。

② 《马克思恩格斯选集》第2卷，人民出版社1995年版，第82页。

论家、批评家、建筑设计师们纷纷撰文、著书抨击时弊，艺术科学在这种无形发展中开始形成其雏形，很多关于古希腊、古罗马、庞贝遗迹的研究，建筑理论、建筑装饰、建筑风格、装饰风格的探讨和新设计思想的理论凸显，交织在维多利亚这个繁荣的时代中。

一、研究背景

19 世纪初叶的 10 年间，英国建筑行业仍处在幼年期，17 世纪后虽然英国已经成为欧洲最大的城市，但依然充斥着中世纪密不透风的木结构建筑。当财富积累到一定程度就需要社会提供新科学技术来改善生活，当原有的社会框架不能满足需求的时候，各种变革就开始了。1603 年英国建筑师琼斯 (Inigo Jones) 造访意大利，10 年后将帕拉第奥风格①带回英格兰，在英国开创了一种讲究对称比例的全新建筑形式，帕拉第奥纯静的几何体、细腻的装饰给人以一种尊严，琼斯成为英国第一个也是最伟大的英国式文艺复兴建筑师，作为詹姆士一世麾下的建筑总监督官，为英国建筑带来了秩序。其作品 1629—1635 年建设的伦敦考文特花园 (Covent Garden) 是英格兰历史上第一个经过设计的公共空间，西面的圣保罗教堂 (St. Paul Church) 于 1795—1798 年火灾后重建，乃考文特花园中唯一保留的琼斯原设计风格的作品，被誉为"英格兰最美丽的谷仓"（图 1，考文特花园）。考文特花园貌似温和的帕拉第奥风格，实则充满了阳刚之气，但由于内战所造成的混乱，最初琼斯所提倡的比例、理性当时没有引起太多的反响，理性思想的孕育犹如深埋在土壤中的种子等待催发。从工业革命的特征反映出来：机械化生产导致劳动力的大量需求，前期的英国圈地运动促使大量农民离开土地进入城市，成为城市市场需求的雇佣工人，城市人口迅速膨胀，而进步带来的新兴资产阶级的成长，封建贵族阶级气息奄奄，过去兴旺的受封建贵族青睐的作坊、事务所，特别是为某些贵族或赞助人或有身份人服务的建筑师的情况逐步颓势，取而代之的是商业设计师出现。工业生产、建筑设施、公共场所和海外贸易的膨胀，以及在这种社会条件下的戏剧性变化中，大规模的新建筑类型设计需求呈现出来。建筑事务所和皇家学院常常组织协会，由委员会经过公开或邀请赛的形式来决定为这些新公共设施或商业建筑选择它们的建筑师和设计师。

当时，一个建筑师事务所为参加学习和训练的学徒，安排的学徒期一般为 3 至 5 年

---

① 帕拉第奥 (Andrea Palladio, 1508-1580) 意大利伟大的建筑家、理论家,1570 年出版了巨著《建筑四书》(Four Books on Architecture)。他基于细致的古典建筑研究，结合自身的创作实践，强调装饰与建筑应是完整的统一体，古罗马和希腊的柱式具有经典的比例和尊贵特征，应反复运用在设计中。

时间，虽然一些本行业教授者认真致力于培养学生，但许多学徒仍受雇做体力活，获得的设计经验很有限。为提高学生们的教育程度，建筑事务所还为学徒准备了参加绘画培训班和到欧洲旅行。学徒们要提供自己学徒期的费用，学徒的工具和日常用品，有财力的还可以选择绘画班或旅行，其结果往往是绅士们要在专业上继续深造或取得更多技能和教授师傅的资格，将取决于谁能够负担起平均7年的学徒和旅行开销。

图1　伦敦考文特花园

这种制度是沿袭了欧洲中世纪城市兴起后，手工艺越来越发达，行会建立和盛行，技术学习和技能培训成为必需，学徒制就是在这样的情况下应运而生的。行会制有一系列行规以保证既得利益者的财富和权力。当学徒制发展到后期时，学徒制出现了三种趋势：一是行会规章管理向法令管理的过渡；二是从纯粹的技艺学习向读写算过渡；三是从师徒的父子关系向雇佣关系过渡。一般来说，城市中的居民地位一直沿袭中世纪上、中、下层的格局，上下地位和财富悬殊很大，上层为当权者、富商、行会首领；中层是小手工业者和小商人；而下层为帮工、学徒、流浪汉、乡村逃亡的农民等。而学徒技术和能力的获得主要依靠日积月累的摸索和经验，师傅和徒弟之间技术的传承、口口相传和耳濡目染进行。当时的手工业行会被称为基尔特（gild、guild），最初是一种集体组织、宗教团体、慈善机构、互助团体等性质，后来逐步发展成为城市手工业劳动组织。手工业行会最早的记录是英国财政署1130年的卷筒账册，上面记载了伦敦、温切斯特、林肯、牛津、亨廷顿、诺丁汉和约克的织工行会。①

15世纪后，学徒培养由原来的私人性质已经转变成为社会性质，对学徒的学习进

① Hilton .R. H, *English and French Towns in Fendal Society: A Comparative Study Cambridge*。

行了很多规定。如带学徒的人数上限制。根据亚当·斯密对 17 世纪英国经济的研究，根据行会规定，谢菲尔德的刀匠师傅，不得同时带有一人以上徒弟；诺福克及诺韦杰的织匠师傅，不得同时带两人以上徒弟，违者每日罚金 5 磅，向国王缴纳。但因后来多方行会反对，才通过议会法令废止。① 此外，行会还制定有抬高进入行业的门槛。一般情况下，需要拥有年价值 20 先令的土地的农民才能送自己的儿子当学徒。由于学徒制主要限于伦敦和其他利润较高的城市职业中，这就基本圈定了只有出身富裕家庭的人：像城市商人、自耕农和绅士的儿子能支付得起较高的学徒费和相当代价，才能进热门职业当学徒。学徒的年限也有相应的规定，一般学徒期为 7 年，行会的名称为 University，来源于拉丁文原名（也就是我们今天的大学）。另外还有规定，比如一个人打算在某个行业获得称师授徒的资格，那么他就必须在具有适当资格的师傅门下做学徒 7 年。1563 年，即伊丽莎白五年颁布了《工匠学徒令》规定，今后无论何人，如果要从事当时英格兰所有的手艺、工艺和技艺的，都需要做 7 年学徒，这些规定意图是要保证产品的质量，也是要培养青年人勤劳美德。当然，过分的行业规定保护了行业主的利益的同时也限定了城市技术行业的发展。18 世纪后，新兴的资产阶级主张开放自由从业的大门，让技艺高超的手工艺者和技术从业者进入城市，这可以给衰弱的城市恢复生机和繁荣。这为后来英国工业革命接纳欧洲各地大批熟练技术和手工艺从业者，促进英国工业发展奠定了认同基础。

19 世纪初英国工业革命的驱动使英国社会迅猛发展，英国成为世界上最强的国家，不断地新建、翻建与重建显示了大英帝国的繁荣，在这繁荣的背后英国社会已普遍弥漫着一种危机和焦虑的情绪。这可以从英国著名小说家狄更斯（Charles Dickens，1812—1870）多部作品中认知。狄更斯毕生的活动和创作，始终与时代潮流同步。他主要以写实笔法揭露社会上层和资产阶级的虚伪、贪婪、卑琐、凶残，满怀激愤和深切的同情展示下层社会，特别是妇女、儿童和老人的悲惨处境，并以严肃、慎重的态度描写开始觉醒的劳苦大众的抗争。与此同时，他还以理想主义和浪漫主义的豪情讴歌人性中的真、善、美，憧憬更合理的社会和更美好的人生。欧文·琼斯（Owen Jones）与狄更斯可以说是同龄人，都曾经历英国普遍存在的专业事务所当学徒的生涯。这时期的人们都注意到他们好像生活在一个过渡时期，为了完全不同的未来而准备着，并试图用所有领域的知识来识别基本的指导原则以及缓和目前变化的不确定性。在建筑领域，一种认真研究、扩大出版和增强辩论的探索精神得到鼓励。

---

① ［英］亚当·斯密：《国民财富的性质和原因的研究》（上卷），商务印书馆 1974 年版，第 113 页。

二、英国建筑师的学术训练

欧文·琼斯就是生活在维多利亚时代的建筑师、设计师和设计教育家。他从小受到父亲威尔士血统熏陶，少时就热爱建筑，当他长成 16 岁时，他有幸进入了当时伦敦最有名气的路易斯·威廉姆建筑事务所开始了他长达 6 年的学徒生活，并在这样的条件和环境中形成其建筑和设计思想的。

路易斯·威廉姆（Lewis Vuillamy，1791—1871）建筑职业事务所，为当时伦敦一家一流的事务所。该事务所与伦敦皇家学院关系密切①。通过皇家学院该事务所可以获得更多机会和广泛发展的空间。琼斯进入建筑事务所做学徒期间，深得威廉姆器重，是威廉姆的爱徒，在做学徒的 5 年间，他与威廉姆一起参与诸多项目的竞标或建筑项目的修缮工作，从中学习建筑设计的各种风格。威廉姆建筑事务所还致力于住宅空间方案的都铎王朝风格设计和研究。这一风格流行于都铎统治时期，因都铎英王（Tudor dynasty，1485—1603 年）而得名。这个时期大型的宗教建筑活动停止了，新贵族们开始建造舒适的府邸，在这种情况下，混合着传统的哥特式和文艺复兴风格的都铎式应运而生。都铎式府邸建筑体形复杂，尚存有雉堞、塔楼，这些既属于哥特式风格；但其构图中间突出，两旁对称，所以又有文艺复兴风格。这一时期，还出现许多半木结构(half timber，或叫露木结构）的房屋，供小康人家居住。这种房屋内外墙均用木构架，而在构架之间填以砖或灰泥。漆成深色的木材和淡色墙面形成强烈对比，屋顶为陡峭的双面坡顶。这种房屋具有鲜明的民族特色，常为游人所注目。事务所的这些研究对琼斯了解不同风格形式的建筑帮助很大，也开阔了眼界，加之这个时期大量的建设和修复工程能参与其中，足可以使琼斯吸收各家之长，琼斯跟随威廉姆参与当时著名的建筑师约翰·索恩（John Soane）新古典主义建筑设计的代表；查尔斯·巴里（Charles Barry），英国 19 世纪最伟大的浪漫主义建筑家，著名的英国泰晤士河畔的国会大厦的设计者和 C. R. 科尔雷尔（C. R. Cockerell）等角逐的项目中获取经验和知识。

琼斯敏锐地意识到作为建筑师，需要最大限度地了解材料、结构和建筑设计趋势的发展，同时也认识到 19 世纪的建筑环境已经变得更加复杂，建筑师不得不将他的设

① 皇家学院，全称皇家美术学院（Royal Academy of Arts)，是位于英国伦敦皮卡迪利街伯林顿府的一座艺术宫，位置独特。皇家学院为私人资助机构，相对独立，建立于 1768 年 12 月 10 日，伦敦皇家美术学院宗旨是培育与改良绘画、雕刻和建筑诸艺术，目的是促进杰出的艺术家和建筑师的出现，国王是学院的保护人，并保有批准新会员的权力；根据 1768 年 11 月 28 日的备忘录中的记载，是为了建立一所规范的设计学校或学院，以供艺术类学生就学，以及设立年度展览，向所有卓越的艺术家开放作为未来学院的"两项主要任务"。毫无疑问，在巴黎和其他欧洲各国首都，展览会是重要的，但没有任何地方将展览会置于一所美术学院这种中心的位置。

计与未受过训练的竞争委员会和建筑承包商沟通；这对设计师来说可能面对更多更艰巨的挑战，而且还要更善于商业操作和谈判。这时期英国又修建大量公园和集会广场，1811—1830 年约翰·纳什 (John Jash，1752—1835) 主持建设的伦敦摄政大街和公园 (Regent Street and Regent Park) 以及 1838 年巴里爵士设计的特拉法加广场 (Trafalgar Square) 均是该时代的象征。同时哥特式建筑又在英国复兴，大量的建筑形式设计需求增长，以比赛竞赛形式征集设计方案需求上升。但是，比赛执行没有道德原则，委员会中的部分成员又缺乏设计的教育，更重要的是，新技术和新材料的引进，对设计师角色和建筑实践来说是一种巨大挑战；而工艺又有下降，学徒们的训练系统高低程度不均、满意程度低，而且建筑师和实践者中也包括工程师、建筑承包商和测量师，他们之间的分工也不能令人满意。加上这时期关于建筑风格的辩论更加激烈，学术出版物聚焦主题：哥特式建筑的起源和术语①。琼斯仍然能感受到当时不一样的气息，如出版物增加、奖学金也照样，但书籍中大多数包含着风景画小舍，小村庄设计缺乏敏锐的风格分析或者有深度的、洞察力的建筑理论分析②，这些问题的产生可能应归于英国建筑师实践训练的导向，却引起了琼斯的探索。琼斯就是在这种时代嬗变的社会发展中成长的，其才气和能力在后期的考古、演讲、世博会、印刷实践等方面得以充分施展和显露。

三、英国的学术旅行教育

上述英国传统学徒制行会教育中，有一个学徒环节是"旅行教育"(education traveling)。这种"教育旅行"也被称为"大旅行"是从文艺复兴开始，那时启蒙主义追求科学与真理的思想已开始深入人心，很长一段时间里它都是欧洲人津津乐道的重要事件。它被看成是自 16 世纪到 20 世纪初以来，欧洲知识分子"读万卷书不如行万里路"式的洗礼，欧洲大众普遍将"大旅行"视为追寻艺术、光明、美景、历史与古

① Vuillamy's best-known works are the Law Society, London (1828-1836); the Royal Institution, London (1838); the Dorchester House. London (1863-1870); and Westonbirt House (1863-1870). 威廉姆最著名的著作是《社会法律》，伦敦 (1828—1836);《皇家学院》，伦敦 (1838)；《多尔切斯特宫》，伦敦 (1863—1870); 以及《维斯特百灵宫》(1863—1870)。

② Howard Colvin, A Biographical Dictionary of British Architects 1600-1840, 3rd ed. (New Haven and London: Yale University Press, 1997), S.V. Lewis Vuillamy, and Adolf K. Placzek, ed., MacMillan Encyclopedia of Architects (London: The Free Press, 1982), S.V. Lewis Vuillamy, p.353. 霍华德·科尔文:《英国建筑师传记辞典 1600—1840》,第三，纽黑文市和伦敦：耶鲁大学出版社 1997 年版; S.V. 刘易斯·威廉姆、阿道夫·K. 普莱泽克译:《麦克米兰建筑师百科全书》，伦敦：自由出版社 1982 年版, S.V. 刘易斯·威廉姆, p.353。

迹为一体的心路历程。特别是从18世纪中叶开始，越来越多的艺术家、文学家和上层青年纷纷前往意大利，感受异国情调，认识古代生活，帕尼尼（Giovanni Paolo Pannini）的名作"现代罗马"（图2，美国纽约大都汇美术馆馆藏文物）则充分显示了这座名城博大宽宏的气质[1]。由此，我们看到古罗马和古希腊辉煌的历史进了欧洲人的生活，尤其是意气风发的英国上层贵族青年，当时处于蒸蒸日上的乔治亚时代，拥有时间与金钱获得教育和旅行的双重乐趣。他们通常认定唯有完成"大旅行"，才算正式结束血统纯正的教育，因为爵位由长子继承，家族

图2　现代罗马（帕尼尼，油画）

通常将最年长的儿子送到国外，完成学业并作为择业的开端。

　　但是"大旅行"的真正意义除了浪漫主义情怀外，更在于欧洲特别是意大利罗马的古迹、灿烂文明开启了英国人的心智，开了考古学实证研究的先河，也促进了英国本民族文化传统的总结。在英国的建筑历史上"大旅行"的经历造就了数不胜数的优秀建筑师、园艺师、圣教徒、旅行家、文学家等。如英国历史上第一位伟大的文艺复兴建筑师琼斯（Inigo Jones），通过"大旅行"将帕拉迪奥风格带回英国；被称为英国景观园林之父的肯特（William Kent，1684—1740)，从1700年开始在意大利游历近10年，受到意大利台地花园的震撼，开了英国风景式园林的先河；苏格兰名师亚当（Robert Adam，1728—1792)与法国建筑师合作在意大利进行古迹测绘，出版测绘图纸，丰富的成果和研究素材促进了后来的英国新古典主义诞生[2]。从历史的维度看"大旅行"的形式也有其传统渊源，而帕埃斯图姆、西西里和希腊地区古希腊遗迹的重新发现和记录再次引发了欧洲人的一种艺术理念，希腊式由此取代罗马式成为古典理想的一种模型。

　　18世纪末至19世纪，大批艺术理论家和业余爱好者、传教士、旅行家等热衷希腊、埃及、罗马甚至土耳其、西班牙、印度、中国等地考古、旅行。特别是18世纪50年代，约翰·约阿希姆·温克尔曼（Johann Joachim Winckelmann）在其文章中将理想美学建筑

① 　Renzo Salvadory, *Architect's guide to Rome*, London: Butterworth Architecture. 1990.
② 　朱晓明编著：《当代英国建筑遗产保护》，同济大学出版社2007年版，第15页。

的主要特征概括为排除了色彩、以纯形态为基础的美的定义。进入 19 世纪，由于研究者们对经典文献的兴趣日益增长，再加上那些古代遗迹用色的新发现，温克尔曼关于纯粹、白色的装饰观点遭到质疑。1815 年法国古典主义代表人物卡特梅尔·德·坎西①出版了对古代遗迹的观点构成挑战的革命性理论著作《奥林匹亚·朱庇特——对古代雕塑艺术的全新阐释》(Le Jupiter olympien，ou l'art de la sculpture antique considéré sous un nouveau point de vue)。对 19 世纪早期发现的彩饰遗迹作重新评价。这时期考古之风盛行，一批又一批的英国人、法国人、德国人相继抵希腊进行考古学研究，他们分成三批：

第一批全部是英国人，于 1800 年左右抵达希腊，包括埃尔金勋爵 (Lord Elgin，1766—1841)、威廉·利克 (William Leake，1777—1860)、威廉·威尔金斯 (William Wilkins，1778—1839) 和爱德华·多德威尔 (Edward Dodwell，1767—1832)，后三者发表了关于彩绘的报告……

第二批考察者有：科尔雷尔、哈勒、斯塔克尔贝格，是 19 世纪第二批旅行者中的成员，他们去调查古希腊遗迹中的色彩。

第三批是追随科尔雷尔到希腊考察的第三批英国考古学家和建筑师，于 1816 年出发，包括威廉·金纳德 (William Kinnard，1788—1839)、约瑟夫·伍兹 (Joseph Woods，1776—1864)、T. L. 唐纳森 (T. L. Donaldson，1795—1885)、查尔斯·巴里 (Charles Barry，1795—1860)、威廉·詹金斯 (William Jenkins)②。这三批学者和建筑师中有不少英国人，他们将彩饰讨论的问题延续到英国，从"大旅行"建筑师学术训练范式可以看出，英国人所具有的一种天赋，他们不排斥外来文化，相反非常注意与外界的交流，在不断取舍中独树一帜。当"大旅行"与英国发展阶段相结合后，一种时代特有的精神就表现出来。

当法国和德国对于 1836—1837 年彩饰的争论接近尾声时，大英博物馆 (British Museum) 举行了两次会议，分析埃尔金大理石上的色彩遗迹，并考察古代彩绘的其他证据。③ 年轻的建筑师欧文·琼斯在会议上发表了《阿尔罕布拉的平面、立面与细部》"Plans，Elevation，Seaions and Details of the Alhambra"（伦敦，1842 年，图 3—4，阿尔罕布拉宫室内、室外）④ 论文的演讲，阐述了其考古研究彩饰遗迹的观点。他证实：

---

① 卡特梅尔·德·坎西的著作，于 1815 年出版。

② [德] 森佩尔：《建筑四要素》，罗德胤、赵雯雯、包志禹译，中国建筑工业出版社 2009 年版，第 8 页。

③ 这两次会议分别于 1836 年 12 月 13 日和 1837 年 6 月 1 日举行。第二次会议的焦点集中在建筑的彩绘问题，J.-I. 希托夫、W. R. 汉密尔顿、威廉·韦斯特马科特、萨瓯尔·安吉尔和 T. L. 唐纳森出席了这次会议。参见《伦敦英国皇家建筑师学会学报》，第 1 卷，第 2 部分（伦敦，1842 年），第 102—108 页。森佩尔在《建筑四要素》第 3 章引用了汉密尔顿的报告。

④ Plans，Elevation，Seaions and Details of the Alhambra, 伦敦，1842 年发表。

图3　阿尔罕布拉宫内部装饰　　　　　　　　　图4　阿尔罕布拉宫室外狮子亭

在希腊遗迹的研究中，如果剔除那些装饰，早期的彩绘和晚期的彩绘加雕刻，对建筑结构丝毫无损，神庙的彩绘保存得完好，希腊纪念碑上遗留下来的彩饰已经斑驳，关于古希腊白色大理石神庙曾经附有的彩饰，达到何种程度，说法不一，不过我们也不能肯定它到底用了哪些色彩，不同的权威有着不同的看法：有的说是绿色，有的说是蓝色，或者有人认为我们现在所看到的棕色在当年是金色。总之是各执己见，不过有一点可以确认，线脚上的这些装饰远离地面，高高在上，为了引起人们的注意，它们必然会选用那些亮丽的颜色来加以凸显①。另一位建筑师桑佩尔②在《初论》中将彩饰看成是"穿衣服"，把彩饰当成一种人对色彩有着喜好和天性，但也有其他建筑师反对，而施纳泽则认为：希腊神庙的白色大理石是为了突出神庙的神圣和严肃考虑，而其他个别小型构件上的色彩也是为了建筑形状和造型的需要。琼斯在大旅行考古中形成了自己独到的见解，他进一步揭示自己从西方建筑遗迹研究，扩展到伊斯兰建筑彩饰，再到西班牙直至将范围扩大到对东方古代色彩装饰艺术研究，表达了"一种艺术的成长伴随一种文明的成长，它们的成长被强化。共同的信仰把它们结合在一起，它们的艺术也有一定的共同表达，这

---

① Owen Jones The Grammar of Ornament, First published in Great Britian 2008by herbert Press an imprint of A&C Black.

② 戈特弗里德，桑佩尔［Gottfried Semper, 1803-1879］，19世纪德语国家主要建筑师、建筑理论家。

种表达的变化根据每一个民族受到其主题变化而产生影响"。① 同时，琼斯还采取了一种全新和可能的非历史资料源研究，通过该资料源来实证几何和色彩科学知识的好处，和现代科学把世俗宗教作一种合适的模型来研究的方法。

图5　阿尔罕布拉宫(手稿)

琼斯的"大旅行"是从 1830 年开始，历经四年系统地考察了欧洲、非洲和西亚等国的建筑遗迹。分三个阶段进行，第一阶段主要考察了巴黎、威尼斯、米兰和罗马等地遗迹，绘制大量图纸并进行细节说明，研究带回很多遗迹和废墟图纸，对建筑项目研究具有建设性的指导作用；第二阶段 1831 年到意大利、西西里、希腊、埃及和土耳其等地做古迹保护研究，如伊斯坦布尔两座有名的清真寺耶尼清真寺 [the Yeni Valide Camii] 和赛扎德清真寺 [the Sehzade Camii]。第三阶段是在法国，特别是西班牙的格拉纳达——阿尔罕布拉宫（La Alhambra）（图5，手稿），他被阿拉伯人和基督教徒的遗存深深吸引了后和同伴投入大量时间、精力对东方建筑和装饰风格进行深入细致的研究。

1831年琼斯在考察途中遇到了当时莱茵河建筑师弗兰兹·克里斯蒂安·高乌② 建筑

---

① Mark Crinson, Empire Building：Orientalism and Victorian Architecture, by Routledge, London, First published 1996, p.54.

② 鉴于我们对高乌开办的学校知之甚少，这所学校的规模一定不大。大卫·范赞滕（David Van Zanten）认为丹麦的 M. G. B. 宾德斯波尔（M. G. B. BindesbD11）曾在 1823 年期间跟随高乌学习，参见《建筑彩画：建筑中的生活》"Architectural polychrome：life in architecture"，见罗宾·米德尔顿（Robin Middleton）编：

事务所的两名设计师：一位是后来德国著名建筑设计师、理论家桑佩尔；另一位是后来成为自己遗迹考察伙伴的朱尔斯·格瑞，他们当时正受高乌的指导研究古代遗迹的彩饰问题，这给琼斯遗迹研究很大触动，后来，桑佩尔与他们分手继续回罗马考察。而格瑞和琼斯留下来结伴继续去君士坦丁堡做绘图和测量工作，后到阿尔罕布拉宫，进行了为期半年以上研究。手稿和绘制图纸（图6，宫廷装饰手绘）都集中在欧文·琼斯的箱子里，还有琼斯几年的旅行生活年表大事记和访问的地点的手稿①。但令人遗憾的是，没有杂志或信函记录琼斯幸存下来的纲要和新添内容的描述。

图6　手稿装饰纹样设计图

到西班牙访问之后，1834年秋季琼斯前往法国，据手稿年表记载，他又回到英国开始对阿尔罕布拉宫所有手稿、文献、图纸进行整理。1835年2月15日一封未发表的信由建筑师弗雷德里克·卡瑟伍德（Frederick Catherwood）记录了，他以前雇用的埃及古物学家罗伯特·海转录了琼斯在后记中的记述。

我忘记提及琼斯先生已经回来了，在格兰纳达他不幸失去了遭霍乱袭击的可怜的格瑞，一天晚上的7点钟在他被感染了4天后就去世了。这个城市有不少于10000人死亡并且不允许一个人离开这里。他们在阿尔罕布拉宫渡过了6个月如监狱般的生活，却意

《美术与19世纪的法国建筑》（*The Beaux-Arts and nineteenth-century French "architecture"*（马萨诸塞州坎布里奇，麻省理工学院出版社1982年版），第209页。感谢卡尔·哈默（Karl Hammer）与我共享他在这所学校中的调查资料。根据这段时期保存下来的（藏于苏黎世的瑞士联邦理工学院）森佩尔作品，我们可以将高乌的方法论概况为"杜朗式的"；戈特弗里德·桑佩尔：《建筑四要素》，罗德胤、赵雯雯、包志禹译，中国建筑工业出版社2009年版。

① "Printing the Alhambra: Owen Jones and Chromolithography by Kathryn Ferry", *Architectural History*, Vol. 46(2003), pp.175-188, Published by: SAHGB Publications Limited, 约翰·约翰逊收集，藏于牛津大学图书馆。

外地成就了我看见的生活中最漂亮的宫廷绘画。①

结　论

　　建筑是人们最为熟悉的艺术形式，琼斯正是从建筑的考古、建筑风格、建筑装饰、装饰原理等角度出发，探索东西方建筑艺术，继而探讨东方建筑艺术装饰及其原理，并成为西方学者中研究东方建筑装饰风格的典范。但是，当时建筑考古研究的主流还是古希腊、罗马艺术，到 19 世纪其新古典主义的风格仍然被许多建筑师所追求，温克尔曼所倡导的"静穆的伟大、高贵的单纯"的美学标准仍然被众多建筑理论家所推崇。因此，像琼斯将东方主义的建筑装饰风格作为研究的对象的理论家并未被当时大多数批评家所认可。但是，他作为补充西方建筑史的东方建筑装饰风格的研究却是弥足珍贵和不可或缺的重要组成部分。虽然，18 世纪以来东方风格对西方来说有一定影响或者说并不陌生，一些学者往往还将中国风格和中国建筑园林风格、日本风格、印度风格运用于英国的宫廷、宅邸中，但敢于挑战性地提出自己研究理论的学者毕竟还是少数。就这点而言，琼斯探索东方建筑装饰艺术风格的精神甚是可嘉和值得赞赏。

参考文献：

1.《马克思恩格斯选集》第 2 卷，人民出版社 1995 年版，第 82 页。

2. 陈平：《里格尔与艺术科学》，中国美术学院出版社 2002 年版。

3.Carol A. Hrvol Flores, *OWEN JONES*, First published in the United Staces in 2006by Rizzoli International Publicarions, Inc.

4.Alexander, Speltz *Styles of Ornament*, Grosste and Dunlap Publishers New York,2002.

5.*Ornamental Borders Scrolls and Cartouches in Historic Decorative Styles*, by the Syracuse Ornamental Company Dover Publishers, Inc., New York, 1987.

6.Nigel Morgan and Stella Panayotova, *A Catalogue of Western Book Illumination*, in the Fitzwilliam Museum and the Cambridge Colleges Edited, 2009.

---

① "Printing the Alhambra: Owen Jones and Chromolithography by Kathryn Ferry", *Architectural History*, Vol. 46(2003), pp.175-188, Published by: SAHGB Publications Limited, 约翰·约翰逊收集，藏于牛津大学图书馆。

好设计源于好生活

赵绍印

（徐州工程学院）

摘要：文中通过论述什么是好设计与好生活，又进一步分析了好设计与好生活的关系及如何才能实现好生活等内容。目的在于通过论述好生活与好设计之间的关系：好生活是好设计成长的土壤，好生活使好设计的价值得以发挥，好设计创造和保持好生活，得出好设计源于好生活的观点。从而给有品位的好生活的创造或保持指明了方向，同时也为好设计的诞生和发展提供了实现的可能。

关键词：好设计；好生活；设计与生活

一、什么是好设计

在《设计中的设计》中，原研哉就提倡"日常生活"是设计灵感的源泉，设计不是挖空心思去想黑盒子中的东西，而是用心去感悟"日常生活"中细微的问题，只有这样的设计才具有生命力，才拥有感人的意义和价值。[①] 好设计是体味生活基础上的喃喃细语，是春风拂面，是雨中撑伞；是一种无声息的关照；是一种品位的生活体现。好设计是优秀的，优秀的不一定是好设计。因为好设计是一种根植于日常生活之中，以生活和对人的关照为评判的标准。而不是以促销和盈利的多少作为衡量优秀与否的标准。好设计不是根源于商业的目的的追求，它是对于生活态度的一种价值和生命的重视：好设计必然是自然的和谐的，一切都在和谐中运作和使用。它虽然具有"无中生有"的创新性，但不是突兀的，它原本该这样，只是通过设计师之手把不同的材质和视觉要素组合了一下而已。设计师的任务不是创造，而是调整和协调，改变外在的形态或造型，使周围的相关物之间沟通更方便，交流更流畅，视觉上也更和谐。因设计，生活也变得审美

---

① 原研哉：《设计中的设计》，广西师范大学出版社 2010 年版。

和具有诗意了。人类仅仅是地球上有生命体之一，设计的责任和义务就是使人们明白这一点。我们生活在万物共存的时空中，不要因为只顾自己的存在而破坏其他生命者的家园，尊重一切生命和环境的设计便是好设计。迪特·拉姆斯（Dieter Rams）对好设计规定十条准则：（1）好的设计是创新的（Good design is innovative）；（2）好的设计是实用的（Good design makes a product useful）；（3）好的设计是唯美的（Good design is aesthetic）；（4）好的设计让产品说话（Good design helps a product to be understood）；（5）好的设计是谦虚的（Good design is unobtrusive）；（6）好的设计是诚实的（Good design is honest）；（7）好的设计坚固耐用（Good design is durable）；（8）好的设计是细致的（Good design is thorough to the last detail）；（9）好的设计是环保的（Good design is concerned with the environment）；（10）好的设计是极简的（Good design is as little design as possible）。[1] 在这十条中，就是对于好设计列出了十点明确的特征：创新、实用、唯美、生命、和谐或融洽、诚实、耐用、雅致、环保和简洁。在这十点准则中，也就吻合了好设计具有的功能性普适性价值，与周围和谐、融洽于无声息，与使用者互动和交流中得以释放的情感转移。所以，好设计是人情味的，因此具有感动而赋予了设计生命力的意义。

二、什么是好生活

好生活是有品位的生活。好生活是指解决温饱基础之上的一种品质的生活。好生活不仅仅是指收入的数字之多，而是生活的主体具有接受高等教育的背景。因为只有这样，在设计文化消费中才能真正实现品位的追求。品位"是在日常生活中的细节深处不经意不留痕的随意和恰到好处，使生活变得空灵雅致"。好生活具备以下几点前提：注重质量、品位，重视教育，休闲和娱乐消费支出为主。为什么说有文化的人才可能有品位的生活追求？因为消费文化是一种自我教育的的过程，也是雕琢心灵的过程。因为教育致使人的心灵向雅致的方向发展。[2]

恩格尔定律告诉我们，当家庭收入增加的时候，用于食物的消费支出比例会下降。贫穷国家或家庭用于食物的支出比例较大，富裕国家或家庭用于食物的支出比例会降低。并且利用恩格尔系数来说明富裕与贫穷的区别：恩格尔系数达 59% 以上为贫困，50%—59% 为温饱，40%—50% 为小康，30%—40% 为富裕，低于 30% 为最富裕。[3] 在这里，好生活一定是处于小康之上的生活水平。也就是食物的支出比例要低于家庭收入

---

① 张茜：《德国工业设计大师：迪特·拉姆斯》，《工业设计》2015 年第 3 期。

② 郑伟平、周国均：《教育就是雕琢心灵的艺术》，《当代学生》2009 年第 6 期。

③ 朝统宣：《恩格尔系数》，《数据》2011 年第 3 期。

一半以下水平。只有这样的生活水平和生活追求才意味着家庭主体的消费开始更多地关注物质以外的文化和精神层次的东西，这也是生活开始走向品位层次的明显特征。因为只有在这种生活中，好设计才被关注，其价值才能得以体现。我们知道日本的电饭煲和马桶盖价格不菲，很多过上好生活的国人到日本后竞相购买，其原因就是当国内的部分人生活达到一定富裕水平后，对于生活中设计的人性关照开始关注，所以才会出现竞相购买电饭煲、马桶盖等一些设计更加人性化的商品。① 因为他们富裕了，都开始渴望在舒适的环境中生活。而我们国内的商品和设计的发展水平还没有达到这个层次，大部分人生活处于温饱阶段。大国工匠的策略正是我们民族开始吹响了向好产品、好设计进军，向品质生活迈进的号角。

三、好设计与好生活的关系

好设计创造出好生活，而好生活产生好设计。"设计来源于生活，同时又引导和启发着人们对新的生活方式的探索。"② 二者的关系很紧密，而且相互影响和促进。好生活不仅是好设计产生的土壤，更是好设计茁壮成长的必要条件。前面我们在论述好设计和好生活的时候已经提及。"'日常生活'是设计灵感的源泉，设计不是挖空心思去想黑盒子中的东西，而是用心去感悟'日常生活'中细微的问题，只有这样的设计才具有生命力，才拥有感人的意义和价值。"因为，只有当我们的生活达到了雅致品位追求的时候，才能用一颗精细的心去发现和感受生活中的点滴不足和缺陷，因为，设计是弥补不足，解决生活中各方面问题的。当生活到达什么层次的时候，才会发现什么问题。对于好设计的产生，大多是源于好生活的背景之中的。当然，也不乏超前的好设计是出于对未来生活的幻想而产生创意，促使科技进步加快生活品位的提高。或是国外好设计的刺激所带来的启发和动力。一般来讲在国内，也只有当大众都富裕了，此时产生的设计才会具有"柔软性"和旺盛的生命力，在生活中对设计的享用才能感受到它的价值和意义。这样，由好设计组成的生活环境和生活方式，自然也就具有了好生活的味道了。所以，好设计创造好生活，好生活是好设计萌发和成长的肥沃土壤。好生活是好土壤，好设计是好生活中开满视野的美丽花朵。

1. 好生活是好设计成长的土壤

好设计源于好生活，在这里我们强调的是生活作为好设计的产生之源来分析的。③

---

① 《吴晓波：去日本买只马桶盖》，《赣商》2015 年第 1 期。
② 李雪松：《设计源于生活——〈便携风力发电机〉设计谈》，《美术》2015 年第 2 期。
③ 李雪松：《设计源于生活——〈便携风力发电机〉设计谈》，《美术》2015 年第 2 期。

生活是人类存在的时空背景。这个时空具备了好设计生存的条件和前提。因为设计本质是解决问题的过程和结果。只有当生活达到对品位追求之时，好设计才得以诞生。好设计才能生存、发展和繁荣。否则就会夭折、死亡。所以，从某种程度上讲，好生活是好设计成长的肥沃土壤。设计是解决生活中问题的一种求解过程，是一种调和方式。生活处于什么水平，自然人们就会关注什么问题。温饱生活状态下，我们不可能关注和要求实现设计上个性化问题。这时候需要的是经济性设计、民主性设计；强调的是功能第一，而非具有个性化的文化性或审美性的张扬。好生活需要解决的问题自然是对于个性、爱好和私有空间的关注；其协调的是自然、社会、城市、社区、单位等，从宏观到微观的周围环境如何更利于每个人的生活、学习和工作。从外，到内，从功能到心理，基于对日本、北欧的设计了解，我们也由此可以得出如下的结论：当一个国家和地区的人们基本都接受了高等教育，不再为居住和生存而奔波于疲劳之中，而是拥有较高的社会福利和大量的闲暇时间用于增加生命的体验时，才可以说人们好生活的条件具备了，好设计才能诞生了。所以，日本的设计、德国的设计、斯堪的纳维亚国家的设计之所以优秀，是破土于他们好生活土壤之中的事情。反之，我们缺乏品质，致使好设计缺少生长的环境和空间。纵然有几个好设计产生，基本上也都是难以生存。例如即使我们聘请了日欧国家的优秀设计师，给我们做了优秀的好设计，其结果却是遗憾的。北京老胡同胖婶家庭经过青山周平设计改造后，又被重新作为堆放垃圾的场所。不管是谁堆放的垃圾，但结果来说，不得不令人深感遗憾。富裕了，家中不再会存放舍不得丢掉的杂物了。①

2.好生活能使好设计的价值和作用得以发挥

好设计是对生活的关照，同时也是对人的一种温情。人类都是文化的合成体。我们既是文化的创造者，同时又被文化所构成的生活创造了自身。设计作为人类的一种文化形态和思维表达，不仅承载着历史和生命中的要素和感动，也体现着生活秩序及生命意义。② 设计作为生活构成重要因素之一，本身成为一种生活和成长过程中的体验符号和记忆的载体。好生活，为这对人具有温情的文化或者说载体的存在提供了良好的空间和其价值呈现的舞台。好生活能使好设计价值得以发挥，需要建立在两个前提下。其一，好设计是指能给人们提供基本使用功能之上的，更加关注于生活细节问题解决的方案和作品的大量出现。比如日本的食品包装设计，在保证具有包装的基本功能以外，更多的是对消费者生活方式和生态保护理念的引导。原研哉设计的煤田医院标识系统，室内材

① 《花吃了那女孩：〈梦想改造家〉爆改房都被糟蹋了？看完我惊呆了》，http://news.163.com/16/1031/11/C4N0OCVP000181N1.html#。

② 袁祖社：《文明的人性整全性逻辑与文化实践的价值自主性品格——"文化自性"养成的根据、限度及其意义》，《西北师范大学学报（社会科学版）》2017年第3期。

质的选择、导视标识和色彩对比上的应用，超越了识别、指引的功能，更多的是关照身处疾病的患者此时的心情，利用通感给他们提供和创造一个尽量放松、舒服的环境和氛围。① 这些也构成了好生活的一面。其二是好生活作为普遍性的共知的一种追求和存在方式。少数人的好生活不能作为好设计存在的前提条件，必须是大众都处于好生活的阶段，才可以使得好设计发展和繁荣。因为，大众生活才是现代设计合法存在的根基。

3. 好设计创造和保持好生活

好生活作为好设计萌发创意的源泉，并不意味着好设计只有等待好生活来临时才出现，好设计也能创造好生活。有时只不过是超越生活的那个阶段而已，但是，归根结底设计都是服务于生活的，设计能解决生活中的问题。好设计不仅仅能解决问题，而且还要有更深层次的价值和意义，在基本功能需求满足的同时，更多地倾向于人们精神领域的关注，实现人与自然的友好共处的问题。好的设计构成好生活，也保持着好生活。生活作为我们存在的空间，具有空间性的同时也具有时间性。我们人类生存于这个时空，其生存的时空界限的规定性都是由设计来完成的。最典型的便是代表东方优秀园林的苏州园林。在园林建造以前，不过是一片没有边界的空旷田野。当被人聘请了造园工匠圈地规划后，筑墙、叠山理水，铺石架桥，把一个空旷的原野雕琢成游玩、会客的生活空间，而成为举世闻名的设计杰作。这虽然是少数拥有社会资源者所支配下完成的一种好设计，但其设计的过程和规律，与生活的关系是并无二致。有品位的人追求有品位的生活，有品位的设计构成了有品位之人的品位生活。即，有品位的人乐于居住于好生活之中，而好生活是由好设计构成的空间和载体。好设计如同空气，使人们感觉不到存在，而在生活中又无法离开。"好设计让我们的生活更方便。"②

法国设计师组合"5.5设计师"（5.5Designers）在设计实践中，就是通过趣味性、互动性的理念，设计出了很多好设计，使生活变得有趣味，增加了生活中使用者与设计师交流的机会，扩展了设计存在的时空性：变静态为动态，强化了使用中的互动，创造了生活的多种可能，给物质注入了精神和情感的成分。③ 正如好设计不仅仅是一种产品或风格，而是一个过程，甚至是一种有意味的生活。通过设计师的灵感，激发消费者对生活的联想和创造。好设计能给你富有生命力的美妙体验，使你从此爱上了生活。我们每天忙忙碌碌，在生活中到底需要什么？需要的是享受当下，无论做何种事，无论难易苦乐，其目的都是更好地体验生活。而这种对于生命力的美妙体验，只有在好设计提供的生活中才能得以满足和实现。④

---

① 孙宁娜、樊尚冰：《通感在体验设计中的应用》，《文艺争鸣》2016年第6期。

② 布伦纳：《至关重要的设计》，中国人民大学出版社2012年版。

③ 小伊：《好设计好生活》，《中华手工》2009年第9期。

④ 小伊：《好设计好生活》，《中华手工》2009年第9期。

四、如何实现好生活

实现好生活，要有文化。发展经济是提高生活水平的基础，但我们不能执迷于物质的享受之中。好生活不是出国后什么贵就买什么，而是静下心来多读几本书，使自己变得更加有品位。土豪不可怕，可怕的是没文化。好生活需要文化作为必需品，心灵才能得以滋养。好生活是心灵体验的地方，而不是财富的充斥和包装。不然会陷入"坐在宝马里哭"的情感荒芜的境地。我们不能因为物质富足了，精神却空虚了。所以，好生活，有文化作为熏陶，才会有滋有味。

实现好生活还要尊重好设计，尊重设计师。纵观人类的科技史，我们发现人类文明的发展和进步无法离开科技，也正是科技给人们带来了丰富的物质财富和文明得以实现的条件。但是把科技转化成生活内容，并为人们所享用的是设计师的设计行为。所以，设计师是利用科技为生活提供方便的一类人，这类人在当下的公众心中地位并不是很高，他们所做的工作得不到尊重，有时充满着艰辛的汗水的作品往往被一句话扔进垃圾桶。人类的需求是无限的，随着生活水平的提高，也就意味着新的更高的需求产生了，只不过这种需求是潜在的，是一般人所不能觉察到或者说不能表达出来的。这时候，只有设计师才具备这种自觉的意识和能力。优秀的设计师就是在了解人类消费需求这一规律基础之上，担当起连接商家和消费者的协调角色，把深谙生活与使用者心理的才能发挥到极致，设计出来深受商家喜欢又获得消费者点赞的好设计。提高和改善生活的水平和质量是设计师进行好设计开发的方法之一；给特殊人群提供更加舒适的生活环境，又是一个好设计灵感来源的窗口。好设计充满趣味，好设计提高生活质量，好设计使特殊人群不再感到自卑，好设计使人们激发对生活的热爱。好设计不仅仅解决生活中的问题，更重要的是增加生活的情感，使生活变得更美丽和有意义。[1]

设计实质上是综合所有学科的知识，为人类的美好生活服务的一种智慧性创造行为。我们没有理由不尊重它，而且要像崇拜明星一样把优秀的设计师奉为偶像，这样才能与社会的进步和生活的美好相匹配。娱乐文化繁荣的结果是制造出一群爱看热闹的民众；缺少理性的分析必然导致情绪化的发泄和社会风气的混乱。我们这个民族失去了太多的机遇，流失了太多的营养。我们不能在这个全球化时代沉浸于肥皂剧之中了。主流媒体要多介绍好设计、优秀设计师等这类充满着正能量的能提高生活品位和质量的节目，而不应该再八卦和追星了。那么好生活也就离我们不远了。

---

[1] 蔡克中：《基于日常生活的产品创新设计》，《包装工程》2015 年第 8 期。

最后，引用一句话结束："艺术可以在贫困中产生，但设计是随着富足而提升的产物。一个强大的国家需要设计，一个完美的人需要设计。""……所以它（设计）将是人类进步的发动机……"① 人类文明高度发达的时代，必然是好设计繁荣的时代。让我们拭目以待吧。

---

① 佚名：《本期装帧设计主持语"设计倡导未来"》，《美术观察》2004 年第 5 期。

传播中国文化的民族性动漫造型探析 [①]

耿志宏 [②]

（青岛大学）

摘要：数字媒体时代的动漫产业对社会影响越来越大，如何通过设计富有中国精神气质的动画造型，讲中国故事，传播中国文化，树立文化自信，成为当下重要设计课题。本文从时代语境、历史背景、新媒体技术、学科整合等不同视角，探讨如何通过动画造型传播中华文化，从动画造型的创意设计理念、内涵、规律、方法等方面创新实践，从而传承与创新中国传统文化，推动中国动漫产业的健康和可持续发展。

关键词：传播中国文化；民族性动漫造型；文化自信

进入 21 世纪，我国大力发展文化产业，动漫产业如火如荼。尽管动画产品产量大增，但精品稀少，动画造型的个性并不突出，缺乏国际竞争力，难以开发衍生产品，大大降低了产业效率，导致国家对动漫产业的投入与产出明显失衡，因此，动画造型形象定位需要用国际视野，立足民族文化发展，符合时代大众审美与心理需求，充分发挥新媒体传播优势，进行重新思考。本文将通过对中国动画造型的民族性探讨，试为中国动漫产业的健康和可持续发展寻找具有中国特色的可行之路，促进产业升级，这是动画造型设计师对于民族文化传承、发展与创新的重要时代课题。

中国动画业界的民族性探索由来已久，尤其是中国早期的动画学派作出的努力，值得后辈们铭记在心。分析中国动画发展史中曾经的辉煌和一度迷失的原因，主要与时代语境、策划与设计观念、制作技术、资金供给、经营模式等因素有关，如何振兴民族文化发展动画产业，推动文化产业升级，树立文化自信，将从以下不同视角探讨，并对动

---

① 本文是国家社会科学基金艺术学项目"数字动漫艺术的视觉传播"（09BC030）的子课题，即"中国动画造型民族性"的后期研究成果。

② 作者简介：青岛大学新闻与传播学院广告学系副教授，硕士生导师，会展与品牌传播研究中心负责人，中国工业设计协会会员，教育部中央美术学院高级访问学者，台湾基隆市文化局展演艺术咨询委员，中国商业联合会职业技能鉴定指导中心"会展展示设计人员"培训考评专家。

画造型的民族性设计提出建议，以此抛砖引玉。

一、在时代语境下探讨民族性动漫造型

民族是指历史上形成的具有共同的语言、地域、经济生活，以及表现于共同文化上的共同心理素质的稳定共同体。动画造型的民族性是指具有明显本民族特点的动画造型风格。通过动画造型表现出相对稳定、有深刻思想内涵，反映本民族和民族艺术家的共同思想观念、审美理想、精神气质等内在特性。正如法国文艺理论家布封所言"风格即人"，作品主观上反映了动画造型设计师的艺术修养、工艺技术、审美观点、民族情感、生活经历等，客观上受到明显的本民族、时代等社会条件影响，其选择的题材、主体形象、艺术风格等，带有明显的民族性倾向。日本《忍者神龟》中的忍者、美国《汽车总动员》中的汽车等动画造型等无不折射出风格各异的民族性、地域性特征。我国动画造型中的孙悟空、葫芦娃等人物造型和《哪吒闹海》中的海浪、《骄傲的将军》中的将军府建筑等场景，以及水墨画、剪纸、泥塑、皮影等民间工艺制作的动画造型，具有浓郁的中国风格，是中国民族性动画造型的典范。

著名法国艺术史学家丹纳在《艺术哲学》中提出，决定艺术发展的三个原则是种族、环境、时代，动画造型设计也不例外。面对全球化语境，我们所处的信息时代文化转向视觉化。视觉文化就是图像逐渐成为文化主因的形态，这是由于图像超越文字的信息传达优势造成的必然结果。众所周知，人们获得信息的途径是五种感知功能，调查发现，其中视觉是最重要的获取信息和知识的渠道，在全部的感知途径中占据 83% 的绝对优势；同样，视觉元素在文化传播中显得尤为重要，民族性动画造型在传播中国文化中的重要作用不言而喻。因此，我们要从文化视角及时把握视觉化的动画造型设计，顺势而为，在中华文化中探寻民族性元素，进行动画造型创作，这也是动画产业和文化产业发展的重要基础。

对当代语境的把握既要有国际视野，又不能失去自己的声音，更要有文化自信。从世界文化的整体出发，既不能崇洋媚外，妄自菲薄，也不能自视清高，夜郎自大，将中华民族优秀传统文化中的精髓与时代精神契合，同时运用时代语境，探索民族性动画造型方法，构建具有当代气质的中国动画角色，传播中华文化，宣扬人间正道，从而在国际舞台上树立中国良好形象。譬如，中国动画片《大闹天宫》中神通广大的孙悟空造型，曾被孩子们多么喜爱，如今却不敌憨态笨拙的"功夫熊猫"，熊猫和功夫本是中国"特产"，美国制作的《功夫熊猫》弘扬坚韧不拔、礼、义、仁等，正是取自中华优秀传统文化，却让美国的动画片大赚票房，吸引眼球，可谓让中国动漫人汗颜，而值得反思。

二、从历史高度探讨民族性动漫造型

世纪之交全球经济飞速发展，政治格局复杂多变，国家间的较量从表面的政治、经济领域，开始暗地转向文化阵地。人们获取信息的主要来源趋向数字化，互联网的普及，新媒体的更新，动漫作为老少皆宜尤其是受青少年喜爱的文化传播载体，渗透于人们的生活中，这让政治家和商家看到了突破口，并大举进军这一领地。动画片、动漫游戏、动漫代言、动漫衍生产品等铺天盖地，涌入电影院、电视、电脑、手机等媒体中，对人们的生活产生深刻的影响，给国家形象建设、文化导向和企业经营模式、动漫造型设计等提出新的挑战。习近平总书记曾指出建设社会主义核心价值观，大力传承和弘扬中华传统文化，发展文化生产力。2014年国务院连续出台《推进创意和设计服务相关产业融合发展的若干意见》《关于加快发展对外文化贸易的意见》，可见对文化产业的重视程度。"文化产业"概念在2000年的中共十五届五中全会上首次被提出，2006年国家"十一五"文化发展规划纲要提出"加快发展民族动漫产业，大幅度提高国产动漫产品的数量和质量"，在重大文化产业项目中，"国产动漫振兴工程"名列其中，由此促进了中国高等动漫教育，培养了一批相关企业和人才，引导其向"中国风"、国际影响、有"原创力"的动漫品牌发展，催生了文化产业和动漫产业，带动了国家经济、文化建设。

民族性是民族先人代代相传的遗传基因，具有连续性和稳定性，而其稳定性是相对的，是在一定时期内，从进化论和历史发展轨迹查询，发现其整体呈现是动态的，是经过优化的，不是一成不变的。民族文化是一个民族的根和魂，是祖先流传的文化基因和宝贵财富，其发展离不开文化的传承，并随时代发展，与时俱进，不断创新。因此，对于动漫造型的创意设计，不应停留在对民族传统艺术造型的克隆，民间材料的复制，民间工艺的重复，而是要根植于传统文化进行的创新和发展，受时代影响而动态发展，否则就会被时代淘汰。曾经让中国动画人自豪的剪纸动画、水墨动画，因为动画造型的过于传统失去时代趣味，另外还因制作工艺复杂、成本高、周期长而失去竞争力。而美、日动画则凭借先进的数字技术，成熟的经营与设计理念和模式而处于优势。我们应该取长补短，从中国传统文化丰富的营养中汲取精华，吸收国际先进制作技术和营销策略，用发展的眼光挖掘民族性动漫造型。

三、在新媒体技术下探索民族性动漫造型

科技的创新不断推出新媒体，使信息传播趋向大众化而呈现碎片化，人们不再只能

通过影院、待在家里观看动画片，而是通过互联网、移动媒体，用电脑、手机自主灵活地观看动画片，参与动漫游戏，购买动漫衍生产品，甚至成为动漫造型的设计者、生产者。这使得动漫造型创意设计定位不能停留在画面的二维形象，而是要考虑进入人们生活空间的三维，甚至超维的虚拟空间中。在这多维生活空间中与中华民族生活环境、习俗等相结合，进行动漫造型创意设计，使其更加生活化，富有时代生活情趣，从而让动漫造型成为生活中的伴侣，家庭中的一员。

动漫具有时空艺术的特点和属性，在时间和空间两个维度上同时展开，将时间和空间艺术功能结合，具有强大的表现力，具体说就是在延续的时间中不断展示画面，获得运动感和节奏感。这一过程中，动漫造型通过构图和色调得到强化，突出动漫形象的直接性和感染力。借助新媒体技术，收集中华文化素材，挖掘各种民族工艺，借鉴民族其他艺术形式，运用设计软件进行动漫造型创意设计，开发和借助新媒体技术传播中国动漫，进行动漫产品的延伸设计与开发。譬如，中国前几年热播的《喜羊羊与灰太狼》，无论从线上还是线下，传统印刷海报、书刊，还是数字媒体的网页、手机微信等，从平面的视觉动画造型，到立体的动漫玩具，以及衍生用品，包括服饰、书包、铅笔盒等，狼和羊的造型创意设计、生产、经营获得了成功。近几年武侠历史题材的《秦时明月》动画片，其典型的古装武侠人物造型，颇受青年人的喜爱；后衍生手游产品，有同名的二维 Q 版动漫造型，也有用 Unity3D 引擎开发的《新秦时明月》，让人身临其境，更具沉浸感，吸引了大批消费者。

四、根植于中国文化探讨民族性动漫造型

所谓艺术的民族性，不仅来自种族因素，只有与其他社会条件结合和相互作用时，才形成一种独特的民族文化心理结构，产生出独具特色的艺术。中华文化博大精深，其中的以人为本、和为贵、性本善、礼、义、仁、中庸、道、理、五行、八卦等，无不凝聚着中华民族智慧，闪耀着哲学光芒。动画是具有再现、表现、教育、审美、传播等功能的艺术，其核心价值在于"为人服务"，这正符合中华民族"以人为本"注重人的价值的哲学观。民族性动漫造型不只是一种可看的视觉形象，更应该挖掘民族文化内涵，传达深层的民族精神和哲学观念，展示中国气质与文化自信。

动漫艺术是视听艺术，艺术源于生活，与社会现实生活关系密切，因此，动漫造型设计应从生活中挖掘，记录民族传统的日常生活与习俗，包括衣食住行、婚丧嫁娶、节日庆典等，全方位表现中华民族的现实生活，传播信息、交流感情。让人记忆犹新和生动感人的中国动画片都能表达生活的真谛，譬如：《雪孩子》《宝莲灯》《大耳朵图图》《中

华美德》《龙脉传奇》等，这种源于生活的动漫造型一定会生动鲜活，富有生活气息。正如艺术源于生活而高于生活，动漫是合成空间的人为现实生活，具有主观表现性。通过对动漫造型民族性创意设计，深入挖掘人物内心精神世界，创造超越现实的深层含义，展现当代中国人的精神风貌更具有现实意义。譬如《超人总动员》《海底总动员》《玩具总动员》等美国迪斯尼动画造型，已经形成以爱情、亲情、友情为主题、充满人文情怀的鲜明风格，令人感动而难忘，具有讽刺意义的是这正是中华优秀文化传统，却被忽视甚至不屑，而追随国外的强势文化，结果是东施效颦。好在随着中国设计师的文化自省，不断设计推出根植于中华文化的动漫造型，让这种情况正在发生改变。

五、学科知识整合下探讨民族性动漫造型的设计与传播

动漫造型是人类为了生存或表现创造力而进行的活动，因而具有心理意义、生理机能、文化内涵、审美情趣，其设计要结合生理学、心理学、社会学、文学、艺术学、社会学、营销学等相关知识综合考虑。从视觉传达的角度看，动漫造型是由各种视觉形态构成，包括可视的现实形态和不可视的观念形态；现实形态分为自然形态和人为形态。民族性动漫造型创意设计中，一方面对中华民族地域特色的自然形态的外形加以研究、描绘、变化、归纳、整理并使之成为视觉传达的素材，如云纹、水纹等，《哪吒闹海》中的水纹就有明显的中国风格；另一方面，要以更广泛的视角观察，从自然形态结构、机能以及形态间的关系等，挖掘发现重要的素材，并可作为视觉传达典型要素，以便得到更多启示。像回纹、如意纹、忍冬纹、莲花纹就是古代人们对自然形态的再创造，通过对自然形态的分析与研究，创作出的具有中华民族特色的创新造型，以此可以激发设计师创造性思维和想象力，如各种民间工艺造型等，《大闹天宫》造型中就吸收了敦煌和永乐宫壁画、民间年画、版画等多种艺术形态。人为形态则是经过人的主观行为产生的造型和创出的形态。观念形态虽不可视，却在理论上成为组成人类视觉对象与视觉造型活动的最基本因素。如动漫造型中运用的点、线、面，动与静的非具象形态；还有中国水墨画讲究气韵生动、虚实相生，追求意境和神韵等；戏剧人物脸谱色彩代表不同的性格特点，红脸的关公、白脸的曹操、黑脸的包公等，将人们内心、精神世界的抽象意识视觉化，增加观众的联想空间。

这里借用中国古老而先进的太极图以启发中国民族性动漫造型的创意设计。说古老是因为中国太极图据传是伏羲氏所画，又称阴阳鱼，成为中国传统哲学的经典符号。其阴阳鱼形，构成宇宙万物最基本的单元，蕴藏着对立统一的辩证思想，无限往复、生生不息。由太极生两仪，两仪生四象，四象生八卦，就是这一短一长的线段符号组合，形

成了代表大自然八种自然现象的八个符号，却可以解释世界万物与自然复杂多变的现象，可见其先进性。更令人称奇的是，如今最先进的数字技术就是二进制，这一阴一阳和一短一长，不正是二进制的视觉化造型？令人慨叹。由古老而先进的八卦造型设计，一方面领略到我们祖先无穷的智慧，广博的视野和深厚的文化；另一方面反思，却没有像当代的二进制计算机一样更广泛地影响世界，这值得我们深层思考。

动漫是公众喜闻乐见的综合视听语言的艺术，具有很强的互动性、欣赏性、娱乐性、教育性。具体说就是在延续的时间中展示画面，获得运动感和节奏感，在这过程中，动漫造型通过构图和色调得到强化，突出动漫形象的直接性和感染力。在中国动漫正向产业化发展的今天，具有综合性、社会性、艺术性、科技性、产业性等特点的动漫产业，对国家经济和文化建设意义重大，针对目前的中国动漫现状，只有借鉴不同民族文化类型的动漫造型特点和成功经验，查找中国当代动漫落后的原因，创意设计有民族特色的个性化动漫造型，学习先进的管理和营销模式，创新思路，探索发展才能有出路，以此探求一条适合中国动漫发展的道路，具有时代现实价值。最后引用设计方法论中的设计事理学原理，将设计内在环境、外在环境、目标等引入到中国动漫造型民族性研究模型进行分析：其内部因素是动漫造型的设计观念、民族性设计技巧、民间工艺、媒体技术、民族造型素材、民族习俗、民族审美等；外部因素则是全球化语境、资金供给、文化转向、新媒体变化、营销策略等；目标则是实现中国动漫的全球化传播。

总之，数字媒体时代的动漫产业对社会影响越来越大，如何设计富有中国精神与气质的动画造型，传播中国文化，树立文化自信，是当下动漫设计师研究的重要课题。动画造型设计需要在时代语境下用国际视野，深入挖掘民族文化内涵，研究动画造型的设计规律和新方法，创新设计理念与技术，利用新媒体传播优势，向世界人民讲述中国故事，让璀璨的中华文化焕发当代生命力。

参考文献：

1.邹其昌：《设计学研究·2015》，人民出版社2017年版。

2.[英] 史蒂芬·卡瓦利耶：《世界动画史》（世界动画的百年历史），中央编译出版社2012年版。

3.曾仕强：《易经的奥秘》，陕西师范大学出版社2009年版。

4.周宪：《视觉文化的转向》，北京大学出版社2008年版。

5.马中：《中国哲人的大思路》，陕西人民出版社1995年版。

6.王小强：《当前我国历史题材动漫创意形态探析》，《中国海洋大学学报（社会科学版）》2014年第3期。

7.美术电影发展概况，http//:www.chinanim.com，2000年11月15日。

三、设计实践理论研究

高等艺术教育需要建构独立的学科评价体系

潘鲁生①

摘要：艺术学上升到学科门类还原了艺术的本原属性，艺术教育的发展面临着宝贵的机遇，同时也面临着严峻的挑战。艺术学科设置关系到学科的未来发展，也关系到国家文化建设的长远战略。设计学成为一级学科，其下的二级学科设置既要充分考虑设计学的交叉学科属性，也要考虑设计行业对专业人才培养的需求。高度重视学科建设并予以科学合理的论证与规划，建构独立的学科评价体系，具有重要的现实意义。

关键词：艺术教育；设计学科；评价体系；人才培养

艺术学上升为学科门类已经五年，学科专业设置的思路正在日益清晰，在今后的发展过程中其学科体系要逐步加以完善，在推动国家经济文化发展战略及设计学学科发展方面，将会进一步发挥重要的作用。面向未来，我国应配套建立艺术学及一级学科独立的评价体系，促进高等艺术教育的科学规范发展，并建立一套相对完善的评价评估考核体系，完善培养艺术创新人才脱颖而出的机制，让高校在学科建设方面有章可循，突出特色办学。同时，艺术学科要鼓励多元发展，在强化大众教育的同时，根据专业特殊性的要求，要倡导精英教育和实践人才教育，培养具有中华传统艺术精神和国际视野的高层次艺术人才，发挥艺术学科文化引领的社会责任，服务国家文化发展战略，落实习近平总书记提出的弘扬中华优秀传统文化，重点做好创造性转化和创新性发展的总体要求。设计学作为艺术学门类下一级学科，关系民生需求和未来发展，要求我们立足"大设计"及设计学的交叉学科属性，科学规范学科专业布局，制定合理的二级学科框架，培养引领社会发展的多元化设计人才，以可持续发展观念不断完善设计学科建设。

---

① 潘鲁生，中国民间文艺家协会主席，山东省文联主席，山东工艺美术学院院长、教授。

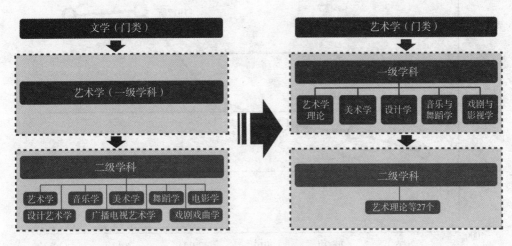

1997 年与 2011 年学科门类对比图 ①

一、基于设计属性构建科学合理的设计学评价体系

当前，设有设计类专业的高校占全国高校总数的 3/4 以上，设计在校生达 200 余万，比中国域外各地设计类学生的总和还多。毋庸置疑，我们目前是设计教育最大的国度，但不是最强的设计国家，全国设计学科的布局和设置暴露出一系列问题：学科专业从众跟风现象明显，专业设置比重严重失调，地缘分布不平衡；传统学科改造、新兴学科发展和特色学科培育的动力不足；基础研究及前沿领域原创性研究成果对学科发展明显滞后；人才培养专业化程度较低，与区域经济社会发展的契合度不高；学科单极化程度明显，跨学科协同发展支撑条件不够，同质化状况严重。

上述存在问题的根源，在于缺乏科学规范的学科规划与独立适用的评价体系。国家应对承担设计类教育的高等学校进行分类管理，制定设计类学科专业评价指标体系，引导高等学校应该根据自身的优势和条件承担相应的设计教育职责，实现特色定位，分类发展。具体而言，综合大学及综合性艺术院校主要承担起学科、学理层面的设计人才培养任务。理工及技术大学主要承担结构、技术及材料应用的技术设计人才；艺术与设计院校承担设计问题解决方案层面的创意与应用型设计人才；高职类设计院校承担实施层面的技能型设计人才。

设计作为名词时，可理解为一个创意行为的结果，这包括我们日常生活中经常接触的产品、服务、景观、建筑或新媒体；设计作为动词时，可以理解为以使用者为中心解

---

① 潘鲁生：《设计论》，中华书局 2013 年版，第 271 页。

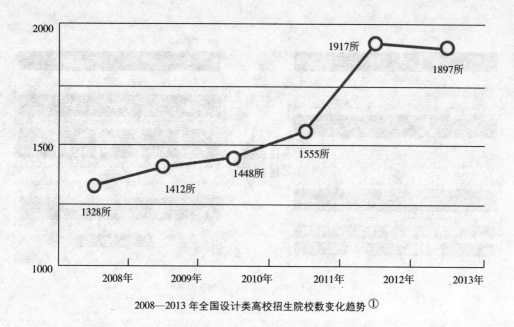

2008—2013 年全国设计类高校招生院校数变化趋势 ①

决问题的过程，这包括市场分析流程、创意流程、生产制造流程、用户服务流程或质量管理等系统性过程。从设计的技术属性看，互联网＋、大数据、云计算、可再生能源、数字制造和移动智能等新技术的融合，将彻底改变人类的思维方式、行为方式和生活、生产方式，必将为设计提供更广阔的发展空间。设计是一种创意创新的活动，更是一种经济和社会行为。以"文化、设计、技术、消费"的系统设计教育思路作为创新基点，遵循设计规律与教育规律，科学合理地构建学科评价体系，促进设计学学科可持续建设与发展。

二、以设计人才培养价值尺度重新审视学科专业建设

当前，教育决策与经济、社会、民生发展需求有些错位。具体表现在设计人才的供给与国家产业转型发展的现实需求不相适应，人才培养理念与公共服务以及社会责任的需求相脱节，人才培养规格与引领大众审美生活的要求有一定的距离。

设计学科的发展应以设计人才培养和社会需求对接为切入点，明确设计人才培养的价值尺度。

其一，人才培养为国家经济发展服务。2014 年 3 月，国务院印发《关于推进文化创意和设计服务与相关产业融合发展的若干意见》，意见指出：推进文化创意和设计服

---

① 据中央美术学院设计文化与政策研究所 2014 年统计。

务等新型、高端服务业发展，促进与实体经济深度融合，是培育国民经济新的增长点、提升国家文化软实力和产业竞争力的重大举措，要探索创意和设计与经营管理结合的人才培养新模式，加快培养高层次、复合型人才。2014 年 8 月，文化部、财政部联合发布《推动特色文化产业发展的指导意见》，提出要以培养高技能人才和高端文化创意、经营管理人才为重点，加大对特色文化产业人才的培养和扶持。

其二，人才培养为改善民生服务。可持续设计在保护自然生态、促进循环经济、降低能耗与成本等方面至关重要。设计为公共利益和社会福祉服务，在促进就业、减贫扶困、保证安全等方面作用凸显。社会包容性的设计创造对话平台和互动体验空间，弥合人与人、人与社会、人与自然的裂痕，促进社会和谐。

其三，人才培养为提升大众生活品质服务。设计作为一种创新行为具有生活美学品质，设计美学的根本目的是创造生活美。设计改善社区生活质量、改善就业、提升文化体验、改变娱乐消遣方式。设计提高生活品质，表现在产品或服务的定制化设计、消费美学等方面，满足民众对生活美学的追求。

基于设计人才培养的价值尺度，重新审视设计学学科专业体系。

第一，建立跨门类相互支撑的设计艺术学支撑体系。设计学的交叉属性，体现在它不仅是艺术层面的交叉学科，也是学科层面的交叉学科。设计学是以人类设计行为的全过程和它所涉及的主观和客观因素为研究对象，涉及哲学、美学、心理学、工程学、管理学、经济学、生态学等诸多学科的交叉学科。设计学理论体系的构建包括设计发生学、设计现象学、设计心理学、设计生态学、设计行为学、设计美学、设计哲学和设计教育学多个方面。

第二，构建艺术学门类各一级学科相互支撑的学科体系。艺术学升格为新的学科门类之后，下设五个一级学科中美术学与设计学并列，说明二者是其所区别的。设计教育有其自身的规律，一些脱胎于美术教育的设计教育将面临一系列的问题，加强设计教育自身规律的研究显得尤为重要，应该设置跨教育学、艺术学的设计教育二级学科。

第三，构建跨学科门类的专业群建设的学科支撑体系。设计学可以成为跨教育学、文学、工学、管理学和艺术学五个门类的一级学科，所授学位应该根据涉及领域的不同，跨教育学、文学、工学、管理学和艺术学五个门类，这既是对设计学学科的完善，也是对传统的文学等学科门类固有观念的更新。

第四，构建设计学科平台建设及区域设计学发展体系。区域设计文化研究对于从根本上解决我国设计教育主体文化缺失带来的问题具有重要意义，符合设计教育学科建设本身的迫切要求，有助于区域经济、文化发展，尤其是文化产业的发展。同时，区域设计学的发展将带来设计学、艺术学、社会学、民族学等多学科的交叉研究和探索。

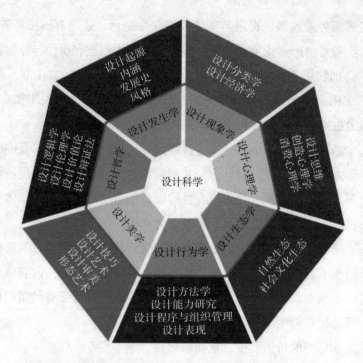

跨学科门类的设计学学科体系

三、设计学科要培养应用型的多元化创新与实践人才

设计学在德国主要定位于以实践和应用为导向的应用型科技大学。德国的"双元制"职业教育已实现与高等教育的贯通，进入具有"双元制"教育属性的高等院校即应用科学大学，学业合格者同样可以获得硕士等高等教育学历。"双元制"教育的核心理念即理论和实际紧密结合、教学与实践无缝对接。应用型本科教育本质上是一种以专业为导向的教育。对于应用型艺术设计高校而言，应用能力的培养是生命线，专业建设不要照搬照套，不能太功利性，应该立足传统，认清优势。应用型学科的专业设置主要是为了满足社会需要而不是学科发展，学科由对专业的主导作用转变成对专业的支撑作用[1]。加强以专业建设为导向，以学科建设为支撑，以课程教学改革为核心。

应用型学科以社会需求为导向，以培养学生创新精神和实践能力为重点，以"能力本位"为基础，加强实践教学建设。山东工艺美术学院在全国率先提出高等设计艺术教育"创新与实践教学体系"理论，将"创新与实践教学体系"划分为递进、整合的几个层次。其中，"课程创新教学体系"主要包括8类，即"需求导向—模式创新""问题导

---

① 宋伯宁、宋旭红：《山东省高等学校分类研究》，山东大学出版社 2012 年版，第 119 页。

向—源头创新（原创）""审美导向—艺术创新""过程导向—管理创新""基因导向—文化创新""生态导向—价值创新""实验导向—观念创新"以及"合作导向—组织创新"；"课程实践教学体系"主要包括 5 类，即"课程实践教学"（以课程结构和内容为主体，围绕相应课程中的知识吸收、技法训练、思维引导等开展具有实践意义的教学）、"创作实践教学"（以创作为核心，在实践情境中培养设计意识，激发创造潜能，培养创新思维）、"项目实践教学"（通过实际的项目，全面培养、锻炼从实际调研、目标规划、创意设计、创作制作到营销及管理分析等整个流程的素质和能力，提升整体素养）、"行业实践教学"（在现实的行业或企业运作中直接锻炼并检验职业素养、从业能力）以及"社会实践教学"（在更加广阔的社会空间里全面培养包括设计自律意识、社会责任感等伦理观和价值观）。

课程创新教学体系		课程实践教学体系
问题导向—源头创新	01	课程实践教学
审美导向—艺术创新	02	创作实践教学
过程导向—管理创新	03	项目实践教学
基因导向—文化创新	04	行业实践教学
生态导向—价值创新	05	社会实践教学
实验导向—观念创新	06	
合作导向—组织创新	07	

山东工艺美术学院创新与实践教学体系

与学术性教育致力于将自然科学和社会科学领域中的客观规律转化为科学原理不同，应用性教育主要强调对实际工作的适应性和实用性，强调人才在实际工作中经验、素质、技术、创意和学科专业知识的协调统一，课程模式侧重以"学科基础"和"应用能力"并列构建，服务于应用型人才培养的目标实现和质量达标，服务于地方经济社会文化的发展。人才培养虽面向行业，但与面向具体技能、职业的高职高专教育也有明确的边界，更加侧重培养具有"一宽（基础理论宽厚）四高（较高的科学精神、人文素养、艺术创新、技术能力）三强（就业能力、创业能力、发展能力强）"能力的创新型应用设计艺术人才。同时，按素质、能力、技能要求对设计师角色进行科学分类和准确定位，实施"创新与实践兼容"的"因材施教设计教育"战略，全面培养关系传统手工艺等中华造物文明传承的工艺传承型设计人才、致力于创新驱动的科技创新型设计人才、面向经济发展的产业服务型设计人才以及着眼生态文明大局侧重理论研究与战略规划的策略研究型设计人才，实现设计人才多元化培养、多样化成才的发展模式。

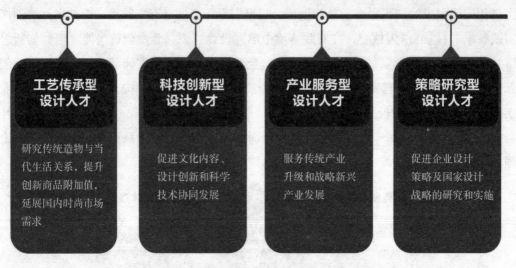

工艺传承型设计人才

研究传统造物与当代生活关系，提升创新商品附加值，延展国内时尚市场需求

科技创新型设计人才

促进文化内容、设计创新和科学技术协同发展

产业服务型设计人才

服务传统产业升级和战略新兴产业发展

策略研究型设计人才

促进企业设计策略及国家设计战略的研究和实施

设计人才分类培养体系

参考文献:

1.潘鲁生:《设计论》，中华书局 2013 年版。

2.宋伯宁、宋旭红:《山东省高等学校分类研究》，山东大学出版社 2012 年版。

"设计教育再设计"①

辛向阳

（江南大学）

一、"设计教育再设计"系列国际会议回顾

不知不觉间，江南大学设计学院策划并联合承办的"设计教育再设计"系列国际会议从 2012 年首届大会倡导大设计开始，到 2016 年第五届大会关注大教育收官，已经顺利结束。系列国际会议汇聚了来自数十个国家、逾百位教育界和企业界专家学者，通过近 300 场演讲、80 余场工作坊等不同的形式，为国内外设计教育界提供了一个深度思考新时代语境下设计本体、方法和价值体系的重要学术交流平台。作为中国（无锡）国际设计博览会的主论坛，会议得到了包括科技部、国家知识产权局、江苏省人民政府、中国工业设计协会、无锡市人民政府、江南大学等多方的指导和支持。系列会议尽管已经落下帷幕，回顾会议的背景、历程和启示依然有着重要的意义。

（一）会议背景

"设计教育再设计"系列国际会议的举办背景，首先是基于设计教育自身寻求突破的必要性。自 2011 年设计学升级为一级学科之后，不管是因为国家政策的推动，还是社会与人才市场的倒逼，设计教育改革已不可避免地成为热门话题。现代设计教育虽然有近百年的历史，但由于设计学的应用学科的特点带来的设计学研究对象、设计方法和评价标准的不确定性，影响了设计学科的清晰定位和人才培养模式，引发了各种观念之争。虽然设计教育定位和人才培养模式本应该是多元的，然而各种观念之争反映出来的不是主动的模式选择，更多的还是对设计本体困惑和缺乏系统的思考。近年来，随着服

---

① 原题名《"设计教育再设计"系列国际会议回顾》，原载于《设计》2016 年 9 月。国家社会科学基金艺术学一般项目"基于国际前沿视野的交互设计方法论研究"（12BG055）；江苏省 2015"双创计划"文化创新类项目。

务经济和第三产业在国民经济中的比重不断增加，信息与互联技术的成熟、新的材料和加工技术的推广，政府、企业、社会组织和设计师都在思考如何突破传统工业产品门类，重新界定包括非物质商品在内的设计对象范畴，以使设计在新的产业格局下发挥新的作用。新的时代语境虽然为设计创造了很多新的可能性，但设计学原有的学科基础和哲学框架已经不足以支撑迅速拓宽的应用领域，也无法解释许多新兴的实践活动或经验，社会设计思维概念的兴起也从侧面反映了学术界尚不能从不断拓展的研究对象中抽象出共性的能力。"设计教育再设计"系列国际会议就是在这样的背景下，通过创造一个国际的学术交流平台，和国内外同仁共同思考设计学学科重新定位、课程建设或组织架构调整的问题，也是在哲学层面准确地定义大设计、探索新的设计方法和明确新的人文设计准则。

（二）历届会议主题及主要观点回顾

"设计教育再设计"系列会议主题的确定，也是围绕会议背景中所提到的设计研究和实践所面临的困惑循序渐进展开的。和大多数会议不一样，会议筹备组从第一年就策划好了所有五年的会议主题，会议的进程就是一个围绕设计学当前面临的主要学术问题的一个探索过程，包括问题的展开（第一、第二届）、解决思路的提出（第三、第四届）和新的设计教育理念和案例的分享（第五届）。

在问题展开的过程中，首届会议从学术角度用"范畴、方法和价值观"的提法阐明研究过程中跳出习惯的学科目录、技能和传统美学的思维定式的必要性，阐明从"what(范畴)、how(方法)、why(价值观)"系统思考问题的重要性；第二届会议尽管更多的是从行业角度探讨了设计师从业的新的机遇和问题，但是会议演讲和分享内容同样贯穿了"what(new opportunities 新问题)、how(new approaches 新对策)、why(new contexts 新领域)"的系统化理念。

设计哲学是系列大会倡导的解决当前设计学科各种问题的主要思路。"哲学概念"是对具体现象普遍属性或特征的描述，也是理解和抽象各种新的设计现象和经验的重要工具。过去近 30 年里，设计学已经从应用造型艺术发展成与商学、技术、社会学、心理学等多个学科紧密关联的交叉学科。寻找众多研究问题或实践方法之间的共性是一个哲学抽象的过程，因此"哲学概念"成为系列会议第三届会议主题。概念的产生离不开现象基础，也就是对新的问题、新兴领域和新的手段、方法的了解和关注。学科范畴的界定不是依据行业领域的划分，包豪斯时期不是，现在也不应该如此。第四届大会尝试用"体验、策略、健康"等新的主题作为当下社会的广泛需求，举例说明从以专业技能到以问题为导向的设计学内部研究领域新的划分思路以及新的人才培养模式的建构。

第五届，也是大会的收官之作，会议把主题从"设计教育"哲学体系的重构拓展到了对"教育"整体的反思，其中原因包括：（1）社会对当前教育模式早有反思；（2）国家也在不同层面，从不同角度尝试着不同形式的教育改革；（3）在互联网思维影响下，通过新技术平台支撑的新型教育产业正在形成；（4）当众多国际一流大学都在围绕社会广泛需求、运用设计思维重新梳理学科概念的时候，运用设计思维思考教育的问题也是顺理成章的事。

五届会议的主题和主要观点分别如下：

·2012 **"范畴、方法、价值观"**：针对设计学科成为一级学科的背景，会议邀请了包括心理学、社会学、商学和历史学科背景的学者一起反思了设计学学科研究对象、学科界限、实践方法和判断准则的定位问题，提出了新美学（新美学本身不是一个成熟的概念，却是对传统设计准则的一个重要反思，也就是"破"）的概念。

·2013 **"新领域、新问题、新对策"**：更多地从实践的角度探讨了设计思维在包括健康、服务设计、公共事务管理等诸多新兴领域的应用拓展，以及设计咨询服务自身的转型升级问题。

·2014 **"哲学概念"**：明确地提出了哲学方法在理解设计领域复杂现象中可以发挥的抽象和理论构建作用（这里所说的哲学并非对传统哲学理论或方法的学习，而是把哲学作为思维的工具）。

·2015 **"新现象基础：体验、策略、健康"**：体验、策略和健康既是设计学自身学科研究的新关注点，更是反映了广泛社会需求、为构建学科框架提供了现象素材的新兴行业领域。

·2016 **"精心设计的教育：经历、能力和理想"**：教育所提供的绝不只是知识，更是成长经历；在学习过程中我们获得的应该是获取知识和积累智慧的能力；在成长过程和生活体验中指导我们选择道路和感受幸福的是理想。

图1 会议演讲录

连续五届会议都由江南大学与无锡市人民政府联合承办，每年会议的演讲录都整理成册并分发给所有参会嘉宾（见图1），部分资料在会议网站亦有分享。细心的听众，尤其是不少从第一届到最后一届连续五年参会的嘉宾或许在最后一次会议结束之后，对大会主题的延续性会有一种恍然大悟的感觉，应该说会议从主题策划到执行也是一个完整的设计过程。

（三）会议与江南大学设计教育改革

五年的系列会议为国内外关心设计教育改革的学者提供了一个持续、稳定的交流平台，同时也为江南大学近年来的设计教育改革探索提供了重要的讨论空间，并整合了诸多必要的国内外资源。作为国内最早一批成立的设计学科，江南大学设计学科到21世纪初经历了四个阶段：（1）手工艺；（2）以玻璃、搪瓷、陶瓷、塑料为主的产品设计；（3）以工业设计为核心，包括工业设计、包装设计、服装设计、环境艺术多专业的艺工结合；（4）20世纪90年代末开始利用综合性大学资源优势进行学科交叉等不同的时代。针对当今社会普遍关注的生态、老龄化、健康、教育等话题，结合日益成熟的信息技术、新的材料、生产工艺和商业模式，江南大学设计学院从2012年开始，借助"设计教育再设计"系列国际会议的推力，围绕大设计理念，进行了一系列的设计教育改革。

设计学院新一轮的教育改革首先是教育理念和人才培养目标的改革。大设计理念的一个重要特点是设计师职业目标的转变，设计逐渐完成了从自我艺术修养的个性表达到商业与社会价值创造者角色的改变，也因此，"培养有责任感和受尊重的设计师"成为设计学院新的人才培养目标，以取代传统的"培养精英型设计师"的教育理念。围绕新的人才培养目标，设计学院在过去四年多里完成了本科所有专业200多门课程教学大纲的修订，研究生培养计划的修订，教师科研团队的建设，以及用户心理与行为研究、交互设计、先进制造等实验室的建设。新的人才培养目标反映在本科课程体系里是人文关怀素养在本科四年学习过程中的全程贯穿：

·一年级：问题意识的培养；

·二年级：人文关怀的微观技术：用户研究、人因工程等能力的培养，从个人的需求层面了解和满足消费者、用户和社会人的需要；

·三年级：人文关怀的宏观素养：了解社会、文化、经济和技术大趋势对设计问题的相关性、概念的合理性等方面的影响；

·四年级：整合与应用：熟练整合和运用前三年所学专业技能和人文素养。

针对大设计理念另一个显著的特点：设计对象的多元化，设计学院成立了整合创新设计实验班（整创班），培养"能够定义产品或服务，提供整体解决方案，并具备良好团队合作和沟通能力的职业设计师"。整创班培养的不是某一专业领域的专门人才，而是在一个以前沿设计方法和先进技术表达为核心，可以适用于不同行业或领域的新型设计人才。整创班学生从学院不同专业在大一下学期由同学志愿申请，参考平时成绩，通过面试选拔出来，由学院直接管理，目前学院已经先后抽调 30 余名教学质量好的教师担任实验班教学工作。整创班的建立也是学院以点带面，逐步推动大设计理念在全学院落地的重要举措。整创班已经有两届学生顺利毕业，并获得用人单位或继续深造学校的一致好评。应该说，整创班很好地完成了既定的改革试点目标，其成功经验也被不同的学校效仿和包括光明网在内的媒体报道。同时，设计学院也因为主张的"大设计整合创新设计人才培养模式"有幸成为中国工业设计协会首批两家设计教育示范基地之一。

（四）结语

设计教育改革是一项系统工程，非一朝一夕之事。不管是顺势而为，还是被动应对，了解时代语境和新的学科理念，都是重新定位培养目标、培养内容和培养模式的基础。同时，设计学院的教育改革离不开江南大学轻工特色鲜明的综合性大学背景的影响，也离不开设计学院 50 余年来几代设计教育前辈为学院已经打好的基础的支撑。江南大学近年的设计教育改革既有成功的经验，也有很多可以改进的机会。由于各个学科所处的大学定位和层次的不同，行业和区域特点的差异，各个学校应当审时度势，寻找一条适合自身发展的差异化路线去探索各自的设计教育改革。"设计教育再设计"系列国际会议为推动中国设计教育改革的新启蒙，提供了一个开端。

二、设计教育改革中的 3C：语境、内容和经历 ①

从德国包豪斯时代开始，到美国的新包豪斯，到英国的设计方法运动，以至近来由"设计思维运动"引起的世界范围内大设计教育的探索，一次次变革无不和其所处的时代背景有着密切的联系，清晰的时代背景烙印下也透露着不同时代设计教育理念、内涵和人才培养模式的变化。

（一）从包豪斯到"D School"

现代设计教育史不乏被同行和后代学习的经典，从理念、人才培养模式方方面面引领着属于那个时代的设计教育。随着时代的变迁，每个时代都创造着属于那个时代的经典。包豪斯无疑是现代设计教育的经典，随后由于社会变革、经济转型和技术更新，设计故事从德国到英国、美国以及亚洲各国，从产品造型到产品定义，以致近年来用设计思维来改造组织行为和重塑企业文化的热点话题，应该说现代设计教育大致可以分为五

---

① 原载于《装饰》2016 年 7 月。

个不同的阶段，各自有着属于自己时代的经典设计教育理念，以及引领设计教育改革的关键人物或事件。

现代设计奠基阶段：20 世纪初的包豪斯时代，以工业化和标准化生产为基础，以提供现代商品为目标，强调技术与艺术的结合。包豪斯对现代设计的贡献不只是围绕经济美学和现代生产工艺的现代设计理念、影响至今的现代设计教育课程体系、一大批包豪斯经典作品，还有受其影响在世界各地传播包豪斯设计理念的教育先驱们。

设计商业化、设计服务社会化时期：由于战争和社会动荡等原因，当包豪斯主体转移到美国之后，芝加哥设计学院（现伊利诺依理工大学设计学院）成为"新包豪斯"的重要代表。新包豪斯所处的正是美国商品经济大发展的时期，美国逐渐成为现代设计的重心，设计商业化、设计服务社会化逐渐成为潮流；企业的专职设计部门或专门设计咨询公司也大量出现，成就了包括雷蒙德·罗维在内的一批强调设计为商业服务的新兴设计代表人物和相关设计作品。

设计方法运动时期：20 世纪 60、70 年代，强调过程管理和决策依据的设计方法运动兴起，第一个设计研究组织（DRS：Design Research Society）在英国成立。英国皇家艺术学院以及其设计研究会创始人 Bruce Archer 教授在设计方法运动中扮演了重要的角色。[1] 设计方法的运用，一方面为设计参与注重流程和效率管理的企业产品研发提供了必要的准备，同时也让设计从师徒经验传承逐渐发展成为具有学术严谨性，注重从实践经验到知识和智慧积累的真正意义上的学科。

学科交叉主导时期：80 年代后，计算机和信息技术的发展不仅仅丰富了产品功能的实现手段，也逐渐改变了生产和商业服务的模式，通过学科交叉来了解和运用新兴技术成为设计领域不可避免的潮流，综合性大学逐渐成为催生设计领域研究成果的主要场所。卡耐基梅隆大学从 1985 开始的设计、机械和商学院三方持久和有效的学科交叉开了用学科交叉的理念解决日渐复杂的设计领域问题的先河。具有经济学和计算机科学背景的赫伯特·西蒙教授，以及具有心理学背景的唐纳德·诺曼教授都堪称这一时期的经典人物。

新的困惑期：近年来，互联技术的成熟和新的商业模式乃至新型社会组织的出现，一方面为设计实践提供了新的机遇，但同时设计学原有的学科基础和哲学框架已经不足以支撑迅速拓宽的应用领域，也无法解释许多新兴的实践经验。从某种意义上讲新的困惑期是一个探索新的理念和方法的过渡时期，它既是设计学科自身发展所遇到的问题，也是其他相关学科，尤其是管理学发展遇到瓶颈之后寻求新的突破所衍生出来的问题。这一时期里，常常为大家津津乐道的是斯坦福大学的 D School。D School 虽然没有带来

---

① *Transformation Design: Perspectives on a New Design Attitude*, Edited by Wolfgang Jonas, Sarah Zerwas, Kristof von Anshelm. Birkhauser, Swiss. 2015. p.151.

更多新的理念，但由于斯坦福大学本身和硅谷的品牌效应，以及设计顾问公司 IDEO 的商业介入，让这一合作产生了极为广泛的积极影响，尤其是提升了社会公众对设计学科的关注。2015 年，当《哈佛商业评论》把设计思维作为封面文章，当战略咨询公司麦肯锡收购了设计公司 Lunar 之后，设计思维成为大家广泛关注的话题，然而，真正能够清晰解读设计思维以及它的特点的却很少。

（二）设计教育改革中的 3C

无论是 20 世纪初的包豪斯，还是当今的 D School，它们之所以成为一个时代的经典，都有属于那个时代的特定语境（context）的作用，也各自创造着具有时代特色的设计教育的内涵（content）。不同的时代和文化背景下，虽然设计教育内涵在不断变化，但无一不十分重视教育过程（course）本身。

1. 语境

语境在这里指的是设计教育所处的时代背景，包括广泛的社会需求，宏观的经济状况，技术发展趋势，乃至相关联学科的研究成果。

现代化城市的兴起、机器化生产的普及以及对简约经济美学的要求都为包豪斯的成立提供了必要的社会、经济和技术环境的支撑。体制经济学派创始人 Trorstein Veblen（凡勃伦）19 世纪末在《有闲阶级论》中率先提出了现代经济美学的概念。凡勃伦的经济美学是我们熟知的 20 世纪 20 年代开始流行的现代主义美学理论的前奏①。包豪斯先驱们准确地洞察了时代的广泛需求，用一整套全新的现代设计理念、人才培养模式和技能训练满足了为 20 世纪初城市人口开发多样且相对廉价的现代商品的需求。

回到当下，如果说设计重在解决问题，那么当今社会的广泛需求和潜在的经济、技术趋势则是思考设计问题必须了解的语境。Hans Gosling 在他 2010 年 TED 的演讲，"200 个国家的 200 年"中说，1818 年世界各国经济水平和人均寿命都普遍低下，温饱和生命延续是当时人们最关心的问题；而如今，随着包括中国和印度在内的全世界更加广泛的地区人均寿命和经济总量的大幅度提高，环境压力、粮食安全、老龄化、健康问题、教育公平、文化冲突逐渐取代了温饱问题成为全球范围内关注的主要话题②。近年来迅速发展的绿色与可持续设计、服务设计、社会创新可以说是广泛需求在设计领域里清晰的体现。

阅读语境自然离不开对经济环境和技术条件的了解。支撑 20 世纪初商品经济的主流技术是机电时代的能源、动力、结构和材料技术。随着信息技术、互联网平台和服务

① Thorstein Veblen, *The Theory of the Leisure Class: An Economic Study of Institutions*, Penguin, 1994, (original 1899). p.209.

② https://www.youtube.com/watch?v=jbkSRLYSojo.

209

经济的发展，产品功能的实现和加工技术、商业模式均发生了翻天覆地的变化，设计师需要掌握或了解的技术远远超出了机电时代的技术领域，新的商业环境也要求设计师更多地参与产品开发模糊前期的用户研究和产品定义。

产业环境和国家政策当然也是语境的重要组成部分。当设计已经成为"培育国民经济新的增长点、提升国家文化软实力和产业竞争力的重大举措，是发展创新型经济、促进经济结构调整和发展方式转变、加快实现由'中国制造'向'中国创造'转变的内在要求，是促进产品和服务创新、催生新兴业态、带动就业、满足多样化消费需求、提高人民生活质量的重要途径"的时候，① 一定不可能继续在传统的轻工、重工工业体系下去思考设计教育的理念、目标和人才培养模式。

2. 内容

内容是设计学研究或设计实践的内涵。内容的变化毫无疑问会影响设计教育理念和人才培养模式的改变，现代设计教育不同阶段里教育理念的演变也是内容变化在教育领域的自然反映。

认识研究对象是了解设计学研究内容的关键。随着宏观经济和社会语境的变化，部分发达国家逐渐从农业社会，经历了工业社会，逐渐步入了后工业时代，同时也反映在不同时期经济产物的演变（大宗商品→百货商品→服务→体验）②。当服务和体验逐渐成为大众关注、可消费的商品的时候，设计的对象和价值输出也相应地发生变化。从"设计 1.0 到设计 3.0"③，设计对象不再局限于实体产品；产品的范畴和边界也在不断扩展，从物质到非物质，从实体到虚拟，从"设备"到"内容"再到"平台"；设计师从关注功能实现的单一维度，扩展到基于用户体验和可持续经济价值的多元维度④；设计研究、交流与传播理论、设计伦理、知识产权保护、团队建设也逐渐成为设计师必须掌握的新的专业能力。

从实践角度，内容的变化反映在设计所服务的行业越来越广泛，以及设计参与经济和文化生活的不断深入。随着信息科技和互联网行业对专门设计人才需求的不断增加，交互与用户体验逐渐成为众多院校大力发展的研究方向；随着服务设计理念的推广，设计已经开始介入医疗健康乃至公共事务管理的用户研究、产品定义以致商业模式的决策。人才需求的变化不可避免地影响着设计教育改革的走向，不管是满足行业需求还是引领行业的发展，设计教育都必须了解和研究行业发展的趋势，因为行业的发展也是社

---

① 《国务院关于推进文化创意和设计服务与相关产业融合发展的若干意见》，国发〔2014〕10 号。

② B. Joseph Pine II，James H. Gilmore，*The Experience Economy:Work Is Theater & Every Business a Stage*，Boston：Harvard Business School Press，1999，pp.1-25.

③ 路甬祥：《设计的进化——设计 3.0》，上海：2014 年上海设计创新论坛暨杨浦国家创新型城区发展战略高层咨询会，2014 年。

④ 辛向阳、曹建中：《设计 3.0 语境下产品的多重属性》，《机械设计》2015 年第 6 期。

会广泛需求的直观体现。

　　设计学研究和实践内容的变化，一方面是学科和职业发展的机遇，同时也带来了诸多的困惑，也有不少人反对把设计研究范畴和服务行业无限扩大的趋势，这也就是前面所提到的新的困惑期。其实，类似的困惑不仅仅出现在21世纪的今天。如果仔细研究包豪斯的课程体系（图2），不难发现包豪斯对现代设计教育的重要贡献远不只是围绕现代工业美学的课程体系和课程内容本身，而在于其课程体系背后的哲学特征。包豪斯的重要贡献在于用哲学的方法抽象了众多现代工业商品的普遍属性，找到了诸如材料、色彩、加工工艺等方面的现代工业商品的共性技术和适应现代工业技术的美学价值表达。也可以说包豪斯教育理念用共性的方法培养了能够满足不同行业和现代城市生活需求的现代设计人才。

图 2　包豪斯课程体系（图片来源：www.flickr.com）

　　过去近30年里，学科交叉一直是设计教育的重要话题，设计学已经从应用造型艺术发展成与商学、技术、社会学、心理学等多个学科紧密关联的交叉学科。寻找众多研究问题或实践方法之间的共性是当下明确设计内容的主要任务所在，寻找共性的过程是一个哲学抽象的过程。抽象过程中，哲学概念起着重要的作用，它是对具体现象普遍属性或特征的描述。概念的产生离不开现象基础，也就是对新的问题、新兴领域和新的手段、方法的了解和关注①。学科范畴的界定不是依据行业领域的划分，包豪斯时期不是，现在也不应该如此。设计内容的变化不仅仅是学科重新定位和课程内容拓展的问题，更是通过哲学的方法寻找不同设计实践活动背后的共性"设计智力活动（intellectual activity）②"，针对新的研究问题和实践活动，用哲学概念重新定义设计的范畴、探索新

---

① 江南大学设计学院组织召开的"设计教育再设计"系列国际会议之 II、III 和 IV 就分别把"新领域、新问题、新对策""哲学概念"和"新现象基础"作为了会议的主题。

② Simon, Herbert A. *The Sciences of the Artificial*. Cambridge, MA: The MIT Press, (Second Edition) 1981, p.129.

的设计方法和明确新的人文设计准则。

3. 经历

经历指的是接受设计教育的过程。教育过程的重要性不言而喻，然而，经历却常常在设计教育研讨中被忽略，与之相近的概念有人才培养模式。在这里，之所以用"经历"而非人才培养模式主要是希望强调过程本身，因为"教育乃是一个抚养、培育和教养的过程"①。

在很长的一段时间里，设计常常被简单地理解为应用艺术，创意思维和概念表达能力的训练成为设计人才培养的核心任务②。随着设计参与到越来越多的前期用户研究和产品决策，设计开始成为一个复杂的商业和社会活动，选择合理的设计机会（"做什么"）是体现设计在价值创造过程中的关键。机会选择过程中，决策的佐证往往要求研究或数据的支撑；针对具体的机会选择设计方法的时候（"怎么做"），由于技术的进步和商业语境的变化，设计的方法、手段和工具等专识则需要与时共进。不断变化的专业和通用知识的发展要求不同设计师在一个多样化的教育环境下获得不同设计教育经历。

在任何学科领域，不论教育目标如何设定，技能的获得、知识的掌握和思维的训练都必须取得有效联系。如果所获得的技能没有经过思维，就不了解使用技能的目的；脱离深思熟虑的行为的知识是死的知识；思维是明智的学习方法③。设计教育不是一个简单的理性知识的传授，它还包括通过实践，用知识传授、教练和培育等不同的方法让受教育者学会运用技能、理解感性知识、挖掘和发展潜能；教育的最终目的在于培养善于学习、具有积极价值观和优秀人格的人。某种意义上讲，设计"教""育"中的知识传授、能力训练和人格培养也反映了从设计专识到通识的学习目标的递进（图3）。

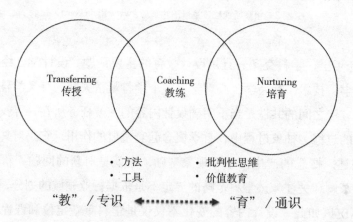

图3　设计"教""育"中的知识传授、能力训练和人格培养

课程设置中常常用到的"课程（course）"是一个兼具内容和培养过程的重要概念，

①　约翰·杜威：《民主主义与教育》，王承绪译，人民教育出版社1990年版，第16页。

②　John Heskett, *Design: A Very Short Introduction*, Oxford University Press, 2002,p.2.

③　约翰·杜威：《民主主义与教育》，王承绪译，人民教育出版社1990年版，第167—168页。

然而，它常常被和强调内容的"科目（subject）"混用。作为具有显著实践特点的学科，从包豪斯到今天的 D School，从专业艺术院校到综合性大学，都通过大量的实践课来传授设计的专业知识。由于传统的实践课往往是用师徒传承的方式训练基本技能，或者在掌握了必要技能的基础上，通过不同的项目训练去积累实践经验。这样的教育方式固然造就了不少优秀的设计师，乃至设计大师，然而，过于依赖实践经验的积累，一方面导致了设计教育中思维训练的缺失，另一方面也影响了设计学科理论的发展，以及设计在复杂商业或社会环境中解决复杂问题的能力。随着设计学实践领域的拓展，设计决策的严谨性和实证性愈显重要，临床研究能力（具体项目中解决具体问题所需要的研究能力）的培养要求设计师掌握包括用户研究、产品定义、协调沟通、团队合作等新的专业能力；随着实践经验的不断积累，过程中的反思往往衍生出适用于某类产品或某个行业的设计方法，反思研究是寻找个案之间的联系和共性特征，也就是设计方法产生的过程；设计学的基础研究是更高层次的抽象，它的研究结果往往可以指导更广泛的设计实践（图4）。从临床研究到反思研究以至基础研究，从某种意义上也对应着设计学本科、硕士和博士培养中所关注的不同内容。本科教育中，学生应该学习和熟练运用设计的方法和工具；硕士研究生应该有能力合理选择方法和管理设计流程；博士研究则注重哲学训练和方法论的构建。不难理解，针对不同的专业技能和不同层次研究能力的培养，需要与之相匹配的人才培养模式，从而为有着不同目标的受教育者提供合理、合适的教育经历。

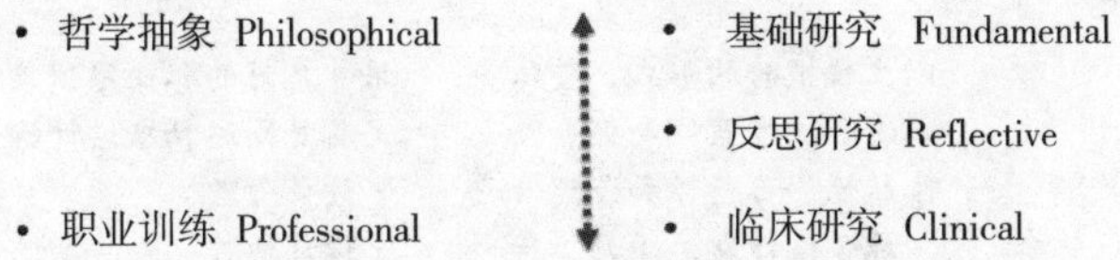

- 哲学抽象 Philosophical
- 职业训练 Professional

- 基础研究 Fundamental
- 反思研究 Reflective
- 临床研究 Clinical

图 4　设计教育中不同层次研究能力的训练

（三）江南大学"大设计、整合创新设计"教育改革探索

作为国内最早一批成立的设计学科，江南大学设计学经历了（1）手工艺；（2）以玻璃、搪瓷、陶瓷、塑料为主的产品设计；（3）以工业设计为核心，包括工业设计、包装设计、服装设计、环境艺术多专业的工艺结合；（4）20 世纪 90 年代末开始利用综合性大学资源优势进行学科交叉等不同的时代。过去 50 多年，江南大学设计学院从工艺美术、艺工结合到跨学科交叉的教学、研究与实践的发展过程，可以说是中国现代设计教育的历史缩影，也从某个侧面反映了中国现代工业和经济发展的进程。

针对当今社会普遍关注的生态、老龄化、健康、教育等话题，结合日益成熟的信息技术、新的材料、生产工艺和商业模式，江南大学设计学院从 2012 年开始策划和组织了连续五年的"设计教育再设计"系列国际会议，联合国内外一流的专家学者共同探讨大设计理念下设计学科的共性话题，同时也借此推动学院自身围绕大设计理念的设计教育改革①。设计学院在过去四年多里完成了本科所有专业200多门课程教学大纲的修订，研究生培养计划的修订，教师科研团队的建设，以及用户心理与行为研究、交互设计、先进制造等实验室的建设。

教育的改革离不开教育理念和人才培养目标的改革。大设计理念的一个重要特点是设计师职业目标的转变，设计逐渐完成了从自我艺术修养的个性表达到商业与社会价值创造者角色的改变，也因为此，"培养有责任感和受尊重的设计师"成为设计学院新的人才培养目标，以取代传统的"培养精英型设计师"的教育理念。新的人才培养目标反映在本科课程体系里是人文关怀素养在本科四年学习过程中的全程贯穿：

·一年级：问题意识的培养；

·二年级：人文关怀的微观技术：用户研究、人因工程等能力的培养，从个人的需求层面了解和满足消费者、用户和社会人的需要；

·三年级：人文关怀的宏观素养：了解社会、文化、经济和技术大趋势对设计问题的相关性、概念的合理性等方面的影响；

·四年级：整合与应用：熟练整合和运用前三年所学专业技能和人文素养。

整合创新实验班

培养能够定义产品或服务，提供整体解决方案，并具备良好团队合作和沟通能力的职业设计师。

通过趋势分析和用户研究明确用户需求，提出产品或服务要求（设计任务书）。 ·用户研究、市场调研 ·设计心理学、产品评价	以立项报告的形式，整体阐述解决方案的局部和整体属性，可行性和合理性。 ·综合设计表达（物、行为、系统） ·产品与服务的实现（侧重于技术和功能的实现） ·整合产品与服务的开发（解决流程和方法的问题） ·品牌策划和管理	培养良好的职业习惯、协调和沟通能力，尤其是阐述抽象设计价值的能力。 ·设计管理 ·设计协作 ·设计伦理 ·经济学导论

图5 江南大学设计学院整合创新设计实验班培养目标和相应的课程内容

针对大设计理念另一个显著的特点：设计对象的多元化，设计学院成立了整合创新设计实验班（整创班），培养"能够定义产品或服务，提供整体解决方案，并具备良好团队合作和沟通能力的职业设计师"（图5）。整创班培养的不是某一专业领域的专门人

---

① http://rededu.jiangnan.edu.cn.

才，而是在一个以前沿设计方法和先进技术表达为核心，可以适用于不同行业或领域的新型设计人才。体现在课程上，整创班新增四门骨干课程，《用户研究与产品定义》《产品与服务开发》《整合创新设计I》《整合创新设计II》。四门课程分别在二、三年级四个学期循序渐进展开，培养学生从定义产品或服务、提供整体解决方案，一直到项目论证的整个流程的全方位综合能力。和其他专业相比，整创班开设了更多的选修课，包括增强沟通和价值判断能力的《概念论证和设计传播》和《设计伦理》以及侧重技术实现的"智能产品开发"和"应用程序开发"等技能训练课程。增设选修课一来是能力拓展的要求，同时也为有着不同专业兴趣的同学创造了更加广阔、灵活的就业可能性。

整创班的建立也是学院以点带面，逐步推动大设计理念在全学院落地的重要举措。整创班学生从学院不同专业在大一下学期由同学志愿申请，参考平时成绩，通过面试选拔出来，由学院直接管理，目前学院已经先后抽调30余名教学质量好的教师担任实验班教学工作。第一届整创班毕业生已于2015年顺利毕业，从用人单位或继续深造学校的反馈来看，整创班很好地完成了既定的改革试点目标。整合创新设计实验班的成功经验也被包括光明网在内媒体的报道①，并获得用人单位好评。

（四）结语

设计教育改革是一项系统工程，非一朝一夕之事。不管是顺势而为，还是被动应对，了解时代语境和新的学科理念，都是重新定位培养目标、培养内容和培养模式的基础，否则会出现理念口号化，行动形式化的现象。江南大学近年的设计教育改革既有成功的经验，也有很多可以改进的机会。同时，设计学院的教育改革离不开江南大学轻工特色鲜明的综合性大学背景的影响，也离不开设计学院50余年来几代设计教育前辈为学院已经打好的基础的支撑。由于各个学科所处的大学定位和层次的不同，行业和区域特点的差异，各个学校应当审时度势，寻找一条适合自身发展的差异化路线去探索各自的设计教育改革。

---

① http://difang.gmw.cn/sunan/2015-06/05/content_15887279.htm。

从西方话语到本土建构

——从手工艺的复兴看设计教育的文脉重建与人文转向①

张　君②

（海南师范大学美术学院、清华大学美术学院）

摘要：以西方近代设计教育体系为范本的学科中心主义在当前我国的设计教育中普遍存在，设计学科中的西方中心论一方面使东方设计话语权丧失，另一方面，对西方包豪斯体系片面解读带来的负面影响使设计的教育沦为设计技能的教育。作为人类文化活动之一的设计本应是技术与文化的统一，少了文化的设计将成为机械的技术活动。手工艺作为民族传统文化的"物化"体现，如今国内兴起的手工艺热正是新时期国人对自身传统的"文化自觉"。传统工艺的复兴给设计教育中的文化回归提供契机，它引导当今设计教学体系从作为技术的设计教育转向作为文化的设计教育。

关键词：设计教育；包豪斯；手工艺；图案学；人文转向

一、西方之源：设计中的学科中心主义

学科中心主义实质上是匿藏的西方中心主义。在设计领域，学科中心论即设计西方论，包豪斯成为学科中心论的主角。中国设计学科经过几十年的发展，已取得空前的办学规模，却一直未能建立东方设计话语体系。现行设计教育模式下也一直未能培养出世界顶级的设计大师，这其中自有学科中心论的原因。很多国内的设计院校自诩"沿袭包

① 基金项目：本文受教育部人文社会科学研究青年项目资助，项目名"非物质文化遗产保护背景下的黎族手工艺研究"，项目编号：16YJC760071；海南省2016年哲学社会科学规划项目（HNSK（QN）16-142），2016年度海南省高等学校科学研究项目（HNKY2016-24）阶段性成果。

② 作者简介：张君（1982— ），男，籍贯湖北天门，海南师范大学美术学院副教授，硕士生导师，清华大学美术学院艺术史论系博士生。目前主要研究方向：手工艺与设计艺术历史及理论，视觉传达设计实践与理论。

豪斯教学模式",却不知已陷入学科中心论的窠臼。

包豪斯学校在存在的短短 14 年内建立起了一套科学的、理性的设计教学体系。它强调艺术与技术的结合,强调设计要尊重客观规律,强调以人为中心,强调设计的功能至上。"包豪斯的历程就是现代设计诞生的历程,也是艺术和机械技术两个相去甚远的门类搭建桥梁的历程。"① 这样的一些原则最终导致了设计从艺术学科向工科靠拢。处于人文与科学之间的艺术设计的天平开始倾向科学的理性。工学的模块化工作流程、定量分析的方法、从包豪斯开始由此引发的现代主义设计运动把设计的"功能"放在了首位。现代主义者喊出了"少即是多""无用的装饰就是犯罪"等口号,在"形式追随功能"理念的指引下,一切与功能无关的因素都按现代主义的标准被剔除,现代设计赤裸地成为人解决各种问题的手段。工业化的背景提供了现代主义设计生长的土壤,而现代主义的设计又将人的生活"工业化"。建筑成为"居住的机器",传统的审美标准被工业美学逐渐侵蚀。以至于在现代主义者的眼中,裸露的钢筋混凝土结构也是一种现代美学。钢筋混凝土加玻璃幕墙的"国际主义风格",消解了设计的地域特色和民族风格。尽管在当时的工业化背景下包豪斯和现代主义是设计发展中必不可少的一环,但由此产生的批量化、同质化甚至冷漠的设计还是遭致后来者的批判。

学科中心论的直接后果是导致中国传统设计之文脉被割裂。在绝大多数人的观念中,设计是西方的东西,中国现代的设计教育体系是学习西方的结果。李立新则认为手工艺即设计,两者的生产方式等方面虽不同但本质意义上是一样的,他指出"'手工艺'与'设计'是认识方法的差异而不是时代概念"②。两者的异同成为前些年中国设计源头之争的焦点。的确,现代设计的形态和传统设计的形态有很大的差异,但这不是据此判断中国现代设计的源头。中国设计的源头之争实质是对设计学科的认同体系之争,设计的学科中心主义产生的根源是对包豪斯设计教育体系的片面解读。作为现代设计教育发轫的包豪斯学校在设计教育的启蒙阶段起到了不可否认的作用,它建立起了一套理性、科学的设计实践与教育方法。普遍认为包豪斯对 20 世纪初期产生的现代主义的传播和发展起到了推波助澜的作用,并为现代主义设计确立了一套标准和规范,促使统一的国际主义风格的形成。但现代主义设计的过于理性、冷漠以至千篇一律成为后现代主义者批判的口实,与现代主义忽略民族和地域历史文化相比,后现代主义者更加注重设计中人的情感体验以及文化价值。以此来看,当今手工艺的复兴以及在设计中的融合在一定意义上是后现代主义设计思潮的映射。事实上,包豪斯学校也注重手工艺教学,在艺术与技术结合的理念指导下,包豪斯的学生在手工艺课程环节的训练下成为"工艺高

① [英]朱迪思·卡梅尔:《包豪斯》,颜芳译,中国轻工业出版社 2002 年版,第 10 页。
② 李立新:《中国设计艺术史论》,人民出版社 2011 年版,第 25 页。

手"①。但包豪斯所倡导的手工艺教学在一定程度上是工艺技术的教学，而非我们现在所期望的人文素养的教学。部分院校对西方现代设计教育体系的学习片面地演变成了对现代主义设计体系的挪用，对设计的功能、形式感的片面追求使得设计教育演变成了设计形态的教育、设计技术的教育，设计的创意成为视觉形式的创意，本科教育成为职业技术教育。最终，导致我们培养的学生设计作品千篇一律，地域特色和文化内涵丧失。

二、误读包豪斯：技术的"在场"与文化的"遮蔽"

包豪斯的教育体系现在还被国内的很多院校奉若圭臬。尤其在我们的设计基础课程的教学中，把学生的设计技术和形式感觉的培养放在异常重要的位置。在课程的设置上我们的设计教学从人文素养关照下的艺术学科，转向了经验主义影响下的实证科学。当今设计教育中的基础课起源于包豪斯时期约翰·伊顿主导的预备课程，课程基于视觉理论，研究色彩、造型、材料、质感、形态等视觉语言的构成。这一设计基础训练的方法在国内被当作设计的目的加以等同，对伊顿的基础课程的表皮模仿，使得我们的基础教学桎梏于脱离了文化渊源和生活逻辑的纯粹的构成形式训练中。从而影响到整个设计学科，片面地将设计等同于形态创造，过于强调其作为"解决问题的方法"。因此，基于此目的技术与技能训练成为设计课程的主导。

事实上，从包豪斯所倡导的核心观念"艺术与技术的统一"中可以看出其教学初衷是人文艺术与工艺技术的并重，只是由于格罗皮乌斯和伊顿都认为艺术不可教授和学习，只有技术才能被教授与学习。所以，"手工艺和手工技术的获得才是设计的先决条件"。② 由此，包豪斯所开设的大量手工艺课程成为"提高设计家敏锐度的方法"，成为设计教与学过程中的具体可行的技术手段。我们因此被包豪斯手工艺课程和工坊教学制障眼，误读为格罗皮乌斯的教育观念中的技术至上。事实上，格罗皮乌斯在包豪斯的《纲领》中流露出对设计的人文主义情怀，他并不认为技术是手工艺教学的全部。他为传统手工艺理论辩护道，"手工艺方法有其自身的重要性，制作被看做是其制作者灵魂的载体。"③ 并认为，"理想上设计应从人文的角度演进，并坚信设计通过形式和过程反映社会生活和经济需要的能力极其重大。他指出，设计师必须既是艺术家又是手工业者。"④ 这一理念贯穿于包豪斯工坊教学的双师制中，形式导师（Formmeister）和技术导

---

① ［英］朱迪思·卡梅尔：《包豪斯》，颜芳译，中国轻工业出版社 2002 年版，第 17 页。

② ［英］朱迪思·卡梅尔：《包豪斯》，颜芳译，中国轻工业出版社 2002 年版，第 14 页。

③ 参见 ［英］朱迪思·卡梅尔：《包豪斯》，颜芳译，中国轻工业出版社 2002 年版，第 13 页。

④ ［英］朱迪思·卡梅尔：《包豪斯》，颜芳译，中国轻工业出版社 2002 年版，第 20 页。

师（Werkstattmeister）分别解决设计教学中的艺术与技术问题。普遍认为艺术在技术之上，形式导师的工作角色也高于技术导师。形式导师指导观念与艺术创作，技术导师用技术来实现形式导师的想法。形式导师的主体是各类艺术家，而技术导师主要是由手工工匠构成。双师制创立的初衷是为了使设计的艺术教学与技术教学互补，强调通过手工艺技术来追求艺术的创新与实验，力图在"艺术家"与"工匠"教学机制下培养出真正的设计师。（图 1）

图 1　包豪斯时期的木工坊

　　当然，即便是在包豪斯建校"纲领"和"宣言"中对手工艺都有所强调，但在工业化浪潮中，格罗皮乌斯主导的包豪斯教学理念无论是形式表达还是技术实现，都没能将设计完全纳入文化的范畴。尽管手工艺被看作设计"艺术化"表达的工具，但终究其技术价值在包豪斯教学中占住主导。加之受到第一次世界大战的触动，以及对伊顿的过于浪漫主义的思想的抵制，格罗皮乌斯思想人文情怀在其包豪斯理想中也只是昙花一现，其思想经历了从工业化转向艺术与手工艺，最终倒向工业化与现代技术。虽然，包豪斯的教学与设计创作在服务工业生产的同时，保留着以手工艺为准则特征，以至于对手工艺的偏爱造就了包豪斯"做中求学"的教育哲学。但也逃离不了其中的悖论：一方面格罗皮乌斯试图在设计中保持以手工艺为准则的人文主义精神；另一方面，他又践行着以手工艺的手工技术为先导的设计教学，他曾在 1926 年发表的《包豪斯作品创作原则》中提出设计必须与机械紧密结合。结合当时的社会背景，似乎又在情理之中。包豪斯处于手工制品向工业制品转化的文化转折期。包豪斯对手工艺的强调，一方面使设计在顺应工业化生产的同时极力保留手工制品的相对文化价值；另一方面由于当时的工业技术还不够发达，又受到战后短时间内无法恢复工业生产的现实影响，手工艺成为简单材料和批量化的低成本生产的手段，手工艺中的技术因素也成为设计教学的重要手段。技术表征在包豪斯教育思想体系中更为明显，以至人们对包豪斯教育思想的传承往往只看到了后者。

包豪斯的文化思想体现在对德国工业文化的适应，移植到中国时被片面认为只有技术，文化被"遮蔽"。"在中国，包豪斯科学理性的精神内核与德国文化一脉相承的设计哲学思想被转换成空泛的技术教条和教学模式后，以技术'擂主'的姿态成为现代设计的代名词。"① 其人文指向在中国被曲解或者说与中国的文化传统不相适应。正因如此，国人很容易将技术论误读为包豪斯的全部，事实上"包豪斯号称是现代的、前瞻的学校，但是，它却致力于复兴传统工艺，充满了浪漫的中世纪精神的情调"。② 包豪斯教员也从不缺少设计的人文精神。如纳吉力图定义设计为人文学科而非专业技巧，宣扬"设计是一种态度而非职业"③。在"后包豪斯时代"的设计史也从不缺乏设计的人文关照。尤其在建筑设计领域，从对柯布西耶"房屋是居住的机器"的摒弃，到罗伯特·文丘里的历史文脉主义，人文关照越来越成为设计的主流。文丘里从历史里寻找解决设计问题的方法，提出了注重建筑与人、城市以及文化背景之间的关系。文脉主义与功能主义的建筑分庭抗礼，本质上是对现代主义过于冷漠的设计的批判。而在传统的房屋风俗里面，房屋的建造往往不仅仅是技艺的问题，更是与地域文化密不可分。人类学家、汉学家白馥兰通过对中国民居的物质结构研究后指出，中国房屋是与风水、人伦关系、礼俗紧密关联的文化空间。房屋的营造首先不是基于技术的可行性，而是基于当地的习俗与文化。而在海德格尔看来，"'居'的本质并不在于宽敞明亮装修精美的房子，'居'的本质乃是一种诗意性，它与物性、技术、数量和品质等无关。"④ 这些例子无一不说明设计的人文价值与文化导向。

三、重拾文脉：从图案学到东方设计学

形式语言的感知、造型表达与工艺技术的掌握、艺术与人文素养三方面的能力构成

---

① 唐星明：《包豪斯在中国真的过时了吗》，《美术观察》2004 年第 5 期。作者认为"当包豪斯在中国陷入普遍的认识误区后，实际上它原本热烈进取的批判话语和人文指向已被扭曲。这一情况，不仅意味着艺术设计文化转型时期人文关怀的失落，同时也是一整套价值话语的错位。"

② 参见 [英] 弗兰克·惠特福德：《包豪斯》，林鹤译，三联书店 2001 年版，第 35 页。

③ [匈] 拉兹洛·莫霍利 - 纳吉：《运动中的视觉：新包豪斯的基础》，周博等译，中信出版社 2016 年版。

④ 周宪：《当代设计观念的哲学反思》，《装饰》2013 年第 6 期。

了设计基础教育的核心。但设计专业学生的造型能力和人文素养的降低是一个不争的事实，这与 80 年代后"构成"教学的引入使得国人对形式教学的片面强调有直接关系。国人以偏概全地将抽离出形态的"构成"教学理解为包豪斯思想精髓的全部，事实上在包豪斯"双师"制的框架下，很多学生进入包豪斯的首要目标是学到工艺技巧。包豪斯后来成名的学生中均有一个共同的特点就是多才多艺，他们在校期间大多把所有的工艺技巧都接触一遍，后续发展更加广泛的专业技能。① 在形式、技术、人文三个方面中，构成教学过于看重形式训练，忽略动手能力和人文素养。现在设计院学生普遍存在只懂"构成"不懂工艺技术与动手制作，只懂形式语言不懂文化渊源的现象。诚如柳冠中所言，"文脉的意义在于传承，承接，形式只能作为手段。"构成教学的引入一定程度上使中国设计发展的文脉被打断。张道一曾将图案学、工艺美术和设计艺术作为学科发展的三部曲。② 三阶段发展一脉相承，构成教学引入之前，我们的设计教育倾向于手工与图案的教育。手工艺作为民族文化与艺术的表征，在现代设计教育中具有远超技能训练的人文价值。李砚祖将其比作物化的"国学"："如果说大机器生产具有人类所有生产的共同特征，那么手工艺生产则更具民族的、文化的、艺术的个性特征。无论是传统工艺还是当代工艺，都是民族文化的代表和象征，是'国学'的一部分。"③ 而对传统工艺与图案的学习能弥补单纯形态教学的弊端，一方面能培养学生传统的工艺制作与造型表达能力，另一方面能建立起基于传统文化艺术的人文素养。

设计教育家常沙娜所走的路却不同寻常，回顾她的艺术成长之路，正是她童年时期对敦煌石窟壁画的学习造就了其对中国传统设计语汇的娴熟运用。前不久在中国美术馆举办的"花开敦煌——常沙娜艺术研究与应用展"中，展示了很多的产品装饰和首饰设计就直接取自于敦煌壁画中的造型，古朴而不失现代。常沙娜秉承雷圭元的图案学思想，坚持"古为今用，洋为中用"④ 的设计理念，将古代图案与自然作为图案设计的"源"

---

① 参见（英）弗兰克·惠特福德：《包豪斯》，林鹤译，三联书店 2001 年版，第 49 页。
② 参见张道一：《设计在谋》，重庆大学出版社 2007 年版，第 4 页。张道一认为传统工艺和现代设计的生活本质是一样的。只是传统工艺基础是手工，现代设计基础是机械，两者只是数量、规格和制作技术的区别。
③ 参见李砚祖：《物化的国学》，《人民日报》2016 年 10 月 2 日。李砚祖指出："'国学'作为文化也可以分为物质的和非物质的两部分，非物质的如文字、传说、语言、风俗、习性等；物质的如传统手工艺、建筑等造物，也应该是'国学'的一部分。"
④ 在 1942 年延安文艺座谈会上，毛泽东针对文化的"源"和"流"提出了"古为今用，洋为中用"的文艺思想。1958 年，北京十大建筑设计工程时期，周恩来总理以"古为今用，洋为中用"对设计风格做了指导，并要求设计应坚持"民族的、科学的、大众的"。2014 年 10 月，习近平在文艺工作座谈会上的讲话中也提到了"古为今用，洋为中用"，他指出，传承中华文化，绝不是简单复古，也不是盲目排外，而是古为今用、洋为中用，辩证取舍、推陈出新，摒弃消极因素，继承积极思想，"以古人之规矩，开自己之生面"，实现中华文化的创造性转化和创新性发展。

图 2　常沙娜指导设计的首饰《霞光流苏》及灵感来源（图片拍自中国美术馆）

与"流"。其艺术创作一方面来自民族传统之文脉，另一方面来自自然之美。在设计教学中，她同样注重民族的"源"和生活的"流"的融合。用东方传统的造型语言来进行基础能力的训练是她在主政中央工艺美术学院后极力倡导的。① 常沙娜认为构成教学存在便于理性化理解之利和陷入纯形式练习之弊，她主张传统图案的应用和学习并非形式要素问题，而是图案中蕴藏的民族语汇和人文精神，在教学上强调传统纹样不是直接套用，更不能电脑拼凑，而是要懂法则。这种法则即是图形组织和色彩搭配等色调和形式上的原理。事实上，构成中所具有的形态和色彩法则在传统的图案艺术中都有体现。但图案中有的传统造型语言和文化主题的确是构成中所没有的。单纯抽离出形态表达的构成训练使得如今的基础课程变成了机械的、理性的、模式化的技能练习，学生迈入设计的第一步起就缺少了设计的人文素养教育和传统艺术表达语言的训练，终究导致了设计教学成为技术的教学。当然，我们并不是要否定构成教学，而是寻找弥补构成教学中所缺失的人文精神，手工艺和传统图案在设计教学中的融入恰恰弥补了人文意义。诚如常沙娜所言，我们的设计课程"应该保证在中国已有了根基的、既来自传统又源于生活的我们特有的图案基础上，将三大构成作为补充"②。（图2）

图案学在中国近现代设计教育的发轫阶段是重要的基础课程。"图案"概念并不是

---

① 参见常沙娜：《发展、创新我们民族优秀文脉》，《美术报》2016年3月19日。据常沙娜介绍"在中央工艺美院教学的重要基础课是以雷圭元先生的图案基础为主题的图案的法则，并以花卉写生、写生变化以及传统图案作为图案法则应用的'源'、'流'丰富多样的装饰图形"。

② 常沙娜：《应该坚持传统图案的教学》，《装饰》1997年第3期。

源自中国，而是舶来品，雷圭元将其转化为适用于本土的理论体系。夏燕靖认为雷圭元对中国图案学作出了三点贡献："一是奠基且丰富和发展了中国图案学；二是确立中国图案学民族形式语言的研究路径；三是构建起中国图案学知识和理论体系。"[①] 当然，雷圭元的贡献不仅限于图案学方法与体系的构建，还在于将人文观带入了设计教学中，注重图案的社会美育功能和对人的教化作用，他认为图案教学的终极目的是通过对生活的美

图3　雷圭元著《新图案的理论和作法》（1950年）一书封面及其创作的蜡染设计稿（1941年）

化而达到人格的完善。因此，"雷圭元将图案的发展置于完整的学科系统中讨论，包括社会系统、生产系统和文化系统。"[②] 以此探讨了图案与人的生产生活、社会文化和其他艺术形式之间的关系。他所撰写的教材《新图案学》不仅论述了图案的内容、构成、格式和造型方法，还从人文与人本的视角阐释了图案与人类生存的关系，并将人文观与图案设计的教学结合起来。"带来了由图案课程向图案学科的转变、由图案技法训练向图案理论体系教学的转化，以及由实利教育向人本教育的变革。"[③] 雷圭元认为图案中的形式组合中的数理逻辑不仅仅是形式法则，还是文化的体现。它与人们的生活联系紧密，体现一定的哲学思想。图案的学习不仅是简单的表面装饰、形式上好看，更是文化内涵的体验，创造人们艺术化生活的本质。（图3）

---

① 夏燕靖：《雷圭元图案学理论发展之路》，《中国美术报》2016年6月20日。

② 岳阳、赵帅：《一场设计教育的预演：〈新图案学〉的图案教学体系探究》，《装饰》2016年第6期。

③ 岳阳、赵帅：《一场设计教育的预演：〈新图案学〉的图案教学体系探究》，《装饰》2016年第6期。

去年底，在雷圭元曾经执教过的城市杭州，"东方设计学"被适时提出。何为"东方设计"或曰"设计东方"。许江从中国工艺器物生产中的亲缘关系做了阐释："中国的器物在其生产和延续过程中，是集体地创造了这一群体的文化。而这一群体的文化因其亲缘群体的内质而始终凝聚着某种内蕴，妙性知化，力致广大，不断地朝向更高一层的精微与宏阔。"①其实质是跳脱设计技艺本体的设计社会学和设计人类学思考。设计作为人类优化生存环境的创造性活动，必然受到其所处自然和人文环境的双重影响。"东方设计学"的提出，首先是基于东方设计的地域与社会环境的区隔。"东方"成为我们设计的源头，也成了我们设计的限定与特质。中国设计的"东方"本质使中国设计的民族身份得以彰显，是中国设计世界范围内获得认同的重要因素，更是中国设计与西方设计争夺权力话语的着眼点。或许，将世界划分为东西方的二元逻辑终究没能跳出西方中心主义的窠臼，无论如何我们的设计能依此找到自身的身份认同。当然，"东方"也不仅仅是方位和地理概念，郑巨欣从文本意义、地域意义和思想意义三个层面对东方研究的范畴进行了划分，并认为"设计领域的东方研究，其核心应该是东方的物质文化及其造物技艺"。②任何观念的、行为的文化最终都在物质文化上加以体现，传统设计史的研究即是建立在物质文化研究的基础之上。对设计中的"东方"因素的解读，涵盖了工艺造物活动中，上自亲缘等社会关系下至物质文化的所有关联因素。事实上，从东方式的思维与行事方式，到器物使用与手工艺生产，无一不表征出东方特质。通过东方传统设计与造物技艺的学习来认识中国的物质文化与思维哲学，这或许是手工艺在当今设计教学中的价值之所在。在雷圭元的图案学思想中即存在这种"美育救国"式的宏大使命，视觉图式的组织是重要内容但不是全部，最终将图案作为人们生活方式和文化内涵的承载手段。无论是图案学还是手工艺复兴，都是当今探讨东方设计文脉和中国传统文化的具体对象。

四、文化回归：从技能教育转向人文教育

从我国现代设计学科建立以来，由于一直存在的误读或者说历史局限，使得设计师的脑子里长期被功能、形式、技术、标准化这样一类字眼所占据。但在文化研究学者的

---

① 参见许江：《东方，亲缘与自然的织造——〈设计东方·国美之路〉序》，《新美术》2016年第11期。许江同时指出："其培植与照料的意念，在操持器物生产的过程中，能够克服亲缘系统带来的排它性，融合多方的特色而运方使巧，时中达变，极尽精微。中国器物生产和工艺的这种亲缘特色，这种内聚而不排它、致广大而尽精微的特点，正是我们今天研究'设计东方'的重要内涵。"
② 郑巨欣：《东方研究与设计之思考》，《新美术》2015年第4期。

眼中，"传统的人文主义理念正在重返当代设计"。周宪从哲学的视角观察到了当代设计观念从"形式服从功能"向"形式服从情感"，从一元标准化向多元个性化，从技术理性向人文价值的三个转变。并指出设计应多对蕴藏在其背后的人性、意义、物与人的关系、器具与环境的关系等"看不见的东西"多做探讨。"设计不能只限于当下的、外在的和功能性的层面，设计应有自己形而上的冲动和探究，设计师应关注设计的内在意蕴和内在逻辑，关注设计的超越性层面。"他认为"人性化的设计诗学乃是当代设计发展的必然逻辑"①。而这样的一种人性化、一种诗性、一种人文精神正是前工业社会中手工艺术所具有的，手工艺的复兴给如今的设计乃至我们的生活带来了一股前所未有的人文气息。

回望设计史，英国的"艺术与手工艺运动"和日本的"民艺运动"都是在工业化初期阶段企图通过复兴手工艺生产来推动实用艺术的发展，如今所处于后工业社会中的"手艺热""非遗热"本质上较两者有着不同的社会背景和时代需求，与其说是民艺的复兴，倒不如说是经济、社会发展到一定程度之后的一种文化回归和文化自觉，手工艺成为本土文化认同的表征。无论是从图案学还是东方设计学，其核心问题都没法逃避设计教育的人文本质，其价值在当今被重拾是新时期我国设计的"文化自觉"与"文化自信"②体现。我们的设计教育不仅仅需要工匠精神，更需要人文精神，或许工匠精神自身就蕴藏着人文品格。设计是解决问题的手段，更是传播文化的载体。要打破现在的基础教育过于技术化局面，设计基础教育应从表现技能与形式训练转向人文素养与美育教学。包豪斯的工作坊制度和工艺技术的基础训练是我们现在设计教育所忽略的。反思我们当前设计基础课的通识教育，片面以构成和形态训练为主尚存在负面影响。工艺知识与工艺历史的学习也是学生了解传统文化、塑造人文品格的重要途径，各类传统工艺技巧与常识教学的加强是培养学生传统的人文精神的开始。因此，鼓励优秀的民族传统知识系统融入学校设计教育体系是一条路径，对自然的观察与田野体验则是另外一条路径。

如果说30多年前，从工艺美术向现代设计转变是手工产品形态向工业产品形态过渡的需要。那么，如今的手工艺复兴，则是后工业化时代人文情怀在工业产品中的回归。李砚祖认为"设计史不应该是产品的物态史，而应该是生活的历史"。③我们的设计教育也不仅仅是造物的技能培养，更是用物的人的情感体验、社会环境、生活价值多重因素关照下的文化敏锐性和人文精神的培养。多年来我们对包豪斯教学体系以偏概全

---

① 参见周宪：《当代设计观念的哲学反思》，《装饰》2013年第6期。

② "文化自觉"是人类学家费孝通先生在全球一体化的背景下，于1997年在第二届社会文化人类学研讨班上提出。它指"生活在一定文化历史圈子的人对其文化有自知之明，并对其发展历程和未来有充分的认识。换言之，是文化的自我觉醒，自我反省，自我创建"。

③ 李砚祖：《设计史的意义与重写设计史》，《南京艺术学院学报（美术与设计版）》2008年第2期。

的误读造成了设计教育中的人文精神的丧失，尤其是在 20 世纪 80 年代基于三大构成的设计基础教学体系的涌入，使得图案学、工艺学之类的传统设计课程日趋边缘化，导致的后果是中国自有设计体系的文脉几乎被割裂。设计的民族性与文化身份近年来频频被提起，可见学界已经意识到了设计的民族性危机。从图案学重拾到东方设计学提出，我们看到了"文化自信"大的社会导向下，传统手工艺和图案学在当今设计中的人文价值。从中国设计之"源""流"来反思，结合中国现代设计先驱的设计思想和现有的教学体系，我们可以断定当前设计教育需要民族艺术与传统文化的学习、自然与生活之体验、形态与构成的专业训练三方面的融合。因此，设计教育少不了两个翅膀，一是西方式的、针对形态创造与设计技能的理性训练，二是东方式的、针对传统艺术传承与自然生活体验的人文训练。或许我们不能再仅仅以"设计感""洋气"来评价我们的设计，而是要让我们的设计教学从技能教育转向人文教育，引导我们的学生重拾设计的人文精神和生活本质。我们的设计也不再仅仅是解决问题的方法，而是重新回归到作为文化活动的一部分。

图形心理感受效应教学法应用研究

摘要：高校艺术设计专业如何在教学中形成一套完善有效的教学方法，使学生在专业学习中不断提高和完善，是人才培养过程中的一项重要内容。本文首先介绍了"图形心理感受效应教学法"基本概念和实施方案；其次，艺术设计人才培养模式背景中课程的现状与分析，发现目前存在于其中的实际问题；接着，提出了图形心理感受效应教学法的特点及意义；最后，对图形心理感受效应教学法的展望，为以后的教学实践与创新提供借鉴。

关键词：艺术设计；人才培养模式；图形心理感受效应教学法；应用研究

一、图形心理感受效应教学法概念

根据笔者多年来从事设计工作，课余参加国内外设计赛事并获奖，其中在 2012 年德国莱比锡国际海报双年展中凭借作品《未来》获得第一名，作为中国设计师第一次在该展览上获奖，评审团主席由世界三大平面设计师之一德国冈特兰堡教授担任，并给予作品评论："圆光中出现了孤独的身影与未来一词的鲜明对比，体现了较强的视觉感染力。"[1] 作品背后是笔者情感经历触及内心深处，打破了传统设计束缚，真实地将作品展现在人们面前，让图形情感传达无限生命力和对未来的憧憬，更重要的是让观者能够体会作品传达的情感体验，从而达到了图形设计的情感高度。列夫·托尔斯泰认为："人们用语言互相传达思想，而人们用艺术相互传达情感。一个用听觉或视觉接受别人所表达的情感的人，能够体验到那个表达自己感情的人所体验过的同样的情感。"[2]

笔者通过获奖作品《未来》，思考其背后的故事，情感经历触及内心，从而创作出

---

[1] Rene Wanner.Occupy:What is New, www.posterpage.ch/winners/occu_12/occu12.htm, 2012.7.

[2] 彭吉象：《艺术学概论》，高等教育出版社 2003 年版，第 374—434 页。

这件不同于常规的设计作品，殊荣之后引起了笔者对情感图形的研究兴趣，获奖只代表过去，更重要的是传承和延伸，《未来》作品作为笔者第一件代表作品，从情感角度进行思考，经过 7 年努力，创作出 135 件情感图形作品，入选了 20 多个国家的设计展览并获奖。应邀担任了十几个国内外设计竞赛评委。

2015 年末，笔者进入到高校任教，把 7 年的设计经验和情感图形的研究成果带到高校艺术设计专业教学中，形成新的教学方法。7 年坚持不懈的探索与研究，形成了一套从情感实践训练出发去思考图形设计的方法，成为国内首创，首先放弃所学专业基础知识，从零开始；其次把大脑中以往固有设计思维方式变成空白，如同一张白纸，从认知心理学角度出发，认识过程即认知过程，是个体在实践活动中对认知信息的接受、编码、贮存、提取和适用的心理过程。将认知过程转化到设计思维中，如认知过程中感觉、知觉、思维、记忆、想象五种认知，通过五种认知进行点线面、圆方三角基础图形训练，从二维到三维多角度，全视角进行认知效应训练，完全脱离之前学过的专业知识，从探索新的角度出发，形成新的教学和训练模式；正如《未来》作品，情感的经历触及内心，从心理上产生外界条件下的刺激，情绪随之受到波动，笔者亲身经历创作的《未来》作品形成了情感在图形中的表达。首先设计以人为本，强调人的重要性和参与性；其次图形需要关注人类的情感需求，从而关注图形与情感的关系，上升到人的精神层面思考，是情感图形的核心内涵和价值；从认知过程中的感觉、知觉、思维、记忆、想象五种认知效应基础上，增加了情感和情绪效应，形成七大认知效应，形成高校艺术设计专业教学方法，情感图形作为笔者教学中的成功案例，七大认知效应是笔者对情感图形研究的实施方法，主要用于教学，可以说七大认知效应和情感图形在教学中相互影响、不可或缺，共同构成了高校艺术设计专业的应用方法。最后笔者把七大认知效应和情感图形命名为"图形心理感受效应教学法 Graphic Psychological Feeling Effect Teaching Method"，简称 GPFE。

二、图形心理感受效应教学法的实施方案

笔者认为，深化高校艺术设计专业课程的有效途径是在培养过程中全面推广和实施图形心理感受效应教学法，即引入情感图形和七大认知效应训练方法，并采取"以赛促教、商业转化和嫁接"的方式，培养学生创意性思维能力、设计的情感实践能力、独立思考的能力。在教学过程中，图形心理感受效应教学法的核心就是：将知识点融合到七大认知效应训练过程中，做到理论和实际相结合，边讲授边训练，激发学生自主研究学习的热情。换言之，教师通过知识点的讲述，指导学生对自己的选题进行创意和延伸，

在过程中发现问题、解决问题，达到综合能力训练的目的。图形心理感受效应教学法的具体实施方案如下。

（一）第一个阶段实施方案

分析和理论学习阶段，首先通过图形心理感受效应教学法中情感图形概念，进行讲述和分析，其次通过笔者成功案例作品作为首要的知识点进行讲授，特别是情感部分的渲染和讲授，每一件作品背后的故事进行讲解，不但让学生体会到专业的知识点，更重要的是情感的传导，图形作为系统概念的来源，情感交流和互动，从情感实践角度出发，的让学生通过相关理论和案例学习，较完整、系统地理解，注重学生发散性思维的引导，有助于后面七大认知效应的训练，结合摄影手法进行图形摄影课下作业训练，要求学生通过校园作为摄影范围，手机进行拍摄，用情感的思维方式和角度，选择校园中任何的元素，如一片树叶、一根木条等，重点培养学生善于发现元素的独特性，对元素图形的提取，不同角度拍摄和选择，提升学生视觉感受力和敏锐的洞察力，每位学生要求4张作业。

（二）第二个阶段实施方案

根据学生层次引导教学方法，通过第一阶段每位学生拍摄4张作业，课堂上拿出一节课，进行一对一讲述，每位学生选择1—2张具有代表性图形摄影作品，在课堂上进行讲解，每位同学可以看到其他同学的作品，进行互动式学习，作为学生第一个阶段作业。这个训练目的在于及时了解每个学生现有水平和层次，做好模块分层，再根据学生的层次进行模块分组，依照每个组水平和层次，在后面指导中注重难易程度的把握，对每个学生现有水平进行兴趣点挖掘和引导，找到适合他们的吸收方式并进行一对一指导，这一点很重要，根据"最近发展区"理论，找到适合他们的学习方法，做到教学有的放矢，区别对待，因材施教，最大限度地调动各个层次学生的学习积极性和兴趣，使每个学生的潜能得到激发，实现高质量、高效率教学。

（三）第三个阶段实施方案

七大认知效应专题训练，通过情感、情绪、感觉、知觉、记忆、想象、思维进行点线面，圆方三角的训练，这个环节主要在课堂上进行，首先放弃所学的专业基础知识，从零开始，其次把大脑中固有的设计思维方式变成空白，如同一张白纸，从而根据大脑中非设计思维方式进行七大感受效应创作，每个效应创作一张，共7张，要求A4纸大小，手绘完成，由笔者选择优秀的作品进行电脑绘制，这种训练方式灵感来源Nigel Cross教授的观点："每个人都是天生的设计师，生来就有创造新事物、改造旧事物的能力和欲望。然而随着逐渐长大，很多人却渐渐失去了创造的能力，或者更可怕的是，失去了创造的欲望。"① 笔者希望通过这种简洁有力的创意思维方式把沉睡在学生内心深处的灵感和设计天赋挖掘出来，重新定位和改变学生的设计观念，通过正确的引导方式激发学生内心深处的设计灵感，把他们调整到正确的方向上，再结合笔者情感图形案例，从而进行疏导，和七大认知效应训练进行配合，从理论到训练，从训练再到理论，相互影响、不可或缺，形成新的训练模式和教学方法。

(四) 第四个阶段实施方案

以赛促教，通过七大认知效应学生训练，带领学生参加国内外设计赛事，锻炼学生创意思维能力，以一个赛事作为课题进行训练，即大赛课题式训练模式，目的在于把学生课堂中学习的理论知识快速转化，通过大赛课题进行验证，捕捉学生阶段性学习能力，激发学生的学习兴趣，提高学生的专业能力。如 2017 年意大利博洛尼亚国际海报节为例，本届征集主题为"混乱"，首先由笔者进行大赛理论讲述，分析主题，然后让学生进行资料查阅，搜集，特别是好的海报形式，进行文件夹建立和整理；其次，通过七大感受效应的训练方式，进行构思和草图，学生通过七大感受效应理论，进行主题突破和思考，如从感觉效应进行构思，对于主题混乱，先从人的角度进行思考，第一，战争对混乱的影响，政治方向；第二，从文字角度进行思考，可以进行字体设计，从情感角度去考虑混乱字体应该运用怎样的表达方式；第三，从环境角度思考，当今社会，水污染、环境污染，废弃污染等侵蚀着我们的生活；第四，可以从意识形态角度，如思维中的混乱，记忆中的混乱去思考。从这四个角度进行逐一分析，运用七大认知效应中的感觉、情感、思维、记忆四大认知效应进行主题突破，学生通过这四个点进行思考并绘制草稿，然后分别进行创意，学生自主查找资料，笔者 135 件成功案例作为可借鉴的素材和方法，然后进行一对一交流，和每位学生沟通选择的主题方向，再进行引导，从而完成主题创作，最后笔者对学生最终创意的作品进行后期修改、完善，做最终调整完稿，把学生作品汇集进行投稿，完成大赛课题训练，这就是七大认知效应在主题赛事中的应用。

(五) 第五个阶段实施方案

商业应用案例分析，主要针对学生毕业走向工作岗位，图形心理感受效应教学法在商业中的应用体现，通过笔者的三个案例进行分析，如北京新媒体俱乐部标志设计，四川城标志设计，中国国际室内设计会所俱乐部标志设计三个案例通过图形心理感受效应教学法进行分析，从而让学生掌握如何进行商业设计，拿到一个商业案例怎样入手，如

---

① [英] Nigel Cross：《设计式认知》，华中师范大学出版社 2013 年版，第 44—212 页。

何查阅资料，如何通过七大认知效应基础训练进行分析和构思，这一块的实施方案是图形心理感受效应教学法在高校艺术设计专业商业应用部分的研究。体现了图形心理感受效应教学法的商业应用价值。

综上所述，图形心理感受效应教学法实施方案，既针对学生在高校艺术设计大赛的应用方法，也引出了商业设计模式的方法探究，真正意义上通过图形心理感受效应教学法对高校学生的发展起到针对性作用，当然，本课题的研究还存在一定的不足，尚需设计专业教学实践的检验及不断地发展和完善。

三、课程现状与分析

中国是最早使用课程一词的国家。宋代教育家朱熹在《论语》中提出："宽著期限，紧著课程。""小立课程，大作功夫。"这里的课程是指"功课及其进程"，这与今天日常语言中的"课程"极为相近①。笔者认为，课程是一种有效的传达方式，以学生为目标，通过传统的课程体系进行重组，以繁化简，将课程重新整合，模块化、简洁化、提高其实用性和针对性，符合学生的需要和兴趣，从基础入手，逐渐过渡，协调课程之间的关系，层层递进，注重学生创意思维的培养。课程是探究教师、学生、环境、课程、心理等元素教学方法的探讨，因此，课程与教学方法是分不开的，合理的教学方法毕竟需要合理的课程作为前提，所以，研究教学方法必须要研究课程，并且是合理有效的课程，才能对学生的学习和未来的发展起到决定性作用，是高校艺术设计专业不可忽视的。

图形心理感受效应教学法依照课程作为起点进行探索，对高校艺术专业课程进行整合和突破，探寻新的结构和方向，形成图形心理感受效应教学法课程大纲，以视觉传达设计专业为例，笔者进入到高校之后，从事视觉传达设计专业教学工作，对于课程的设定进行了研究和整合，探索适合学生学习的课程结构。首先把4年的传统课程框架进行探究。以枣庄学院美术与艺术设计学院视觉传达设计为例，视觉传达专业必修课课堂教学计划表进行分析为例；其次通识教育课程属于大学期间的必修课程，根据每个院校不同，课程呈现结构也不同，在这里不做具体分析，属于大学必修课程，如《思想道德》《法律常识》《法律常识》《马列主义》《毛泽东思想》《中国近现代史》《大学英语》，这些课程能很好地补充学生专业以外的知识，主要是对学生自身修养进行补充和完善，是做一名合格大学生的必备课程。

① 张忠华：《教育学原理》，中国出版集团2012年版，第277—470页。

从视觉传达设计专业必修专业课程中，笔者认为，首先课程结构杂乱，没有主次，这样的结构导致学生无法系统学习课程，课程应当分块，结构应当简洁明了，让学生很直观地明确四年的课程结构，这样学生从心理上对学习的课程明确化，知道哪些是重点。其次很多课程可以合并为一个课程进行综合讲述，如《中外美术史》《世界现代设计史》《中外工艺美术史》《设计概论》四门课程可以合并命名为《设计概论》或《设计进程》，再如《造型基础Ⅰ》《造型基础Ⅱ》《设计基础Ⅰ》《设计基础Ⅱ》《摄影基础》五门课程可以合并命名为《视觉传达专业基础》。再次重点的专业课总课时量偏少，无法更深入进行课程规划和讲述，很多情况下课程结束了，学生还没有进入状态，以笔者的《图形创意》课程为例，课程设置共48总课时量，每周十二节课，分别是周二、周三、周四上午授课，上午共4课时，一周计算是一天半课程，四周课程下来一共是6天课程；然后，笔者先把《图形创意》课程和《字体设计》课程进行了合并，因为图形和字体是不可分割的，也是视觉传达设计专业中的重点，就视觉传达这个专业而言，图形、字体、版式三大基础，相互贯穿、缺一不可，所以，三门课程可以合并为《视觉传达三大基础》课程，这样三门课程总课时量48+48+48，144节，这样学生可以更充分地学习课程。最后，通过笔者的课程设置和结构进行了整合，在教学中形成了新的教学思路和教学模式，在教学进程中取得了优异的成绩和显著的效果，通过课下学生进行交流，这样的教学方式和课程结构，学生普遍认为，更加直观化和系统化，很多之前的课程可以通过合并更系统、全面地进行学习。

综上所述，课程改革决定了学生的学习效果，为适应社会发展和社会需求，必将要进行课程改革和革新，教师需要突破，学生更需要突破带来的明确、有节奏、有层次的课程结构和内容，更适合学生的发展需要，从本质上要根据学生的发展状态和心理特征定义新的教学方法。

四、图形心理感受效应教学法的意义

图形心理感受效应教学法注重教与学的实效性，针对学生心理进行平衡与疏导，紧扣学生兴趣点进行课程授课，以学生为中心的教学思路，以训练为主，理论为辅，注重训练的多元性、情感性、完整性，从训练到案例讲解，从案例讲解再到训练，相辅相成，做到以视觉作为导向，通过案例讲解提高学生的视觉感染力，增强视觉的记忆点，做好视觉设计的大脑储存，通过不断训练把大脑中存贮的视觉图形通过训练进行释放，两者进行结合，不断提升，根据学生的训练反射效果，进行逐一递增，在教学中注重每个学生吸收和释放的点，随时做到调整，包括课件的调整、内容的调整，注重教学课件的可变通性、灵活性，注重难易程度的把握，随时调整，随时增加知识点，做到可收可放。朱作仁教授认为："教学的方法本质，主要取决于学生的学习的认识活动（学习）和教师相应的活动（教学）的逻辑顺序和心理方面，即由学习方式二位一体运用的协调一致的效果来决定。"[①] 笔者在教学过程中制定了图形心理感受效应教学法教与学的基础框架。通过这个框架让学生更清晰明确学生需要学什么，也制约着教师需要怎样教。(如表1，表2)

表1　图形心理感受效应教学法学生主体学习要求

认知	认知学派	目的、要求	
需要	内在需要、外在诱因	动机	强化
兴趣	自我效能感	主动性	
能力	先天	环境与教育	实践
坚持	意志力	自觉性、坚韧性、自制性	
结果	作业	成绩	创意性思维的培养

表2　图形心理感受效应教学法教师主导性教学要求

互动	教学	转化	
螺旋循环说	课程之间	多元	
最近发展区	教学层次要求	平衡	
活动课程	学生的兴趣需要	经验	
合作学习	作业要求	团队	社会
潜在学习	潜移默化	升华	

综上所述，图形心理感受效应教学法主要是笔者通过多年的实践与教学中总结的一套方法，主要探讨以人为本的理念，从人的角度出发，从人的感受出发，从学生本质需要出发，引导教学的方法探索，通过人与人的尊重来获取相互的传达效应，明确教学的重要性，教学方法的实效性、针对性，真正意义上通过教师的教传递给学生，让学生获取知识，通过吸收—释放—吸收—学习—再吸收—再释放，教师是释放—吸收—释放—教学—研究—教学。教学方法是教学过程整体结构中的一个重要组成部分，是教学的基本要素之一。它直接关系着教学工作的成败，教学效率的高低和把学生培养成什么样

---

① 朱作仁：《教育词典》，江西教育出版社1978年版，第475—476页。

的人①。所以正确地探索、思考、整合、和运用教学方法，对于培养学生起到了重要的作用。

<h2 style="text-align:center">五、图形心理感受效应教学法的特点</h2>

综上对于课程的现状和分析，从而引导教学方法的探究，笔者认为，教学方法是在课程的基础上进行整合与创新，有依托性，不能盲目地进行课程改革，首先，要有学生的学习特点和教学任务相适应的教学方法；其次，要研究学生作为主体的个性特征、学习特点及心理状态；所以，教学方法首先是经验总结，实践的积累，对于教师主体性要求较高；其次，教师要有较丰富的社会实战经验，了解社会需求，把社会需求带到教学中，和学术进行较好的融合，做到学术依托商业为背景，商业引领学术教学，相辅相成；最后，学生需要怎样的引导，如何教授学生适应社会需要而有效的、适合学生学习的教学方法。笔者通过多年的社会实践和学术研究，在课程中进行了教学方法的突破和革新，形成了新的课程教学方法，即图形心理感受效应教学法课程结构与特质，主要对传统课程进行了整合和阐述了新的课程观点，以视觉传达设计专业为例，如表3所示。

表3　图形心理感受效应教学法课程结构与特点

课程	特点
认知	课程的导入
思维与想象	创意性思维的培养
气质与性格	以学生为中心的培养模式
人事物三维模型	通过对国内外知名设计师进行解读与学习，包括其人物介绍，作品介绍与解读，成功案例启示
构成（点、线、面）——基础课程	视觉传达专业三大基础：《图形创意》《字体设计》《版式构成》
图形心理感受效应（圆方三角）——应用课程	涉及的课程：《书籍设计》《标志设计》《包装设计》《广告与招贴设计》
多元（相关案例欣赏）	创意的引导方式：相关专业的案例欣赏，解读，给学生提供国内外相关设计网站进行学习，包括了微信公众号，促进学生课下学习，开阔学生视野

----

① 李秉德：《教学论》，人民教育出版社2001年版，第183—434页。

综上所述，图形心理感受教学法课程结构与特点，把专业课程划分了七个部分，分为基础课程和应用课程，如基础课程：《图形创意》《字体设计》《版式构成》；再如应用课程：《标志设计》《广告与招贴设计》《书籍设计》《包装设计》；这样，整个结构更加清晰，融入了学生心理特征和案例欣赏与分析，做到以学生为中心，以课程为广度的教学方法，不再是传统中课程的罗列，没有章法，没有层次，一门接着一门如同应付公事一般。图形心理感受效应教学法课程结构与特点是笔者通过个人多年实践与教学总结的一套适合学生学习的教学方法，以枣庄学院美术与艺术设计学院开始应用展开，初见成效，学生收获很多，对笔者而言，也坚定了信心和继续研究教学方法的动力，但这套教学方法还有许多不足，希望更多学者交流指正。

六、结语

毛泽东曾经形象地说："我们的任务是过河，但没有桥或没有船就不能过，不解决桥和船的问题，过河就是一句空话。不解决方法问题，任务也只能是瞎说一顿。"[①] 笔者认为，课程和教学方法就如同桥和船的关系，教学就必须解决课程和教学方法的问题，不解决方法，教学就是一句空话。

参考文献：

1. [英] Nigel Cross：《设计师式认知》，华中师范大学出版社 2013 年版。

2. [美] 唐纳德·A·诺曼：《设计心理学》，中信出版社 2015 年版。

3. 檀传宝：《教师专业伦理与实践》，华东师范大学出版社 2016 年版。

4. 赵汀阳：《论可能生活》，中国人民大学出版社 2004 年版。

5. 黄达人：《大学的根本》，商务印书馆 2015 年版。

6. 俞国良、辛自强：《教师信念及其对教师培养的意义》，《教育研究》2000 年第 2 期。

7. 梁家年：《设计艺术心理学》，武汉大学出版社 2012 年版。

8. 孔德英、张大俭：《教师必备教育教学理论》，河北大学出版社 2015 年版。

9. 王鉴：《教师与教学研究》，甘肃教育出版社 2013 年版。

10. 张忠华：《教育学原理》，上海世界图书出版公司 2012 年版。

11. 罗亮刚：《艺术设计专业课题式教学的探讨》，《文学教育：中》2014 年第 8 期。

12. 王文静：《维果茨基"最近发展区"理论对我国教学改革的启示》，《心理学探新》

---

① 《毛泽东选集》第一卷，人民出版社 1991 年版，第 139—421 页。

2000 年第 20 期。

13.葛剑辉：《图形设计中的设计心理学应用浅析》，《现代装饰：理论》2014 年第 3 期。

14.杨元高：《析中国 21 世纪艺术设计教育改革》，《艺海》2005 年第 6 期

15.徐明霞：《基于设计心理学的设计艺术研究——〈催眠大师〉中图形设计心理艺术的研究》，《名作欣赏：文学研究旬刊》2015 年第 3 期。

16.[美] 鲁道夫·阿恩海姆：《艺术与视知觉》，四川人民出版社 1998 年版。

17.张光俊：《案例教学在高校艺术设计专业教学中的应用》，《美术大观》2011 年第 2 期。

18.胡飞：《谈问题性教学模式在高校艺术设计专业教学中的应用》，《赤峰学院学报（自然版）》2012 年第 5 期。

19.彭吉象：《艺术学概论》，高等教育出版社 2003 年版。

20.林崇德、杨治良、黄希庭：《心理学大辞典》，上海教育出版社 2003 年版。

21.高文：《维果茨基心理发展理论的方法论取向》，《外国教育资料》1999 年第 3 期。

22.[英] 弗兰克·惠特福德：《包豪斯》，林鹤译，三联书店 2001 年版。

23.李秉德：《教学论》，人民教育出版社 2001 年版。

文化创意产业视野下高校创意设计研究生的培养模式研究①

俞　鹰②

（同济大学设计创意学院）

摘要：文化创意产业的发展对一个国家或地区的发展具有重大意义。高校为设计创意产业发展提供了源源不断的人力支持，在培养创意设计人才方面责无旁贷。本文以米兰理工大学服务设计教育和同济大学以中华文化创新与传承为核心的创意人才培养模式为案例，深入剖析其特色，为设计教育创新人才培养模式的探索提供可执行的参考。

关键词：文化创意产业；培养模式；创意设计人才；文化设计

一、文化创意产业和人才培养

（一）文化创意产业发展的重大意义

文化创意产业是在全球化背景下产生的以创意为核心的新兴产业。因其具有极强的创新能力、高度关注用户体验，以及高度整合、高度包容等属性，低消耗、无污染和附加值高等特点，得到政府和大众越来越多的关注。据国家统计局的统计数据，2016 年，全国文化及相关产业增加值从 2012 年的 18071 亿元增加到 30254 亿元，突破 3 万亿元，占 GDP 的比重从 2012 年的 3.48% 提高到 4.07%。文化创意产业发展，已成为当今中国经济和变革的新型驱动力。

以创意、创新、创造为核心的文化创意产业，正逐渐成为一个国家或地区综合竞争力和软实力的重要标志之一。英国、意大利、日本等国家以及中国香港和中国台湾等地

---

① 基金项目：2016 年上海市研究生教育项目（沪学位办 [2016] 4 号）。

② 作者简介：俞鹰（1976— ），上海人，同济大学设计创意学院副教授，博士。

区都把文化创意产业确立为自身发展的支柱产业，其角色及功能对一个国家和地区的生存和发展将具有越来越重要的意义。

同时，文化创意产业也可称之为一种新型的文化传播方式。文化创意产业的核心部分是一种以信息产品为主的内容产业，其产品具有一定的意识形态。这种意识形态会在文化类产品销售的过程中传达给大众，被人们熟知和接受，在很大程度上塑造了人们的精神生活。① 在国家对外输出文化产品的同时，本国家和本文化的生活方式和价值观念也会随着文化创意产品输出至各国，这对于树立国家形象，扩大对外贸易有积极作用。

（二）高校在培养设计创意人才方面的作用

党的十八大报告中指出："文化实力和竞争力是国家富强、民族振兴的重要标志。要坚持把社会效益放在首位、社会效益和经济效益相统一，推动文化事业全面繁荣、文化产业快速发展。"我们必须把提高质量始终贯穿到高等学校人才培养、科学研究、社会服务、文化传承创新的各项工作之中。高校是创新的诞生地和载体，影响着文化创意产业人才的质量，直接决定了一个国家各领域的繁荣、国家影响力和文化软实力。

文化创意产业的繁荣与否，归根结底的决定因素是人才的质量。目前来讲，文化创意产业的发展主要通过以下 3 个途径实现：一是创新发展模式，进一步加强文化跨界融合，即以传统产业为基础，将创新意识、文化元素融入产品和品牌中，实现文化创意与传统产业融合；二是塑造个性化、层次化的文化创意品牌体系，即丰富产品的核心价值；三是倡导大众创业、万众创新，加大对小微文创企业的扶持。② 高校是人类智慧和知识产生、文化传承与传播的场所。设计人才都是文化创意产业的核心竞争力，因此，高校在设计创意人才培养中必须跟上时代发展的脚步，积极促进文化创意产业的发展。

二、国内外高校对设计创意人才的培育

（一）以服务设计为核心的跨学科培养模式：米兰理工大学硕士学位项目

21 世纪初期见证了基于体验、知识和服务的社会与经济体系的兴起。③ 设计师不再只是单纯地为用户设计产品，而是为用户以及各个利益相关者设计行为的交互与体验，

---

① 刘宗欣：《英国文化创意产业的文化外交功能探析》，北京外国语大学 2014 年。

② 王杰群：《新常态下文化创意产业提升路径》，《光明日报》2015 年 3 月 28 日。

③ MANZINI, E. (2011). "Introduction"，in Meroni, A. and Sangiorgi, D. (eds.), *Design for Services*, Gower, pp. 1-6.

走向以人为本的设计与协同设计。服务设计包含了一整套设计方法与工具来实现对不同人群在社会、文化、经济、技术体系中的服务体验。服务设计往往需要交叉学科的整合以解决和提升不同利益相关者的各自需求和体验。一些常见的服务体系或应用于社会和社区的公共服务，或帮助企业更好地传递多方面的价值给其客户，或作为创新者开启新技术的潜力更好地创造社会价值。

服务设计师在服务设计过程中，不仅仅扮演了传统含义中的设计师角色，更多的是作为设计活动的协调者与组织者。这要求服务设计多方面的能力与素养，例如对服务设计方法与工具（如用户画像、用户体验地图等）的深入理解与熟练运用，对协同设计活动（如工作坊）的组织与协调能力，对文化多样性与学科多样性的适应能力，以及对创新精神与方法的运用执行能力。

因此在服务设计的课程设计与教育实践中，也应贯穿培养学生在以上几大方面的能力与素养。以米兰理工大学设计学院开设的产品服务体系设计课程为例，其课程设计充分反映了对于未来服务设计师的角色定义，将服务设计理论知识与设计实践项目紧密结合，并最大化地利用了现有的社会渠道与资源，在跨文化跨学科的合作氛围中，教授与培养了学生的服务设计综合能力，为其进入社会真正运用服务设计理念与方法做了充分的准备。

1. 跨文化与跨学科的交汇

服务设计首先依赖于服务设计师对于服务系统中各个利益相关者的深入了解，而这些利益相关者在真实情况下往往来自于不同行业（有政府管理部门、企业管理者、企业职员、个体经营者、科技工作者、农民、工人等），有着不同的认知体系和各自的诉求；另一方面，这些利益相关者以及服务设计师本身，都可能来自世界不同国家和区域，其本身就存在着语言、文化上的差异。而对于服务设计的实践活动来说，服务是产生于设计师与利益相关者的协同创造的，因此，在课程的设计中需要充分地将跨文化与跨学科因素加入其中。协同设计工作坊作为一种典型的服务设计方法，往往是设计师与利益相关者在跨文化与跨学科的氛围下共同工作达成设计目标的代表。在开展协同设计工作坊前，学生会首先学习服务设计的各种工具以及其应用场景，这有利于更合理地设计工作坊活动，根据不同目标和利益相关者类型来选择合适的设计工具。例如，在米兰市华人街区的服务设计项目中，学生被分为几组，与华人街区的各种业态的商户进行实地探访，最终每组根据某一拟订的主题（如饮食、健康等）来设计一个全新的服务。在这样的课程项目设计中，学生便能在实践中更深刻地体会到跨文化与跨学科的设计活动，这种跨越一方面能够提升学生的理解和沟通能力，另一方面则是激发创新精神的重要手段。

2. 与社会资源的紧密结合

在服务设计理论知识与框架的基础上，课程进一步展开了一系列社会合作项目以便于学生在设计实践活动中对设计方法与工具进行具体运用。这些合作项目包括与当地政府社会公共服务相关项目(如米兰达·芬奇科技博物馆，米兰设计周，米兰华人街区等)以及知名企业的设计合作项目（意大利 moleskine 文具品牌等），主题跨越了社会问题、健康问题、能源与环境问题等各个领域。学生在设计活动的整个流程中，都与社会外部真实的利益相关者紧密接触，从企业商业、消费者、用户、社会等各个角度探究需求与价值，包括了最初期与各个利益相关者进行的设计调研(深入访谈、观察法、用户画像、用户体验地图等)，到实际设计阶段展开的协同设计工作坊等，到最后的检验评估阶段。设计活动因此也不再是单一方面的活动，而是最大化社会各方的综合利益，以实现共赢局面的多方共同参与的活动。

这种设计课程与当地社会资源的紧密结合一方面有利于培养学生的综合设计实践能力，另一方面也能促使教育服务于社会进步的目的，为当地政府、企业和居民带来管理上的优化，生产上的创新，生活上的便利，是实现教育活动与社会生活共同进步的有效手段。

3. 开放自治的教学模式

诺威克曾经论述："有意义的学习在于人类学习和知识构建活动中对于思考、感受和实践的整合。"① 服务设计的学习更多的是学生的开放性学习和自治性学习，这种开放性与自治性促使学生更深入地思考与更直观地感受，以更好地将理论学习知识运用于设计实践。服务设计本身提供的便是一个可以灵活变通应用的知识框架和方法论，学生在设计实践活动中对服务设计方法的选择都依赖于学生各自对问题的理解，并无标准答案。因此课程设计提供的只是具有普遍性的框架，一般从服务设计基础理论知识的学习开始，到互动性与应用性较强的学术专家、社会企业家讲座，再到分组设计实践项目（一般占课程安排的大部分时间）。在分组设计实践项目中，大部分时间均以小组自治的形式展开，导师多为旁观角色，阶段性提出建议，而非主导者。由于设计活动极大地依赖于情境，开放的设计框架能使学生更灵活地运用服务设计工具以适应不同情境下的不同需求，在必要时对现有的设计工具进行优化。另外，这种开放性与自治性也有利于激发学生的创新精神与企业家精神。

（二）以中华文化创新与传承为核心的创意人才培养模式："中华文化体验与设计"研究生暑期学校项目

2015 年上海"中华文化体验与设计"暑期学校的办学是建立在同济大学设计创意学院《中华文化体验与设计》成熟的研究生课程设置基础上。暑期学校的课程目标是：以中华文化的传承和创新为核心，以现代设计方法为手段，结合设计、人文、艺术、建筑和科技等专业的整合创新，形成具有中国文化特色的创意设计，让中国文化"走

---

① Novak, D. J. 1998. *Learning, Creating and using knowledge*. Lawrence Erlbaum Associates, New York, NY.

出去"。

1. 跨校际联动的模式

跨校际的教学合作能够使高校充分发挥自身的优势，突破本校经验的束缚和限制，实现教育资源的共享，对于提高我国高校整体的办学水平、办学效益有着重要的意义。"中华文化体验与设计"暑期学校为上海乃至全国的设计、人文等领域的研究生们提供了一个高起点、大范围、多领域的学术交流平台，对研究生创新研究学术氛围的营造、培养质量的不断提高起到了重要的促进作用。① 实现了暑期学校帮助研究生开阔视野、启迪智慧、增强创新意识、提高创新能力和学术交流能力的举办目标。

2. 跨学科的协同设计手段

随着科学技术的发展，不同领域的知识往往会交叉、渗透和组合。设计课上的学生们组成跨学科的设计小组，各组成员来自设计、建筑、规划、人文、哲学、经济等多专业。在设计实践中，设计师的力量不足以满足所有利益相关者的需求，为使设计流程从始至终都能切中要点、有效落地，需要各个领域的利益相关者参与到设计方案的探索、建模和测试中，这也就是协同设计。在共同创造的过程中，设计师要成为各学科、各利益相关者之间沟通的桥梁，用通俗的方式引导，同时用设计的思维思考不同学科背景参与者的表达与价值，紧紧把握住切实可行的设想，再将它们充分打磨成为切实可行的方案。经过暑期学校的学习，不同专业背景的学生们跟随教师挖掘中华文化的内涵和根系，进行了跨学科的协同设计，在文化创意作品中深度体现中华文化的精华。

3. "产—学—研"合作的培育

该课程借助同济大学中华文化体验与设计研究室的平台，共同设计、开发和推广中华文化产品。开展工作坊，与中华文化相关的设计制造、销售和培训机构展开合作，建立实践体验基地，共同设计陶瓷、茶具、家具等中华文化产品；调研和考察与中华文化相关的设计制造、销售和培训机构，与江西景德镇满庭芳瓷器、合润天香茶馆、汪裕泰（上海茶叶有限公司）、宜兴紫砂和陶器工作室、上海紫东阁艺术馆、Commune 家具、Leapariz 商用家具等机构建立了合作，建立了如下的文化体验与实践基地：茶文化体验基地、陶瓷工艺实践基地和红木（榫卯）技艺教育与展示基地。课程也与中国设计中心（伦敦）及瑞典设计屋展开合作，学生们优秀的中华文化产品将有机会在海外展出。

4. 以中国传统哲学为指导

本次暑期学校重视文化创意设计能力的培育，以中国传统哲学和理论为指导，将传统哲学精神和思维方式引入到现代西方为基础的设计教育中，明确了设计创意思维能力在设计教学实践中的地位，并纳入创意设计人才培养模式中。

---

① 俞鹰：《中华文化体验与设计》，同济大学出版社 2016 年版，第 13 页。

在中国传统思想方面，我们有诸子百家的思想。通过全方位的课程学习和综合性的实践设计，拓宽了学生们的研究视野，促进传统文化与创意产业融合，使传统哲学精神在创意设计中渗透。师生用传统哲学的思维方式重新审视所做设计的内涵，将"上善若水""天人合一""中庸之道"等精神融入设计之中，而非停留在对中华传统纹样、意向、物件的简单挪用。当学生被给予"外国人眼中的中国"、"慢生活与茶空间"、"瓷器与灯具""传统材料的创新设计""中医与现代生活"等为题的设计时，师生共同挖掘中华文化的创新元素，并在创意设计中得到充分运用，这在学生们的最终设计作品中得到了体现，也形成了具有中华文化特色的创意设计。

同时，借助同济大学这一平台，将同济的特色学科通过中华文化实力的催化，促进具有中国文化底蕴的文化创意产业的发展，培养未来的设计师。同济大学本次暑期学校针对设计教育中传统文化融入不足的教学现状，从人才培养模式、课程体系、设计思维能力训练以及设计实践等方面探索了一整套的解决方案。

三、对文化设计创意能力的培养和措施

加强创新，培养人才是关键。高校培养的人才在文化创意产业中发挥着重要的角色作用，但当前高校设计教育与文化创意产业的发展之间存在一定的脱节。过度的学术专业分科、简单堆积的课程学分、过度重视经济化效益的产学研一体化以及行政干预等造成了文化创意产业人才培养严重滞后[1]。中国高校应当重审原有的设计教育模式，进行一些有必要的改革。

（一）深化有助于提升文化素养的通识教育

《论衡》中写道："博览古今为通人。""通人"即通才，需要博览群书，明辨古今，善于创新。通识教育在人的全面发展中起着至关重要的作用。《哈佛通识教育红皮书》中指出，通识教育应该努力培养人的四种能力，即"有效思考的能力、清晰交流思想的能力、做出恰当判断的能力、辨别价值的能力"[2]。一方面，通识教育的精髓在于广博地涉猎各领域的知识，有利于培养具备综合性知识的创新型人才。另一方面，通识教育能够发掘人的潜能，调动人的积极性和创造性。

我国台湾高校是通识教育的典范，台湾地区文化创意产业的繁荣与当地的通识教育

---

① 吴予敏：《中国高等教育现状不适应文化创意产业的需要》，《中国社会科学报》2009 年 12 月 1 日。
② 哈佛委员会：《哈佛通识教育红皮书》，李曼丽译，北京大学出版社 2010 年版，第 50 页。

密不可分。根据台湾教育部门的数据，每年有超过 5000 名的研究生从设计相关的专业毕业，2010—2011 学年共有超过 4 万名本科生毕业于设计相关专业。① 根据 2012 年的德国红点设计奖（red dot）公布设计概念类年度排行榜，台湾地区有 6 所大学上榜亚太区前十大设计学校。2016 年，台北成为继开普敦、赫尔辛基、首尔和都灵之后，第五个由国际工业设计协会理事会评选出的世界设计之都（World Design Capital）的城市。

中国大陆与台湾同根同源，在通识教育领域应有借鉴学习之处。深化通识教育，提升学生的文化素养，高校应以学生为本的价值为导向，从自然科学与现代技术、人文与社会科学、文学艺术与语言类领域等领域开设课程，科学精神与人文精神并重。同时，高校可以跨系跨专业培养，以必修选修课多种形式向全体大学生提供一种广泛教育。

（二）促进传统文化与现代设计的融合

联合国教科文组织早在 1998 年《文化政策促进发展行动计划》中指出："无疑，未来世界的竞争将是文化或文化生产力的竞争，文化将成为 21 世纪最核心的话题之一。"进入 21 世纪以来，经济的全球化发展和科技的进步促使各国的文化逐渐融合。在这样的背景下，保护文化的多样性显得更为重要，科技创新与文化传播成为国家核心竞争力的基本组成部分，科技和文化共同支撑着经济和社会的可持续发展。

中国传统文化是指在中华文明在历史发展中形成、融合、发展起来，包括思想价值、生活方式、礼仪风俗、政治教育、宗教哲学、文学艺术、审美情趣等诸多方面的内容。中国有着深厚的历史积淀和丰富的文化内涵，其中有龙、太极、文房四宝、琴棋书画、梅兰竹菊等具象元素，也有着"和谐""天人合一""无为无不为""虚实结合"等抽象的或者具有象征意义的哲学精神，这些文化内涵都可以融合到当代设计之中。

一般而言，现代设计源于西方。在现代设计中融入一些传统文化的特征、元素和符号，也成为现代设计中探索中国传统文化创新的一种趋势。在传统文化与现代设计的融合的过程之中是相互借鉴的过程，提取传统特征和符号，有针对性地选择作为文化元素，运用现代设计的方法，最终将传统文化中精华融进设计中去，创作出既有时代感又有传统文化特色的设计。中国文化与现代设计的结合，不仅是种创新，更体现了中西的相互交融与相互促进。

在高校设计教育中融入传统文化，并不意味着泥古不化，而是在保留传统文化特色的同时，对传统文化进行创造性的转化和发展，在文化中寻找创新源泉。从本质上说，设计就是一种创新，它能够展现文化的传承和传播。文化与设计是相辅相成的，文化元

---

① Mei-Ting Lin, Hsiwen Fan, Po-Hsien, Rungtai Lin, *Iinvestigating the Advantages and Disadvantages of Taiwan's Cultural Creative Design Education From Department Evaluation Data*, US-China Education Review B, June 2016, Vol. 6, No. 6, pp.362-373.

素或符号经过提炼、优化、重构等方法形成设计，设计是文化的载体，也是文化的创新表现，而设计的真正意义在于它所体现的文化内涵，文化体现了设计的生命力。文化影响着设计，设计也在不断地丰富着文化。当下，中华文化在设计中的运用已成为设计的关键所在。高校的设计人才承载着链接文化与设计的责任，应当正确审视中国传统文化的重要地位，不断汲取文化的创新潜能，紧密结合传统文化与现代设计。

（三）打造促进中华文化创新的平台

在文化创意产业和互联网大力发展的背景下，创新通常需要超越现实，跳出常规的思路。高校以及各方机构应搭建具有一定科普功能、教育意义和文化传播使命的互联网共享平台，在线上通过手工艺人、设计师的产品或生活方式展示，吸引创意设计类学生积极参与体验课程；同时通过话题的讨论与体验的分享提高用户黏性，形成一定的社群效应。线下通过多种多样的文化体验活动、手工艺制造等活动构建社交条件，形成线上线下互动闭环，进一步吸引新用户，扩大影响力，品味高品质沉浸式的文化体验。

（1）互联网 + 平台：运用互联网思维将中华文化与当代生活接轨，构建起能够连接文化创意产业中的创意人才、设计师、手工艺人、消费者的多功能平台，形成多渠道对接，资源信息整合的综合性平台。

（2）传统 + 当代设计：通过与设计师的跨界合作，寻找传统艺术手工艺的新生。使产品融入现代生活、适应现代审美，通过工艺创新等手段实现产品的时尚化和满足现代消费者的个性化需求。

（3）艺术 + 现代科技：通过现代科学技术手段对艺术进行再展示。采用 VR 技术提升感官享受，还原历史遗迹，跨越时空身临其境的完美体验；360 度摄影技术线上展现展览风采；3D 投影技术实现古今对话等。

（四）普及并提升创意设计学生的公共外交意识

当前世界的主要特征是经济全球化、信息高速化、文化多样化。全球化使人类交流的空间和规模空前扩大，使不同民族和地域的人之间的交流更加地便捷，给中华文化传播带来了前所未有的机遇。习近平总书记曾提出：讲清楚中华优秀传统文化，是中华民族的突出优势，是我们最深厚的文化软实力。文化创意产业"走出去"是指通过发展文化贸易特别是文化创意服务贸易，促使中国的文化创意产品特别是内容产品进入国际市场，向世界传播中华文化，提高国家的文化软实力和影响力。

作为培养未来设计师的高校，需要培养学生的设计创意能力，把根植于中华文化、汲取了世界多元化精髓的创意融入到设计中，将艺术的气息和人文的温热融入到产品设计和制造中，推动"中国制造"走向"中国创造"。在传承和创新中华文化的同时，高校应注重培养学生的跨文化交流能力，内知国情，外知世界，提升公共外交的意识，通过中华文化创意设计，展现并传播真实的中国形象。

四、结语

文化创意产业是科学技术与文化艺术高度融合的产业，已成为当前影响一国综合竞争力的重要因素。设计创意人才的培养是我国文化创意产业发展的支撑点。通过高校的设计教育，学生对中华文化进行创造性的转化，让人文、艺术和科技深度融合，内化于心，外显于形，设计和生产出既体现当代科技水平，又能满足人们生活和审美需要的产品，这也是"中国制造"升级为"中国创造"的途径。

同时，中国高校应借鉴国内外高校在创意设计人才培养方面的经验，提升高校的通识教育质量，在课程中深度融合中华文化和现代设计，打造中华文化创新的平台，将提升学生的公共外交意识融入到课程目标中，为我国文化创意产业的持续发展提供优秀人才。

动画应用型人才培养与工作室教学模式的实践性研究 [①]

彭国斌 [②]

（桂林电子科技大学艺术与设计学院）

摘要：动画专业是一个专业性很强，对学生专业应用能力要求较高的一个本科艺术类专业，面对当今教育新形势和企业对专业人才的特殊要求，探索适应社会需求的应用性人才培养模式是目前很多高校研究的热点问题，本文就动画应用型人才培养的工作室教学模式改革实践中的相关问题，结合我校的办学思路和实践经验进行分析、探讨。

关键词：动画；应用型人才；工作室模式；改革与实践

一、适应动画专业人才培养特点与要求

动画专业是一个应用性较强，对学生能力要求较高，且办学历史不长的一个新兴本科专业，对于学生而言通过四年的学习，要求系统掌握包括故事脚本的设计、角色与场景设计、角色动作设计、特效设计、视音频设计、后期设计等大量实践性很强的专业知识，并且每个知识门类都有较强独立性和连贯性，对教师的教学与学生学习提出了很高的要求。同时，对于一部动画片的完成，包括前期、中期、后期各自明确细致的分工，创作的特点要求学生要具备相应的团队合作能力，只有通过一个团队才能共同完成一部高质量的动画作品。对于企业而言，需要的人才必须在这个领域要具有某一专业特长，并且专业基础知识扎实，能熟练掌握电脑操作的专业化人才。这种专业特征决定了一方面学习动画需要付出艰辛的努力，同时，需要通过系统化的专业学习和大量的实践训练

---

① 本文为 2017 年广西中青年教师基础能力提升项目"广西龙脊壮族生态博物馆生态文化数字化保护研究"及广西高校人文社科重点研究基地项目"桂林动漫文化创意产业会展平台品牌创新研究（LS14X40B）"资助成果。

② 彭国斌（1979— ），男，江西樟树市人，广西桂林电子科技大学艺术与设计学院，副教授，硕士生导师，主要从事动画与数字媒体技术应用教学和研究。

才能较好地完成大学本科四年的人才培养目标，培养出适应企业需求的专业人才。工作室教学模式的改革正是主动适应了这种应用型人才培养要求，使得学生能更快适应社会和毕业后的工作需要。下面就工作室教学模式的相关问题结合我校动画专业办学思路和办学经验和实践展开讨论。

二、抓住工作室教学和人才培养的根本

工作室从普通组织功能上的理解，一般是指由几个人或一个人建立的组织，是一处创意生产和工作的空间，这种空间与公司又有些不同，更强调的是大家为了共同的理想、愿望、利益发起成立的工作集体，同时很多工作室又对外承接业务，具有公司的经营特征，这是对工作室概念的一个常规认识。同时，有人也将工作室理解为一种工作或合作模式的创造空间，并开展一定对外业务的工作集体，这个集体一般人员较少，规模不大，成员之间有共同的追求和理想，也存在共同的利益与合作关系，他们各自负责各自的事务，同时可以集体讨论来决定某一重要事务，在一定意义上他们之间又是平等的关系。

上述是对工作室模式一个较常规的理解，那么在高校的工作室的模式应该是怎样的呢。早期欧美设计教育的先驱德国包豪斯学院时期就探索了以一对一的"师徒式"的工作室的教学模式，在工作室招生和执行个性化的教学活动中，教师掌握很大的主动权，学生在工作室老师带领下进行学习，并得到实践锻炼的机会。这种充分的自主和创作自由以及教师的绝对权威使得学生能很好地传承教师的设计思想和设计理念，在实践中形成各自的设计主张和设计流派，并取得了很多的创作成果，培养了一批专业的设计人才，对全球设计界和设计教育产生了很大影响，对比早期西方国家这种设计教育模式非常类似传统的中国式师徒关系，首先是徒弟拜师傅，师傅考核合格后纳入学徒名单，成为正式学徒，并在日常的实践工作中对学徒进行指导和训练，逐渐将其培养成一个合格学员，并学成出师。可以看到中国这种传统的人才模式有其可取之处，适应当时的社会发展需求。

而面对当今中国高等教育发展现实，开展工作室人才培养教学模式改革是一个值得思考的话题，工作室名字看似简单，但工作室模式下各种教学活动开展还需要以自身的现实条件为基础，各个高校不能完全照搬照抄，每个学校的招收学生的质量、管理水平、师资队伍、办学基础、硬件水平、学习风气、经济条件等都存在一定的差异性，应该在促进教学发展的基础上发挥原有的办学优势，集中发挥师生教与学的积极性，整合优势资源，形成合力，实现教与学的良性循环发展，探索适合自身发展的工作室办学模

式。通过发挥工作室教学模式有利因素可以解决一些传统教学模式的办学模式中存在的问题和不足，提高教学与实践的互动，提高办学质量。

三、探索工作室人才培养模式创新

为了适应教学改革需要，跟上人才培养的步伐，我校这些年在工作室人才培养模式上进行了探索和实践，主要体现在以下几个各方面。

1.教学方面。学生在大学一年级完成非专业类的公共课教学环节，从大学二年级到大学四年级转入工作室学习。在工作室学习期间，大学二年级以基础知识的建构和兴趣培养为主，三年级的学生更多的是重视自身专业学习方向的培养和实践应用能力的转型，四年级的学生以应用与实践课题训练为主。

工作室人才培养的着眼点就是根据学生不同阶段不同的知识结构，充分发挥各自的能力水平和学习兴趣、特长爱好来组织学习。在不同学习阶段制定符合学生能力项目和适应的培养方案，如在大学三年级重在强化基础理论与应用能力培养的基础上，根据学生兴趣爱好和能力特点及师资情况等情况组成四个兴趣学习小组，进行小组式学习，一个学习小组由若干导师组成，学生根据自身的兴趣和精力可以选择参加不同小组的学习，学习模式是灵活多样的，可以是教师授课、组织学生讨论，还可以外聘专家教学，和校企合作教学，以及应用微课、慕课、翻转课堂教学、视频资源教学等多种教学方式授课，实现教学中对学生知识与能力的个性化传授。同时，根据学习小组按需设课，课时量的多少，课程内容都是围绕学生的能力培养和课题研究为出发点来进行。充分利用优质教学资源和多元化的手段扩展学生知识视野，培养学生实践动手能力。

2.课程的管理与考核。工作室制定严格的管理制度，落实到各教学环节的始终，坚持管理与考核挂钩，做到管理与考核服务于教学质量，重视过程监督和目标管理。其一，平时的考勤与违纪考核。主要记录工作室课程的到课率和平时学习阶段的日常管理，杜绝学生迟到早退和在工作室课堂上做与学习无关的事情。其二，项目课题学习管理考核。工作室主要是以课题研究式开展教学活动，要求学生必须参加和完成教师研究课题或经过老师审核批准的自拟课题。其三，目标管理与过程管理。工作室重视在质与量的两个方面对人才目标培养和能力考核，每学期制定学习目标和任务规划，以完成目标教学培养计划。过程管理以日常教学、辅导及阶段性检查为主，考核登记落实到每周每月每学期的学习记录，进行全程的质量监控和学习引导，以确保教学目标的完成和教学质量。如果在这些过程中，学生连续出现违纪问题和学习效果滞后等问题，教师可以及时发现问题并对学生进行教育。

3.营造宽松的创新环境。首先，工作室根据学生的基础、兴趣爱好，及时灵活制订培养计划实行个性化的教育，同时，通过大量有针对性创新性课题的教学活动，培养学生在实践基础上的创新力。其次，营造创新的人文精神与学习环境，帮助其树立有理想、有道德、有能力、有创新精神的人生价值观和成长观，形成容忍失败，相互学习，不断进取，崇尚创新的成长环境和发展氛围。

4.发挥团队功能作用。工作室努力建设新老传承机制，实现新老接替培养，一方面是高年级的学生与低年级的学生实现学习能力传承与学习风气的传承，发挥新老学生中的传帮带作用。通过项目合作，组建学习兴趣小组，开展有价值的学习活动，实现新生与老生的交流合作，并通过优秀学生的带领和影响其他学生，能力强的学生帮助能力弱的学生，促进学生与学生之间的相互学习、相互帮助的良好学习风气，在团队中形成一种主动学习、追求进步的学习氛围和学习风气。其次，重视学生团队精神的培养，通过团队活动和带动作用实现大家的共同成长，让每个学生可以在团队中学会与人相处、与人合作，在团队中实现成长，进一步培养学生能干事、懂干事的合作能力，为未来走向社会、服务社会现实打好坚实基础。

四、完善工作室运行的长效保障机制

1.工作室的硬件保障。为了保障工作室的正常运转，工作室要积极完善相关保障机制和相关的配套服务，为工作室培养创新人才教学学习提供保障。要保障工作室的硬件投入，如工作室的场地要适合开展工作室日常的教学和学习实践活动，对工作室学习环境进行营造，网络服务，购置优质的教学资源，必要实践教学设备投入和优质的网络服务资源，为学生和教师创造好的条件去开展相关的教学实践活动和创作活动。

2.教学质量保障。首先，工作室在师资队伍的配置上要合理安排，保障师资队伍结构合理，适应工作室教学需要，从工作室的人才培养目标和需求，加强对师资队伍培训和培养。其次，对学生和教师的考核要客观公正，在保证教学质量的前提下，更多是做好对教学质量的服务工作，帮助学生和教师的成长，营造尊师重道、相互包容、容忍失败的办学理念，并严格毕业答辩考核、课程阶段性考核等日常监管环节，重视目标考核管理和过程监管服务的办学思路。

3.服务管理保障。为有效发挥工作室师资队伍的积极性和各工作室活动的顺利开展，学院要在统筹兼顾的基础上加大对各工作室的资源合理调配，防止各工作室对教学资源的浪费和资源分配不合理和不公正现象发生。其次，各教学管理部门要本着人性化的角度充分信任老师和尊重老师，为其工作提供优质的教学服务保障，在教学排课，工作室日常管理，教学材料，实验室使用上尽量提供周到服务，减轻教师负担，尽量减少各种形式主义教学管理作风，让老师安心投入教学工作。学生管理部门要防止滋生不良的学习风气，加强日常的教育和引导。同时，保障教师合法权益，保障教师的生存与发展空间，保障教师的工作待遇和收入水平，最大限度激发老师的工作热情和工作积极性，使得学生、教师与学校实现共同进步，共同成长。

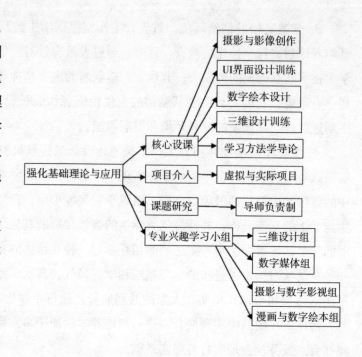

五、总结

开展动画专业工作室改革首先要根据各高校自身的发展基础和条件，在各自办学经验和办学优势中锻炼出自身的办学特色和办学思想，其次，要正确规划，结合自身发展，教学模式和人才培养教学，充分利用现有的师资优势，搭建好适合两者发展的空间和舞台，发挥教师的专业积极性，在实践中不断探索工作室人才培养的创新模式，要强化工作室的运行保障机制，包括工作室硬件投入保障，服务管理保障和教学质量的保障，营造一种有序的教学环境，宽松的创新环境以及和谐共处人文发展环境，使之成为不竭的教学办学动力。

参考文献：

1．黄苏瑾：《动画专业工作室教学模式初探》，《电影评介》2019年10月2日。

2．孙慰川、丁磊：《美国的皮克斯动画工作室》，《南京师范大学文学院学报》2010年12月30日。

3．康璐璐：《日本四度与吉卜力动画工作室创作风格比较研究》，江南大学学位论文，2015年。

4．范长坡：《动画专业工作室制实践教学模式》，《艺海》2012 年 11 月 15 日。

5．梁宇航：《大学生动画工作室特点探析》，南京艺术学院学位论文，2012 年。

6．张鹏军：《浅析影响普通高校动画工作室顺利发展的几个因素》，《大众文艺》2012 年 1 月。

上海滩"一城双展"所呈现的设计问题

宋新温

（江苏省南京市恬清家具设计有限公司）

摘要：在家具产业外部环境持续恶化的现状下，家具产业也从内部不断反思该如何提升家具的竞争力。从 2016 年 9 月份在上海接续进行的两场家具展来看，虽然设计已经被归入了一个极其重要的位置，但是仍然存在着诸多的问题，从积极的方面看有：设计不再是家具业的点缀；独立设计事务所大量涌现；北欧设计备受重视；新中式家具设计已进入新的阶段。从消极的方面看有：家具设计发展不平衡；新中式家具风格更接近于日式风格；学界与业界有着巨大的鸿沟。

关键词：上海；"一城双展"；设计

在出口环境继续收紧、经济形势持续下行、产业结构面临调整等状况下，2016 年对于家具业来说必定是个坎，或者也可以说成是分水岭，关键看是否能够熬得过去。面对这种煎熬，有的家具企业仍以低价格、重复性劳动为策略，小心翼翼地坚守着自己的事业，也有的以金融资本介入的方式企图扭转困局，也有人寄希望于互联网，希望在"互联网+"的貌似新奇的口号指引下完成企业的涅槃，还有企业紧紧追随政府的"中国制造"发展战略，提出以设计实现企业腾飞的计划。所以在这样的背景下，当上海国际家具博览会、中国国际家具博览会这两个在家具界非常有影响力的展会不约而同地将设计作为口号提出时，我们也就不会感到惊讶了。设计地位的提升，无论对于设计还是对于家具，当然都是值得称赞的事，尤其是当国内平面设计水平已能比肩国际水平的时候，我们对于国内工业设计水平的提升更是怀着急切的心情。不过，从整体上来看，对于刚刚将设计纳入自己怀抱的家具业来说，必定会呈现出诸多问题，现拟将从正反两个角度加以评述，以期对设计在家具业中的地位、发展有更加清晰的认识。

一、积极方面

(一) 设计不再是家具业的点缀

以上海家具展为例，就以"我的态度"为主题连接起 DOD 设计师作品展示交易会、DOD 论坛、优秀设计企业及院校作品展示、Home Plus 生活概念馆、中国好沙发、中国家居设计大会、设计师之夜中国国家家居设计周等展览、论坛，并成为展览组委会重点宣传的项目。根据对展览现场的观察，对于很多家具企业来说，他们的促销人员在介绍自家产品时，也很少以低廉价格作为吸引顾客的手段了，并会特别提到设计以及自家产品设计风格的独特性、新颖性，对特定人群的针对性，设计理念的来源等。国内比较有影响力、规模较大的家具企业比如曲美家居等也推出了专门的设计品牌。而从消费者的反映来看，他们对设计也都有着较为理性的认识，在展览会现场，总有那么几家企业的展位上聚满了参观的人，而这些展位无一例外都是以设计为主题的。

(二) 独立设计事务所大量涌现

梵几、木智工坊、吾舍、璞睿、熹山工坊等独立设计事务所相继在市场中出现，仅出现在上海国际家具博览会上的家具设计事务所就有 50 余家，虽然期间不乏鱼目混珠、滥竽充数者。但任何行业中都有低层次的竞争者，我们也不能否认市场对这样的设计事务所有需求，所以我们要想了解市场中独立设计事务所的状况，还是应该将关注点集中在行业内较有影响力的公司上，只有这些企业才"代表先进设计的发展方向"。位于济南的 U+ 家具就是这样一家较有代表性的家具设计公司，甚至有成为家具设计标杆的趋势。这是一家以新中式家具设计为主的公司，在济南、福建、北京等多地建有销售场所。产品用材通常都是普通木材，但因其雅致、简洁的设计特征赢得了市场的认可。也正是因为剔除了名贵木材的"干扰因素"，取得的良好的市场反应才更能证明 U+ 的设计水平。笔者在与家具界人士的谈话中，就曾多次听到对方对 U+ 的积极评价。木智工坊也是值得一提的设计公司。这家设计公司位于浙江杭州，成立于 2010 年，虽然有一个极其中国化的名字，但是设计风格却是接近北欧家具风格，用材也取自德国。公司名称"木智工坊"意为"木头有智慧"，公司设计追求的是一种接近自然的生活方式。还有一些综合性的家具设计公司，如深圳杰申等，也因为多年的市场经验取得了不俗的成绩。之所以罗列这些公司的细节，是想说明当今的家具设计公司已经脱离了摆几台电脑、做几张效果图就敢称"家具设计"的阶段了。对于

設計学研究・2016

材料的选择、对公司设计业务的取舍、对风格的选择、对设计理念的把握都成为设计公司的必修课。

（三）北欧设计备受重视

最明显的例证是有很多独立设计事务所是以北欧设计为主的，如木智工坊、恬清家具等。如今的家具设计公司可粗略地分为三类，一是综合性的，客户有什么样的需求就设计什么样的家具，这种家具设计公司没有固定的风格，也没有坚守的哲学、美学理念。二是以新中式为主的家具设计公司，这种设计公司一般会有很强的设计能力，像前面提到的U+便是如此；或者是有着雄厚的资金支持，有庞大的市场份额作依托，曲美家居旗下的万物就是这种类型的公司。据笔者观察，在独立设计事务所中新中式家具风格的设计公司数量是最多的。第三种类型是以北欧风格为主的设计公司。虽然数量不占优势，可是能够在这样一个极其注重历史传统的国家取得与新中式家具分庭抗礼的地位，其受欢迎程度已是昭昭若日月之明。究其原因，一是年轻消费群体大都受过正规的学校教育，自身具有独立的审美意识，二是他们属于追求简洁、快捷的消费群体，三是互联网世界中颇受欢迎的"文艺青年"们所推崇的正是这种没有任何性格、性别特征的"高冷"范儿，而这种本属小众的审美追求如今也越来越大众化。疏朗、宁静的北欧风格正与此相合，成为他们不二的选择。从另外一个角度来看这个问题可能会更加清晰：日本的无印良品同样受到了中国消费者的欢迎，服饰中的Sanders、HM旗下的Cos也很受中国消费者的欢迎，便足以证明这股风潮的强大力量，也就能更好地理解北欧风格的流行了。但是除了消费者的积极推崇外，我们还应明白这样一种状况：综合性家具设计公司、新中式家具设计公司或者是没有能力或者是不屑于设计北欧风格的产品，再加之消费市场的强烈需求，在消费者的不理性和设计公司的不完备这样两种力量的共同影响下才产生了以北欧风格为主的家具设计公司。

（四）新中式家具设计已进入新的阶段

这里所谓的"新"是指已经摆脱了堆砌概念、生硬模仿的阶段，转而进入了营造美学意蕴、优化产品结构的阶段。当然，这仍然只是少数优秀企业能做到的。但是哪怕只有一家这样的企业，这都是令人兴奋的事，这毕竟为我们带来了美好的希望。甚至我们还可以作这样的设想：受人诟病的中国制造其实已经开始了自身良性的发展道路，我们千呼万唤的"中国创造"正在向我们招手。

二、消极方面

（一）家具设计发展不平衡

市场上虽然也有诸多洋品牌打着设计的旗号进入中国，也有本土家具设计公司号称有能力做各种洋风格的家具，可是我们很容易从这些产品中看出他们所谓的设计只是扛了一面设计的幌子，至于他们葫芦里的药，则让人不作任何期许。这是欧美风格的家具所处的现实环境，而以南洋风格为卖点的家具甚至连"设计"这面幌子都没有。与各种洋风格的平平淡淡形成鲜明对比的是新中式风格的异常火爆：既有U+、左右、平仄、上下这样的行业领军者，也有曲美家居这样的行业大佬，还有璞睿这种坚守传统用材又努力吸纳现代设计理念的试验者。新中式设计可谓多点开花，美不胜收。在展会期间，新中式设计也是独领风骚：论坛现场最热闹的往往是新中式品牌，人流量最多的也往往是新中式品牌。显著的例证是有一家新中式家具设计品牌的展馆，因为参观的人太多而采取了限制人流的方法。从用材方面来说，不管哪种风格的家具，都倾向于选择实木。两者相加遂使新中式实木家具大行其道。但是从我们的观察来看，实木与板木相比，我们很难发现有什么绝对的优势，反倒是劣势更多一些：价格高；容易开裂，在南北跨度大的国家更是如此；加工工艺复杂，例如仅干燥一项就因树种、季节、纬度而有巨大差异；对环境的破坏性更大。国人对实木的青睐最大的可能性是因为我国实木家具悠远的历史而形成的审美偏好，说得更玄妙一些的话是跟中国人对大自然独有的亲近感有关（关于此点可详阅徐复观先生《中国艺术精神》第二章内容）。

（二）新中式家具风格更接近于日式风格

这种偏离的路径大体上是这样的：新中式家具的源头是明清家具，而明清家具无论从造型还是纹饰体现更多的是儒家的社会伦理规范，现在很多的设计师鉴于社会生活、审美心理的改变而将家具中的这种特征删除了，转而赋予了家具更多的禅宗色彩。日本的禅宗思想在日本设计界有着巨大的影响是众所周知的，发展得也更加成熟。地缘、文化上的亲缘关系使比较弱小的新中式家具在不知不觉中就走上了"日本禅宗"的道路。虽然这种风格在市场上很受欢迎，但这种设计距离日式设计太近了，即使是从市场策略上来讲也应避免这种同质化现象，更何况我们的目标还是发展有本土特征的家具设计。我们也相信这只是暂时的现象，随着设计能力的提升和逐渐理性的市场需求，必定会出现真正"中式"的新中式设计。另外，以北欧设计为范例的产品仍是处于模仿的阶段，甚至有模仿得越像越受欢迎的怪现象。

（三）学界与业界有着巨大的鸿沟

祝帅先生在他的多篇论文中探讨过这种现象，虽然他谈论的范围仅限于平面设计，但是越过专业的藩篱，我们发现问题却是相似的。在一个以市场为导向的经济体系里，我们听到更多的是业界对学界的批评：缺少市场经验、设计能力不足。纵使躲进校园内部审视自身，学界也还面临着缺乏足够的先锋精神，只是简单地以培养市场需要的学生为目标，并成为争相夸耀的资本。另外，从展览现场来看，院校的作品质量与业界相比仍有很大差距。如果说研究问题是院校的主要职能的话，那么从这些作品中看不到任何的先锋意识和探索精神则就是不可原谅的了。越来越多的设计专业学生从事家具设计工作成为实现两者交流的方式之一，但是这种方式仍是单向的，市场信息并没有进入校园，这仍是需要努力的方面。

（四）地域性问题

新中式家具中的新是与旧相对应的，其中的"旧"，在很大程度上指的是明式家具，而对明式家具的理解则又集中在了"苏作"家具上，明式家具在概念上则与"文人""简约""雅致"紧密相连，这种理解也限定了当今新中式家具风格的塑造。又因为明式家具自身的艺术价值、经济价值在市场上造成的巨大影响，媒介不遗余力的宣扬，学界持续多年的研究热潮，遂造成了在中国古代家具的研究中，明式家具一家独大的情形，也固化了人们对古典家具的认识——凡言家具者，必言明式。在这样的市场环境下，中式家具设计就只能在明式家具的笼罩下逡巡不前。

家具设计师的活跃和家具设计受到重视，当然是令人高兴的事，但是在偌大的一个国家，新中式设计以一种统一的面貌出现在市场上，是一件很奇怪的事。在谈到家具设计的重要性和发展方向时，往往涉及的是家具的材料、功能和样式，而地域性的问题却被忽略了。市场上新中式风格家具之间很相似，仅有的差别还是因为设计师、设计公司之间风格、气质的差异导致的，与地域差别毫无关系。但是回顾历史，我们很容易就会发现，地域差别对于形塑设计风格的重要性：广作家具的豪华大气、西洋之风，京作家具的古香古色、文静典雅，再加上苏作家具深厚的文化气息，使家具制作形成了一条南北中相互连贯的线，从而也使中国古典家具制作有了更强的适应性。眼下，新中式家具设计应该积极地从这种历史文化资源中汲取经验，从宏观层面厘清家具设计的发展方向，而不只是囿于苏作的窠臼之内。

宗白华先生在《美学散步》中分析中国美学的特征时认为，中国艺术有两种美，一是"出水芙蓉"，二是"错彩镂金"。中国古典家具就是如此，除了简约淡雅的明式家具外，还有数量众多的漆器家具。而现在的新中式家具设计却是只有"出水芙蓉"，而没有"错彩镂金"。市场的需求是多元化的，明式家具并不是中国古典家具的全部，最起码我们还有京作和广作。我们理应从多个角度观看历史、研究历史，并在具体的实践中加以灵活运用。

所以，现在在家具设计中出现的"南北一家亲"现象是十分令人忧虑的，在新中式家具设计发展的初期，不去考虑设计的发展方向问题，一味地跟着市场走，其弊端一是会失去设计的先锋性，二是在市场倒逼的情形下，又会有"临阵磨枪""仓促上马"的局促与不安，使设计失去宝贵的"积淀"的机会。

（五）落下的现代主义

仍以新中式为例说明此问题。不管有多少年轻人热衷于新中式家具，我们仍能发现，新中式家具无论是其涂装、造型还是场馆布置，与明式家具并无多大差异，走进新中式家具展馆或卖场内，仿佛是走进了一家经营老式家具的店铺，扑面而来的严肃气息瞬间浸入身体的每一寸肌肤。我们也很少将新中式家具与年轻、活泼等词语联系在一起，更不用说在这样的空间内进行休闲娱乐活动了。由此说明，一是新中式家具与日常生活仍有很远的距离，二是新中式家具的形象仍是固守于"简约""雅致"方面，而没有融入当代生活，没有融入当代生活也就意味着新中式家具设计并没有完成自身的"现代化"。

因为历史、政治的原因，我国的设计错过了现代主义（20世纪初—20世纪中期）阶段，所以在改革开放之后，我国的当代设计是将世界设计大潮中的现代主义、后现代主义叠加在一起进行的。但是在我国经济持续快速发展中（需求大于供给），设计并没有发展的条件（在以出口为导向的经济模式中，来料加工、来样加工占据优势地位，只要能够做出来就算完成任务，设计不在人们的思考之中），设计师群体也不可能发展起来，更不可能有对设计发展现状的思考。现今珠三角家具业出现的困境是在补设计课，更是在补落下的现代主义设计课。

三、结语

一场家具展并不能解决所有的问题，却暴露了更多的问题。在制造业的范畴里，设计在家具业中的发展是最活跃的，也是最见效果的，这也就意味着要出现更多的问题，先贤曾经发出的"好的设计"的提问仍是悬在我们头上的达摩克利斯之剑。

热热闹闹的家具展很快落幕，但是我们对于家具、对于设计的思考却不应停止。虽然设计在家具业中的地位得到了提升，诸多设计风格也得到了消费者的认可，但是我们仍然存在这样的疑问：对于厂家、商家来说，设计是促进销售的工具，是整个商业活动中既可"嵌入"又可"剔除"的一环；但是在有的研究者眼中设计是为了解决人们现实生活中的实际问题的，是必不可少的，只不过有时显，有时隐。如果坚持第一种看法，显然是否认了设计的专业性，把设计认定为商业的附庸，从而也就否定了设计。即使是像很多人在面对这个问题时所选择的兼而取之，我们仍然担心在商业资本的强大力量冲击下，第二点还是容易被人们忽略，使设计成为追逐利润的噱头，最终失却自身探索器物世界发展规律的动力。在如今越来越重视知识产权的社会里，我们已经见到了设计的缺失对家具、对制造业产生了多么大的负面影响，但是我们更不想看见被商业玩弄的设计，因为被商业玩弄的家具业将是欺骗民众的毒药，也是对社会资源的巨大浪费。

参考文献：

1. 祝帅：《中国平面设计十年回顾 (2000—2009)》，《美术观察》2010 年第 1 期。

2. 徐复观：《中国艺术精神》，商务印书馆 2010 年版。

四、设计产业理论研究

技术要素对设计产业的重构①

石晨旭②

产业经济学认为技术进步是企业和产业经营绩效的重要因素。当下，以互联网和人工智能为代表的技术要素正在前所未有地挑战原有的设计产业。在这样的背景下我们应该如何正确认识设计产业发展的方向，如何树立理性的产业发展观念？本文结合当下的产业现状，从两个角度来切入分析当下技术要素对设计产业发展的重要影响。一方面是互联网对传统设计产业行业结构的改变，另一方面是人工智能对设计产业结构的替代性改变。清楚地认识这两个因素对设计产业的影响，更有利于我们理性看待设计产业的发展前景。

一、互联网技术对设计产业结构的冲击

广告学者陈刚将互联网对整个营销传播管理领域的冲击称为"数字技术革命"。③在笔者看来，数字技术革命对整个设计行业的革新也是极其深刻的。以笔者所熟悉的广告和平面设计为例，曾经在平面印刷媒体时代长期积累形成的一整套行之有效的工作方法，在今天正在面临淘汰，不得不选择转型。具体地说，就是传统的设计行业在今天正在经历一种行业重构，其主要体现为如下四方面。

第一，在互联网 + 时代，设计创意的源点将部分从个人转向数据。

以往的设计师是"个人英雄主义"，突出的是设计师个人，最多是一个人数不多的团队。而今天的设计竞争，将超脱个人层面上升为更高层面的组织竞争，背后可谓是

① 本文为国家社科基金艺术学项目《中国当代平面设计史（1979—2010）》的阶段性成果（立项号15CG152）。
② 石晨旭 北京大学博士研究生、青岛科技大学传播与动漫学院教师。
③ 陈刚、沈虹、马澈、孙美玲：《创意传播管理——数字时代的营销革命》，机械工业出版社2012年版。

"数据库"的比拼。以往的设计师是依靠个人专业技术和能力的竞争，今天则是依靠对公众创意源的掌握、提炼与吸取。

创意来源于人自身阅历的积累、掌握的文化知识的厚度以及思维方式的加工。就创意本身的教育而言，受到整个社会经济、文化环境的制约，加上长期以来缺乏行之有效的方法，在很长一段时间内，专业设计师的创意才能并没有和公众拉开距离。这一点被"互联网＋"放大了出来。在网上、手机上非常有传播力的一些创意元素，其中有很多并不是受过专业设计创意教育的人士完成的。它们却创造了巨大的传播力，吸引了无数的关注，比如各种微信表情，还有网红经济，等等。因此，在互联网时代，对于创意工作的要求是在不断提升的，因为在互联网传播平台上，设计师的作品和无数的专业或者非专业的创意在争夺注意力。今后的创意将不再仅仅依靠个人的冥思苦想或者团队成员的头脑风暴，而是加入更多的数据分析，得出许多超出人们想象力的创意。广告行业已经出现了"程序化创意"的工作方式。因此设计师未来要更加依靠专业的数据支持来进行更多超越性的创意和设计。

已经有设计公司在采用数据库战略，建立自己的色彩、素材数据库，根据专业的数据分析来制定色彩战略，成为一个新的竞争力。IDEO 设计公司商业设计师 Johannes Seemann 还将定性研究和定量研究进行整合，推出了一项名为综合型洞察法的创新型研究方法。[1] 不仅如此，数据将改变整个设计的产业链。过去我们很难衡量设计的效果，现在在数字空间里面，每个网民的动作都被数据记录着，形成了无数的大数据平台。图片的点击量、转发量都在说明着设计在各个环节上的重要作用。设计方案的评价用数据来说话，设计的规律可以用数据来总结。我们可以把这种工作模式称为数据设计。

第二，设计行业结构的改变还体现为新设计门类的诞生。

设计是一个很古老的门类，它的工作领域大体也是清晰的。以广告和平面设计为例，传统的行业构成不外乎商业设计（包装、标志、海报、广告）和文化设计（书籍、版式、字体设计）两大类。但现在在这些传统的领域之外，增加了诸如界面设计、互动设计、信息设计、APP 设计等很多新的名词。这些领域的呈现介质仍然是"平面"的形式，只不过从印刷媒体转向了电子媒体，并且从事这些新兴设计门类具体工作的设计师很多是从传统视觉传达设计转型而来，或者学习传统视觉传达设计出身，所以这些领域仍然可以归属于创意设计这一大类。

2015 年 1 月 26 日，中国新生代设计师代表广煜在微博上宣布其设计公司正式"进军 UI"并且同时开始招兵买马。这是众多设计公司、设计工作室发展动向的一个缩影。

---

① 资料来源：IDEO 网站，www.ideo.com。

"GDC 平面设计在中国"系列展是中国创意设计领域最重要、影响力最为广泛的赛事之一，最近几年的比赛领域在悄然发生着变化。GDC2015 展中平面视觉大类既包含部分传统的视觉传达设计门类，如信息可视化设计（Information Visualization Design）、环境图形（Environmental Graphic）、导视系统设计（Sign System Design）、空间图形运用（Space Graphics）；同时还新增了一个重要的大类——多媒体（Multimedia）设计，其中包含网站（Website）、电子杂志（E-magazine）、图标（手机、导航系统、MP3、iPad 及其他）、ICON（Mobile Phone, Navigation System, MP3, iPad, Others）、界面（APP 及其他电子产品界面）、Interface（APP& Others Electronic Product Interface）；此外，还有延展到其他领域的动画（Animation）和交互设计（Interaction）；最后，还有一个开放性的新媒体创意与发展（New Media Creativity and Development）门类。这种种动态表明创意设计行业已经在接受互联网时代的挑战，在逐渐向新的领域蔓延，UI、VR 等成为新的设计热门领域。

还有一些随着商业的发展萌生的一些新的设计需求，比如说在互联网、大数据时代，数据的可视化设计就变成了一种迫切的需求，这是一种更好、更方便地让人们去读懂数据的方法。Office 旗下的 PowerPoint（PPT）软件是最为大众化的办公报告软件，而优秀的版式设计能够让报告展示效果事半功倍，因此又渐渐衍生了 PPT 优化设计的服务需求。可以说创意设计的服务范围是在不断扩大的。

除了这些新增门类，那些传统的设计门类发展又如何？字体设计作为传统视觉传达设计当中的一个重要门类，至今仍然焕发着盎然的生机。当前国内一些专业方面比较出色的设计工作室，有相当一部分是专业主攻字体设计的。这大概是传统视觉传达设计当中与计算机信息行业结合最为紧密的一项了。众所周知，乔布斯作为 IT 业出色的领袖，大学辍学，反而去旁听了字体设计课程。也就是说，字体设计的成果已经很顺利地被互联网化。当代的设计师从事字体设计更多始于计算机普及之后，几乎不存在平台转移的成本。另外一个仍然具有生命力的重要领域是书籍设计。不管是纸质书籍还是电子书籍，都需要书籍的装帧设计服务，特别是在中国纸质书仍有较大阅读市场的情况下，这也是书籍设计之所以能够延续生命力的原因之一。还有一个重要的 CI 理论，虽然我们的媒体环境发生了重大的变化使得 CI 的话题已经不再时髦，但是这个理论还是很有现实意义的，与其说 CI 是一种营销理念，不如说它是企业文化元素的基本组成部分。它提醒企业在传播过程中永远要保持自己的统一的识别特色，只不过在今天 CI 的落地方式多了一个电子渠道。换句话说，企业永远都需要自己的一套 VI 系统，只是当前这个系统不止标志、信封等平面媒体内容的设计，将更加延伸到数字空间当中去，包含的内容和实现的形式加入了更多的数字技术。也就是说，视觉传达设计的需求仍然存在，但是工具和载体发生了变化。

第三，服务模式，也就是设计企业服务客户的工作模式也正在发生根本性的变化。

互联网的发展对过去的产业链起到了一种解构的作用。互联网平台使设计公司的服务范围得以辐射全国，甚至是全球。这样给视觉传达设计行业带来的环境变化有两个重要的方面：一个是用户的个性化。在互联网工具普及之前，很多群体的需求是没有表达出来的，仅仅是少数的企业会萌生并且寻求商业设计服务。而随着人们对精神生活的要求的提高，对文化产品消费的增加，各种各样的设计需求开始爆发出来，加上互联网工具的支持，使得消费者可以在网络平台上表达出自己独特的需求、找到相应的设计师；另一个是横向发展，扩大设计服务的对象，形成规模化，就像长尾理论描述的那样。正是因为互联网的支持，使得设计师仍然可以找到颇具规模的一个细分群体，也就是不管你服务哪个门类，你都可以有一个有规模的群体对象。如果仅仅是服务于各种各样的需求，而没有足够的"量"来支持，设计公司是很难去无休无止提供个性化服务的。中国的网络人口基数是非常巨大的，正如陈刚的研究认为互联网技术使得营销传播服务能够同时实现"碎片化"和"规模化"。在这样环境下，设计公司的服务模式也必须"进化"。

要实现服务模式的改变离不开组织机构的支持。在笔者对广告公司发展趋势的相关研究中发现，广告公司在数字技术革命的解构下正在朝着两种趋势发展，可以将其总结为传播管理咨询、创意传播执行两大类形式。[①] 在实际工作当中，不管是广告公司也好，设计公司也好，盈利模式总有许多种。单纯收设计服务费的是其中一类，还有许多隐形的盈利模式，例如在报纸广告设计中免收设计费，从媒体代理费当中盈利；还有书籍设计不收设计服务费，但是会从后期的印刷业务当中获利等。互联网环境下诞生了许多去中介化的平台，除了信息交流平台，还有程序化购买平台 DSP、DMP 等，将媒介采买这块业务透明化、自动化，过去的人为服务将逐渐退出，那么这种种传统的服务模式也不得不发生改变。

互联网 + 时代的设计服务公司将更多地走向两种组织形式：一种是具备专长的小型设计工作室。这种设计公司的专业水平往往比较高，有自己的特长，如书籍装帧设计、VI 设计、字体设计中的某一方面；组织比较简单，工作人员数量比较少，二三十人左右，或者少的十人以下也有；管理成本比较低，投资回报比也相对良好。"对于这一种公司来说，最重要的是专业竞争力，要能够有说服客户、教育客户审美的能力，超越竞争对手的设计水平、创意能力，占据专业的话语权。"[②] 这些竞争力依托于有良好教育和经验的设计师团队，是小规模工作室能够做到的。因此，在互联网的时代，部分专精

---

① 陈刚、石晨旭：《数字化时代广告公司形态研究》，《湖北大学学报（哲学社会科学版）》2016 年第 1 期。
② 资料来源：笔者 2016 年 8 月 15 对台湾北士设计公司创意总监唐圣瀚的访谈。

VI 和 UI 等设计的小型公司在未来是有市场空间的，它们的服务也是会继续有市场需求的。

过去很难发现和满足小众需求，设计公司或者设计师不可能挨家挨户去细探他们的设计需求。但是现在不一样，有了互联网，有了"淘宝"等网络购买平台，不管是个人还是企业都完全可以根据自己的预算去寻找合适的设计师寻求设计服务，哪怕一个请帖、一个相册、一个网站、一份简历。关注特殊群体、小众群体开始成为一种新的出口。设计工作室甚至可以通过自己的微博账号、微信账号等个人社交平台来承接各种设计工作。最近一段时间内，这样零碎的需求还是很多。正是所谓的碎片化和规模化并存给设计工作室预备了足够的生存空间。

另一种还是会走向设计咨询服务公司，去扩张设计的定义，做一个"问题解决者"，甚至以设计为起点，跨界进入更宽广的领域。要完成全案型设计咨询服务，要求服务公司深度了解客户本身的业务内容，甚至要能够与客户一起进行研发，已不再是单纯的品牌、传播层面的洞察和策略。这里的服务实际上是在企业汇聚的海量信息分析的基础上，针对产品设计、生产、营销、渠道、销售、售后一体化的设计咨询服务，这些领域已经远远超出平面设计公司原有模式的服务范围。以往规模较大的平面设计公司和广告公司类似，以创意部为核心。特别是很多设计工作室，是以设计师个人的名字命名的，突出的是设计创意的专业价值。但今天，占据一个设计企业核心的应该是设计管理而不是设计创意。事实上这样的公司已经开始产生，如美国 IDEO，以及 WPP 集团下的朗涛设计公司等。对于这种公司的发展来说，资本很重要。组织增大了之后，管理成本会增加，服务内容会增多，对于此类设计咨询服务公司来说，强大的资本集团的支持会让它们占据更大的资源优势，具备更加强大的全案服务能力，实现"设计咨询服务"的理念。

例如，全球化的大型设计顾问公司朗涛，在全球 21 个国家设置了 27 家分公司。服务遍及北美区、欧洲、中东和非洲区、大中华区、东南亚和太平洋以及拉美区。这些大区办公室之间互相合作完成设计服务，例如谭阁美酒店和诺金酒店两个项目，就是由朗涛巴黎和中国团队合作。业务更是包括从市场调研到设计到品牌顾问等多项内容。朗涛也称有专有的消费者品牌感知数据库。[①] 朗涛网络会用自己整个集团的专业资源支持分公司操作每一个战略案例。[②] 而朗涛隶属于世界上最大的广告传播集团 WPP。这个集团拥有 60 多家世界顶级的广告、设计公司、媒介购买公司、调查研究公司，在全球 112 个国家有 3000 个办公室，194000 位员工。[③] 这些都是朗涛成为一个设计服务咨

---

① 《专访朗涛首席执行官 Lois Jacobs》，《包装与设计》2016 年第 196 期。

② 《专访朗涛巴黎和日内瓦总经理 Luc Speisser》，《包装与设计》2016 年第 196 期。

③ 资料来源：WPP 网站，www.wpp.com。

询公司的重要支持资源。可以说，这种类型的公司将设计行业的竞争升级到了资本的领域。

第四，设计的行业重构还体现为设计企业行业属性的改变。

以往设计业属于"第三产业"的服务业，但现在设计业已经被作为一个独立的产业门类——文化创意产业的一部分，而受到各级政府的重视。文化创意产业最重要的内涵就增加产品的文化、创意附加值。设计恰恰能够辅助多个行业增加附加值。尤其是在互联网＋时代，设计将与信息技术融合，与高新技术行业密不可分。有人把这种现象称为"跨界"。如果说"跨界"在 2012 年深圳开展的首届中国设计大展上还算个噱头，但是在今天，不跨界的设计反而不多了。平面设计就是如此，除了自身是一种文创产业，它还可以辅助成就更多的文创产品，以及辅助更多传统产业的创意增殖。工业设计、品牌设计、网络营销、科技创意等这些未来都将会是"大设计服务"延展的部分。

目前设计行业里面大设计服务进化较为完整的例子是美国 IDEO 设计公司。IDEO 对自己的定位是"全球设计顾问"。它提供的服务多种多样，跨越了不同的专业领域。例如帮 Lee 牛仔裤做产品发布策划、帮助 E 农计划发起"春暖茶农"包装设计挑战社交活动、为华尔街英语在中国设计社交化的学习环境、为福特汽车公司设计提升智能化驾驶体验的智能手机应用软件、为方太厨具开发设计语言和系列产品，甚至还有很多事远远超出设计范畴的服务内容，例如用设计思维去帮助美国疾病预防控制中心预防并控制儿童肥胖症、为新加坡政府人力资源部的工作签证中心重新设计工作流程、为美国能源部开发以人为本的战略等。由此可见，IDEO 已不仅仅是一个设计公司，事实上，它已成为传统管理顾问公司如 McKinsey、Boston Consulting、Bain 的竞争者。[①]

二、人工智能对设计产业的替代性解构

AI，人工智能，或称为"机器学习"，确实正在取得许多惊人的进步，成为人们当下最关注的技术之一。比如机器学习可以根据对某位画家的作品集的分析来画出与该画家风格一致的作品，且该作品风格相似、手法熟练以至于观众甚至画家们都无法分辨出真假。类似的种种现象跌破了很多人的眼镜，更为严重的是还将打破很多人的饭碗，一时间人人自危。在学术界，许多设计、广告甚至是艺术学者，也都纷纷加入了对人工智能的讨论阵营。其实艺术恰恰是人工智能最难攻破的一个堡垒。本质上说，纯艺术创作

---

① 资料来源：IDEO 网站，www.ideo.com。

是人类的一种精神表达形式，从这个角度来看每一次艺术创作活动都是独一无二、无法复制的。不过，设计是一个特殊的艺术领域，艺术属性并不是设计的唯一属性。最为形而上的设计当然是一种艺术，但是设计还兼具市场服务的特性，意在为生活、工作提供某种解决方案。我们在生活中会见到很多应用型的设计，艺术性并不突出，但是往往是人们常见常用的，这类设计会容易被技术的迭代影响。所以，笔者把人工智能对设计产业的影响分以下三个层面来谈。

第一，初级阶段的人工智能会让很多"设计师"失业，同时人工智能也为人们提供了新的分工。虽然人们对人工智能有无限的畅想空间，但是目前的实际进展可以说仍在"人工智能的初级阶段"。但是，即使是人工智能的初级阶段，我们也不能忽视其对整个设计产业造成的巨大影响。首先设计当中的低端、实用、重复的工作会迅速地被人工智能取代，例如简单的商业海报、标志设计、排版等工作。人工智能首先会"攻占"一大批基础设计服务领域，不必再由那么多的人工来设计。广州筷子科技董事长李韶辉在 2017 年北京大学的创意传播管理暑期学校当中分享了他们的程序化创意平台的进展，已经可以实现"一次设计，自动生成上万组合创意，十倍提升效率"，"元素流量算法自学习，实现无人值守的创意优化"。例如，他们的系统软件现在已经能够很熟练地根据不同的要求在 2 小时内作出 200 个可用的设计稿。更为关键的是，这些设计应用是根据用户的使用条件不同在实时变化着的，实现不同的 Slogan、Button、Model 的投放效果。这个应用在使用环境瞬息万变的网络广告领域非常重要。而这 200 多个设计稿如果是由人来设计的话，加上与客户沟通的时间，时间成本就会大幅提高。这只是当前做到的程度，在未来的人工智能技术的辅助下，这些工作只能比当下更快更便利。

如果设计行业的工作是个金字塔，那么基层这些简单的设计服务就是其重要的市场基础。人工智能的出现，已经开始替代其中的很多基础设计劳动。那么原来做这些业务的设计师会马上被取代吗？也不会那么快，在初级的人工智能阶段，设计师还是有重要的"把关"作用的。虽然软件可以帮我们在短时间内达成上百个设计方案，但是是否适用还需要我们设计师来与客户沟通做审核、匹配的工作。再就是，软件的设计是设计师和软件工程师共同开发的结果。比如手机 APP"今日头条"，实现了根据客户的阅读习惯自动推送适合我们的信息，也实现了程序化广告购买。但是今日头条却是个在创立五年内员工数量快速增长即将过万的企业，因为还有大量的"贴标签"匹配信息、程序开发的工作需要人工来做。上文提到的筷子科技的员工数量也在快速扩张中。所以，在初级的人工智能阶段，承担基础设计工作的设计师不会很快退位，而是要辅助完成机器学习的过程。

第二，人工智能在实用维度内作用巨大，但是在真正的创意维度内作用有限。通过很多现实的例子，我们能够看到人工智能的工作效率远远超越人工，能够在极短的时间内不可思议地完成很多设计工作。未来随着人工智能的进步，只会功能更加自动、升级。那么，到了高级人工智能阶段设计师就会被完全替代吗？答案是否定的。前段时间受到全球关注的"AlphaGo 横扫 60 位围棋大师"。基于此，有人惊叹于人工智能已经超越了人类。却有不同的声音说 AlphaGo 虽然战胜了一流的围棋高手，但是 AlphaGo 下棋没有"美感"。笔者非常认同这个观点。AlphaGo 通过深度学习总能拿出最快取胜的算法，连对局时间都是可以设定的，失去了人与人对弈的乐趣、谋划各种棋局的乐趣。同样，人工智能可以通过数据分析设计出一样风格的作品，那么不同的风格如何创造？风格背后的意义在哪里？设计师不同时期的思考如何体现？风格、范式的转变从何而来？所以我们要回归到设计的本源上去寻找答案。真正的设计是个人审美能力和艺术功底的体现。就像 Johanna Drucker 和 Emily McVarish 在 *Graphic design history: a critical guide* 一书中所说"平面设计不是漫无目的的图形。平面设计的作品总是包含着一个议程，服务于一个目的，不管它们表面上看起来多么自然和中立。因为某种原因，一些人通过设计的对象与另外一些人沟通。设计的形式是塑造我们的生活的各种影响的表达"。① 这个层次就是人工智能所无法做到的。所以说人工智能在设计领域内起作用的空间是有限度的，因为真正的设计是人类思想的表达。

第三，人工智能的快速发展迫使设计师追求真正的创意。虽说人工智能不能完全取代设计师，但是必须看到人工智能的发展对艺术工作者来说是一种极大的挑战和压力。在 19 世纪末，工艺美术家阿什比早先并不认同机器生产，认为那是为了获得利益而牺牲人性的特征，但他后来发现，谨慎地使用机器可以带来便利。所以在未来，人工智能不是替代全体设计师，而是与设计师合作执行部分设计工作。正是因为过去的那块工作空间没有了，从而逼迫设计师们挑战自我，甚至是挑战人工智能，作出自己的创意，将自己的设计工作与机器工作区别开。如果继续停留在那些低水平重复、体力劳动型的设计工作中，当然会很快被取代。不仅是设计行业，人们的很多需求都将被人工智能更快更好地满足，必然会令当下的一些工作种类消失。就像美国刚刚开通电话的时候，"你好姑娘"走红，因为他们是语气温柔的人工接线员。但是今天的美国人都不知道"你好姑娘"的存在，因为技术进步了，早已经没有这个工作种类了。

所以，设计领域的人们应该认识到，这次人工智能的影响不同于过去的电脑对设计的影响。过去的那个更迭，被形象地称为"扔掉油漆桶"或者"换笔"。这次不仅是换笔那么简单，是一种整体的、结构性的"淘汰"。这样也好，促使行业重新思考设计的价值所在。设计的起源可以追溯到古代，但是从工业革命诞生机器大生产，从而产生社会分工，发展市场经济以来，设计在这个过程中被赋予了浓厚的商业属性。以海报设计

---

① Johanna Drucker and Emily McVarish, *Graphic Design History: A Critical Guide*, Boston: Pearson, 2010.

为例，可以分为商业作品和艺术作品两种。我们有多久没有看到优秀的艺术海报了，却常见满大街、满屏的商业广告。所以，近些年设计领域重商业轻艺术的现象到了扭转的时刻。所以未来只有找到真正的设计价值的人，能够做出创意的人，能够有独特审美品位的人才能成为一名设计师。真正的设计师在未来仍会有一席之地。

目前我们能够举出的人工智能现实应用的例子还不多，因为现阶段的人工智能，也就是机器学习，还在不断发展当中，离实现高级阶段的人工智能还有很长的一段距离。眼下正在发生的现实是，它正在促使设计行业实现数字化变革，低端重复的设计工作将被人工智能取代。但是在另一方面来说，真正创意的价值永远不会消失。人工智能与人的合作将逐渐分拣这两类设计工作，并且进行淘汰和新的分工。可以说，人工智能是实现设计行业数字化变革并且保存真正设计价值的最终手段，艺术界要理性地看待这个问题。有人认为人工智能是互联网的下一幕，但是在当前相当长的一段时间内，人工智能的替代性影响内嵌于本文第一部分提及的产业重构的框架之中。

综上所述，以互联网和人工智能为代表的技术进步正在不断解构和建构平面设计产业，正所谓不破不立。本文将这种巨大的影响总结为"重构"，这是一个过程。技术一方面在挑战原有的产业现状，另一方面也在形塑着新的产业模式。这意味着我们的设计产业到了产业升级的关头。在改革开放40多年的今天，我国的经济发展整体也处于一种调整的过程中，产业升级是大环境的一种需要。设计产业的发展前景还是很乐观的。我们也衷心期待转型成功的中国设计行业，能够真正以勃勃生机去服务于充满未知和挑战的未来中国市场。

中国平面设计产业竞争力提升路径探析

祝　帅　石晨旭①

摘要：本文基于中国平面设计产业发展历史回顾以及与欧美、日韩设计产业竞争力的比较研究，提出目前我国的平面设计产业的发展处于机遇与挑战并存的环境中，其产业竞争力的提升，迫切需要一个完整、互动的发展体系。制度要素是近期中国平面设计产业竞争力提升的突破点；技术更新是平面设计产业竞争力提升的一个关键要素；人力资源是平面设计产业发展的重要驱动力；资本是平面设计产业发展与壮大的重要助力。

关键词：制度要素；技术；人力资源；资本

"平面设计产业"是一个复合的概念，涉及参与平面设计活动的各个环节和各个主体，平面设计产业竞争力即产生于设计产业活动中相互博弈的各个主体之间。中国平面设计产业的发展，亟须吸收借鉴外国平面设计产业发展相关经验，同时作为后发展国家，中国平面设计产业还必须密切结合中国市场特点进行本土化探索与理论创新，才能服务于更加广袤的中国城乡大地。在研究方法方面，平面设计产业研究属于描述、解释与预测性研究的结合，应借鉴自然科学、社会科学的研究思路，将定量的、实证的研究方法引入传统的平面设计研究。同时，要从经济学理论与方法角度对中国平面设计产业进行全面的梳理，尤其是对于平面设计艺术的营销调研、产业结构、投资融资、消费心理等研究角度的关注，能够在一定程度上开辟中国平面设计的产业经济学研究视角，以利于今后在产业经济学现有研究成果的基础上，结合中国市场特点考虑建立平面设计产业竞争力评价指标体系的若干问题。当然，这些问题并非一蹴而就的，在研究工作中也应该从基础建设开始积累，扎实推进。在本文中，我们将就中国平面设计产业发展与提升的路径进行框架性的探析，以俟今后的研究者从不同角度深入推进。

---

① 祝帅，北京大学新闻与传播学院研究员、北京大学新闻与传播学院博士；石晨旭，青岛科技大学教师，北京大学新闻与传播学院博士研究生。

一、我国平面设计产业的市场机遇与挑战

改革开放近40多年来，市场经济逐渐活跃、发展起来，中国的平面设计产业外部环境有了巨大的变化。作为社会主义市场经济的一部分，中国平面设计产业从一个隐藏的服务业逐渐发展，形成了产业的性质。进入小康社会之后，市场对文化消费的需求逐渐增强。平面设计产业将在当前经济发展过程中不断获得新的市场机遇。同时，作为一个后发展的新兴市场，中国平面设计产业在改革开放的过程中需要通过快速地升级、变革，来迎接其中的挑战。

从机遇方面来说，第一，在宏观层面，中国大的市场环境近年来有很大的改善。2009年，《文化产业振兴规划》的颁布，标志着文化产业已经上升为国家的战略性产业。此后各地政府一系列类似政策的出台表明，在建设文化强国的背景中，文化创意产业的发展受到各级政府的空前重视，平面设计产业的发展拥有非常优势的政策导向。中国作为一个人口众多，消费潜力巨大的"新兴市场"，已经成为国际设计界竞相逐利的热点。第二，"平面设计"的内涵将随着时代的传播需求不断拓展，从印刷主导到依存于新媒体互动平台，平面设计不断派生出新兴的门类。所谓的"平面设计终结论"指的是传统上被称为"视觉传达"的旧式平面设计，而新式平面设计应该转型到视觉、听觉等综合感官传达的新平台。第三，在各种设计门类中，中国平面设计体现出了突出的创造性，成为中国各个设计领域中最先达到国际水准的门类之一，近年来屡获国际奖项，受到全世界的瞩目。中国平面设计在创意生产力方面已经达到国际先进水准。第四，中国平面设计教育在21世纪以来的蓬勃开展，积累了大量具备专业水准和学术眼光的未来设计人才。以人口基数论，在未来中国平面设计的从业者规模相当可观。

当然，在中国这样一个经济发展呈现出二元结构特征的新兴市场发展平面设计产业也仍然有许多的挑战。通过对欧美与日韩平面设计产业的对比研究，我们已经指出中国平面设计产业的主要问题在于：首先，中国平面设计产业尚缺乏自觉的发展规划，有"行业"而无"产业"，有"自发"而无"自觉"，这在极大程度上制约了产业的规模。"二元结构"下发展平面设计产业既要重视区域发展差异又要有国家层面的广泛重视，尤其是政策引导和教育，在这个特殊的时期，国家层面的关注能够帮助初步发展的平面设计产业提升到中国巨大经济体所需要的水平。其次，平面设计产业链没有形成，只有业内学术层面的交流沟通，而没有产业层面的制度联合。此外，传媒制度的改革将利于平面设计产业的发展，但目前相关政策制定和管理部门尚缺乏在两者之间建立有效的连接。再次，与少数取得国际水准、国际眼光的优秀设计师相比，全国平面设计师群体中也夹杂着大量缺乏专业水准与职业道德的害群之马，抄袭、山寨成风，庸俗创意大有市场，

"零代理""免设计费"等现象破坏行业规则，伤害了平面设计师的利益。只顾眼前利益，缺乏精品意识。最后，平面设计产业需要国家相关部门的统筹、管理，但目前我国的平面设计产业或者说设计产业仍然没有明确的行业主管部门。同时，成熟的全国平面设计行业组织也仍然处于缺失的状态。

除了上述中国平面设计的行业特殊性问题，平面设计行业作为一个整体，在新媒体的冲击下，在国际范围内也面临着下滑的趋势。平面设计正在从当年的"朝阳产业"逐渐变为今天的"夕阳产业"。本文无意于预测平面设计的"大限"，只是提醒我们注意到中国平面设计产业现阶段正处于一个机遇与挑战并存的时代，尚具备发展壮大的可能性。在这一时期，平面设计的产业化发展将成为整合与提升平面设计产业竞争力的关键。将平面设计作为一个产业来研究并且提出发展对策，将有助于改善平面设计行业松散、弱小的现状，有助于发现产业发展的驱动力，抓住机遇，解决问题，赢得飞跃。

二、欧美经验与日韩经验对中国平面设计产业的启发

根据波特的钻石模型，"产业竞争力是由生产要素，国内市场需求，相关与支持性产业，企业战略、企业结构和同业竞争等四个主要因素，以及政府行为、机遇等两个辅助因素共同作用而形成的"。[①] 第一，在生产要素层面，欧美、日韩国家在长期的发展基础上已经可以将本民族丰富的文化资源、设计素材应用到平面设计产业的发展中。尤其作为先发展的欧美文化国家已经成功占据这一行业语言的先机。而后发展的日韩包括中国，都将在学习以欧美设计风格为主的国际化设计潮流中逐渐走出自己的路线。第二，完善的市场机制能够优化资源配置。欧美的市场经济发展及其对平面设计专业服务的需求为其现代平面设计产业的发展提供了坚实的市场基础。因此我们可以看到，随着我国改革开放的不断进展，市场经济发展的程度越高，市场竞争越充分，国内市场对平面设计专业服务的需求就会越强烈。我国的企业要在市场竞争中获得优势地位，就必须像以欧美企业为主的世界五百强一样重视平面设计的应用。欧美的产业发展历史给我们平面设计产业发展的前景带来信心。第三，欧美相对成熟的版权保护和整个社会的版权意识，使相关产业给予平面设计这项工作的价值充分的认可。因此平面设计产业充分发挥了辅助其他行业营销传播的作用。第四，从微观的企业层面来讲，以平面设计服务为主的企业需要明晰发展路线，找到自己的核心竞争力，在"规模化"和"术业有专攻"两条道路上进行选择，避免"高度弱小，高度分散"。优秀设计企业和设计师品牌的打

---

① [美] 迈克尔·波特:《国家竞争优势》，李明轩、邱如美译，中信出版社 2007 年版，第 21—43 页。

造有利于带动整个行业的发展。此外，美国同业尽管各自处于不同的市场区域，但仍然形成了全国统一的、活跃的行业联盟组织。第五，政府行为方面，对于欧美市场经济发达的地区来说，政府以创造宽容开放的环境和提供公共服务支持为主，对产业的引导和支持作用并不是特别直接、突出。但是以英国为代表的政府支持文化创意产业发展的这种政策环境的确促进了平面设计产业的发展。钻石模型的最后一个因素是"机遇"。显然欧美、日韩的平面设计产业都是在其经济起飞的同时繁荣起来的。因而中国改革开放40多年的经济飞跃也需要同样蓬勃发展的平面设计产业，尤其是结合全球化的机遇。因而当前迫切需要的是提升中国平面设计产业竞争力，以争取对外出口，获得国际市场，避免成为全球化时代发达国家平面设计产业的"殖民地"。这对中国平面设计产业来说既是挑战也是机遇。

　　而日本、韩国产业发展的经验对我国平面设计产业竞争力的提升带来的思考则与欧美经验不同。这两类先发展和后发展国家在产业发展方面的经验拥有共同的因素，如需求旺盛的市场、良好的教育系统等，但是在许多方面因为社会发展的程度、方式不同，其平面设计产业发展经验也仍有较大的区别。发展经济学从"结构—制度—要素"等层面入手，指出发展中国家目前面对的主要问题仍然是结构的不均衡和结构的调整转换，在这个过程中，各个行为主体尤其是政府的行为方式，对于经济发展的作用非常重要。20世纪后期起，战后的日本和20世纪60年代的韩国经济都快速起飞。与中国相比，日本、韩国的国家面积小、经济结构相对比较简单，有利于它们迅速地调整恢复经济，建立良好的经济产业结构。这是日韩平面设计产业发展的重要机遇。印刷、广告等上下游产业的发展为平面设计产业的发展打下了良好的根基。而中国社会发展阶段和中国特色社会主义市场经济的环境具有特殊性。改革开放后中国的市场呈现城乡二元结构发展，同时国家面积大经济发展程度不同结构复杂，因此中国平面设计产业的发展相对混乱和缓慢。

　　但是日韩在针对自身经济结构特点制定相应发展策略方面，为中国平面设计产业带来启示。根据新制度经济学的研究成果，制度在经济运行当中起着非常重要的支撑作用。新经济学的奠基者道格拉斯·诺斯认为"制度变迁决定了人类历史中的社会演化方式，因而是理解历史变迁的关键"。制度（institutions）基本上由三个部分构成："正式的规则、非正式的约束（行为规范、惯例和自我限定的行事准则）以及它们的实施特征（enforcement characteristics）。"[1] 在制度性要素的促进作用方面日韩与欧美有着截然不同的经验。日韩可以说走了计划和市场相结合的一条道路，通过其政府政策、法律法规、行业管理等制度性要素的发力对后发展的平面设计产业进行了充分的支持。日本和韩国

――――――――――――

① ［美］道格拉斯·诺斯：《制度、制度变迁与经济绩效》，上海人民出版社2008年版，第6页。

政府不仅在国家策略上十分重视文化产业，并且明确通过国家政策和法律法规支持设计产业的发展，如《设计产业振兴法案》等等。这些国家策略同样影响到整个社会对平面设计产业的重视与认可。相关政府部门也通过政府直接管理或者成立特别项目组的形式来对行业发展计划的实施予以保证。在行业管理方面，日本和韩国同业组织能够建立良好的同业竞争和合作平台。平面设计产业内部既有依靠企业的依附性发展模式，也有独立工作室自由竞争发展模式。此外日韩重视教育质量、抓住国际会展等机遇、打造知名设计品牌和设计师品牌这些因素也成为设计产业的重要驱动力。

日本和韩国同样属于经济史上东亚奇迹的一部分，根据相关研究，东亚奇迹范围内的国家具有一定的共同特性，比如都是二战之后才发展起来的现代经济体，同时政府在经济起飞的过程中所起到的重要的调控作用，在资金、技术、管理、体制方面都具有一定的后发优势。[①] 所以相对于欧美经验而言，同属于后发展经济的中国可以适当借鉴日韩经验。我国经济呈现出一种新兴市场的特征，全球化的科技支持、文化交流促进了我国经济的快速发展，在短时间内获得了发达国家经过几十年所积累的经济成果。与此同时我们的许多文化产业并没有取得对应的成就，这种现状就不能仅仅依靠市场机制来进行调节。政府在这一时期的引导和支持具有重要的意义。

三、当前中国社会环境下平面设计产业发展路径探讨

首先，发展我国平面设计产业是社会主义市场经济的需求。恩格斯认为：人的需求有三个层次，生存需求、享受需求、发展需求。马斯洛认为人的需求分为生理需要和心理需要，并且由低到高分为五个层次。因此人的需求是随收入水平的提高而逐层递进上升的。"恩格尔定律"反映的也是这一规律，当人们的收入水平提高，人们在食物等方面的消费比重就会下降，消费结构会发生变化，转向耐用品消费和旅游、娱乐、传媒等服务性行业的发展。目前中国经济总量居世界第二，人均 GDP 为 6000 多美元。这样的经济体对于文化消费的需求将会是非常庞大的。而相关研究表明在今后相当长时间内，我国文化市场一直呈现一种"战略性短缺"。[②] 平面设计产业作为文化产业大范畴下的一部分，且是并未完全发挥市场潜力的行业，仍有非常巨大的市场空间。其次，随着市场经济的发展和人们生活水平的提高，人们对平面设计产业的需求将呈现出多样化的特点。我国市场城乡二元结构特征明显，经济发展水平东西不平衡，内陆地区与沿海地区

① 刘伟、蔡志洲：《东亚模式与中国长期经济增长》，《求是学刊》2004 年第 6 期。
② 肖弘弈：《中国传媒产业结构升级研究》，中国传媒大学出版社 2010 年版。

也不平衡。这些不同发展程度的市场对平面设计产业有不同的市场需求。目前市场的消费者群体也呈现出"碎片化"的特征，因而这些为平面设计产业提出了多样化的服务要求。再次，在东部沿海等经济发达地区，对平面设计产业的需求向高阶段演进。全球化竞争的时代，我国市场需要更加专业、高品质、个性化的平面设计服务。因此，提升平面设计产业竞争力是市场经济的需求。当前中国经济、社会环境下的平面设计产业亟须整合成为一个完整的产业，从产业的角度去研究发展路径。本文接下来将从制度、技术、人力资源、资本四个方面探寻中国平面设计产业竞争力提升的路径。

首先，制度要素是当前中国平面设计产业竞争力提升的一个突破点。在中国的市场环境下，要发展平面设计产业，官产学三方的结合很重要。在这个系统中，政府政策、法律法规、行业规则作用巨大。在改革开放、社会主义市场经济初期，政府出台强有力的政策是平面设计产业发展所必需的保障。在这里并非说市场对平面设计产业发展的刺激力度不够。事实上，市场经济为平面设计产业提供了非常巨大的空间，几乎现代市场中的任何行业都需要平面设计产业的服务和支持，只是这些行业不一定能对平面设计产业的重要作用有充分的认知。平面设计产业的发展也在不断进展，只是在经济、社会具有特殊性的大背景下，平面设计产业需要跟随我国经济超速发展的脚步，发挥后发优势，在这种情况下良好的制度支持就是非常迫切和必要的。

平面设计产业要发展首先需要确定平面设计产业的主管部门。主管部门要摆脱管理思维，并非要事无巨细地进行行业管理，而是重在提供公共服务。其主要功能在于统计行业数据、引导行业发展、培养良好的社会环境。主管部门可以是在文化产业旗下成立的项目组，负责牵头通过多种形式从国家、政府层面认可平面设计的价值，由此引导社会公众对平面设计价值进行充分的认识，塑造成熟的社会环境。作为文化创意产品，平面设计的附加值高于产值。中国市场需要建立新的共识，以对标志设计、海报设计等平面设计工作背后的知识价值和投入进行合理的定价。此外，管理部门的重要工作之一是统计行业数据，为行业分析提供材料，为行业发展提供参考。行业统计数据是平面设计产业主体性形成，成为市场经济组成部分的需要。其次，法律法规方面要对平面设计产业给予充分的保护。平面设计产业属于版权产业，专利保护法的保护对象之一。平面设计产业的产品具有快速、无形、多样化的特征，因而在相关审查批准方面还需要提高速度以适应市场经济的快速成长。再次，行业规则要具有一定的灵活性。平面设计产业具有隐藏性、分散性，还没有形成产业规模。因此广泛的、有效的行业协会如——中国平面设计协会等是非常必需的平台。通过行业协会打造的行业公共空间，促进全行业各企业、设计师的交流，促进新技术的扩散和应用，同时加强国际交流与合作。

第二，技术将是平面设计产业竞争力提升的一个关键要素。熊彼得认为技术创新就是"建立一种新的生产函数"也就是把一种从来没有过的生产要素和生产条件的新组合引入到生产体系中去。具体表现包括：引进新产品；采用新技术或者新的生产方法；开辟新的市场；控制原材料的新供应来源；引入新的生产组织形式。① 相关实证研究表明，在改革开放以来的 40 多年中，我国经济增长中技术进步的重要力量逐步显现出来。虽然产业结构变迁对中国经济增长的贡献一度十分显著，但是随着市场化程度的提高，产业结构变迁对经济增长的贡献呈现不断降低的趋势，逐渐让位于技术进步，即产业结构变迁所体现的市场化的力量将逐步让位于技术进步的力量。②21 世纪中国传媒环境发生了非常巨大的变化，以互联网为代表的新媒体技术改变了传统传媒环境。以电视、报纸、杂志、广播为代表的传统媒体开始与以互联网、移动互联网为代表的新媒体进行融合。人们的阅读习惯也从纸媒转移到电子媒体。报纸、杂志纷纷推出电子版客户端。户外媒体也不再是简单的招牌，也变成了电子展示牌。传统媒体在 20 世纪后期的兴盛为平面设计带来巨大的市场需求，很好地启发了平面设计产业的萌芽。在新媒体兴起的当下，平面设计产业需要及时采用新的技术形式进行创作和生产，并且调整生产组织形式。但是在这样的媒体环境下，平面设计的内涵也将发生改变，不再仅仅是原来的"纸上谈兵"，而将加入各种电子、信息技术，在软件、硬件的支持下成为多媒体展示的一部分。因而接下来中国平面设计产业要做的是在原有平面设计的概念中增加更加丰富的内涵。

另外，平面设计产业应该建立自己的技术考核体系。赖特认为技术在社会地位变量中，是一个单独的变量。技术变量对社会地位变化的影响既与制度有关系，也与历史机遇有关系。比如，医生在欧美的地位很高，收入比教授高很多，其实医生的技术含量与教授是相似的。有人研究证明，医生是最先建立专业协会的，建立协会之后就有了证书制度，实现了技术垄断，别人再进来要经过协会的批准，于是地位就变高了。而教授的分级比医生晚得多。所以，技术本身是重要的，但机遇也很重要。③ 因此目前众多设计比赛，也不能比而不赛，应该逐渐建立权威评价体系，将平面设计专业技术化，尝试专业资格认证。技术应该成为衡量平面设计从业者的重要标准。平面设计行业应该形成一个资格认证系统对设计师的专业水平进行考核，作出相应等级的判断。这个技术考核系统将有助于平面设计师明晰职业前景，有利于平面设计产业人才的培养和深造。平面设计的定价体系也将考虑平面设计师的技术水平因素。在设计软件发达、全民设计的时代，根据技术资格定价将有利于平面设计产业形成良好的行业定价体系，也有利于平面设计师社会地位的提升。尤其是面对人工智能设计的挑战，将迫使专业设计师必须具有一定水平的审美和创意。

---

① [美] 熊彼得：《经济发展理论》，北京出版社 2008 年版。
② 刘伟、张辉：《中国经济增长中的产业结构变迁和技术进步》，《经济研究》2008 年第 11 期。
③ 李强：《中国非正规经济（上）》，《开放时代》2011 年第 1 期。

第三，人力资源是产业发展的重要驱动力。根据我国平面设计专业的教育现状，当前我们最应该做的是改变教育思路，搭建平面设计专业人才教育的科学体系。一方面，教育与研究同时发展，实务与理论教育并行。教育与研究是高等教育机构的两项重要职能。对于平面设计产业来说教育本身所提供的人才资源十分重要，是这个行业发展的基础。但同时产业发展需要加强对平面设计的研究工作。通过对各个数据库的文献检索可以发现，目前关于平面设计产业研究的成果少之又少。客观严谨的调查研究，可以帮助行业发展，起到启发、批评、建设等非常巨大的助力作用。研究与行业应该进行良好的互动。学者不是纸上谈兵的军师，也不是学者型商人，因而不能把自己禁锢在小小的学术圈子里面。以设计史研究见长的西方学者及其"Graphic Design History"等国外有关研究也确认，是实务界和学术界的实践共同构成了平面设计的历史。① 所以，这两个方面是缺一不可的，研究与实务双方都不能各执一端。

另一方面，高等教育与社会培训相结合。以本科教育为代表的高等教育是平面设计教育的重要组成部分。本科教育需要更加重视人文素养的根基，应该更多地意识到平面设计师需要的不只是专业的技巧方面的教育。出色的平面设计师需要一个完整的知识体系，包括：平面设计专业技术教育、平面设计产业管理教育、法律等社会通识教育、人文知识的积累与广博的见识等。相对完整多样化的知识背景将为平面设计师增加创意的源泉，才能做出符合具体需要的、恰当的、优质的设计。同时设计师的职业发展也更加广泛，可以进行相关的管理工作。至于研究生阶段的教育需要提升量化研究的教育。平面设计方向的研究将来还要更多地进行实证研究，多做调研，用更加客观的标准来衡量平面设计。在此要强调的是法律法规的通识教育。平面设计属于文化创意产业，也属于版权产业的一部分，所以必须对知识产权等相关的法律法规有一定的了解，否则可能产生侵权、维权方面的漏洞。如果说这样设计师是否会需要学习得太多，现在已经不是那个刚刚启蒙的时代，许多行业问题将会一一得到解决。而这种进步就是依赖设计师，乃至全民的学习进步。在高等教育体系之外，行业协会等组织还需要建设社会培训体系，给已经就职的设计师一个提升的空间和环境，帮助他们获取新的传媒技术，提高设计能力和专业水准。

第四，资本要素对平面设计产业的推动作用着眼于未来。随着我国市场经济程度不断提高，资本要素对各个产业发挥的作用将越来越大、空间也将越来越大。根据广告行业等相关行业对资本的应用和研究，资本这一要素将在平面设计的产业化过程中逐步发力。资本在促进平面设计企业发展壮大和集团化方面可能会起到有力的推动作用。如

---

① Teal Triggs, *Graphic Design History: Past, Present, and Future*; *Design Issues*; Winter2011, Vol. 27Issue 1, pp. 3-6.

WPP 集团近些年来一系列的收购、扩张活动。① 资本运作使得该集团当中的各个子公司能够进行资源共享，优势互补，形成了成倍增长的竞争力。在这样的背景下，我们要在边际效益最大化的基础上，加强对资本的吸收和利用，来扩大平面设计企业的规模。此外，在资本的驱使下，具有一定规模的设计公司也并非没有尝试集团化发展以及上市的可能。

四、结语

综上所述，平面设计行业在互联网、人工智能冲击之下的危机是全球性的，但平面设计自身也的确在不断拓展，不同国家、不同产业发展阶段的平面设计也还存在着不同的可能。对于理论界来说，当务之急不是停留在"平面设计是否终结"一类的概念辩论上，而是引入经济学的视角与方法，踏实地进行基础理论研究和应用学科建设，推动贴近行业本体、产业发展的实务性研究。这是因为，目前我国的平面设计产业的发展处于机遇与挑战并存的环境中，其产业竞争力的提升，迫切需要一个完整、互动的发展体系。而在当前要建立这样一个发展体系，应从上述诸多方面努力，完成制度改革、技术更新、人力资源建设、投资融资探索等方面的整体革命，从而全方位地提升中国平面设计产业的品牌和核心竞争力。

---

① 陈刚、孙美玲：《结构、制度、要素——对中国广告产业的发展的解析》，《广告研究》2011 年第 4 期。

日本数字内容设计问题概论

吴小勉[1]

（苏州科技大学）

摘要：随着互联网基础建设的高速发展，数字网络平台中的优秀内容显得相对稀缺。尤其是我国的优秀原创数字内容还相对匮乏，我国数字内容设计的国际竞争力更是有待提高。日本是发展数字内容产业较为成功的国家，日本数字内容产品向全球的输送为日本的经济发展和文化传播提供了充沛的动力。通过对于日本数字内容设计的系统研究，有助于为我国数字内容设计提供宝贵的理论参考。

关键词：数字内容；设计；日本；虚拟真实；产业

一、我国数字内容的发展目标与日本设计经验

近年来数字内容已开始受到我国的重视，并被列入了国家发展的战略规划中。2006年3月14日十届全国人大四次会议表决通过了《中华人民共和国国民经济和社会发展第十一个五年规划纲要》（简称："十一五"规划），该规划指出：

加强测绘基础设施建设，丰富和开发利用基础地理信息资源，发展地理信息产业。鼓励教育、文化、出版、广播影视等领域的数字内容产业发展，丰富中文数字内容资源，发展动漫产业。[2]

此外，在《中华人民共和国国民经济和社会发展第十二个五年规划纲要》（简称："十二五"规划）中也包含了以下关于"数字内容"的战略规划：

推动文化产业成为国民经济支柱性产业，增强文化产业整体实力和竞争力。实施重大文化产业项目带动战略，加强文化产业基地和区域性特色文化产业群建设。推进文化

---

[1] 吴小勉（1977.07— ），江苏南京人，设计艺术学博士，苏州科技大学传媒与视觉艺术学院教师。

[2] 中国政府网：《中华人民共和国国民经济和社会发展第十一个五年规划纲要》，http://www.gov.cn/gong-bao/content/2006/content_268766.htm.

产业结构调整，大力发展文化创意、影视制作、出版发行、印刷复制、演艺娱乐、数字内容和动漫等重点文化产业，培育骨干企业，扶持中小企业，鼓励文化企业跨地域、跨行业、跨所有制经营和重组，提高文化产业规模化、集约化、专业化水平。①

"五年计划"是我国国民经济发展的重要方略，对于我国经济建设和社会发展具有纲领性、宏观性的指导作用。"十一五"规划和"十二五"规划是对于我国 2006 年至 2015 年的经济发展作出的系统性总设计，在这两份重要规划中都提出了关于数字内容的规划策略，可见在近 10 年中我国已认识到数字内容对于当代中国发展的作用。

目前，我国不仅从宏观角度认识到数字内容与当代中国经济发展的联系，还逐步意识到设计对于数字内容的推动作用。国务院于 2014 年 3 月发布了《国务院关于推进文化创意和设计服务与相关产业融合发展的若干意见》，在该文件中将加快数字内容产业的发展作为重点任务，并希望通过创意和设计的提升来推动该产业发展。

为了实现我国的宏观战略中关于发展数字内容产业的规划，首先须确立实现目标的基本路径。上海大学邹其昌教授在关于中外设计产业竞争力的比较研究中，提出了"理论先导、政策跟进、产业繁荣"的协同创新发展逻辑理念②。该理念科学而清晰地指出了理论、政策及产业的联系与逻辑关系，为本文的研究指引了方向。本文将从设计理论研究入手，但并不会孤立地看待设计现象与设计形态，而是力求将设计理论研究作为政策依据和产业支点，探索通过设计理论研究去推动中国数字内容产业的发展与进步。

综观海内外，不难发现，日本是发展数字内容产业较为成功的国家之一，目前日本已涌现出了株式会社任天堂、吉卜力工作室等世界著名的数字内容企业。很多优秀的日本数字内容设计师在世界范围内获得了一定成功，如数字游戏设计师宫本茂和动画设计师宫崎骏，等等。设计为日本数字内容产业的发展带来强劲的动力，这源于在第二次世界大战之后，日本便很快认识到设计对于提升国民经济的作用。日本对于设计的重视体现在轻工、服装以及广告等众多领域，在当代日本数字内容产业中，日本设计师更是将设计与数字技术有机地结合，使数字游戏和动画为代表的日本数字内容产品受到了全球的瞩目。

基于我国现阶段的方针性规划纲要，以及日本数字内容产业中对于设计的重视和发展，希望通过对于日本数字内容设计问题的系统性研究，把握日本数字内容设计的发展脉络、本质特征以及理论体系，并将研究成果作为中国发展数字内容产业的理论参考依据。由于中日两国在国情上存在着很多差异，因此研究的目的并不是模仿，而是为为构建具有中国特色的当代数字内容设计体系提供参考和借鉴。

---

① 中国政府网：《国民经济和社会发展第十二个五年规划纲要（全文）》，http://www.gov.cn/2011lh/content_1825838_11.htm.

② 邹其昌：《关于中外设计产业竞争力比较研究的思考》，《创意与设计》2014 年第 4 期。

二、数字内容的概念界定及辨析

（一）数字内容的概念界定

本文将日本数字内容设计作为研究对象，因此首先需要明确"数字内容"的概念。关于数字内容的研究，需要追溯到内容产业的起源。内容产业（Content Industry）的概念最初来源于美国的信息产业，它形成的原因主要有以下两点：

其一，美国信息产业最初是根据信息传输的技术手段来进行行业布局和管理的，例如将使用无线电传输广播信号的企业以及无线电视企业与使用有线电子信号的电话、有线电视企业区分开来，采用不同的产业政策和法规。然而随着科技的发展，在信息传播过程中，多种技术手段相互衔接或并行的现象不断增加，这种现象被称为"技术融合"。技术融合使得信息业的发展不必再拘泥于传输技术手段的差异，而可以更多地去关注于所传输的内容本身。

其二，随着信息技术的发展、应用和普及，内容传播的速度正在飞速提高，手机、电脑、电子阅读器等内容接收和传播的载体也在不断地普及。与传播速度的提高和载体数量的增加相比，优秀的内容产品显得相对稀缺，这就形成了以内容产品为核心，对产业进行规划和布局的基础。于是，在1995年"西方七国信息会议"上"内容产业"一词被正式提出。

目前，世界上很多国家已经开始重视内容产品的发展，然而，不同的国家或地区对于内容产业有着不同的定义。时任中共中央编译局副编审的苑洁曾介绍了欧盟对于内容产业主体的定义：

欧盟《信息社会2000计划》（*European Commission, Info2000*）把内容产业的主体定义为"那些制造、开发、包装和销售信息产品及其服务的产业"。[①]

随着数字技术在内容传播领域的应用，内容产品传播的质量和速度得到了进一步提高，同时传播成本也在逐步降低。在数字技术的推动下，内容产业也逐步升级为以数字传输和存储技术为依托的数字内容产业。

日本是发展数字内容产业较为成功的国家之一，特别是在数字游戏和动画领域日本都取得了很大的成就。在日本，自2001年财团法人多媒体内容振新协会[②]和财团法人新映像产业推进中心[③]合并以来，每年发布一册《数字内容白皮书》[④]，在日本数字内容

---

① 苑洁：《文化产业行业界定的比较研究》，《理论建设》2005年第1期。
② 日文名：财団法人マルチメディアコンテンツ振興協会。
③ 日文名：财団法人新映像産業推進センター。
④ 《数字内容白皮书》是根据其日文原名『デジタルコンテンツ白書』翻译而成。

协会编制的《数字内容白皮书2011》（デジタルコンテンツ白書2011）对于内容、数字内容以及数字媒体作出了如下定义：

表 1-1　《数字内容白皮书 2011》中对于数字内容的定义

内容	在各种各样媒体上流通着的动画、静态画面、声音、文字、程序等构成的"信息的本身"。（包括）电影、动画、音乐、游戏、书籍等。
数字内容	以数字形式向消费者提供的内容。
媒体	提供者为了将内容交付给接受者（生活者）所使用的场所或装置。盒装 DVD、互联网络、剧场以及广播等。

根据《数字内容白皮书 2011》（デジタルコンテンツ白書 2011）第 4 页内容翻译。

本文所研究的是日本数字内容的设计问题，因此本文以日本数字内容协会编制的《数字内容白皮书2011》中对于"内容"及"数字内容"的定义为基础，展开研究和论述。在本文的论述中还会涉及"数字内容产品"概念，一般而言数字内容的范畴包含了数字内容产品，即数字内容产品继承并拥有数字内容的一切属性。数字内容产品是产品化的数字内容，是被阶段性或彻底制作完成的数字内容，通常是已经或即将通过各种渠道由设计和制作方传播给使用方的数字内容。

（二）数字内容的相关概念辨析

就现象而言，数字内容与非数字内容的根本区别在于内容是否由数字信息构成，换而言之，内容的基本元素是否是二进制的比特序列。基本构成元素的不同造成了数字内容与非数字内容在基本特点上存在的一系列的差异。与非数字内容相比，基于比特序列构成的数字内容具有以下三个特点。

其一，更易复制。

数字内容的基本构成是二进制的数字序列，该序列通常有着较高的稳定性和易纠错性。因此，数字内容经过多次复制后，往往还可以保持其原初的数据结构和数字序列。而从微观而言，非数字内容在每次被复制后，都无法完全还原其被复制前的形态。随着复制次数的增加，新产生的非数字内容与其原初之间的差异往往会不断增加。数字内容便于复制的特性不仅可用于对于自身数字化信息的复制，还可以用于对于真实世界信息的采样和复制，例如通过拍摄等手段获取并复制真实世界的图像信息，通过运动捕捉设备，获取并复制人类运动信息等。这些信息的获取和复制为构建具有高度真实感的虚拟时空创造了条件。

其二，更易传输。

因为数字内容的最基本构成都是比特序列，所以数字传输设备可以具有很高的通用性。因此，无论是数字影像还是数字游戏都可以运用相同的传输渠道进行传播。而非数字内容最基本的构成元素则是有着很大的差异，不同材质构成的非数字内容，其传输方式通常难以相互兼容。随着现代互联网设施的建设，当代数字内容已不再需要像普通货物那样借助交通工具的运输，而是可以通过互联网络在全世界快速流通。此外，数字内容的信息传输方向不局限于从内容设计方向内容使用方，而是可以建立设计方和使用方的双向信息传输，以及多个使用方之间的多向信息传输。与非数字内容相比，数字内容可以完成远距离信息的多向即时传输，这一特性为当代数字内容快速成为一种全新的人际交流平台创造了条件。

其三，更加多样。

在人类发展过程中经历了五次信息革命。第一次是口头语言的产生，第二次是文字的产生，第三次是印刷技术的产生，第四次是电报等模拟技术的产生，而第五次则是数字技术的产生。在前四次信息革命中，人类创造并使用了不同的信息方式，如语言、文字等。而比特序列则可以通过不同的排列组合模仿人类使用过的所有信息传播方式，因此数字技术所具有的仿真功能可以把人类曾经用过的所有信息传播方式作为数字内容的表现方式。在当代数字内容中，不仅可以将语言或文字作为表达方式，还可以将影像、声音作为传播的方式。此外，就某一个非数字内容个体而言，其信息的表现方式往往较为单一。而数字内容个体则可以包容多种表达方式，形成多媒体的数字内容界面。

区分"数字内容"与"数字媒体"的差异，需要从"内容"与"媒体"的区别入手。关于"媒体"的定义，国内学者汪代明教授进行了如下的阐述：

"媒体"的英文词"medium"来自拉丁语，其原意是"两者之间"的意思。媒体的定义为："媒体是对于记录、存储、传输、调节和呈现信息的所有材料、实物、设施和人的总称。换言之，媒体是在传者和受者之间传递信息的人和物。"如书籍、报刊、电影、电视、计算机软件、电子邮件、电视节目主持人和教师分别是在不同的传播过程中的传播媒体。①

此观点指出了"媒体"包含传播过程中信息流通所借助的一切载体和渠道。而关于"内容"的概念，《数字内容白皮书2011》中则是强调了"信息的本身"。在日本财团法人数字内容协会编写的《数字内容制作入门》②一书中对于"媒体"以及"内容"的定义与《数字内容白皮书2011》中的概念较为接近：

本书将"从制作者手中把映像、音乐、文字的信息传递给用户的系统"称为媒体，而将"映像、音乐、文字及信息的本体"称之为内容。③

① 汪代明：《网络艺术概论》，四川民族出版社2006年版，第15页。
② 《数字内容制作入门》一书的日文原名为『デジタルコンテンツ入門』。
③ ［日］财团法人デジタルコンテンツ協会编，デジタルコンテンツ制作入門，株式会社オーム社2004

基于上述这些观点，可以进一步对于"数字内容"以及"数字媒体"的差异进行分析。关于"数字媒体"的含义，国内学者李海峰提出了如下的观点：

概括而言，数字媒体包括两方面的涵义：一是指信息的载体，即以不同于连续的电压信号、电磁波信号等模拟信号，而是以非连续性的 0 和 1 数字形式存在，以"比特"为基本组成单位的电子符号为载体，交互传播信息的计算机装置；二是指被传递的内容，即以"比特"作为最小信息单位的信息流动。①

由此可见，就存在形态而言，数字媒体作为信息的传播者和接收者之间的所有数字化介质，包含了数字信息的硬件载体和数字内容。因为数字媒体包含了计算机、智能手机、互联网硬件设施等存储和传播数字信息的数字硬件，而数字内容则仅仅包含数字信息的集合，并不包含数字硬件，因此，在形态维度上数字媒体的内涵超越了数字内容。

对于数字内容与数字媒体概念的辨析，不仅可以从形态维度入手，还可以以功能维度为切入点，这样有助于更加全面地把握两者内涵与特征的差异。据《解放日报》报道，在国家 863 计算机软硬件主题专家组编写的《2005 中国数字媒体技术发展白皮书》中对于"数字媒体"的定义为"数字化的内容作品和信息，以现代网络为主要传播载体，通过完善的服务体系，分发到终端和用户进行消费的全过程"。② 从 863 计算机软硬件主题专家组对于数字媒体的定义中不难发现，数字媒体的核心功能是传播数字信息。武汉大学新闻与传播学院博士生导师姚曦教授对于数字媒体边界的阐述也体现了数字媒体功能维度的特性，姚曦教授指出：

媒体是信息产生、传递的载体，而载体、平台是泛化的词语。数字媒体的主要业务是信息的生产、传输、处理、发布和分享，是以这些业务为主要内容的载体，不管是点对点的还是点对面的信息传输、处理发布和分享都包含在数字媒体的范围之内。以销售商品为主要内容的载体、以游戏为主要内容的平台以及虚拟体验为内容的载体均不是数字媒体。③

此观点中所指出的"信息传输、处理发布和分享"，究其本质而言都是信息传播的具体方式。显而易见，信息传播是数字媒体的核心功能，是界定数字媒体的必要条件之一。而数字内容是指信息集合的本身，虽强调了信息的存在，但并不将传播功能作为其必要条件。从目前对于数字内容的实际应用中可以发现，数字内容可以用来构建虚拟时空，并为用户带来虚拟体验等娱乐享受。因此，就功能维度而言，数字内容比数字媒体更加丰富而广泛。

年版（根据第 10 页内容翻译而成）。

① 李海峰：《数字媒体与应用艺术》，上海交通大学出版社 2010 年版，第 2 页。

② 徐瑞哲：《传统媒体亮出"数字外衣"》，《解放日报》2006 年 3 月 23 日。

③ 姚曦：《对数字媒体边界的认识》，《声屏世界·广告人》2014 年第 3 期。

通过分析，数字内容与数字媒体的区别已显得较为清晰。将这些区别与设计学研究相结合，则可以辨析数字内容设计研究和数字媒体设计研究的差异。

首先，就形态维度而言，数字媒体包含了用于传播数字信息的数字硬件，因此在进行数字媒体设计研究时，不仅可以将具有传播功能的数字信息作为研究对象，还可以将智能手机、平板电脑等用于传播的数字终端硬件作为设计的客体去研究。而数字内容设计的研究则通常是以如何规划和组织数字信息为核心。

其次，就功能维度而言，数字媒体作为媒体的一种，其功能是以传播为核心。而数字内容的概念中并没有对其功能作出限定，随着数字技术的发展，其功能将有不断拓展的可能性。因此，对于数字媒体功能设计的研究应当聚焦数字媒体的传播特性，分析如何通过设计来实现并提高数字媒体的传播效能。而对于数字内容设计的研究则需要较为全面地分析数字内容功能的内涵和发展，探讨如何通过设计充分发挥数字技术的潜能，使数字内容在更多的领域为人们提供多样化的服务。

三、数字内容与数字内容设计

（一）数字内容的构成与本质

数字内容的最基本元素是比特（bit），比特的英文全称为 binary digit，可意译为"二进制数据"。顾名思义比特为二进制，非一即零。任何数字内容，无论是数字影像或者声音、程序等，它们的最基本构成元素都是比特，比特的不同排列组合形成了千差万别的数字内容。就本质而言二进制的比特序列并不是客观物质，而是人类用主观认知对于纷繁复杂客观世界的最简易概括。与比特序列相对的概念则是模拟（Analog）信号。模拟信号是指时间维度上数学性质为连续函数的信号，而比特序列则是表现为不连续数据组合。模拟信号往往包含了较为复杂的连续信息，而比特序列中则是极为单纯的，非一即零的数据组合。其实模拟信号更加贴近真实世界中万物的变化形态，因为无论是人类视觉接收到的光波信息或是听觉接收到的声波信息都是连续的波状信号。此外，客观世界的温度变化，物体运动的速度变化等也都是连续变化的数值。然而，在当代社会中，基于比特序列的数字信号通常被认为是一种先进的存储科技，并不断被广泛应用，而模拟信号则逐渐被时代淘汰。就现象而言，众所周知数字化图像在多次传输和复制后通常可以精确保持最初的原貌，而模拟信号图像则较容易形成色彩及造型上的改变。因此，比特序列在传播上具有明显的优越性。其实，就微观物质层面而言，世界上不存在两个完全相同的物质，无论使用模拟信号或是比特序列进行传播，发送方发出的数据与接收方收到的数据都存在着差异。

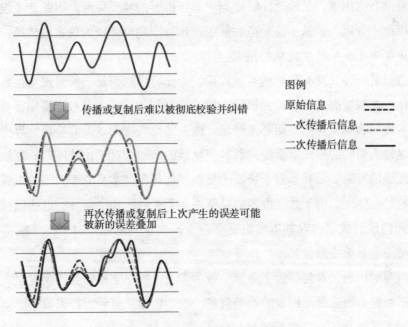

图 1-1　模拟信号传播方式的示意图

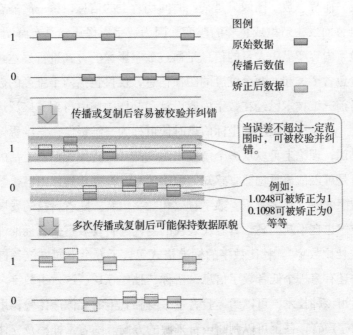

图 1-2　数字信号传播方式的示意图

　　在现代化传播技术不断进步的当代社会中，尽管数据传输时产生的误差可能极其微小，但是误差依然存在。由于比特序列的数据只是由 0 和 1 组成，因此即便在传输中产生误差，但在数据接收时十分便于纠错。例如，接收方接收到比特序列中包含了

1.0248、0.9987 等接近 1 但又并非 1 的数据通常都会被当作 1 来处理。而模拟信号则是由连续的复杂数据组成，又缺乏比特序列中非一即零的参照标准，因此产生误差后接收方的纠错难度十分巨大。基于这一微观原因，比特序列可被较为稳定地传播，而模拟信号却会在传播中不断地产生信息的损失。

模拟信号是一种对现实世界的客观模拟，而比特序列则是一种对现实世界的主观抽象。抽象化的虚拟世界是可以被无损地、精确地复制和传播，而对于模拟客观世界的复制却总会造成与客观世界的差距越来越远。微观的比特序列以丢弃客观世界中的连续性为代价，以极为简约的形式重新塑造着客观世界的面貌。对于比特序列的复制本质上是对于人类意识的复制，而并非对于物质的复制。比特序列本身源于人类的主观建构，是人类意识的外在体现。由于数字内容的最基本元素——比特序列具有这些属性，因此基于比特序列构建的数字内容其本质也是平行于现实世界的虚拟时空，是现实世界的抽象，是人类主观意识中的世界。

数字内容的构成元素包括数字影像、数字声音、数字字符以及数字程序。

数字影像是由视觉画面构成的数字信息。数字影像又可分为静态数字图像和动态数字影像，两者区别在于动态数字影像包含了"时间轴"，它是由分布在时间轴上的数字图像组合而成，而静态数字图像只是某一时间切片上的信息，单一的静态数字图片不会随着时间的推移而发生造型或色彩的改变。因为数字影像通常具有鲜明、直观等特点，因此在当代数字内容产品中大量的信息是通过数字影像的方式进行表达和传播的。数字影像通常至少包含了 x 和 y 两个维度的图像信息，仅仅包括两个维度的数字影像可称为二维影像。目前三维技术已经在数字内容设计和制作领域中得到了广泛运用，当数字影像中包括了 x、y、z 三个维度的坐标信息时便可称为三维影像。三维影像可以包含数字三维模型和贴图，理论上可以从多个角度去观测图形，犹如我们所生活的真实世界。

数字声音是可以依靠听觉器官感知的数字信息。根据其具体内容，数字声音一般又可被细分为数字歌曲、数字音乐、数字音效和数字语音。随着科技的发展，数字信息的制作和播放技术也在不断提高，具有代表性的当代高科技数字信息标准当属美国杜比实验室研发的"杜比数字"。杜比数字的标准格式包含了五个不同方位各自独立的数字声音信息，此外还有另一个低音数字信息，俗称"杜比 5.1"。这六组数字声音构成了杜比数字，合理运用该种技术，可以给体验者带来身临其境的立体声体验，用户不仅仅可以清晰地聆听数字声音，甚至可以判断声音来源的方向。随着采样率及立体声技术的不断提高，数字声音成为构建数字虚拟世界的重要元素之一。

数字字符是数字化的文字信息。文字是人类智慧的结晶，文字不仅可以概括和描述事物，也包含了民族的历史、文化和世界观。在不同的国家和地区中可能会使用不同的文字，在数字内容的全球化传播中，往往会随着目标人群的转换而进行数字字符的修改，这种行为属于基于本地化的再设计。因此，跨越语言的数字字符变更不仅仅是翻译，而是往往需要根据当地社会和文化状况调整相应的数字字符，从而构建符合当地文化意识的虚拟世界。

数字程序通常是指数字化的逻辑。数字程序的制作过程一般是将人类的思维或目的翻译成数字设备或数字系统所能够识别的逻辑语言。因此数字程序究其本质而言是人类思维逻辑的延伸，但数字设备和系统通常不具备人类思维的变通性，因此在制作数字程序时一旦逻辑性不够严密便可能会产生程序漏洞（Bug）。为了避免程序漏洞的产生，在数字程序的编写中通常需要经过精心的规划和系统的测试。由逻辑语言构成的数字程序可以被数字设备或数字系统识别，同时其逻辑性也往往可以被数字内容的体验者感知。对于数字程序逻辑性的感知方式则是不拘一格的，有些逻辑性可以通过数字影像信息传达给用户，而有些则可能通过数字字符或声音信息的形式表现出来。数字程序可以将多样化的数字信息组织起来，并使它们具有关联性和智能性。对于数字程序的合理运用还可以使数字内容体现出人们意识中真实世界的规律和特性，并以此为基础构建数字化的虚拟世界。

就数字体验者的感受而言，数字影像、数字声音等各种不同的数字信息具有各自不同的表现形式。而就存储格式而言这些信息虽是由最基本的比特序列组合而成，但从数据类型而言，不同类型的数字信息，其数字格式也有着巨大的差异。数字格式还与其制作工具有着紧密的联系，视觉上非常接近的数字影像信息文件，可能会因为制作工具的不同，而在数字格式上存在着很大的差异，因而可能在修改或再设计中产生版本的不兼容。由非零即一的比特序列组成的数据，到了数字信息的层面就已经演化得形式各异、多彩纷呈。这些多彩的数字信息构成了数字内容的材料，也为构建多元化的数字内容奠定了基础。

（二）数字内容设计的目标

虚拟时空由来自客观世界的信息和规律以及人类的主观认知混合而成，同时这种混合通常并不是盲目的，而是需要有明确目的性的规划。去规划如何混合多元化的信息元素，便是数字内容设计的基本过程，而在进行规划之前必须明确数字内容设计的基本目的。

数字内容的种类繁多，形式和功能各异，只有更为宏观地了解数字内容的共性才可能去把握数字内容设计的基本目的。数字内容产品保存在数字载体（硬盘、DVD 等）之中，在使用时一般需要借助数字硬件的输出设备（显示器、扬声器等）。在进行数字虚拟体验时，用户所感受到的影像、声音、逻辑等是区别现实世界的虚拟存在，因此数字内容具有虚拟性。此外，虚拟的影像、声音及逻辑通常是可以被用户感知的，通过这种感知可以唤起用户在现实生活中对于影像、声音或逻辑的经验。借助于源自现实生活的经验，用户可能会对数字内容所表达的情感、意境或逻辑产生共鸣，共鸣中包含了无行为的意识接受和有行为的交流互动，这种从感知到共鸣的过程就是体验。无论任何形态的数字内容，其普遍共性是具有被用户体验的功能。

不同的虚拟体验可以给体验主体带来不同的最终体验感受，例如：愉悦、安全、励志、不满、厌恶、愤怒等。根据不同的最终体验感受可将体验分为两大类：其一，产生正面情绪的积极体验；其二，产生负面情绪的消极体验。虚拟体验也属于体验的一种，因此虚拟体验也包括了积极虚拟体验和消极虚拟体验。美国学者赫伯特·A.西蒙在《人工科学》一书中指出"设计关心的是事物应当如何，关心的是设计出人工物以达到目标"。[①] 依据这样的思想对于数字内容及数字内容设计进行分析后可以发现，多样化的数字内容普遍地具备被体验的功能，而积极的虚拟体验可以为用户带来正面的情绪。从数字内容缔造者的角度而言，带给用户正面情绪是虚拟体验的最终目标，因此创造积极的虚拟体验是数字内容设计的基本目的。

创造积极虚拟体验的前提是深入地了解体验者，如果对于体验者的情况知之甚少，便很难为其提供积极的虚拟体验。因此，根据虚拟体验主体的认知水平及期待与反感进行信息的选择、改良、组织成为数字内容设计首先需要解决的问题。不同的数字内容设计师针对不同类型的数字内容设计任务会采用多样化的信息组织形式，但其中也具有一定共性：首先，为了使体验者愿意加入虚拟体验，信息的选择通常是在体验者认知范围之内。并且由于当代数字内容往往是希望通过网络等数字化传播途径使更多的用户参与体验，因此信息的选择需要考虑大量人群的广泛认知。所以可被广泛认知的信息往往成为数字内容设计的选择对象；其次，通常不会采用违背风俗习惯的信息元素，以避免给体验主体带来负面感受；最后，信息的加工和组合通常以体验者在现实生活中难以体验到的内容为目标，通过数字技术实现体现者在现实生活中憧憬而无法被满足的愿望。

数字内容设计师对于体验者的关注不应局限于进行设计工作之前，在设计之中和设计完成之后都应当持续地关注体验者的反馈，这样对于通过改善设计来创造积极的体验感受具有重要的推动作用。当代数字内容设计通常是一种面向普通大众的设计，设计的目标人群数量非常庞大。由于当代互联网设施的普及，用户所处的地域也可能十分分散。这一客观因素拉大了设计者与使用者的距离，使设计师往往难以全面而透彻地把握使用者的虚拟体验感受。为了克服这一障碍，可以在数字内容虚拟体验设计中安排一定数量的用户进行体验的评价，通过这些用户对制作中产品的体验反馈，可以使设计师更多地了解用户对于产品的认知和感受。

---

① 〔美〕赫伯特·A.西蒙：《人工科学》，武夷山译，商务印书馆1987年版，第114页。

　　随着数字内容产品对于当代社会生活及文化发展的影响日益显著，当代数字内容设计师还必须更为宏观地思考如何构建符合当代社会伦理的积极虚拟体验。数字内容的设计与销售并不是仅仅可以推动经济的发展，它还会深入地影响到当代的社会伦理意识。虚拟体验可以为用户带来与现实世界近似甚至超越现实世界的体验感受，积极的虚拟体验可以丰富生活，并提高用户的生活质量。而由数字构建的虚拟空间也可存在着冲击社会伦理和社会规范的可能。带有色情和暴力的虚拟体验可能对于未成年人的成长构成危害，虚假信息的发布和快速传播也可能使得社会诚信度大大降低。因此，对于数字内容虚拟体验的设计，不仅是构建虚拟时空中的体验形态，还会间接地作用于当代社会的伦理与道德。当代数字内容设计师不仅仅是数字内容产品的主要缔造者，同时也可以通过设计行为去影响当代社会道德和社会风气的发展。因此，当代数字内容设计师需要正确理解社会伦理，并借助于数字内容发扬本民族的优良品德，杜绝不良的思想意识在当代社会中的蔓延。

　　数字内容是由数字化信息构成，组织能够创建虚拟时空的信息构造是数字内容设计的重要手段。当代设计的使命是为用户提供服务，数字内容设计也不例外。为了使数字内容为人们带来信息化服务，首先需要设计数字内容与用户之间的链接，即将多样化的数字信息组织成便于目标用户察觉、认知并产生共鸣的表达形式。数字内容的信息规划，不仅需要考虑数字内容与用户之间的信息链接，还需要设计基于数字内容的多用户互动形式。在虚拟时空中用户间信息的互动有别于真实世界中的交流，需要在尊重社会伦理、地域文化及个人隐私的前提下设计虚拟信息环境及数字化互动规则，才可能为用户带来更为积极的交互体验感受。为了促进数字内容的传播，承载数字内容的虚拟平台孕育而生。当代虚拟平台中往往包容了数量众多的数字内容，也正因为数字内容的集群化，虚拟平台通常可以受到大量用户的关注，从而推动了平台中数字内容的流通。目前数字内容与虚拟平台的关系越发紧密，因此在进行数字内容信息规划时，通常需要考虑数字内容与虚拟平台间之间的信息交互。设计数字内容与虚拟平台的数字接口以及交互式样，将数字内容和虚拟平台有机地融为一体，通常有助于提升虚拟时空构建的完整性。

　　构建虚拟时空的目的是给用户带来积极的虚拟体验，所谓积极的虚拟体验通常是指用户在结束体验后产生愉悦、放松以及对现实生活充满希望和动力等积极的情绪，一些积极的虚拟体验还包括为用户带来知识的增长或体质的增强等真实的收获。为了给用户创造积极的虚拟体验，设计师需要善于剖析并把握虚拟时空的核心构造。虚拟时空主要由虚拟体验主体和虚拟体验客体构成，虚拟体验主体是体验者在虚拟时空中的投射，而虚拟客体则包括了虚拟体验的对象、环境以及其他体验者在虚拟时空中的投射。虚拟体验主体与各种客体之间的信息交互往往还存在着逻辑关系，为了带给用户更为积极的虚拟体验，这种逻辑关系通常被设计得较为智能化。数字内容中智能化逻辑的植入，往往需要运用计算机科技领域中的人工智能技术。然而，人工智能技术只是创造智能化逻辑的手段，而逻辑关系本身通常需要通过设计去完成，因此人工智能设计也是当代数字内容设计的组成部分。

数字内容设计是将数字信息作为设计客体，在获取、编辑以及整合数字信息时通常需要借助于数字工具的辅助。由于数字信息的种类丰富，因此数字工具也呈现出多样化的特征，这也使得当代数字内容设计团队的专业背景日趋多元化。如何引领团队设计，消除数字工具和数字技术可能会给设计团队带来的沟通障碍，如何使不同知识背景的团队成员都能够充分地理解设计思想，成为当代数字内容设计师需要面对的新课题。

四、日本数字内容设计中的模仿与再设计

（一）从模仿到继承传统

模仿海外的先进技术和造物经验，曾经对日本的发展起到了重要的作用。关于模仿的作用，当代大多数日本人是持肯定态度的，例如，日本学者浜野保树在《被模仿的日本》①一书便鲜明地阐述了模仿的价值：

（在日语中）"学"和"模仿"来自相同的语源，模仿并不是受到批判的行为，要学习就必须从模仿开始。就好像"模"范一词一样，必须要模仿好的东西，"从形式入手"的（日本）艺术技能的传统方式，就是积极认可模仿价值的佐证。②

对于模仿的肯定，使得日本可以快速吸收外民族的先进经验，并推动本国的发展。而且，形式上模仿的往往比从思想根源上学习更为快捷，这也可以帮助日本在一定时期内快速缩小与发达国家之间的差距。纵观历史可以发现，日本曾大量地吸收和模仿中国的造物经验。中日两国地处东亚，互为近邻。历史上日本曾经多次派遣人员渡海来到中国，并向中国学习技术和文化。因此，在日本的很多造物活动中都可以看出中华文明的痕迹。在日本数字内容的设计领域中也存在着对中国题材的吸收和利用，一些日本企业还积极地关注中国古典文学题材，并在此基础上进行当代数字内容产品的构思和设计。

在日本数字内容产品的设计中，对于海外经典题材的吸收和利用往往并不是对海外文化的解读和发扬，还是带有娱乐性的改编。被改编后的数字内容作品与海外经典题

---

① 《被模仿的日本》是根据该书的日文原名『模倣された日本』翻译而成。

② ［日］浜野保树：《模倣された日本—映画、アニメから料理、ファッションまで》，祥伝社2005年版（根据第176页内容翻译而成）。

材，在角色名称或一些主要情节上有着一定相关性，但是作品所包含的文化内容上却发生了巨大的变化。例如：《圣斗士星矢》① 系列作品是由日本漫画家车田正美创作，该作品在日本国内获得了一定的成功，同时也赢得了很多中国青少年的喜爱。随着数字技术的发展，基于该漫画作品的数字游戏和数字动画被设计和制作而成。《圣斗士星矢》中包含了大量的海外经典元素，这些海外经典元素大多来自于古希腊神话传说，如海王波塞冬、冥王哈里斯以及雅典娜等角色的称谓。车田正美将这些来自西方的经典文化元素吸纳到自己的作品中，并且对其进行了再设计，为这些西方传说中的角色注入了全新的故事背景和人物外貌。这样的设计方式，一方面保留海外经典文化元素的知名度和影响力，便于新作品的推广和传播；另一方面，新作品被赋予了时代气息和一定的娱乐性元素，更容易激发当代人的体验愿望。此外，在新创作的作品中，往往或多或少地留下了日本文化的烙印。如《圣斗士星矢》中，星矢等主要角色大多出生于日本，他们忠心地守卫着具有东亚女性外貌特征的雅典娜。这种不惜生命的忠心护卫精神与日本武士道精神有着高度的契合。而这些日本文化的加入，也使得日本数字内容作品不再是国外经典文化元素的"山寨"，而是具有"和魂洋才"特质的设计成果。

随着时间的推移，近年来日本数字内容设计越来越重视植根本国传统。其原因有两个方面：其一，日本传统文化没有被局限在博物馆或图书文献中，日本传统文化并未远离日本人的当代日常生活。在日本各地有着数量繁多的民间庆典活动，日本人称之为"祭"（日文发音为：O MA TSU RI）。在这些活动中，日本人往往身穿传统和服，跳起民族舞蹈，自发地举行庆典。这些民间庆典不断地向世人宣告着日本文化的当代存在感。对于日本儿童而言，他们从小便在这种氛围中长大，他们能够从庆典的欢快中自然地感受到日本文化的魅力。当他们成年后，面对设计项目，儿时的快乐体验便容易自然地体现在创作之中。其二，日本国民对于自身的文化具有强烈的危机感。历史上，日本曾经长期学习中华文明。但作为一个岛国，独立发展的重要基础之一是文化的独立与自信。因此，在学习中华文化以及西方文化之后，日本国民不断反思自身文化特色的构建与传承。并通过民众自发的方式，推动了日本传统文化在国内的延续和传播。此外，日本国民的这种文化危机感，与其生活的自然环境也有着紧密的联系。众所周知，日本是一个地震、海啸和台风多发的国家。长期的自然灾害频发使日本文化中蕴含了浓重的危机意识。对于自然的忧患与文化和技术上的长期落后状况相互交织，最终形成了日本国民不仅仅对自然环境怀有忧虑，并且对于自身民族文化的存续和发展充满关注和危机感。正是这种对于本民族文化的危机感，推动了日本国民对于本民族文化的珍视。对于本民族文化的珍视和危机感也促使当代日本数字内容设计师在设计过程中，重视对于本

---

① 《圣斗士星矢》的日文原名为『聖闘士星矢』。

民族传统文化资源的吸收和利用。这些日本数字内容设计师们在儿时便通过耳濡目染，吸收了大量本民族传统文化，因此，大多数情况下他们在创作中并不需要刻意地去查找或挖掘文化资源，而是蓄积在脑海的丰富传统文化养分在设计中自然的倾泻和流露。

从对于文化内涵思考深度的视角来观察日本数字内容产品，整个产品结构犹如一个金字塔。宽大的塔基是那些文化思考较为浅显的作品，而塔顶是那些数量较小，却饱含设计师深入文化思考的作品。整体的金字塔式结构也符合当代数字内容产品整体数量庞大，但优质数字内容依然相对稀缺的现状。日本数字内容设计师自幼沉浸在传统文化的滋养之中，成年后他们对文化的思考自然运用着日本文化的模式与经验。因此，那些位于塔尖的数字内容作品自然成为现代科技与日本传统文化的有机融合。这种数字化的传统文化，通过互联网等现代科技迅速地向全球各地渗透以后，便会快速地把日本传统文化通俗、易懂地传播到世界各地。

（二）设计体系中的融通性与再设计

数字内容与非数字内容的基本区别在于数字内容的基本构成单位是比特，所有数字内容都是由比特序列构成，而非数字内容则是由比特序列以外的材质构成。目前，数字内容的具体形态虽然日趋多样化，但是由于其最基本的构成元素都是比特序列，因此不同的数字内容可能存在着相通性和兼容性。数字内容之间存在着相通和兼容的可能性，为数字内容设计中的资源共享奠定了基础。而发挥这种基础性作用时，还需要依赖于真实世界中完备的数字内容传播渠道。较为完善的数字内容传播体系，不仅有助于数字内容的传播，还可以促进数字内容设计中合理的数据融合和资源共享。就日本数字内容产业而言，在设计实践中融通模式的形成，不仅取决于日本数字内容业界在思想意识层面的重视，并且得益于日本较为完善的多元化信息传播渠道。日本基于数字化的传播技术，建立了多元化的传播途径，为数字内容的快速传播提供了较为稳定而便捷的环境。日本数字内容传播渠道的快速发展主要体现在以下两个方面：

其一，有线数字信号传播的快速升级。

有线数字信号传播是指通过光纤、ADSL 等有物理连接的传播系统进行的数字信号传播。日本在 1999 年至 2000 年便开始升级面向个人的 ADSL 以及光纤入户（Fiber To The Home，简称 FTTH）等有线数字信号传播设施。根据日本总务省 2012 年公布的信息，截至 2012 年 3 月末日本数字宽带的签约数达到了 3952.8 万，光纤入户的签约数达到了 2230.3 万。同样来自日本总务省的统计，截至 2012 年 3 月 31 日日本家庭的总数为 54171475 个。通过上述数据可以看出，在日本光纤入户等高速有线数字信号传播设施已具有较高的普及率。有线数字信号传播方式是个人电脑以及家用游戏机接入互联网的重要途径，因此它的升级和普及促进了数字内容的快速传播，并且为数字信息的相互渗透创造了更多的可能性。

其二，无线数字信号传播的普及。

无线数字信号传播通常是指通过无线电波发送和接收数字信号，并以这种方式为用户提供远距离通信的信息传播服务。在日本常用的无线数字信号传播方式包括地面数字信号传播和卫星数字信号传播。地面数字信号传播顾名思义通常是通过建立在地面的数字信号传播设施，如电视塔等将数字信号传播给用户。例如，日本的"One-Seg"就是一种通过地面通信设备向手机发送数字信号的传播方式。用户可以借助于这种传播方式，通过相应的手机接收数字化的影像信息。卫星数字信号传播则是通过发射升空的卫星进行数字信号的接收和发送。2000 年 12 月，日本东经 110 度广播卫星（Broadcasting Satellite，简称 BS）开始广播数字化信号，2002 年 3 月，日本东经 110 度通信卫星（Communications Satellite，简称 CS）开始广播数字化信号。目前地面数字信号传播和卫星数字信号传播构成了日本较为完备和立体的无线数字信号传播网络，以日本的数字化无线电视为例，截至 2011 年 7 月 24 日，除岩手县、宫城县、福岛县以外，日本其余的都、府、道、县均实现了数字化无线电视信号的传播。2012 年 3 月 31 日，日本实现了全国无线电视的数字化。

日本数字内容传播渠道的升级和普及为设计活动中资源的合理共享奠定了良好的技术环境。而概观日本数字内容设计则可以发现，数据的融通表现为以下两种形式：其一，内容资源的再设计。不同类别的数字内容产品在设计和开发过程中共用内容数据，然后根据各自载体的不同特征进行贴合载体的设计与优化，最终制作成为在不同载体上流通的数字内容；其二，共享数字设计成果。设计并制作能够适应不同载体的共用数字内容，使存储在服务器中的共用数据能够自动对应多种数字终端的表现及互动，并且可以获取不同终端的用户反馈，将其汇总在相同的数据库中，即使用户改变使用的终端，只要使用相同的账号依然可以获取以往的反馈信息。

在当代日本数字内容产业中，较为重视基于内容资源的再设计。这种再设计活动最常见的形式有以下两种：

其一，在数字游戏产品设计中使用漫画或动画中的角色或剧情。一些日本数字内容设计者很早便开始使用漫画中的角色或剧情进行数字游戏产品的设计。例如 1986 年出品的数字游戏《北斗神拳暴力连环画冒险者》中便大量地融入了漫画原作的内容元素。基于已经存在的内容产品的数字化再设计可以使得用户在体验游戏中人机互动的乐趣时，还可以品味来自原作的人物及情节的魅力。

其二，在数字动画产品设计中使用数字游戏中的虚拟角色或世界观。由日本小学馆制作公司推出的动画产品《神奇宝贝》自 1997 年开始在日本东京电视台播出，该产品便是基于株式会社任天堂出品的数字游戏进行的再设计。随着基于数字游戏的动画等内容产品设计的增加，改变了以往从漫画或动画向游戏延伸的常规形态，这种改变也使得日本数字内容设计的方法更为融通而丰富，同时一些基于数字游戏再设计而成的内容产品也获得广泛的好评，例如，动画片《神奇宝贝》便获得了国内外的好评。得益于数字传播渠道的不断普及和完善，该动画可以基于数字形式向国外传播，就商业维度而言，该动画在日本国外的收益甚至超过日本国内，由此可见，融通的设计思想推动了日本数字内容产业在海外市场的拓展。目前，日本数字内容产业中，基于数字游戏再设计而成的日本动画作品还有基于数字游戏《洛克人 EXE》系列再设计而成的《洛克人 EXE》系列动画等。

基于现有内容产品的数字化再设计对于日本数字内容产业形成了一定的推动作用，这种推动作用主要体现在以下两个方面。

首先，基于内容产品中角色及情节等元素的再设计，可以使得新产生的数字内容产品与原作形成呼应关系，从而使产品的构成更加多样化和立体化，在这些数字内容的传播和用户体验过程中可以起到彼此宣传的作用，提高市场及用户对于此类产品的认知程度。在《动画的事典》一书中对于动画与数字游戏在内容与形式上的互补关系进行了如下阐述。

有些游戏软件在受到很多用户喜爱后被改编成了电视动画，也有很多具有人气的电视动画被改编成了游戏软件。游戏软件中并不十分清晰的故事背景在电视动画中可以得到补充说明，另外，在观看动画时（观众）不可能收集和使用（动画中的）道具，但在游戏软件中却可以得到这方面的体验（虽说这体验是虚拟的）。两者相互补充和完善，作品的内容可以变得更加精致和生动。

由此可见，数字游戏与动画产品之间，设计资源的融通与灵活运用，不仅可以提高设计工作的效率，还可以使不同类型的内容作品之间形成相互的联系，从而起到相互补充并提升彼此体验效果的作用。

其次，基于现有内容产品的数字化再设计可以拓展数字内容设计的商业化渠道，从而使日本数字内容产业获得更多通过设计去创造价值的机遇。日本学者中野晴行使用"相乘效果"一词概括了这种基于内容再设计的价值创造。

在"大和之后"，漫画与动画、与游戏娱乐软件、与关联（延伸、衍生）商品的关系更加复杂。漫画、电视、电影、商品化计划在一个战略下多重组合，其"相乘效果"、"1+1＞2 的效果"以前所未有的速度促进了市场规模的扩大。

目前，在日本数字内容产业之中，很多动画以及数字游戏等产品的角色和情节已经较为成功地形成了信息的相互渗透。这些资源相互渗透的本质并不是机械的复制或累加，而是基于现有内容信息的再设计。这种再设计可以带来"相乘效应"，使得内容信息的价值得到更大程度的发挥，从而可以促使产业规模的扩大和产业经济的快速增长。

五、日本数字内容设计中的约束与突破

(一) 技术约束与设计创新

数字技术推动了数字内容设计的发展，并为其提供了丰富的表现方式，但与人类的想象力相比，有时技术反而显得相对匮乏，这种相对的匮乏甚至会约束数字内容的创造。尤其是数字内容产业发展的初期，由于数字技术还并不成熟，在数字内容的设计和制作中，技术所能够给设计师提供的资源往往显得不足。当技术资源的相对匮乏给设计活动带来一定的约束力时，很多日本数字内容设计师往往可以采用精密而巧妙的设计手法，积极地将现有的技术资源发挥到极致。

纵观日本数字内容产品的发展历程后不难发现，日本数字内容设计是伴随着技术革新共同发展的，在数字技术发展的不同阶段，日本数字内容设计师往往可以巧妙地运用现有的技术资源创造出新颖的设计产品。面对不同的技术水平，日本数字内容设计师通常能够尽力发挥现有技术的机能，并将数字内容的具体形式精巧地设定在数字终端能够表现的范围之中。如今，即便回顾20余年前的日本数字内容作品，也并没有粗陋之感，有时反而会因为构思的精巧而为之惊叹。

日本数字内容设计师对于技术资源的珍惜，并能够在相对匮乏的技术环境下努力思考，如何运用有限的技术资源去展现自身对于客观世界的认知，着力强调信息的特征，而并不是机械地模仿客观世界中的表层形态。日本数字内容设计师的这一设计理念源于日本设计重视材料特性的传统。日本设计师往往会深入地感受材质的形态和构成等特征，并且不去勉强地改变材质的特征，而是顺应材质的特征对设计进行相应的调整。在当代数字内容设计中，数字信息是抽象化的虚拟材质，很多日本数字内容设计师都会仔细品味图像信息、动画信息以及逻辑信息的构成特点，并基于这信息的形式和构成特点巧妙地选择合理的表现方式。

数字技术的发展为当代数字内容设计注入了新的动力，同时也造成了数字内容设计和开发团队规模的逐渐扩大，团队成员的专业背景也越发多样化。这样的客观变化有可能造成在设计以及设计执行的过程中对于技术标准运用的偏差，从而导致设计意图无法得到充分的贯彻和执行。数字技术的应用通常需要基于精准和严谨的逻辑，如不能科学而精确地应用技术则有可能产生对于数字内容设计和生产的约束。面对这一问题，当代日本数字内容设计师通常能够较为严谨而细致地规划出技术应用的标准，并在技术标准化的基础之上展开设计活动。

从宏观的视角去分析，可以发现虽然当代数字内容产业中分工合作的不断深入以及

开发团队的不断扩大等因素推动了技术标准化的发展，但是在日本数字内容产业中的技术标准化并不仅仅是机械地统一技术的标准，一些技术标准化的原则还可以体现出服务于用户的设计思想。

就微观层面的技术标准规划而言，在日本的数字内容设计中，通常会以文本形式详细而清晰地阐述技术的标准，而这样的文本资料通常被记录在数字内容的式样书中。设计规划中的技术标准制定，可以使得设计执行者有更为明确的实施方向，从而可以提高设计执行的工作效率。同时也可以避免因为技术标准含糊，而可能发生的产品质量问题。对于技术标准的明确，还可以使得设计者与执行者的分工与合作更加融洽，为跨公司、跨地域、跨国界的设计合作提供了一定保障。

设计作为一种有计划的人工造物，始终没有脱离约束。可能约束设计的因素有技术上的不完备、伦理的制约以及制作成本的预算等。基于这些约束的客观存在，约束常常会被当作一种设计的负担或束缚，然而日本数字内容企业及设计师在面对技术维度、伦理维度、人口维度以及经济维度的约束时，却能够运用不同的策略，将约束化为具有积极作用的设计资源。

技术是推动数字内容设计发展的重要力量，同时技术也需要遵循自然中的客观规律，并且客观规律并不会根据人们主观构思和设计而改变。尽管技术在不断的进步，但人类的想象和需求也在不断发展，在一个时间切片中技术可能在很多细节上落后于人类设计的需求。在这样的情况下技术约束便产生了。在面对技术约束时，日本数字内容设计师通常会在设计中严谨地规划出较为详细的制作标准，以避免因技术问题而产生的不兼容；日本数字内容设计师还善于根据不同数字内容载体，设计贴合载体的构造和形式；他们往往并不会盲目地追求最新的技术，而是积极地在较为成熟的技术中挖掘可以利用的设计资源。

（二）面向真实生活的设计突破

互联网的快速传播和互动功能，使得使用者可以与外界更加便捷地沟通，但是未必真正地拉近了使用者与真实生活的距离。相反，数字设备和数字内容却可能造成使用者与日常生活的日趋疏远。正如《计算与信息哲学导论》一书中记载的那样：

虽然互联网拉近了我们的距离，但是在两个方面，它又将我们远远地分割开来。首先，上网难免多多少少让人与自己的周围环境疏离，包括疏远了身边的其他人。其次，与远方的其他人互联网交流本身就是一种形式的疏离，就事论事，冷漠如同网上银行交易，或者说社交形式苍白无力，如同聊天室闲聊。①

---

① ［意］卢西亚诺·弗洛里迪主编：《计算与信息哲学导论》，商务印书馆2010年版，第221页。

互联网技术在带给人们一种新颖的、更为便捷的交互形式时，也在改变甚至是抹去人们以往的日常交流方式。互联网交互技术本身十分便捷，但其无法彻底替代人们面对面的交流与情感沟通，无法替代人类在自然中学习和获取心灵抚慰的过程。互联网技术带给人们与周围环境的疏离在日本社会中主要体现为"宅"文化的出现。

从"宅"文化的形成和发展可以看出，"宅"文化的兴起虽然在一定程度上体现了数字内容产业在该地区的萌动和繁荣，但是，"宅"文化也包含了疏离原本日常生活的趋势，因此"宅"文化也是人类在信息化社会中异化的具体体现。在当代日本数字内容产业中，很多业界人士已经在不断思考如何通过设计使人们接近自然以及回归原本的日常生活，而不是让数字技术的发展和普及使人类生活的空间越发局限。这一理念的产生并不是突然的，而是受到了当代日本设计思想的影响。当代日本设计师原研哉曾经提出了如下的观点：

所谓设计，就是通过创造与交流来认识我们生活在其中的世界。好的认识和发现，会让我们感到喜悦和骄傲。①

由此可见，原研哉将设计理解为认知世界的一种手段，并期望通过这种手段在认知世界的过程中给人们带来快乐，并且这里所指的世界并不是抽象而空洞的世界，而是人们所生活的现实世界。因此，在当代日本的设计思想中，设计绝不能将人与其生活的现实世界分割，即便是数字内容设计也不能将人们拖入孤立的时空中。在当代的日本社会中，提倡促进人们回归日常生活，并且发现生活中的美与快乐的思想被越来越多的设计师所接受。在这种设计思想的指引下，越来越多日本数字内容企业和设计师开始探索设计和研发可以促进人们回归日常生活以及接近自然界的数字内容产品。

计算机科技的发展和普及为数字内容的产生奠定了技术基础，在数字内容设计的发展中技术进步又可以为其提供必要的动力。日本始终较为重视技术规划和技术发展对于设计和产品创新的基础性作用，就日本数字内容设计而言，日本政府的相关部门对于技术发展的战略性规划积极地推动了面向现实空间的数字内容设计。

2012年日本经济产业省发布了《技术战略图2012（内容部分）》，该技术战略图对于日本数字内容产业的技术发展进行了相应的规划。该技术战略图以发展现实空间中的数字内容应用为目标，制定了自2012年至2016年间的技术发展宏观战略。

《技术战略图2012（内容部分）》中将用于发展现实空间中数字内容应用的技术要素做了较为清晰的归纳和分类。并设定了发展各种技术要素的时间节点和基本目标。该《战略图》将数字内容产品所具有的优势与其他产业中品牌的构建相联系，将数字内容产品与大规模、多维度的公共数据和公共平台相连接，将增强现实技术与具有地域特征

① ［日］原研哉：《设计中的设计》，朱锷译，山东人民出版社2006年版，第16页。

的项目相结合。从该规划中不难看出，日本对于数字内容产业在未来发展充满了期待，对于数字内容产品功能的设定，已突破了在封闭空间中为用户提供虚拟数字娱乐的局限。上述技术战略图的制定和公布，不仅可以推动技术的进步和升级，同时还可以引导当代日本数字内容设计的发展方向，明确了日本数字内容产业面向现实空间进行设计和创新的基本方针。

日本数字内容设计对于当代现实生活的服务功能不仅体现在其对于数字化生活的引领，还表现在对于日本地方经济繁荣的推动。目前，日本主要通过以下三种方式来发挥数字内容设计的服务作用，振兴日本地方经济：

其一，通过数字内容设计来积极引导游客在日本的旅游观光。

其二，通过数字内容设计去构建多元文化社会。

其三，通过数字内容设计向全世界用户传播日本旅游符号和旅游资讯。

此外，日本数字内容产业还已经着手将虚拟时空中的数字内容转化为现实世界中的旅游资源。目前在日本已经有很多与日本动画、漫画主题直接相关博物馆或美术馆等场所，如：三鹰吉卜力美术馆、杉并动画博物馆、现代漫画图书馆以及位于东京汐留的神奇宝贝中心等。这些依托于数字内容的日本旅游资源可以为日本地方经济的发展提供新的动力，从而从经济维度提升了日本各地方的社会生活水平。

六、结语

通过对于日本数字内容设计问题的分析研究，不难发现很多较为成功的日本数字内容设计都是基于对日本传统文化的挖掘和运用。其实在现代日本设计中积极挖掘本民族传统文化的设计思想不仅仅局限于数字内容设计领域。很多当代日本设计师已越发注重对于本民族文化的关注和反思，并基于对本民族文化的思考着手于面向未来的设计。

在日本数字内容设计领域中，对于本民族文化的重视和利用，首先体现在辩证地看待国外的设计成果和设计标准，而并不提倡盲目遵从他人的发展路线和标准。虽然在当代社会中，发达国家的成功设计案例往往会受到很多设计师的追捧和模仿，甚至将其标准化、模板化，但综观日本数字内容设计后可以发现，日本数字内容设计师往往并不追求所谓的"世界标准"，而是立足于本民族的历史文化与当代生活，去创造具有独特民族风格的数字内容产品。

纵观日本历史不难发现，在很长的历史阶段中日本不断吸取了中国以及欧美等国的文化资源。而在近现代随着日本经济的飞速发展，日本也不断地寻求属于自己的文化，不断在国际舞台中展现本民族的特质。以数字漫画、动画、游戏为代表的日本数字内容产品恰恰体现了日本当代的文化特征，日本数字内容吸取了日本传统艺术与文化之后又进行了具有当代性的创新，因此它不同于欧美、中国或韩国的设计风格。正因为其个性鲜明且内容丰富，因此受到了全球很多用户的喜爱。

日本数字内容设计中对于本民族历史文化的吸收和发扬值得中国数字内容设计师参考和借鉴。设计是人类的造物活动，这种造物活动的发展通常是建立在科技和文化的积累之上。

中国有五千年的悠久文化，有很多珍贵的设计和艺术思想值得当代人去深入学习和继承。面对当代数字内容设计，不应将其片面地判定为只属于信息技术时代的商业行为，而是应当深入吸取本国的知识和文化精髓，才可能创造出优秀的数字内容作品。

在当代中国的数字内容设计中应当提倡对于中国传统文化的吸收和利用，这样不仅可以增强中国数字内容产业在经济维度的竞争力，还可以在信息化社会中促进我国的民族文化在全球的传播。就社会文化维度而言，用户在进行虚拟体验时往往不仅可以得到相应的娱乐享受，被植入在数字内容中的文化信息通常也会比较容易地被体验者一并接受。在全球化趋势日趋明显的当代社会中，具有设计优势的国家往往会通过数字内容设计将本国的文化通过数字网络快速地向全球各地传播。

在数字内容的虚拟体验设计中，特别是作为亚洲的设计师出于对本区域文化独特性和价值观的继承和保护，有责任深入思考如何充分吸收本地区的文化资源，并将其运用到数字内容虚拟体验的设计中。而不是紧跟所谓的国际潮流，忽视本地区的文化认同。

其实，基于传统文化的内容设计早在中国 20 世纪中就曾经出现过，《大闹天宫》《九色鹿》等一大批优秀的动画作品正是我国动画设计师基于中国传统艺术的再设计。正因为这些作品吸收了我国传统文化中丰富而深邃的养分，因此动画片问世后便受到了很多观众的好评。然而随着数字化技术的应用和普及，以及国外优秀作品的涌入，我国的数字内容设计似乎更加注重技术的使用，以及对于国外作品的盲目崇拜和模仿，从而逐渐忽视了从传统文化中吸收营养的设计过程。技术本身只能成为设计的推动力，没有精巧的创意和构思，技术本身无法转换为设计作品。而一味地照搬和模仿国外的数字内容设计，往往会因为无法真正植根于国外的文化与艺术，从而无法像国外设计师那样娴熟地运用本国和本民族的设计资源。所以当代中国数字内容设计的创新，首先需要"温故"而后才可"知新"，对于我国璀璨文化的深入发掘和利用，才是我国数字内容设计创立独特风格，并屹立于世界舞台的基础。

西游题材动漫在日本的演化与发展研究

马熙奎

（山东财经大学艺术学院）

摘要：中日两国一衣带水，民间文化交流密切，诞生于中国的《西游记》在日本也有着极高的人气，并于近代逐渐形成一股西游题材的动漫热潮。由于文化的差异，日本西游题材动漫顺承了日本本土文化，淡化了原著中所表达的人生哲理与宗教思想，进而强化了故事的娱乐性和通俗性，形成"独具特色"的日本西游题材动漫。本文以时间为线索，溯源日本西游人物形象的确立，及其演化与发展过程，为国产动漫振兴提出可借鉴的发展策略。

关键词：日本动漫；动漫改编；西游题材

《西游记》是中国古典四大名著之一，它以"唐僧取经"为故事线索，向世人展示了一个丰富而多彩的魔幻世界，在一定程度上反映了当时的一些社会现实，留给后人无限的遐想空间。一般认为，《西游记》是在江户时代逐渐传入日本，并且是以中文"原本"的形式传播，经过翻译逐步形成日本版的"和刻本"。因为时代的局限与环境的阻隔，"和刻本"的翻译层次有限，日本民众对《西游记》的认识普遍存在着偏差，这也造就了"独具特色"的日本西游文化。

日本是收藏《西游记》明清刻本最丰富的国度，吸引了众多专家、学者的关注。20世纪以来，现代日文译本《西游记》多达30余种，对其作品流传、考证、分析的研究材料也极为丰富。伴随传媒技术的进步，《西游记》也逐渐成为日本戏曲、电视剧、动漫等产业的重要素材，以一种文化与艺术的品牌力量，广泛地影响着日本民众的日常生活。

一、《西游记》的传入与日本西游人物形象的确立

作为《西游记》的原产国，中国最早出现了大批有关西游题材的美术作品。自玄奘

圆寂以后，为了纪念他的壮举，对其形象的刻画以及早期的西游故事开始出现在佛经卷、壁画、雕塑等作品中。《西游记》成书以后，其插图本又经"阳至和本"（288 幅，现藏牛津大学博德廉图书馆）、"朱鼎臣本"（566 幅，现藏日本日光轮王慈眼堂）、"世德堂本"（197 幅，现藏日本天理图书馆）、"杨闽斋本"（1240 幅，现藏日本内阁文库）、"李评本"（200 幅，现存日本内阁文库为明刻本，中国历史博物馆与河南省图书馆所藏为后刻本）的时间顺序刊发，形成传播范围最广的西游民间美术集成。日本早期西游绘本多受中国明清《西游记》刊本影响，人物形象明显参考了明清小说绣像原本的艺术风格，在某种程度上奠定了后来日本西游题材动漫的发展雏形。

图 1　葛饰北斋《西游记》插图　　　图 2　月冈芳年《通俗西游记》插图

　　《西游记》成书于 16 世纪的中国明朝，其故事不仅汇集了众多前人记述的成果，也融入了戏剧、杂剧等曲文内容，情节生动、幽默，故事背后隐含着人生思考与宗教哲理。玄奘西天取经的故事最早见于外文的是明朝初期的朝鲜文译本，日本在江户时代才逐渐引入《西游记》。日本小说家西田维则（笔名国木山人）于 1758 年最早着手《通俗西游记》的翻译工作，这一过程经历了三代人前后共 74 年的努力，直到 1831 年才最终完成。与此同时，由西田维则等人参与翻译的另一本《绘本西游记》于 1806 年至 1837 年完稿，前后也经历了 30 年的翻译工作。① 两种译本同为日本古代的旧译本，也称"和刻本"，它们都确立了日本民众对《西游记》的初步印象。由于时代与文化的限制，《西游记》刚刚传入日本的时候，其日文翻译存在着一些疏漏。中文的"猪"对应日文的"豚"，

① 　王丽娜：《〈西游记〉在海外》，《古典文学知识》1999 年第 4 期。

而日文中的"猪"却是"山猪"的意思。在早期的《通俗西游记》中，猪八戒都被描绘为野山猪的形象，嘴角长着獠牙，性情粗暴，直到1931年弓管小鳄翻译的《西游记》发行以后，猪八戒是猪的形象才得以澄清，这距离《西游记》的最初传入已有200年的时间。[①] 在"和刻本"的长期影响下，《西游记》中很多人物形象都发生了异化，师徒四人"无一幸免"，因文化输入的片面性，日本西游人物虽与原著的描述有一定出入，但也独具地域的艺术特色。

日本进入江户时代以来，文化中心从古老的京都转向幕府所在地江户，日本美术表现题材逐渐从图案化、装饰化的意匠中，转变为趋近市井生活、民生百态的风俗描绘。[②] 这一时期传入日本的《西游记》也在这场艺术革新中扮演着极为重要的角色，对日本美术影响深远的浮世绘名家葛饰北斋（1760—1849）、月冈芳年（1839—1892）等人都曾为《西游记》绘制过插图，他们的作品既有明清小说绣像的绘画影迹，也融入了更多的日本传统文化，从小说中人物的穿着打扮到场景、器物的描绘，都逐渐脱离了明清刻本的影响，更直观地反映出日本民众对西游的想象。

二、日本故事动漫的发展对西游题材动漫的影响

日本民众对叙事艺术有着长久的兴趣和爱好，日本漫画的销量几乎占据日本所有书籍、杂志总销量的一半，漫画受众人群广泛，题材多元。[③] 日本漫画滥觞于12世纪的"鸟羽绘"，而带有故事性的现代漫画则兴起于日本明治时代（1868—1911）。二战后日本漫画吸收了欧美连环画的基本要素，并将自己对通俗艺术的一贯热情融入其中，使日本漫画成为独具特色的叙事性工具。[④] 在日本"漫画之神"手塚治虫（1928—1989）的带领下，以藤子·F.不二雄（1933—1996）、石森章太郎（1938—1998）、赤冢不二夫（1935—2008）、松本零士（1938—　）等艺术家为代表，逐渐形成日本故事漫画发展的中坚力量，并于20世纪60年代，引起了一股漫画转动画的改编热潮。日本故事动漫有着极强的包容性，世界各国的传奇、故事都可以成为动漫作品的主要情节，《西游记》因其丰富的奇幻色彩与探险精神，成为日本故事动漫的重要主题来源之一。

早在20世纪20年代，日本自由映画研究所第一次将《西游记》改编成动画《西游记孙悟空物语》，拉开了日本西游题材动漫发展序幕，此时也正是日本电影发展的第一

---

① 林木村淳哉：《中国明代四大小说在日本的传播研究》，复旦大学学位论文，2009年。
② 潘力：《浮世绘》，河北教育出版社2007年版，第66页。
③ 杜江：《当代日本漫画解读》，北京联合出版公司2015年版，第2页。
④ ［英］保罗·格拉维特：《日本漫画60年》，周彦译，世界图书出版公司北京公司2013年版，第10页。

个黄金时代（1927—1940）。二战结束以后，很多日本动漫从业者目睹了战争机器带来的毁灭和灾难，对和平与生命的珍视成为这一时期的创作主题。手塚治虫于 1952 年开始在《漫画王》中刊载《ぼくの孫悟空（我的孙悟空）》（1952），故事情节和人物形象融入了更多的现代生活元素，轻松与幽默的取材形式被充分应用。在 1960 年，《我的孙悟空》被东映动画改编成动画片《西游记》（1960）依然受到好评，后来又衍生出《悟空の大冒険（悟空大冒险）》（1967）及《手塚治虫物語ぼくは孫悟空（手塚治虫物语我的孙悟空）》（1989）两部改编动画。手塚治虫以其勤勉的工作态度，激励了大批的后继美术工作者，他们更加大胆地改编了《西游记》的内容，融合了更多的现代审美元素。

图 3　鸟山明主笔的《龙珠》

　　20 世纪 70 年代，伴随世界科学技术的进步，众多动漫公司将《西游记》的故事背景设定为未来和宇宙，科幻化、机器化的英雄探险故事成为时兴的作品主题，相应产生《宇宙战舰ヤマト（宇宙战舰大和号）》（1974）、《SF 西游记（太空西游记）》（1978）、《タイムボカンシリーズ ゼンダマン（时间飞船——Z 超人）》（1979）等多部科幻动漫作品。进入 20 世纪 80 年代以后，动漫逐渐成为日本的支柱性产业，日本动漫对西游的改编也力度也在不断加强，题材从少年漫画、青年漫画逐渐向同人漫画、少女漫画等领域拓展，降妖伏魔的取经故事也融入了古怪、纯情、性感等内容。鸟山明（1955—　）凭借改编自《西游记》的漫画《ドラゴンボール（龙珠）》（1986）成为日本收入最高的人之一。介于西游题材动漫的成功，及《西游记》家喻户晓的强大感染力，众多日本动漫艺术家将西游元素融入到了自己的成名作中，如藤子·F.不二雄的《ドラえもん のび太のパラレル西遊記（哆啦 A 梦剧场版大雄的平行西游记）》（1988）、小川悦司（1969—　）的《中華一番！（中华小当家）》（1997）、尾田荣一郎（1975—　）的《ワンピース（海贼王）》(1999)、高桥留美子(1957—)的《いぬやしゃ（犬夜叉）》(2000)等，这些作品分别以剧场版及客串的形式融入西游元素，进一步丰富了西游题材动漫的发展。

三、日本大众文化与西游题材动漫的本土化

在日本，《西游记》是众多动漫作品的创作母题，给日本社会带来了诸多影响。尤其在民众意识更为开放的20世纪90年代，日本动漫艺术家在作品中都不同程度地融入了现代生活元素，与日本社会发展现实结合，反映出日本独具特色的西游题材动漫艺术形象。

1972年，中日两国邦交正常化，日本掀起了一场中国文化热，有关西游题材的文学、影视、动漫作品如雨后春笋般出现，并大量被中国引进。然而，作为《西游记》故乡的中国，从官方到民间对引进的日本西游题材作品都提出了质疑，因为其内容与原著差异较大。日本西游题材文艺作品的故事情节、题材、艺术形象、社会全景等都不同程度发生了异化，在大部分作品中，唐僧被描绘成了身姿高挑或形象可爱的女性，沙悟净的形象转变成了日本河童，降妖伏魔的法物可以是现代化的超级武器，师徒间甚至会相互产生爱慕之情。偏离原著太多的改编虽未能取悦中国民众，但这种异化的《西游记》却在日本大受欢迎。

图4　松本零士编剧的《太空西游记》　图5　寺田克也主笔的《西游奇传·大猿王》

《西游记》在中国被奉为古典名著，不仅因其丰富的奇幻色彩夺人眼目，更重要的是其中暗含的人生哲理与宗教思想，但这对于一般民众来说意义有限。工业时代的市场经济催生了平面化、可复制化的精神产品，反叛主流意识的娱乐精神、通俗文化主导了流行趋势。《西游记》是否具备哲理与思想对日本大众来说并不重要，重要的是作品是否具备充分的娱乐性。这也不难理解为何日本西游会与原著反差巨大，刨除文化精英的影响，多数民众更愿意通过文化消费去实现自身愉悦，而不是去思考文化本身的价值与效应。在日本，引领大众文化的既非国家，也非专业机构，而是众多痴迷于大众文化某一题材的爱好者群体，包括与世隔绝的御宅族（Otaku）和对这一题材不惜投入时间和精力的狂热分子。① 介于文化的导向与人们的商业动机、购买欲求有着密切关联，且"它的'文化'面孔越是成功，商业化的效率也就越成功"②，从出版商、编辑到作者，对《西游记》的改编都乐此不疲，甚至逐渐形成了日本本土化的西游艺术形象。

动漫是多元化的视觉艺术，它以恶搞、戏谑、夸张等形式吸引观众，西游题材动漫对原著的改编力度更甚于影视、文学、戏剧等文艺形式。在松本零士编剧的动画片《太空西游记》中，故事结构与人物设定虽借鉴了《西游记》原著，但故事背景被设定在未来宇宙，唐僧也被描绘为美丽的欧若拉（AURORA）公主；寺田克也（1963— ）主笔的《西遊奇傳·大猿王（西游奇传·大猿王）》（1995）中的唐僧不仅是被禁锢的女性，师徒四人都蒙上了一股黑暗气息；增田幸助（1976— ）指导的《ギャグマンガ日和（搞笑漫画日和）》（2000）则以无条理的形式重构西游故事，除了角色姓名保留外，其他内容与原著无关。面向大众市场的动漫作品，其生存能力取决于它是否能很好地取悦读者，趋于大众文化的附和，日本西游题材动漫的改编不仅是外在形式，更重要的是"娱乐至死"的故事主题。

四、中日西游题材动漫的互为影响

中国动画发轫于20世纪20年代，从起步到后来的多次发展高峰，都与西游故事有着密切关系。从中国第一部动画长片《铁扇公主》（1942），到后来誉满全球的经典动画《大闹天宫》（1961—1964年），都以《西游记》为故事蓝本。其美术设计不断吸收中国传统造型艺术的演绎手段并加以改造发挥，在世界影坛上逐渐形成"独树一帜"的"中国动画学派"。自《大闹天宫》以来，《哪吒闹海》（1979）、《丁丁战猴王》（1980）、《人

---

① 宋贞和：《〈西游记〉与东亚大众文化》，复旦大学学位论文，2010年。
② 崖海鹏：《解读大众文化》，上海人民出版社2003年版，第142页。

参果》(1981)、《金猴降妖》(1984 — 1985) 等西游题材动画也不断深化了这种民族风格，在某种程度上引起了日、韩等邻国的关注。

万氏兄弟出品的《铁扇公主》虽在经济、人员、技术等方面受到限制，但作品剧情曲折、制作精良，深受民众喜爱，是继《白雪公主》《小人国》《木偶奇遇记》之后的世界第四部大型动画片。日本"漫画之神"手塚治虫曾表示，自己就是受《铁扇公主》的影响，萌生参与动画创作的想法，时隔 40 年，中日邦交正常化后，手塚治虫又亲赴中国拜见了《铁扇公主》《大闹天宫》的导演万籁鸣（1900 — 1997），两位大师共同创作了阿童木与孙悟空握手言欢的漫画形象，折射出中日动漫均意义非凡的经典形象。① 手治虫于 1989 年去世时，将《我的孙悟空》动画片草案留在人间，手塚公司于 2003 年阿童木诞辰 50 周年之际，推出了手塚治虫倾注特殊感情的动画片《手塚治虫物语我的孙悟空》，以缅怀这位世界级的动漫艺术大师。

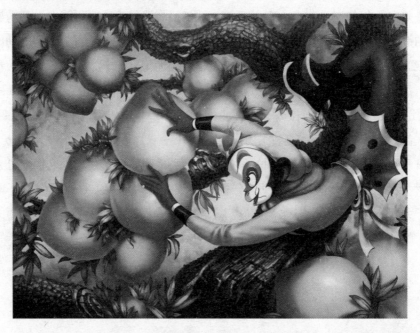

图 6 "中国动画学派"扛鼎之作《大闹天宫》

担任《大闹天宫》美术设计的，是我国著名艺术设计大师张光宇（1900 — 1965）。《大闹天宫》中的孙悟空源自张光宇在 20 世纪 40 年代的漫画作品《西游漫记》，他将京剧脸谱、民间美术的造型相融合，经过多次简化，形成现在人们耳熟能详的猴王形象。《大闹天宫》中的艺术造型汇集了大量中国传统民间美术元素，从建筑、雕塑到戏曲、壁画，无所不包容，堪称"中国动画学派"扛鼎之作。日本动画大师宫崎骏（1941 —）曾表

---

① 索亚斌：《中国动画电影史》，中国电影出版社 2005 年版，第 20—21 页。

示过对《大闹天宫》的喜爱，他于 1984 年亲赴上海美术电影制片厂做交流，对中国民族风格的动画作品推崇备至。然而，自 20 世纪 90 年代以来，因为各种复杂因素，中国动漫陷入了"迷失状态"，日、美动漫开始占据中国青少年市场。

图 7　田晓鹏指导的《西游记之大圣归来》

在异国之风盛行的动漫市场中，《西游记》（1999）、《哪吒传奇》（2003）、《红孩儿大话火焰山》（2005）、《美猴王》（2010）、《西游记之大圣归来》（2015）等国产西游题材动漫依然以高质量、高标准的制作要求丰富了现代中国民众的文化需要。然而，众多国产西游题材动漫作品中已更多地融入了现代动画制作理念，日本西游题材动漫中的人物形象、主题、社会全景等内容不同程度地被借鉴。如何在 CG 技术不断成熟的当下，从编剧到画面实现东方美学的再次绽放，成为国产西游题材动漫发展的成熟标志。

非物质文化遗产的现代设计转型发展问题研究

——以泾县宣纸为例

徐 恺

（清华大学美术学院）

摘要：宣纸源于唐代，产于泾县，是中国书画的优良载体，也是"人类非物质文化遗产"。在当今时代背景下，传统宣纸的生产技艺与产品遭遇了前所未有的生存压力。如何保护和传承宣纸，成为业界和全社会的共同课题。对此，利用现代设计理念与方法实现转型发展，是包括宣纸在内的"非物质文化遗产"的可行选项。本文通过概述宣纸的历史与"非遗"认定，指出了宣纸的当代遭遇和机遇，论述了其转型发展的难点与痛点，为其现代设计提出了若干方案，以期助力宣纸现代设计转型发展的学术研究与产业实践。

关键词：非物质文化遗产；宣纸；现代设计；转型发展

一、宣纸历史概述与"非遗"认定

在讨论和研究宣纸问题前，有必要厘清宣纸的概念。所谓宣纸，是"采用产自安徽省泾县境内及周边地区的青檀皮和沙田稻草，不掺杂其他原材料，并利用泾县独有的山泉水，按照传统工艺经过特殊的传统工艺配方，在严密的技术监控下，在安徽省泾县内以传统工艺生产的，具有润墨和耐久等独特性能，供书画、裱拓、水印等用途的高级艺术用纸"。[①] 基于以上定义可知，并非所有中国书画用纸都可称为宣纸。作为原产地保护产品，其独特的原材料、制作工艺和专一的生产地点是宣纸区别于普通书画纸的本质属性，也是其优异润墨性与耐久性的根本保证。

---

① 中国国家标准化管理委员会：《地理标志产品 宣纸 非书资料：GB/T 18739-2008》，中国标准出版社 2008 年版，第 1 页。

宣纸源于唐代，产于泾县，其发明创造与发展成熟经历了漫长的历史过程。自唐时起，泾县地区生产的优质纸张便与其他文房用品一道进贡朝廷。因泾县时属宣州管辖，故此地上贡的优质纸张得名"宣纸"①。而"宣纸"一词作为专有名称，最早出现在唐代画家、绘画理论家张彦远所著的《历代名画记》中。该书的《论画体工用榻写》一章中，有"好事家宜置宣纸百幅，用法蜡之，以备摹写……"②的记述。其中的"用法蜡之"，即指用蜡敷于纸上使其透明以便映摹古画，可谓后世"加工宣"的雏形③。据路甬祥主编的《中国古代工程技术史大系·中国古代造纸工程技术史》记载，1985年前后，故宫博物院委托造纸研究所对隋代展子虔的《游春图》和唐代韩滉的《五牛图》进行了分析鉴定，发现两幅画作的命纸皆为宣纸，时间不晚于中唐。其中，《游春图》的命纸原料含有檀皮，而《五牛图》的命纸则全部由檀皮制成。虽然该研究进一步确证了宣纸的发明和使用史，但由于缺少有效的非破坏性检测方法，截至目前尚未发现唐代书画使用宣纸进行创作的实例。

及至宋元，宣纸因其优异的特性而被书画家广泛认可，需求量大增。宋代诗人王令在《再寄满子权·二首其二》一诗中写道："有钱莫买金，多买江东纸，江东纸白如春云，独君诗华宜相亲。"宣纸在当时的地位与价值之高，由此可见一斑。现存最早的宣纸纸本，即是藏于安徽省博物院的宋代张即之《华严经写经册》。据王世襄分析鉴定，经册用纸为青檀皮和稻草制成，与现代意义上的宣纸用料相同。宋末元初，汉人曹大三为避战乱携家口由虬川迁至泾县，见此地"田地稀少，无可耕种，因贻蔡伦术为业，以维生计"④，由此开启了泾县曹氏一族代代制宣的历史。

明清以降，以曹氏为代表的泾县制宣世家不断改进工艺，扩大规模，使宣纸得到了长足发展。明代宣纸无论是棉料（生宣）抑或贡笺（熟宣），其制造水平皆远超前朝且优于全国其他地方。明末文震亨在其所著的《长物志》中记载道："国朝连七、观音、奏本、榜纸，俱不佳……近吴中洒金纸、松江谭笺，俱不耐久，泾县连四最佳。"⑤显示出宣纸受到朝廷和文人青睐，乃至长期作为贡纸的身份地位。清代，宣纸的制造除小岭曹氏外，还涌现出汪六吉等造宣大户，生产颇具规模。鼎盛时期，造宣棚户甚至超出小

---

① 明宣德年间，宣纸因其"至薄能坚，至厚能腻，笺色古光，文藻精细"的特点而被宫廷及文人士大夫所推崇，并以帝号称为"宣德纸"，与"宣德炉""宣德窑"并称于世。故亦有观点认为"宣德纸"是宣纸名称的来源。目前，根据史籍记载和民间流传，学界和宣纸业界普遍以唐代宣州贡品作为宣纸得名的原因。

② 张彦远：《历代名画记》，俞剑华注，上海人民美术出版社1964年版，第40页。

③ 相比生宣而言，经过染色、洒金、印花等工艺制成的加工宣更适合于花鸟工笔书画的表现，契合了唐时文人墨客的创作需求。而现代常用的"生宣"则在明清以后才因泼墨山水画的创作而广为采用。

④ 曹鸿逵：《小岭曹氏宗谱》第1卷，刻本，余庆堂1914年版。

⑤ 文震亨：《长物志校注》，陈植、杨超伯校，江苏科学技术出版社1984年版，第307页。

岭一隅而遍及泾县所有地方。所造宣纸不仅用于"书画摹写"，还成为《聊斋志异》《红楼梦》等小说的印刷用纸。据《泾县志》中"清代和民国时期泾县私营宣纸厂家一览表"①记载，位于泾县乌溪关猫山的"曹信通"是当时最大的宣纸作坊，捞纸槽数达到10帘槽，并持续运营至1940年才因战乱等原因停产。

新中国成立后，宣纸行业百废待兴。1951年，在人民政府的关怀指导下，成立了"泾县宣纸联营处"，统一了宣纸的生产与经销。在此基础上又于1954年组建了"公私合营泾县宣纸厂"，迎来了宣纸行业的新生。改革开放后，众多私营宣纸企业纷纷成立，形成了国有企业主导，私营企业同步发展的繁荣局面。

千百年来，宣纸的传承始终依靠师徒间的言传身教，仅在泾县一地生产，地域性特征明显。作为中国书画艺术的主要载体，宣纸有着丰厚的历史、文化和经济价值。近代以来，不但亚洲其他国家始终没有放弃对宣纸生产的研究与复制，现代化的机械造纸也对传统宣纸行业造成了极大冲击。为保护和传承宣纸技艺，实现宣纸的更好发展。2006年，宣纸制作技艺被确立为首批国家级"非物质文化遗产代表作"。2009年，宣纸制作技艺被联合国进一步认定为"人类非物质文化遗产"。

"非遗"的认定不仅是对宣纸历史的认可和对现状的保护，更是对其未来发展的激励。在工业化和信息化背景下，如何根治沉疴，解决新的难题，使传统宣纸得以更好传承，是值得学界与业界深入研究的课题。

二、宣纸产品与企业的当代遭遇

泾县宣纸有着其他纸张所无法比拟的润墨性和耐久性。作为"地理标志保护产品"，其生产不仅受特定原料与技术限定，还受到相关法律法规保护。目前，泾县境内获得国家质量监督检验检疫总局"国家地理标志保护产品"生产许可的正规企业共16家，年产宣纸约800吨，代表性企业有"中国宣纸股份有限公司""汪六吉宣纸有限公司""汪同和宣纸有限公司""曹氏宣纸有限公司""恒星宣纸有限公司"等②。其中的"中国宣纸股份有限公司"为国有企业，其前身是成立于1954年的"公私合营泾县宣纸厂"。该

---

① 泾县地方志编纂委员会：《泾县志》，方志出版社1996年版，第242—244页。

② 国家质量监督检验检疫总局：《国家质量监督检验检疫总局公告：2003年第18号》，2003年2月14日，http://www.aqsiq.gov.cn/xxgk_13386/jlgg_12538/zjgg/2003/200610/t20061027_237238.htm；国家质量监督检验检疫总局：《国家质量监督检验检疫总局公告：2005年第58号》，2005年4月13日，http://www.aqsiq.gov.cn/xxgk_13386/jlgg_12538/zjgg/2005/200610/t20061027_315455.htm；国家质量监督检验检疫总局：《国家质量监督检验检疫总局公告：2015年第43号》，2015年4月3日，http://www.aqsiq.gov.cn/xxgk_13386/jlgg_12538/zjgg/2015/201504/t20150421_436881.htm。

公司生产的"红星牌"宣纸占整个宣纸行业年产量的 80% 左右。

从传统家族式作坊的"各自为政"，到大型造纸国企与私营企业并存的繁荣局面，是新中国宣纸从业人近 60 年来不断奋斗的结果。国家重视，地方扶持，行业协会推动，大型企业带头，是宣纸产品与企业取得既有成绩的依赖与保证。但在良好的形势下，同样存在制约和影响宣纸进一步发展的问题。尤其是进入新的历史阶段以来，宣纸产品与企业遭遇到了新的时代困境。

首先，原材料与时间成本高。宣纸的生产持续千年，主要原料始终未变。只有选用泾县及其周边的青檀树皮、沙田稻草和山泉水，才能制成真正意义上的宣纸。其中，青檀树从幼苗到成树有 10 到 20 年的生长时间。所选用于造纸的枝条亦必须生长 3 年以上。燎皮与燎草的制作须在山坡晒滩上，依靠大自然的风吹雨淋自然漂白。用于制浆和捞纸的山泉水未经任何化学处理，完全保留其自然酸碱性与矿物质元素。若完全遵循古法，从原料到成纸共有 108 道工序，历时 2 至 3 年之久。在机械书画纸大行其道的当下，虽然部分宣纸产线进行了化学和机械生产改造，但其原料与时间成本仍相对不降反升。（图 1）

图 1　位于泾县乌溪的中国宣纸有限公司晒滩

其次，人工成本上涨。宣纸生产属于劳动密集型产业，虽然个别环节改由机械替代，但绝大部分工序仍由手工完成。檀皮、稻草的摊晒需由人工徒步背负上山，劳动强度大，作业时间长。核心工序——捞纸不但尚无机械替代的可能，还必须由两名师傅密切配合完成。每位捞纸学徒的培训时间长达 2 到 3 年。以笔者调研的"中国宣纸股份有限公司"为例，捞纸和晒纸师傅的平均年龄为 45 岁左右，并普遍患有关节炎、风湿等职业病。近年来，已少有年轻人愿意从事该工作。传统宣纸的生产后继乏人，形势堪忧。

再次，消费市场有限。宣纸以其优异的特性不愧为中国书画用纸之冠，但也因其较高的成本而较普通书画纸更为昂贵。一般而言，只有较高书画造诣和较好经济条件的艺术家才能驾驭和承受宣纸。普通书画爱好者和初学者不会选用宣纸作为练习用纸，毋论其他非中国书画创作的使用场合。如此就导致了宣纸的高端特质和窄小的生态圈氛围，与普罗大众之间产生了深刻的隔阂。民间常有混淆宣纸与书画纸概念，将所有书画纸统称为宣纸的现象出现。一方面，这是宣纸以其优异特性成为中国传统书画用纸代表的体现；另一方面，也是宣纸普及率不高导致大众认知欠缺的反映。而不法商家以次充好，以书画纸冒充宣纸牟取暴利的行为，则使宣纸消费市场更为混杂。不但玷污了宣纸名誉，也影响宣纸企业的正常发展。

最后，社会环境转变。近年来，随着社会经济增速的放缓和相关政策的转变，宣纸的生产面临着高端礼品消费趋冷，批量订单减少等现实问题。作为"国家首批非物质文化遗产"和"人类非物质文化遗产"，宣纸在漫长的发展过程中凝聚了丰厚的文化内涵。但宣纸长期以来只定位于书画载体，单纯销售成纸，忽视了自身的文化优势。对此，减少产量只是权宜之计，欲摆脱行情波动的掣肘，还须在销售市场中建立自身的主动性与竞争力。

三、宣纸产业与文化的时代机遇

宣纸产品与企业的遭遇并非个例，而是传统产品与手工艺在现代传承之路上面临的共同问题。随着国民经济的发展，从国家到个人层面愈来愈重视传统文化的保护与创新发展。一系列优惠政策得到贯彻，企业与高校的合作得到开展，民众对传统文化的认识与关注度显著提升。作为"非物质文化遗产"的宣纸，获得了绝佳的发展机遇。

社会宣传层面，以中央电视台的《大国工匠》系列节目最具影响力。该节目的播出恰逢"中国制造2025"行动纲领的提出，截至目前共介绍了24位来自不同岗位的优秀劳动者。"中国宣纸股份有限公司"的周东红和毛胜利两位师傅，先后获评2015年和2016年的"大国工匠"。同一家企业中诞生两名"大国工匠"，这在参评企业中还是绝无仅有的。他们不仅是所在公司的荣誉，也是宣纸业界的骄傲。更重要的是，节目的播出再一次向全社会展示了宣纸的制作技艺，为后续相关产品的开发推广提供了有利条件。

大众教育层面，以各地政府、部门、中小学校举办的"书画进万家""书画进课堂"活动为典型。在信息革命方兴未艾，数码产品充斥生活各个角落的今天，此类活动在宣扬和传承中国传统书画艺术方面起到了积极作用。虽然要求初学者和少年儿童使用宣纸进行练习既无必要也不现实，但此类培训仍不失为对未来消费群体的培养。同样地，类似活动也为宣纸历史、宣纸特性以及宣纸与书画纸的区别等知识提供了很好的普及平台。

产学研合作层面，以文化部启动的"中国非物质文化遗产传承人群研修研习培训计划"为代表。该计划旨在委托高校对非遗传承人进行大面积培训，提高传承人能力和水平，进而提高传统工艺品质，扩大市场认知度和市场份额，促进传统工艺走进大众生活，带动相关就业，最终起到保护非物质文化遗产的目的。作为试点院校之一的清华大学美术学院承办的"非遗进清华"系列活动，为传承人与指导教师提供了双向沟通的平台，使双方相互启发，取得了丰硕的成果。就宣纸而言，2016 年 3 月 27 日的试点成果汇报展上，"曹氏宣纸"传承人曹立先生展示了与指导教师合作的宣纸文创产品，并现场演示了捞纸技艺。他以别开生面的形式将宣纸制作技艺带进校园，给予众多学子直观的体验。无独有偶，2016 年 5 月 24 日的"非遗进清华——笔墨纸砚系列论坛"上，"中国宣纸股份有限公司"的罗鸣副总经理与"大国工匠"周东红师傅做了题为"纸以载道——水墨与画意"的演讲。以更为学术和专业的姿态，阐释了宣纸的历史及其与中国书画的关系，引发了学院师生的思考。虽然具体形式不同，但类似活动与探索的确丰富了产业形态，为宣纸发展提供了全新机遇。宣纸不再局限于自身的专业领域，而是与社会、高校建立了更为紧密的联系。通过与学界合作，运用高端人才智慧，挖掘了宣纸的文化内涵，构建了适应时代的文化框架。

新的环境存在着传统行业所不曾遭遇的问题，也同样提供了解决问题的途径。礼品市场的崩溃、生活品质的提升和文化消费侧的升级，倒逼传统工艺告别之前的"工艺美术品"模式。实现"传统工艺走入日常生活"的目标的常规做法是设计师介入，将传统工艺局部运用于可批量生产的现代生活用品，并在包装和品牌形象方面提供整体设计①。"非物质文化遗产"的保护是为了更好地发展。以维护传统之名的抱守残缺必定没有出路。在秉承传统技艺精髓的同时，推动整体产业的转型发展，才是适应时代潮流的明智之举。

四、宣纸转型发展的难点与痛点

当下，保护和传承"非物质文化遗产"，实现传统行业的转型发展，已成为政府、业界、学界乃至全社会的共识。然而，传统行业的生存模式固化，转变并非易事。除了意识的觉醒和壮士断腕的勇气外，还需要找到传统与现代的结合点，克服短视缺陷，聚焦长远利益。经过调研，笔者总结了宣纸转型发展的 2 大难点与 3 大痛点。

难点一，如何从单纯销售产品转为文化消费与体验。就现实教训而言，生产和销售

---

① 陈岸瑛：《时代转折中的非遗传承与传统复兴》，《装饰》2016 年第 12 期。

宣纸成纸的传统经营方式仅能保有中高端书画创作市场。非但无法做大做强，其销量亦受消费环境和社会政策的制约。一旦外部环境趋冷，宣纸行业即会遭遇寒冬。所以，如何构建更广泛的宣纸生态圈，走出销售成纸的"温饱线"，便是整个行业转型的难点所在。对此，必须以文化优势开拓市场，以体验型消费吸引客户。其中，"中国宣纸股份有限公司"投资建立的"中国宣纸文化园"和"中国宣纸博物馆"便是一种大胆的尝试，收到了良好的反馈。（图2）

图2　位于泾县乌溪的中国宣纸博物馆

难点二，如何突破地域限制形成全国性乃至世界性产业。宣纸作为地理标志保护产品，只能在泾县一地生产。由于地处皖南山区，长久以来，宣纸的对外运输需经陆路水路多次辗转才能到达其他地域乃至国外。随着国家交通运输的大力发展，宣纸产品高效地，大批量地走出生产地已不是难事。然而，在成功将宣纸"送出去"以后，如何吸引社会多方面资源和人才"走进来"，便成为下一步需要突破的"地域限制"。对"中国宣纸文化园"和"中国宣纸博物馆"而言，与地方政府合作设计和推广旅游线路，提高参观人次，是实现其作用与价值的最有效手段。对宣纸企业而言，应为人才发挥价值提供创造性的途径与方式，在发达城市和沿海地区设立研发中心，为传承和发展宣纸招揽多学科高端人才。不求留人，但求用人。

痛点一，传统运营模式与市场经济下的"水土不服"问题。宣纸企业在其原本的产业环境中已经有着相当的生存压力，一旦实现转型发展，必然面临与现有设计和文化主导型企业的正面竞争。作为该领域的后起之秀，传统经营理念与模式必须得到更新。对从计划经济下发展而来的国有企业而言，应突破既有思维定式，遵循市场经济运营规律。要提升忧患意识，灵活运用自身的资本和体量优势，引领行业发展。对大部分从家族式作坊承袭而来的私营企业而言，应发挥自身灵活敏锐的特点，勇于尝试多种路线。要瞄准利基市场，开发多样化的产品与服务，拓展行业边界。更重要的是，国有企业和私营企业必须协同合作，吸收和借鉴先进者的经验教训，推动全行业的共同发展。既要抓住各自重心，扬长避短，也要避免各自为政，单闯独斗。

痛点二，新技术在生产中的运用问题。宣纸的生产属于劳动密集型产业，早在20世纪80年代，"安徽省泾县宣纸厂"（"中国宣纸股份有限公司"前身）即投入大量资金，引入机械设备替代捞纸和晒纸等工序。但因后期投资过高，所产纸张无法达到手工产品的润墨性等效果而最终搁置。随着近年来人工成本的不断上升，用机械自动化方法替代部分人工劳作的呼声不绝于耳。但在技术条件尚未成熟，机械自动化成本高昂的情况下，运用机械替代手工生产的需求与保证产品的质量的要求之间就形成了鲜明的矛盾。毋论以机械方法制宣在价值与意义上的逻辑难题。当下，从原材料制作到成纸生产的劳动力匮乏现象已经显现，采用先进技术替代或协助人工是形势所趋。某些宣纸企业也已开始了有益的尝试。未来还需要宣纸行业与工程技术类院校密切合作。在保证产品质量的前提下，有限度地进行机械化改造。提高生产效率，节约人工成本。（图3）

痛点三，技术保密与开放合作的平衡问题。近代以来，宣纸需求量的增长使宣纸成纸和制作技艺引起国际社会关注。受经济和文化利益驱使，其他国家和地区从未停止对宣纸生产的研究和复制。对此，国家已将宣纸制作技艺列为"绝密级"工业技术进行保护。"中国宣纸股份有限公司"目前仍是重点保密单位。在转型发展与相关文创产品开发的过程中，除了个别产品可以完全自主研发外，还需要与上下游企业、业内外同行、高等院校甚至设计师个人进行合作，开发更为多样的产品。这就不免使相关企业在开放合作与技术保密间踟蹰不定，难以抉择。对此，需要宣纸企业把握好二者平衡，厘清合作研发产品的知识产权问题，利用法律手段维护和保障自身权益。在转型起步时扫清发展障碍，避免后期纠纷。

五、宣纸现代设计的可行路线

当前，作为"非物质文化遗产"的宣纸走转型发展之路已成为业界共识。某些企业已经展开了相关探索，积累了一定的实践经验。通过实地调研宣纸行业的现状与问题，研究宣纸的历史与特性，借鉴文创产业的既有成功经验，笔者总结出宣纸运用现代设计方法进行转型发展的可能路线。

首先，在目标群体与市场定位上，应进一步细化宣纸产品种类，完善产品线档次分布。在新的经济形势与社会背景下，保留专业书画用宣纸以及部分体现宣纸品牌价值与地位的高端产品已经足矣，更重要的是开拓庞大的中低消费市场，寻找新的利润增长点。从发达国家传统产业转型升级的路径看，无论是技术创新还是组织创新都是为了更好地满足客户需求。一方面，通过技术创新生产质量更高、价格更低的产品……另一方面，通过组织创新和生产方式创新满足消费者多样化、个性化需求①。通过将既有品类化整为零销售，或者在尺寸与生产工序上进行适当调整，即可推出适合书画初学者以及传统文化爱好者使用的宣纸成纸产品。由此所构成的企业产品的高中低档搭配，可吸引更多消费者进入宣纸生态圈，培育未来的专业消费群体。（图4）

图3　恒星宣纸股份有限公司引进采用的"喷浆"工艺

图4　艺宣阁宣纸工艺品有限公司设计生产的加工宣与册页产品

---

① 杜朝晖：《发达国家传统产业转型升级的经验及启示》，《宏观经济管理》2017年第6期。

其次，提升企业形象，拓展宣传渠道。当今消费社会中，企业整体形象设计是其作为主体与消费者建立联系的重要环节。宣纸企业以往专注于产品的生产，对于企业形象的打造缺乏关注。个别企业虽然进行了一些标识与视觉识别系统的设计，但因缺乏美学价值、专业性和执行力，而导致传达效果欠佳。个别企业还因历史原因和书画名家题字取舍不当等问题，存在着多种企业名称并行使用以及标识应用不统一的现象。这些都不利于企业的发展以及品牌的建立。相关宣纸企业应尽快设计成熟的企业视觉识别系统，并在各环节贯彻使用。以此提升员工凝聚力，在消费者心中构建稳定、积极、专业的企业形象。

与此同时，要在宣传方式与方法上紧跟时代潮流。除了继续完善官方网站和电商平台以外，还应建立如官方微博、微信公众号等网络宣传渠道。通过传播宣纸历史知识，宣传企业发展情况，推送最新产品信息等方式，与消费者进行互动。

图 5 清华大学美术学院视觉传达设计系原博副教授设计制作的宣纸文创产品

再次，开发宣纸文创产品，打造体验型消费。利用所蕴含的文化优势，运用现代设计方法开发文创产品，是如宣纸这样的"非物质文化遗产"转型发展的核心环节。为此，需要对其文化元素进行提炼，并综合运用平面设计、工业设计、信息设计等方法，创造符合时代特点，具有美学和实用价值的产品。就宣纸作为传统书写工具而言，可以开发价格适中，易于携带，具有文化气息的文具类产品。例如可将传统古诗词句、描红临摹与宣纸成纸进行有机结合，搭配简易的"文房四宝"组成练字或书写套装。（图5）一方面，搭配销售的各种配件简化了书法初学者、爱好者的入门步骤，提供了"拆封即用"的消费体验，迎合了当下社会的快节奏生活；另一方面，引导消费者静下心来练习毛笔字，临摹古诗经典的活动，又满足了人们对身心放松与自我提升的需求。这方面，众多文创企业已经积累了成功经验，个别宣纸企业也开始了相关产品的开发工作。例如"曹氏宣纸"就在原有产品的基础上，推出了"捞纸体验包"、花笺等产品，打开了线上销售和网络直播渠道。后期还需在产品包装以及内容选择上下足功夫，吸引消费者选购。

就宣纸作为载体而言，可以利用其耐久性特点，与其他企业合作，印刷如邮票、证书、合同文本等需要长久保存，具有纪念意义的纸张产品。这方面，"中国邮政集团公司"已于2005年推出了首套宣纸邮票，取得了良好的市场反应。未来，宣纸企业可以与各地邮政部门展开深入合作，推出具有地方特色和时代特点的邮政产品。不仅以高端产品弘扬中国文化，占领收藏文化圈，还要以中低端产品覆盖邮储领域，走入普通人生活。

另外，宣纸产品还应突破思维定式，摆脱传统功用，挖掘与其特性相适应的新的应用形式。例如其从生产到回收的全部生命周期都没有环境污染的特点，即非常适合于现代家装市场。"中国宣纸博物馆"中用以装饰展板的宣纸，就已经在该领域开了应用先河。未来，相关宣纸企业可以下大力度开发一整套的宣纸家装产品，在试点城市布置样板间供消费者体验，真正将宣纸带入人们的日常生活。（图6）

图6 笔者为中国宣纸股份有限公司设计创作的宣纸灯具

所谓的"体验型消费"不仅局限于宣纸家装领域，各宣纸企业还应根据自身特点，开发相适应的体验环节。作为国有企业，"中国宣纸股份有限公司"就已依托其"文化园"与"博物馆"的硬件优势，开辟了宣纸制造技艺展示、手工捞纸体验等环节，取得了良好的效果。未来集旅游、学习、消费、住宿于一体的"宣纸小镇"的建立，可以将这一体验提升到新的高度。今后应将这一资源利用好，维护好。不仅在其中销售文创产品，更要与各地文教与旅游部门密切合作，组织制度化、常态化的旅游与教学实践活动，将"宣纸名片"推广开来。而对众多私营宣纸企业来说，亦可根据自身情况与条件，展开学术讲座、书画培训、小规模旅游接待等活动，充分利用好宣纸本身以及泾县当地的人文、交通与自然资源。

最后，延伸业务范围，继续走产学研合作道路。"非物质文化遗产"走现代设计转型发展，单靠企业的一腔热血仍然不够，还需要多学科跨专业智慧的参与。国内众多高校与科研机构有着巨大的智力资源，相关宣纸企业已经与艺术类院校展开了初步的合作。例如"中国宣纸股份有限公司"就在"八大美院"内设立了"红星宣纸奖学金"，并与清华大学美术学院展开了宣纸文创产品的设计。在技术研发层面，该公司还与中国科学技术大学有着长期的技术研发与攻关合作。公司旗下的"中国宣纸文化园"与"中国宣纸博物馆"除接待社会旅行团外，还承接了多所学校的调研实践活动。未来，相关企业应以此为基础，与美术类院校进行常态化、制度化的合作。不仅要吸引学生来公司参观学习，也要留下高校的人才与智慧。让宣纸不仅成为美术类专业的工具载体，更成为设计专业与史论专业的创作与研究对象。力图在宣纸产品的设计、宣纸文化的传承与研究等方面有所突破。与此同时，宣纸企业也应继续扩大和工科类院校的合作，就宣纸生产的技术问题进行探索。运用机械自动化的、化学的、生物科学的方法，提升宣纸的产量与质量，降低原材料消耗与人工成本。

在公司建设方面，有条件的企业还可成立设计部门或组建下属文创开发公司，招揽专业化的，甚至国际化的设计团队。在将宣纸产品销往国外的同时，也要树立文化自信，打造宣纸的国际化品牌。总体而言，虽然宣纸的现代设计转型发展起步较晚，但仍具有一定的后发优势，有丰富的国内外先进经验可资借鉴。各宣纸企业必须坚定地走转型发展之路，要将宣纸的文创产品设计当作一项长期的业务，而非业绩下滑时的应急之举。

六、结语

作为中国书法与绘画的载体，宣纸以其优良的持久性和润墨性受到了世人的一致认可。"非物质文化遗产"是其历史与现状的肯定，也是对宣纸未来如何继续传承与发展的激励和拷问。当今社会发展速度之迅猛，变化程度之复杂，是以往任何历史时期都无法比拟的。在这样的大环境下，宣纸行业只有迎难而上，适应时代需求，探索新的可能，才能将传统的宣纸传承下去。

传统复兴是一个复杂的社会现象和系统工程，其因果链和作用范围远远超出了单纯的文化领域，关系到全球化、信息化时代生产方式的变迁，中国产业的升级换代和社会发展模式的转型①。如前文所述，非物质文化遗产的现代设计转型发展方兴未艾，从政府到学界到民间都有足够的扶持和支持力度。先行者们也已经积累了一定的资源和经验，为后发者奠定了一个相对成熟的发展环境。对于宣纸行业而言，虽然其转型发展面临各种问题和困境，但总体形势是开放与积极的。只要抓住机遇，在可持续发展的理念下大胆探索，勇于试错，定能在保护好传统产品的基础上，开发出适应时代需求的新产品。

2008年北京奥运会开幕式上，来自"中国宣纸股份有限公司"的宣纸工人，为全世界展示了宣纸的制作技艺，宣传了中国悠久的历史文化。自唐代诞生以来传承一千多年的宣纸，必将在"非物质文化遗产"的平台上，在现代设计的助力下，开创崭新的发展之路，继续担当中华文化的承载者和传播者。

---

① 陈岸瑛：《非物质文化遗产保护中的守旧与革新》，《美术观察》2016年第7期。

五、设计资讯

《She Ji》期刊简介

《*She Ji: The Journal of Design, Economics, and Innovation*》(《设计、经济与创新学报》) 是中国大陆地区第一本全英文、同行评审的设计学术期刊,开放获取,所有文章全文刊载在 ScienceDirect® 上。《She Ji》为同济大学所有,由爱思唯尔出版社在线发行。它创立于 2015 年秋季,季刊频率发行。期刊主编 Ken Friedman,执行主编娄永琪。

创新依赖设计、经济和科技的整合。创新会催生并整合生成于各种学科交叉边缘的新知识。世界范围内,产品与服务的战略设计正在设计、经济和创新三个领域的交集处塑造一个新兴领域。《She Ji》正是聚焦这一领域的跨学科期刊。

作为一本国际期刊,《She Ji》采用中文"设计"的拼音为期刊命名的用意值得一提。这一标题,不仅因为中文语境下"设计——设立一个计策"的含义与当今设计发展趋势不谋而合,而且也将对中文对"设计"的诠释推广向世界。

一、办刊宗旨

《She Ji》探索在新经济的背景下设计如何驱动产业、商业、非营利服务以及政府的创新和可持续发展。跨学科是期刊的重要特征。它致力于打破学科壁垒,为设计的跨学科研究和交流提供世界水准的成果发表平台,吸引创新设计领域的顶尖作者和广泛读者。

二、内容范围

《She Ji》关注以下主题:

(1) 针对社会及经济变化的设计驱动型创新;

(2) 管理、咨询及公共服务领域的设计实践;

(3) 替代型新兴经济及产业转型；

(4) 智慧及可持续生活设计；

(5) 设计与复杂的社会技术系统；

(6) 服务设计；

(7) 产品设计，交互设计；

(8) 关于社会创新、组织变革的设计；

(9) 设计、计算及算法；

(10) 设计创新的文化；

(11) 设计教育；

(12) 人工智能与数据设计；

(13) 设计战略与管理；

(14) 设计哲学，以及设计研究中的科学哲学；

(15) 设计理论；

(16) 设计研究方法及方法论。

除了设计领域，《She Ji》还吸引创新、工程、科学、经济、管理类的研究，在复杂的价值体系中探索设计的实践、方法论和设计的科学。期刊讨论社会、组织及个人如何创造、分配、使用并且享受产品和服务，尤其关注战略与管理层面的这些活动。此外，期刊鼓励采用自然科学、社会学及经济学方法的严谨的设计研究，也关注在研究方法及方法论、设计哲学和科学哲学观层面支持期刊核心领域的基础型文章。